中国机械工业标准汇编

刀具卷　铣刀　铰刀

（第三版）

全国刀具标准化技术委员会
中　国　标　准　出　版　社　编

中国标准出版社
北　京

图书在版编目(CIP)数据

中国机械工业标准汇编．刀具卷．铣刀、铰刀/全国刀具标准化技术委员会，中国标准出版社编．—3 版．—北京：中国标准出版社，2017.8
ISBN 978-7-5066-8424-8

Ⅰ．①中…　Ⅱ．①全…　Ⅲ．①机械工业—标准—汇编—中国②铣刀—标准—汇编—中国③铰刀—标准—汇编—中国　Ⅳ．①TH-65

中国版本图书馆 CIP 数据核字(2016)第 216042 号

中 国 标 准 出 版 社 出 版 发 行
北京市朝阳区和平里西街甲 2 号(100029)
北京市西城区三里河北街 16 号(100045)

网址 www.spc.net.cn
总编室：(010)68533533　发行中心：(010)51780238
读者服务部：(010)68523946

中国标准出版社秦皇岛印刷厂印刷
各地新华书店经销

*

开本 880×1230　1/16　印张 40.25　字数 1 205 千字
2017 年 8 月第三版　2017 年 8 月第三次印刷

*

定价 220.00 元

第三版出版说明

《中国机械工业标准汇编　刀具卷》系列丛书自出版以来，受到广大读者的好评，已出版二版，对刀具及相关产业的发展起到了巨大的促进作用。随着国家“十三五”规划的全面实施，我国标准化事业飞速发展，在与国际标准接轨的同时不断发展适合我国国情的相关产业标准。由于近几年大量新制修订标准的实施，为满足广大读者对刀具及相关产业最新标准版本的需求，全国刀具标准化技术委员会与中国标准出版社（中国质检出版社）共同选编并出版了《中国机械工业标准汇编　刀具卷（第三版）》。本卷汇编收录截至 2016 年 11 月 1 日批准发布的现行刀具相关标准。本卷汇编与第二版相比有较大变化，涵盖范围更广，收录标准更全，必能更好地满足读者的需要。

刀具卷系列汇编分为综合分册，铣刀、铰刀分册，钻头、螺纹刀具分册，齿轮刀具、车刀、拉刀分册四个分册。本分册是铣刀、铰刀分册，共收录国家标准 85 项，机械行业标准 23 项；适用于从事刀具设计、生产、制造及检验人员使用，也可作为大专院校相关专业师生的参考用书。

愿第三版的出版能对标准的宣传贯彻和刀具产品质量的提高起到更加积极的推广作用，并得到广大读者的认可。

编　者

2017 年 3 月

目　　录

GB/T 1112—2012　键槽铣刀 ······ 1
GB/T 1114—2016　套式立铣刀 ······ 9
GB/T 1115.1—2002　圆柱形铣刀　第1部分:型式和尺寸 ······ 15
GB/T 1115.2—2002　圆柱形铣刀　第2部分:技术条件 ······ 19
GB/T 1119.1—2002　尖齿槽铣刀　第1部分:型式和尺寸 ······ 23
GB/T 1119.2—2002　尖齿槽铣刀　第2部分:技术条件 ······ 27
GB/T 1124.1—2007　凸凹半圆铣刀　第1部分:型式和尺寸 ······ 31
GB/T 1124.2—2007　凸凹半圆铣刀　第2部分:技术条件 ······ 37
GB/T 1127—2007　半圆键槽铣刀 ······ 43
GB/T 1131.1—2004　手用铰刀　第1部分:型式和尺寸 ······ 51
GB/T 1131.2—2004　手用铰刀　第2部分:技术条件 ······ 59
GB/T 1132—2004　直柄和莫氏锥柄机用铰刀 ······ 63
GB/T 1134—2008　带刃倾角机用铰刀 ······ 73
GB/T 1135—2004　套式机用铰刀和芯轴 ······ 81
GB/T 1139—2004　莫氏圆锥和米制圆锥铰刀 ······ 93
GB/T 4243—2004　莫氏锥柄长刃机用铰刀 ······ 101
GB/T 4245—2004　机用铰刀技术条件 ······ 109
GB/T 4246—2004　铰刀特殊公差 ······ 113
GB/T 4247—2004　莫氏锥柄机用桥梁铰刀 ······ 117
GB/T 4248—2004　手用1∶50锥度销子铰刀　技术条件 ······ 123
GB/T 4250—2004　圆锥铰刀　技术条件 ······ 127
GB/T 4251—2008　硬质合金机用铰刀 ······ 131
GB/T 5340.1—2006　可转位立铣刀　第1部分:削平直柄立铣刀 ······ 141
GB/T 5340.2—2006　可转位立铣刀　第2部分:莫氏锥柄立铣刀 ······ 145
GB/T 5340.3—2006　可转位立铣刀　第3部分:技术条件 ······ 149
GB/T 5341.1—2006　可转位三面刃铣刀　第1部分:型式和尺寸 ······ 153
GB/T 5341.2—2006　可转位三面刃铣刀　第2部分:技术条件 ······ 157
GB/T 5342.1—2006　可转位面铣刀　第1部分:套式面铣刀 ······ 161
GB/T 5342.2—2006　可转位面铣刀　第2部分:莫氏锥柄面铣刀 ······ 169
GB/T 5342.3—2006　可转位面铣刀　第3部分:技术条件 ······ 173
GB/T 6080.1—2010　机用锯条　第1部分:型式与尺寸 ······ 177
GB/T 6080.2—2010　机用锯条　第2部分:技术条件 ······ 183
GB/T 6117.1—2010　立铣刀　第1部分:直柄立铣刀 ······ 187
GB/T 6117.2—2010　立铣刀　第2部分:莫氏锥柄立铣刀 ······ 193
GB/T 6117.3—2010　立铣刀　第3部分:7∶24锥柄立铣刀 ······ 197
GB/T 6118—2010　立铣刀技术条件 ······ 201
GB/T 6119—2012　三面刃铣刀 ······ 205

GB/T 6120—2012　锯片铣刀 ………………………………………………………………………… 211
GB/T 6122.1—2002　圆角铣刀　第1部分:型式与尺寸 ……………………………………………… 221
GB/T 6122.2—2002　圆角铣刀　第2部分:技术条件 ……………………………………………… 225
GB/T 6124—2007　T型槽铣刀　型式和尺寸 ……………………………………………………… 229
GB/T 6125—2007　T型槽铣刀　技术条件 ………………………………………………………… 235
GB/T 6128.1—2007　角度铣刀　第1部分:单角和不对称双角铣刀 ……………………………… 241
GB/T 6128.2—2007　角度铣刀　第2部分:对称双角铣刀 ………………………………………… 249
GB/T 6129—2007　角度铣刀　技术条件 …………………………………………………………… 253
GB/T 6130—2001　镶片圆锯 ………………………………………………………………………… 258
GB/T 6338—2004　直柄反燕尾槽铣刀和直柄燕尾槽铣刀 ………………………………………… 263
GB/T 6340—2004　直柄反燕尾槽铣刀和直柄燕尾槽铣刀　技术条件 …………………………… 267
GB/T 9062—2006　硬质合金错齿三面刃铣刀 ……………………………………………………… 271
GB/T 9217.1—2005　硬质合金旋转锉　第1部分:通用技术条件 ………………………………… 277
GB/T 9217.2—2005　硬质合金旋转锉　第2部分:圆柱形旋转锉(A型) ………………………… 287
GB/T 9217.3—2005　硬质合金旋转锉　第3部分:圆柱形球头旋转锉(C型) …………………… 291
GB/T 9217.4—2005　硬质合金旋转锉　第4部分:圆球形旋转锉(D型) ………………………… 295
GB/T 9217.5—2005　硬质合金旋转锉　第5部分:椭圆形旋转锉(E型) ………………………… 299
GB/T 9217.6—2005　硬质合金旋转锉　第6部分:弧形圆头旋转锉(F型) ……………………… 303
GB/T 9217.7—2005　硬质合金旋转锉　第7部分:弧形尖头旋转锉(G型) ……………………… 307
GB/T 9217.8—2005　硬质合金旋转锉　第8部分:火炬形旋转锉(H型) ………………………… 311
GB/T 9217.9—2005　硬质合金旋转锉　第9部分:60°和90°圆锥形旋转锉(J型和K型) ………… 315
GB/T 9217.10—2005　硬质合金旋转锉　第10部分:锥形圆头旋转锉(L型) …………………… 319
GB/T 9217.11—2005　硬质合金旋转锉　第11部分:锥形尖头旋转锉(M型) …………………… 323
GB/T 9217.12—2005　硬质合金旋转锉　第12部分:倒锥形旋转锉(N型) ……………………… 327
GB/T 10948—2006　硬质合金T型槽铣刀……………………………………………………………… 331
GB/T 14298—2008　可转位螺旋立铣刀 ……………………………………………………………… 337
GB/T 14301—2008　整体硬质合金锯片铣刀 ………………………………………………………… 345
GB/T 14328—2008　粗加工立铣刀 …………………………………………………………………… 351
GB/T 14330—2008　硬质合金机夹三面刃铣刀 ……………………………………………………… 361
GB/T 16456.1—2008　硬质合金螺旋齿立铣刀　第1部分:直柄立铣刀　型式和尺寸 ………… 367
GB/T 16456.2—2008　硬质合金螺旋齿立铣刀　第2部分:7∶24锥柄立铣刀　型式和尺寸……… 371
GB/T 16456.3—2008　硬质合金螺旋齿立铣刀　第3部分:莫氏锥柄立铣刀　型式和尺寸 ……… 375
GB/T 16456.4—2008　硬质合金螺旋齿立铣刀　第4部分:技术条件 …………………………… 379
GB/T 16770.1—2008　整体硬质合金直柄立铣刀　第1部分:型式与尺寸 ……………………… 383
GB/T 16770.2—2008　整体硬质合金直柄立铣刀　第2部分:技术条件 ………………………… 387
GB/T 20331—2006　直柄机用1∶50锥度销子铰刀 …………………………………………………… 391
GB/T 20332—2006　锥柄机用1∶50锥度销子铰刀 …………………………………………………… 395
GB/T 20337—2006　装在7∶24锥柄心轴上的镶齿套式面铣刀 ……………………………………… 399
GB/T 20773—2006　模具铣刀 ………………………………………………………………………… 405
GB/T 20774—2006　手用1∶50锥度销子铰刀 ………………………………………………………… 415
GB/T 21954.1—2008　金属切割带锯条　第1部分:术语 …………………………………………… 419
GB/T 21954.2—2008　金属切割带锯条　第2部分:特性和尺寸 …………………………………… 431
GB/T 25369—2010　金属切割双金属带锯条　技术条件 …………………………………………… 437

GB/T 25665—2010 整体硬切削材料直柄圆弧立铣刀 尺寸 …… 445
GB/T 25670—2010 硬质合金斜齿立铣刀 …… 451
GB/T 25673—2010 可调节手用铰刀 …… 459
GB/T 25674—2010 螺钉槽铣刀 …… 467
GB/T 25992—2010 整体硬质合金和陶瓷直柄球头立铣刀 尺寸 …… 473
JB/T 7426—2006 硬质合金可调节浮动铰刀 …… 479
JB/T 7953—2010 镶齿三面刃铣刀 …… 487
JB/T 7954—2013 镶齿套式面铣刀 …… 493
JB/T 7955—2010 镶齿三面刃铣刀和套式面铣刀用高速钢刀齿 …… 499
JB/T 9991—2013 电镀金刚石铰刀 …… 505
JB/T 10231.3—2015 刀具产品检测方法 第3部分:立铣刀 …… 513
JB/T 10231.9—2002 刀具产品检测方法 第9部分:铰刀 …… 521
JB/T 10231.12—2002 刀具产品检测方法 第12部分:三面刃铣刀 …… 529
JB/T 10231.13—2002 刀具产品检测方法 第13部分:锯片铣刀 …… 535
JB/T 10231.14—2002 刀具产品检测方法 第14部分:键槽铣刀 …… 541
JB/T 10231.15—2002 刀具产品检测方法 第15部分:可转位三面刃铣刀 …… 547
JB/T 10231.16—2002 刀具产品检测方法 第16部分:可转位面铣刀 …… 553
JB/T 10231.17—2002 刀具产品检测方法 第17部分:可转位立铣刀 …… 559
JB/T 10231.24—2006 刀具产品检测方法 第24部分:机用锯条 …… 565
JB/T 10231.25—2006 刀具产品检测方法 第25部分:金属切割带锯条 …… 569
JB/T 10721—2007 焊接聚晶金刚石或立方氮化硼铰刀 …… 573
JB/T 10722—2007 焊接聚晶金刚石或立方氮化硼立铣刀 …… 579
JB/T 11451—2013 焊接聚晶金刚石或立方氮化硼端面铣刀刀头 …… 585
JB/T 11741—2013 焊接硬质合金圆锯片 …… 591
JB/T 11742—2013 金属冷切圆锯片 …… 599
JB/T 11744—2013 整体硬质合金后波形刃立铣刀 …… 607
JB/T 11746—2013 超硬复合铰刀 …… 615
JB/T 12144—2015 磨前滚珠螺纹铣刀 …… 623

ICS 25.100.20
J 41

中华人民共和国国家标准

GB/T 1112—2012
代替 GB/T 1112.1～1112.3—1997

键槽铣刀

Slot drills

（ISO 1641-1:2003, End mills and slot drills—Part 1: Milling cutters with cylindrical shanks, ISO 1641-2:2011, End mills and slot drills—Part 2: Milling cutters with Morse taper shanks, NEQ）

2012-12-31 发布　　2013-07-01 实施

中华人民共和国国家质量监督检验检疫总局
中国国家标准化管理委员会　发布

前　言

本标准按照 GB/T 1.1—2009 给出的规则起草。

本标准是对 GB/T 1112.1—1997《键槽铣刀　第 1 部分:直柄键槽铣刀　型式和尺寸》,GB/T 1112.2—1997《键槽铣刀　第 2 部分:莫氏锥柄键槽铣刀　型式和尺寸》和 GB/T 1112.3—1997《键槽铣刀　第 3 部分:技术条件》的合并修订。

本标准代替 GB/T 1112.1～1112.3—1997。

本标准和 GB/T 1112.1～1112.3—1997 的技术性差异如下:

——将三个部分合并为一个标准;

——修改了前言;

——删除了 ISO 前言;

——修改了范围;

——修改了规范性引用文件;

——直柄键槽铣刀和锥柄键槽铣刀在长度上增加了推荐系列;

——锥柄键槽铣刀中增加了规格 6、规格 7、规格 8 和规格 38;

——修改了标记示例;

——技术条件中增加了柄部材料的要求;

——删除了性能试验的内容。

本标准使用重新起草法,参考 ISO 1641-1:2003《立铣刀和键槽铣刀　第 1 部分:直柄铣刀》和 ISO 1641-2 :2011《立铣刀和键槽铣刀　第 2 部分:莫氏锥柄铣刀》编制,与其一致性程度为非等效。

本标准由中国机械工业联合会提出。

本标准由全国刀具标准化技术委员会(SAC/TC 91)归口。

本标准主要起草单位:成都成量工具集团有限公司、浙江省工具刃具检测与深加工技术研究重点实验室、常熟量具刃具厂、成都工具研究所有限公司。

本标准主要起草人:严松波、肖利萍、陈卫平、王俊文、李宪国、查国兵。

本标准所代替标准的历次版本发布情况为:

——GB/T 1112～1113—1981;

——GB/T 1112.1～1112.3—1997。

键槽铣刀

1 范围

本标准规定了普通直柄键槽铣刀、削平直柄键槽铣刀、2°斜削平直柄键槽铣刀、螺纹柄键槽铣刀和莫氏锥柄键槽铣刀的型式、尺寸、标记和技术条件等基本要求。

本标准适用于直径 2 mm～63 mm 键槽铣刀。

2 规范性引用文件

下列文件对于本文件的应用是必不可少的。凡是注日期的引用文件,仅注日期的版本适用于本文件。凡不注日期的引用文件,其最新版本(包括所有的修改单)适用于本文件。

GB/T 1443 机床和工具柄用自夹圆锥(GB/T 1443—1996,eqv ISO 296:1991)

GB/T 4133 莫氏圆锥的强制传动型式及尺寸(GB/T 4133—1984,eqv ISO 5413:1976)

GB/T 6118 立铣刀 技术条件

GB/T 6131.1 铣刀直柄 第1部分:普通直柄的型式和尺寸(GB/T 6131.1—2006,ISO 3338-1:1996,IDT)

GB/T 6131.2 铣刀直柄 第2部分:削平直柄的型式和尺寸(GB/T 6131.2—2006,ISO 3338-2:2000,MOD)

GB/T 6131.3 铣刀直柄 第3部分:2°斜削平直柄的型式和尺寸

GB/T 6131.4 铣刀直柄 第4部分:螺纹柄的型式和尺寸

3 型式和尺寸

3.1 直柄键槽铣刀

直柄键槽铣刀按其柄部型式不同分为四种型式,见图1～图4。按其长度不同分为短系列、标准系列和推荐系列。其尺寸按表1。柄部尺寸和偏差分别按 GB/T 6131.1、GB/T 6131.2、GB/T 6131.3 和 GB/T 6131.4 的规定。

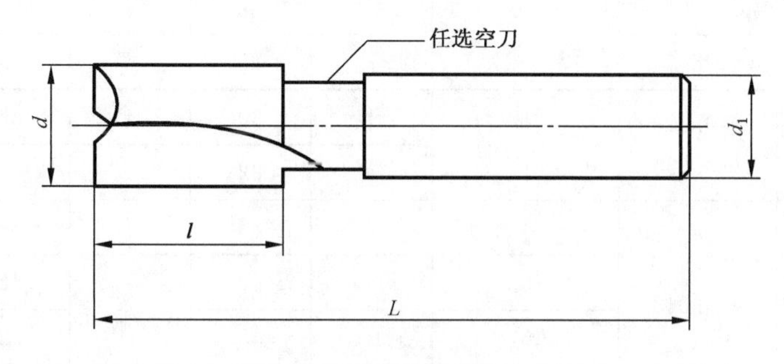

图1 普通直柄键槽铣刀

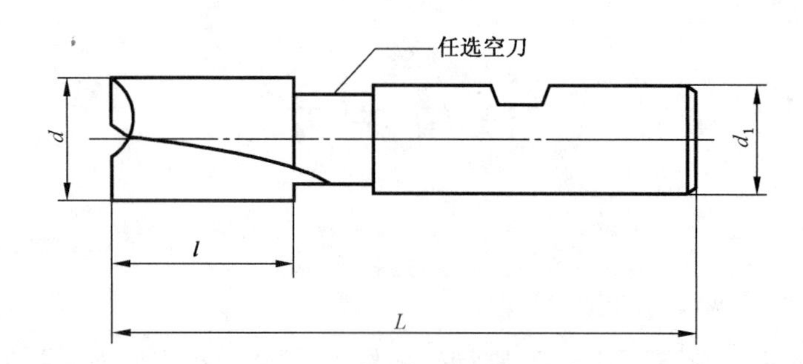

图 2　削平直柄键槽铣刀

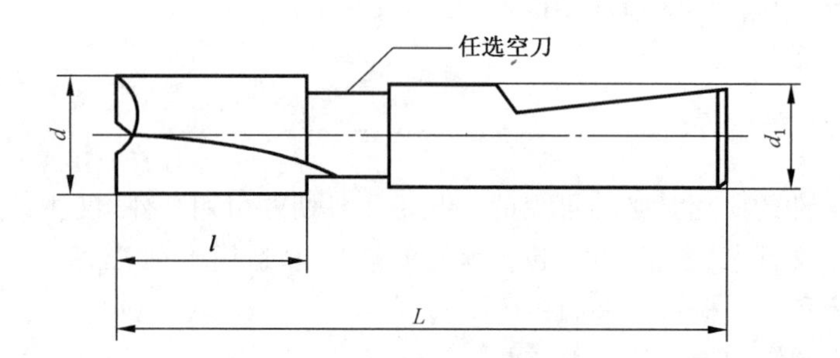

图 3　2°斜削平直柄键槽铣刀

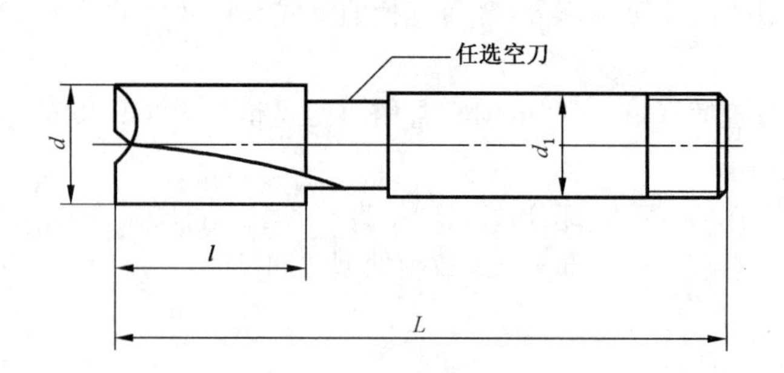

图 4　螺纹柄键槽铣刀

表 1　直柄键槽铣刀

单位为毫米

<table>
<tr><th colspan="3">d</th><th colspan="2" rowspan="3">d₁</th><th colspan="2" rowspan="2">推荐系列</th><th colspan="2" rowspan="2">短系列</th><th colspan="2" rowspan="2">标准系列</th></tr>
<tr><th rowspan="2">基本尺寸</th><th colspan="2">极限偏差</th></tr>
<tr><th>e8</th><th>d8</th><th>l</th><th>L</th><th>l</th><th>L</th><th>l</th><th>L</th></tr>
<tr><td>2</td><td rowspan="2">−0.014
−0.028</td><td rowspan="2">−0.020
−0.034</td><td rowspan="2">3[a]</td><td rowspan="2">4</td><td>4</td><td>30</td><td>4</td><td>36</td><td>7</td><td>39</td></tr>
<tr><td>3</td><td>5</td><td>32</td><td>5</td><td>37</td><td>8</td><td>40</td></tr>
<tr><td>4</td><td rowspan="3">−0.020
−0.038</td><td rowspan="3">−0.030
−0.048</td><td colspan="2">4</td><td>7</td><td>36</td><td>7</td><td>39</td><td>11</td><td>43</td></tr>
<tr><td>5</td><td colspan="2">5</td><td>8</td><td>40</td><td rowspan="2">8</td><td>42</td><td rowspan="2">13</td><td>47</td></tr>
<tr><td>6</td><td colspan="2">6</td><td>10</td><td>45</td><td>52</td><td>57</td></tr>
<tr><td>7</td><td rowspan="3">−0.025
−0.047</td><td rowspan="3">−0.040
−0.062</td><td colspan="2" rowspan="2">8</td><td rowspan="2">14</td><td rowspan="2">50</td><td>10</td><td>54</td><td>16</td><td>60</td></tr>
<tr><td>8</td><td>11</td><td>55</td><td>19</td><td>63</td></tr>
<tr><td>10</td><td colspan="2">10</td><td>18</td><td>60</td><td>13</td><td>63</td><td>22</td><td>72</td></tr>
</table>

表 1（续）　　　　单位为毫米

d			d_1		推荐系列		短系列		标准系列	
基本尺寸	极限偏差									
	e8	d8			l	L	l	L	l	L
12	−0.032 −0.059	−0.050 −0.077	12		22	65	16	73	26	83
14			12	14[a]	24	70				
16			16		28	75	19	79	32	92
18			16	18[a]	32	80				
20	−0.040 −0.073	−0.065 −0.098	20		36	85	22	88	38	104

当 $d \leqslant 14$ mm 时，根据用户要求 e8 级的普通直柄键槽铣刀柄部直径偏差允许按圆周刃部直径的偏差制造，并须在标记和标志上予以注明。

[a] 此尺寸不推荐采用；如采用，应与相同规格的键槽铣刀相区别。

3.2　莫氏锥柄键槽铣刀

莫氏锥柄键槽铣刀按其柄部型式不同分为两种型式，见图 5 和图 6，按其长度不同分为短系列、标准系列和推荐系列。其尺寸见表 2。

Ⅰ型莫氏锥柄键槽铣刀的柄部尺寸和公差按 GB/T 1443。Ⅱ型莫氏锥柄键槽铣刀的柄部尺寸和公差按 GB/T 4133。

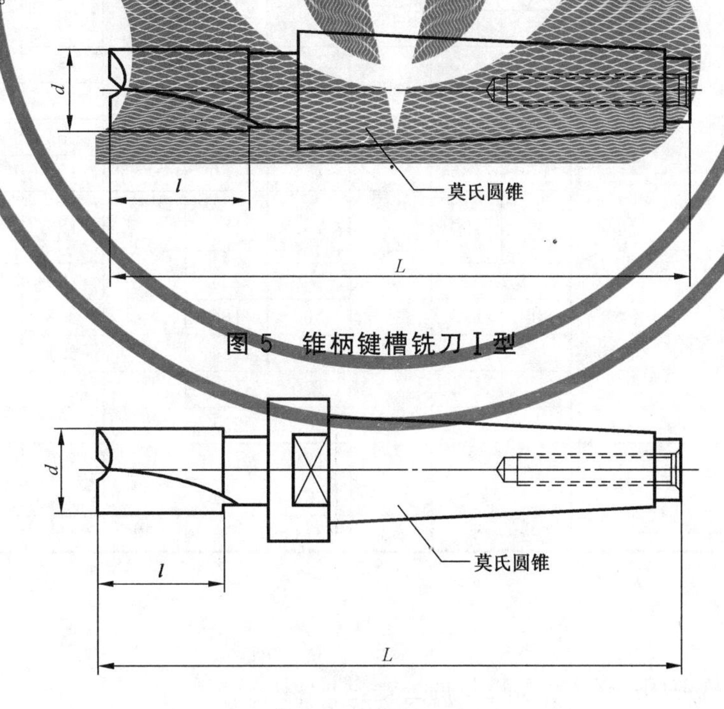

图 5　锥柄键槽铣刀Ⅰ型

图 6　锥柄键槽铣刀Ⅱ型

表 2　锥柄键槽铣刀

单位为毫米

d			推荐系列		短系列			标准系列			莫氏锥柄号
基本尺寸	极限偏差		*l*	*L*	*l*	*L*		*l*	*L*		
	e8	d8	Ⅰ型			Ⅰ型	Ⅱ型		Ⅰ型	Ⅱ型	
6	−0.020 −0.038	−0.030 −0.048	—		8	78	—	13	83	—	1
7	−0.025 −0.047	−0.040 −0.062			10	80		16	86		
8					11	81		19	89		
10					13	83		22	92		
12	−0.032 −0.059	−0.050 −0.077			16	86		26	96		
						101			111		2
14			24	110		86			96		1
						101			111		2
16			28	115	19	104		32	117		
18			32	120							
20	−0.040 −0.073	−0.065 −0.098	36	125	22	107		38	123		
						124			140		3
22						107			123		2
						124			140		3
24			40	145	26	128		45	147		
25											
28			45	150							
32	−0.050 −0.089	−0.080 −0.119	50	155	32	134		53	155		
			—			157	180		178	201	4
36						134	—		155	—	3
			55	185		157	180		178	201	4
38			60	190	38	163	186	63	188	211	
40			—			196	224		221	249	5
45			65	195		163	186		188	211	4
			—			196	224		221	249	5
50			65	195	45	170	193	75	200	223	4
			—			203	231		233	261	5
56	−0.060 −0.106	−0.100 −0.146				170	193		200	223	4
						203	231		233	261	5
63					53	211	239	90	248	276	

3.3　长度公差

直柄和锥柄键槽铣刀的刃长 *l* 和总长 *L* 的公差为 js18。

3.4　标记示例

示例 1：直径 d=8 mm，e8 偏差的普通直柄标准系列键槽铣刀的标记为：

直柄键槽铣刀 8e8　GB/T 1112—2012

示例 2：直径 d=8 mm，e8 偏差的螺纹柄短系列键槽铣刀的标记为：

螺纹柄键槽铣刀 8e8 短 GB/T 1112—2012

示例3:直径 d=8 mm,e8 偏差的螺纹柄推荐系列键槽铣刀的标记为:

螺纹柄键槽铣刀 8e8 推 GB/T 1112—2012

示例4:直径 d=12 mm,总长 L=96 mm,Ⅰ型 e8 偏差的莫氏锥柄键槽铣刀的标记为:

莫氏锥柄键槽铣刀 12e8×96 GB/T 1112—2012

4 形状和位置公差

键槽铣刀的形状和位置公差由表3给出,检测方法按 GB/T 6118 执行。

表3 形状和位置公差

单位为毫米

键槽铣刀直径 d	≤18	>18~50	>50~63
圆周刃对柄部轴线的径向圆跳动	0.02		0.03
端刃对柄部轴线的端面圆跳动	0.03	0.04	0.05
工作部分任意两截面的直径差	0.01	0.015	

5 材料和硬度

5.1 材料

5.1.1 键槽铣刀工作部分采用 W6Mo5Cr4V2 或同等性能的高速钢(代号 HSS)制造,也可采用 W6Mo5Cr4V2Al 或同等性能及以上高性能高速钢(代号 HSS-E)制造。

5.1.2 焊接键槽铣刀柄部采用 45 钢或同等性能的其他牌号钢材制造。

5.2 硬度

键槽铣刀工作部分:普通高速钢(HSS)d≤6 mm,不低于 62HRC;
d>6 mm,不低于 63HRC。
高性能高速钢(HSS-E),不低于 64HRC。

键槽铣刀柄部:普通直柄、螺纹柄和锥柄,不低于 30HRC;
削平直柄和 2°斜削平直柄,不低于 50HRC。

6 外观和表面粗糙度

6.1 键槽铣刀的表面不应有裂纹,切削刃应锋利,不应有崩刃、钝口以及磨削烧伤等影响使用性能的缺陷。焊接柄部的键槽铣刀在焊缝处不应有砂眼和未焊透现象。

6.2 键槽铣刀的表面粗糙度按以下规定:

——刀齿前面和后面:Ra0.8 μm;
——普通直柄或螺纹柄柄部外圆:Ra1.25 μm;
——削平直柄、2°斜削平直柄和锥柄柄部外圆:Ra0.63 μm。

7 标志和包装

7.1 标志

7.1.1 产品上应标志:

a) 制造厂或销售商的商标(d_1≤5 mm 的键槽铣刀允许不标志商标);

b) 键槽铣刀直径及偏差；

c) 高速钢代号(d_1≤5 mm 的键槽铣刀允许不标志)。

7.1.2 包装盒上应标志：

a) 制造厂或销售商的名称、地址和商标；

b) 键槽铣刀标记；

c) 高速钢牌号或代号；

d) 件数；

e) 制造年月。

注：如包装盒太小，也可在合格证、说明书等包装盒内文件上标志部分内容。

7.2 包装

键槽铣刀在包装前应经防锈处理，包装应牢靠，防止运输过程中的损伤。

ICS 25.100.20
J 41

中华人民共和国国家标准

GB/T 1114—2016
代替 GB/T 1114.1—1998,GB/T 1114.2—1998

套式立铣刀

Shell end mills

(ISO 2586:1985, Shell end mills with plain bore and tenon drive—Metric series,MOD)

2016-02-24 发布　　　　2016-09-01 实施

中华人民共和国国家质量监督检验检疫总局
中国国家标准化管理委员会　发布

前　言

本标准按照 GB/T 1.1—2009 给出的规则起草。

本标准代替 GB/T 1114.1—1998《套式立铣刀　第 1 部分：型式与尺寸》和 GB/T 1114.2—1998《套式立铣刀　第 2 部分：技术条件》。

本标准与 GB/T 1114.1—1998 和 GB/T 1114.2—1998 相比主要变化如下：

——将原标准的两个部分合并为一个标准；

——将 GB/T 1114.2—1998 的 5.2 中的粗糙度 *Rz* 修改为本标准的粗糙度 *Ra*（见第 5 章）；

——材料增加了高性能高速钢及其硬度的要求（见第 6 章）；

——附录 A 中圆周刃对内孔轴线的径向圆跳动规定了测量位置。

本标准使用重新起草法修改采用 ISO 2586：1985《直孔和端键传动的套式立铣刀　米制系列》。

本标准与 ISO 2586：1985 相比存在技术差异，这些差异涉及的条款已通过在其外侧页边空白处位置的垂直单线（|）进行了标示：

——修改了规范性引用文件；

——取消了原文中"国际标准第 1 条适用范围中的外径系列取自 ISO 523 铣刀外径的推荐系列"，原 ISO 523 标准现已作废；

——增加了"3.2 标记示例"；

——增加了"4 位置公差、5 外观和表面粗糙度、6 材料和硬度、7 标志和包装"等项目技术要求。

本标准还做了下列编辑性修改：

——修改了标准名称。

——增加了"附录 A（规范性附录）套式立铣刀圆跳动的检测方法"。

本标准由中国机械工业联合会提出。

本标准由全国刀具标准化技术委员会（SAC/TC 91）归口。

本标准负责起草单位：成都工具研究所有限公司、常熟量具刃具厂。

本标准主要起草人：樊瑾、戴建平、赵建敏、邓能凯、华夏婉。

本标准所代替标准的历次版本发布情况为：

——GB/T 1114.1—1998；

——GB/T 1114.2—1998。

套 式 立 铣 刀

1 范围

本标准规定了套式立铣刀的型式和尺寸、位置公差、外观和表面粗糙度、材料和硬度、标志和包装等基本要求。这种铣刀带有直孔和端键，以便固定到刀杆上。

本标准适用于米制系列整体高速钢套式立铣刀。

本标准不适用于镶齿，焊接齿和装可转位刀片的套式立铣刀。

2 规范性引用文件

下列文件对于本文件的应用是必不可少的。凡是注日期的引用文件，仅注日期的版本适用于本文件。凡是不注日期的引用文件，其最新版本（包括所有的修改单）适用于本文件。

GB/T 20329 端键传动的铣刀和铣刀刀杆上刀座的互换尺寸（GB/T 20329—2006，ISO 2780：1986，IDT）

3 型式和尺寸

3.1 套式立铣刀的型式和尺寸按图1和表1的规定。端面键槽尺寸和偏差按 GB/T 20329 的规定。套式立铣刀可以制造成右螺旋齿或左螺旋齿。

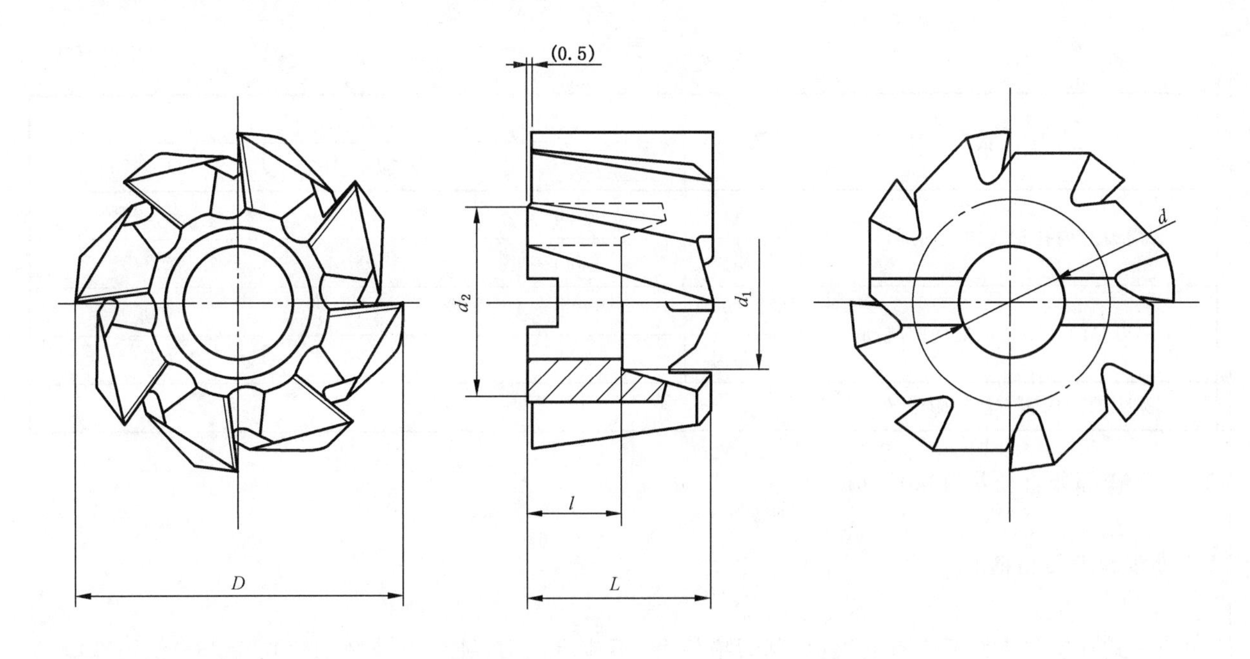

背面上 0.5 mm 不作硬性的规定。

图 1

表 1

单位为毫米

D js16	d H7	L k16	l $^{+1}_{0}$	d_1 最小	D_2 最小
40	16	32	18	23	33
50	22	36	20	30	41
63	27	40	22	38	49
80	27	45	22	38	49
100	32	50	25	45	59
125	40	56	28	56	71
160	50	63	31	67	91

3.2 标记示例：

外圆直径 D=63 mm 的右螺旋齿套式立铣刀为：

套式立铣刀 63 GB/T 1114—2016

外圆直径 D=63 mm 的左螺旋齿套式立铣刀为：

套式立铣刀 63-L GB/T 1114—2016

4 公差

4.1 位置公差按表 2。

表 2

单位为毫米

项目		公差		
		$D \leqslant 50$	$63 \leqslant D \leqslant 100$	$D \geqslant 125$
圆周刃对内孔轴线的径向圆跳动	一转	0.050	0.070	0.090
	相邻齿	0.025	0.035	0.045
端刃对内孔轴线的端面圆跳动	一转	0.030	0.040	0.060
	相邻齿	0.015	0.020	0.030
圆跳动的检测方法按附录 A。				

4.2 工作部分直径差为 0.05 mm。

5 外观和表面粗糙度

5.1 套式立铣刀表面不应有裂纹，切削刃应锋利，不应有崩刃、钝口以及磨削烧伤等影响使用性能的缺陷。

5.2 套式立铣刀的表面粗糙度的最大允许值按以下规定：

——前面和后面：Ra1.25 μm；

——内孔表面：Ra0.8 μm；

——两支承面：$Ra0.8\ \mu m$。

6 材料和硬度

套式立铣刀可采用W6Mo5Cr4V2或同等性能的普通高速钢(代号HSS)制造，其硬度为63HRC～66HRC；也可采用W6Mo5Cr4V2Co5或同等性能的高性能高速钢(代号HSS-E)制造，其硬度为65HRC～67HRC。

7 标志和包装

7.1 标志

7.1.1 产品上应标志：

——制造厂或销售商的商标；

——套式立铣刀的外圆直径；

——高速钢代号。

7.1.2 包装盒上应标志：

——制造厂或销售商的名称、地址和商标；

——产品的标记；

——件数；

——高速钢的牌号或代号；

——制造年月。

7.2 包装

套式立铣刀在包装前应经防锈处理。包装必须牢固，并能防止在运输过程中的损伤。

附 录 A
（规范性附录）
套式立铣刀圆跳动的检测方法

A.1 套式立铣刀圆跳动的检测方法按表 A.1。

表 A.1

项目	检测方法	检测方法示意图	检测器具
圆周刃对内孔轴线的径向圆跳动	将套式立铣刀装在芯轴上，置于跳动检查仪两顶尖之间。指示表测头垂直接触在圆周刃上(距离端刃＜5 mm 处)。旋转芯轴一周，读取指示表指针的最大值与最小值之差即为一转圆周刃的径向圆跳动值；取指示表相邻齿读数差绝对值的最大值为相邻齿的圆周刃的径向圆跳动值	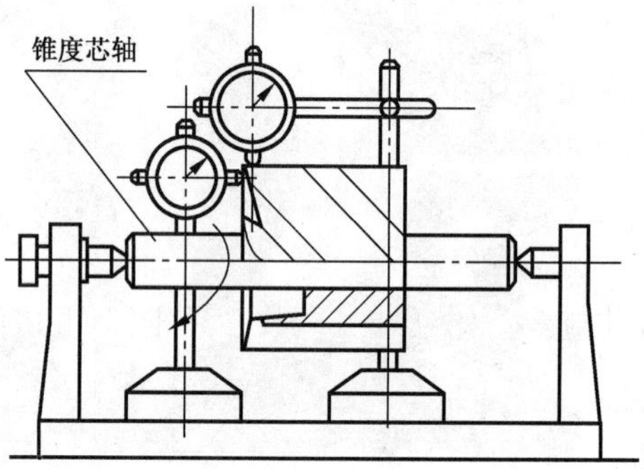 锥度芯轴	分度值为 0.01 mm 的指示表或分度值为 0.001 mm 指示表、磁力表架、锥度比为 1∶15 000，外圆对轴线的圆跳动小于 3 μm，圆度小于 3 μm 的锥度芯轴、跳动检查仪
端刃对内孔轴线的端面圆跳动	将套式立铣刀装在芯轴上，置于跳动检查仪两顶尖之间。指示表测头垂直接触在靠近外圆直径处的端刃上。旋转芯轴一周，指示表指针读数的最大值与最小值之差为端面圆跳动值，取指示表相邻齿读数差绝对值的最大值为相邻齿的端面圆跳动值		

前　　言

本标准等效采用国际标准 ISO 2584:1972《直孔键传动的圆柱形铣刀　米制系列》。本标准与ISO 2584的主要差别如下:

——型式和尺寸:只采纳了国际标准中的整体铣刀部分,组合铣刀未列入;

——在表 1 中增加了"L"尺寸的公差"js16";

——增加了标记示例的条款。

本标准是对 GB/T 1115—1985 标准中"圆柱形铣刀型式和尺寸"内容的修订。

本标准与 GB/T 1115—1985 相比主要变化如下:

——增加了"前言"、"ISO 前言"、"范围"、"引用标准"的内容;

——在表 1 中取消了 β、r_n、α_0、齿数等参考尺寸,对铣刀的部分规格进行了调整。

GB/T 1115 在《圆柱形铣刀》总标题下,包括两个部分:

第 1 部分(GB/T 1115.1):型式和尺寸;

第 2 部分(GB/T 1115.2):技术条件。

本标准是第 1 部分。

本标准自实施之日起,同时代替 GB/T 1115—1985 中"型式和尺寸"的内容。

本标准由中国机械工业联合会提出。

本标准由全国刀具标准化技术委员会归口。

本标准负责起草单位:成都工具研究所、哈尔滨第一工具厂、成都量具刃具股份有限公司。

本标准主要起草人:夏千、陈克天、张扶人。

ISO 前言

ISO(国际标准化组织)是一个世界性的国家标准团体(ISO 成员体)的联盟。国际标准的制定一般由 ISO 技术委员会进行。每一个成员体如对某个为此已建立技术委员会的项目感兴趣,均有权派代表参加该技术委员会工作。与 ISO 有联系的政府性和非政府性的国际组织也可参加国际标准工作。

由技术委员会提出的国际标准草案,在 ISO 理事会接受为国际标准之前,均提交给成员体进行投票。

国际标准 ISO 2584 是由 ISO/TC 29(工具)技术委员会起草的。

本标准在 1972 年 2 月由下列成员体投了赞成票:

奥地利	意大利	瑞典
比利时	日本	瑞士
埃及	荷兰	泰国
法国	波兰	土耳其
匈牙利	罗马尼亚	英国
印度	南非	美国
以色列	西班牙	苏联

下列成员体基于技术原因对该标准投了反对票:

捷克斯洛伐克

中华人民共和国国家标准

GB/T 1115.1—2002
eqv ISO 2584:1972

代替GB/T 1115—1985

圆柱形铣刀 第1部分:型式和尺寸

Cylindrical cutters—Part 1:The types and dimensions

1 范围

本标准规定了圆柱形铣刀的型式和尺寸。

本标准适用于外径50 mm～100 mm的圆柱形铣刀。

2 引用标准

下列标准所包含的条文,通过在本标准中引用而构成为本标准的条文。本标准出版时,所示版本均为有效。所有标准都会被修订,使用本标准的各方应探讨使用下列标准最新版本的可能性。

GB/T 6132—1993 铣刀和铣刀刀杆的互换尺寸

3 型式和尺寸

3.1 圆柱形铣刀的型式按图1所示,尺寸由表1中给出。键槽的尺寸按GB/T 6132的规定。

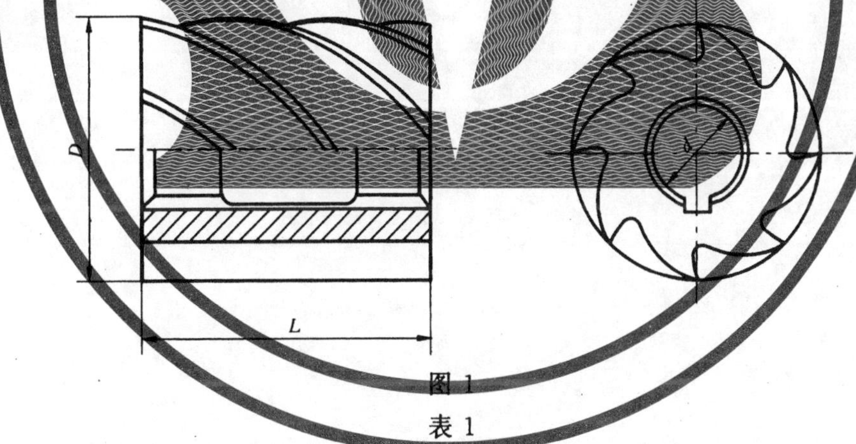

图1

表1

mm

D js16	d H7	L js16						
		40	50	63	70	80	100	125
50	22	×		×		×		
63	27		×		×			
80	32			×			×	
100	40				×			×
注:×表示有此规格。								

中华人民共和国国家质量监督检验检疫总局2002-05-30批准　　2002-12-01实施

3.2 标记示例

外径 D=50 mm，长度 L=80 mm 的圆柱形铣刀：

圆柱形铣刀 50×80 GB/T 1115.1—2002

前　　言

本标准是对GB/T 1115—1985标准中“圆柱形铣刀技术条件”内容的修订。

本标准在原标准上增加了“前言”、“范围”、“引用标准”、“附录A　圆柱形铣刀圆跳动的检测方法”等内容。各章中条号及内容也稍作改变。

GB/T 1115在《圆柱形铣刀》总标题下，包括两个部分：

第1部分(GB/T 1115.1)：型式和尺寸；

第2部分(GB/T 1115.2)：技术条件。

本标准是第2部分。

本标准的附录A是提示的附录。

本标准自实施之日起，同时代替GB/T 1115—1985中“技术条件”的内容。

本标准由中国机械工业联合会提出。

本标准由全国刀具标准化技术委员会归口。

本标准负责起草单位：成都工具研究所、哈尔滨第一工具厂、成都量具刃具股份有限公司。

本标准主要起草人：夏千、陈克天、张扶人。

中华人民共和国国家标准

GB/T 1115.2—2002

圆柱形铣刀 第2部分:技术条件

代替 GB/T 1115—1985

Cylindrical cutters — Part 2:The technical specifications

1 范围

本标准规定了圆柱形铣刀的尺寸、材料和硬度、外观和表面粗糙度、标志和包装的技术要求。

本标准适用于按 GB/T 1115.1 生产的圆柱形铣刀。

2 引用标准

下列标准所包含的条文,通过在本标准中引用而构成为本标准的条文。本标准出版时,所示版本均为有效。所有标准都会被修订,使用本标准的各方应探讨使用下列标准最新版本的可能性。

GB/T 1115.1—2002 圆柱形铣刀 第1部分:型式和尺寸

3 尺寸

3.1 圆柱形铣刀的位置公差由表1中给出。

表1 mm

项目		公差	
		$D\leqslant80$	$D>80$
圆周刃对内孔轴线的径向圆跳动	一转	0.05	0.06
	相邻齿	0.025	0.03
两支承端面对内孔轴线的端面圆跳动		0.02	0.03
外径锥度		0.03	
注:圆跳动的检测方法按附录A(提示的附录)的规定。			

4 材料和硬度

4.1 圆柱形铣刀用 W6Mo5Cr4V2 或其他同等性能的高速钢制造。

4.2 圆柱形铣刀工作部分的硬度为 63 HRC～66 HRC。

5 外观和表面粗糙度

5.1 圆柱形铣刀表面不应有裂纹,切削刃应锋利,不应有崩刃、钝口以及磨削烧伤等影响使用性能的缺陷。

5.2 圆柱形铣刀表面粗糙度的上限值由表2中给出。

中华人民共和国国家质量监督检验检疫总局 2002-05-30 批准 2002-12-01 实施

表 2 μm

部　　位	表面粗糙度上限值
前面和后面	*Rz*6.3
内孔表面	*Ra*1.6
两支承端面	*Ra*1.6

6 标志和包装

6.1 标志

6.1.1 产品上应标志：

a）制造厂或销售商商标；

b）圆柱形铣刀外径和长度；

c）高速钢代号。

6.1.2 包装盒上应标志：

a）制造厂或销售商名称、地址、商标；

b）圆柱形铣刀标记；

c）高速钢代号或牌号；

d）件数；

e）制造年月。

6.2 包装

圆柱形铣刀包装前应进行防锈处理。包装必须牢靠，防止运输过程中的损伤。

附　录　A
（提示的附录）
圆柱形铣刀圆跳动的检测方法

A1　检测器具

分度值为 0.01 mm 的指示表及表座、锥度芯轴、跳动测量仪。

A2　检测方法

检测示意图见图 A1。

A2.1　圆周刃对内孔轴线的径向圆跳动

将铣刀装在锥度芯轴上，置于跳动测量仪两顶尖之间。指示表测头垂直触靠在圆周刃上，旋转芯轴一周，取指示表读数的最大值和最小值之差为一转圆跳动值，取指示表相邻齿读数差绝对值的最大值为相邻齿的圆跳动值。

A2.2　两支承端面对内孔轴线的端面圆跳动

铣刀的装夹同 A2.1。指示表测头垂直触靠在靠近铣刀齿根槽的端面上，旋转芯轴一周，取指示表读数的最大值和最小值之差为端面圆跳动。

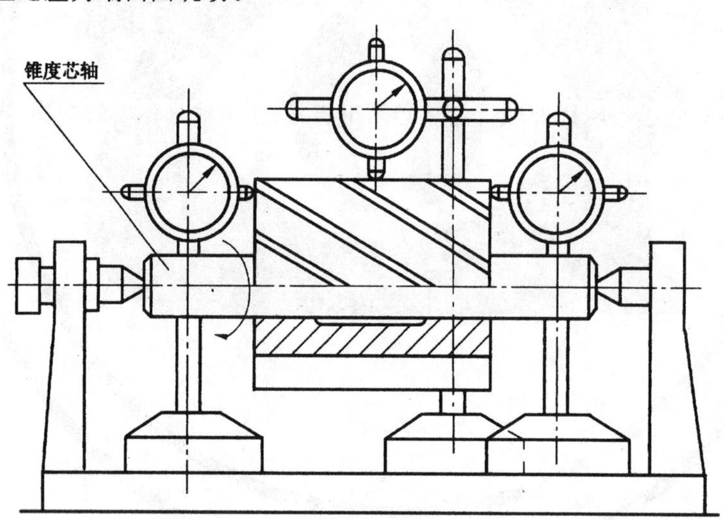

图 A1

前　　言

本标准等效采用国际标准 ISO 2585:1972《直孔键传动的槽铣刀　米制系列》。本标准与 ISO 2585 的主要差别如下：

——在范围中增加了“其加工的键槽精度为 H9”的内容；

——在表 1 中增加了“L”尺寸的公差“K8”；

——增加了标记示例的条款。

本标准是对 GB/T 1119—1985 标准中“尖齿槽铣刀型式和尺寸”内容的修订。

本标准与 GB/T 1119—1985 相比主要变化如下：

——增加了“前言”、“ISO 前言”、“范围”、“引用标准”的内容；

——在表 1 中取消了 γ_0、α_0、K_r、f、齿数等参考尺寸，对铣刀的部分规格进行了调整。

GB/T 1119 在《尖齿槽铣刀》总标题下，包括两个部分：

第 1 部分(GB/T 1119.1)：型式和尺寸；

第 2 部分(GB/T 1119.2)：技术条件。

本标准是第 1 部分。

本标准自实施之日起，同时代替 GB/T 1119—1985 中“型式和尺寸”的内容。

本标准由中国机械工业联合会提出。

本标准由全国刀具标准化技术委员会归口。

本标准负责起草单位：成都工具研究所、河南第一工具厂、常熟量具刃具厂。

本标准主要起草人：夏千、赵建敏、王俊生。

ISO 前言

ISO(国际标准化组织)是一个世界性的国家标准团体(ISO 成员体)的联盟。国际标准的制定一般由 ISO 技术委员会进行。每一个成员体如对某个为此已建立技术委员会的项目感兴趣,均有权派代表参加该技术委员会工作。与 ISO 有联系的政府性和非政府性的国际组织也可参加国际标准工作。

由技术委员会提出的国际标准草案,在 ISO 理事会接受为国际标准之前,均提交给成员体进行投票。

国际标准 ISO 2585 是由 ISO/TC 29(工具)技术委员会起草的。

本标准在 1972 年 2 月由下列成员体投了赞成票:

奥地利	意大利	瑞士
比利时	日本	泰国
埃及	波兰	土耳其
法国	罗马尼亚	英国
匈牙利	南非	美国
印度	西班牙	苏联
以色列	瑞典	

下列成员体基于技术原因对该标准投了反对票:

捷克斯洛伐克

中华人民共和国国家标准

尖齿槽铣刀 第1部分:型式和尺寸

GB/T 1119.1—2002
eqv ISO 2585:1972
代替 GB/T 1119—1985

Flat relieved tooth slotting cutters—
Part 1:The types and dimensions

1 范围

本标准规定了尖齿槽铣刀的型式和尺寸。

本标准适用于外径 50 mm～200 mm、厚度 4 mm～40 mm 的尖齿槽铣刀,其加工的键槽精度为 H9。

2 引用标准

下列标准所包含的条文,通过在本标准中引用而构成为本标准的条文。本标准出版时,所示版本均为有效。所有标准都会被修订,使用本标准的各方应探讨使用下列标准最新版本的可能性。

GB/T 6132—1993 铣刀和铣刀刀杆的互换尺寸

3 型式和尺寸

3.1 尖齿槽铣刀的型式按图1所示,尺寸由表1中给出。键槽的尺寸按 GB/T 6132 的规定。

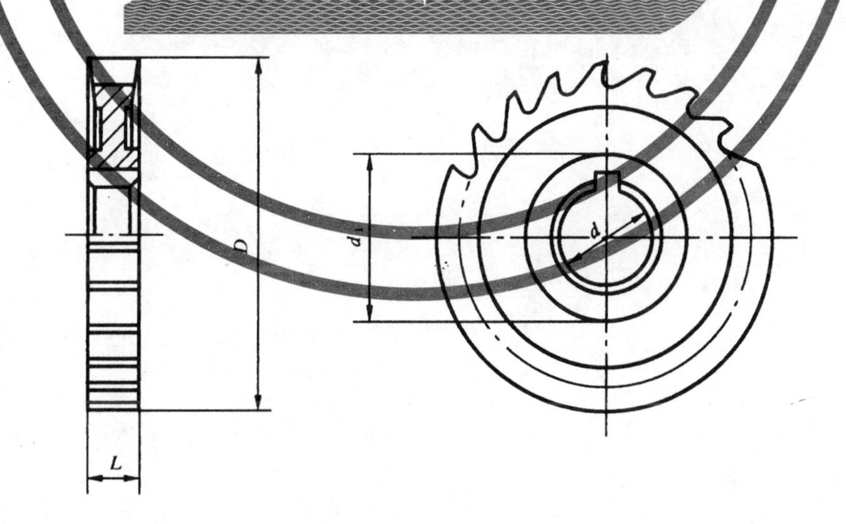

图 1

中华人民共和国国家质量监督检验检疫总局 2002-05-30 批准 2002-12-01 实施

表 1

mm

D Js16	d H7	d_1 最小	L K8															
			4	5	6	8	10	12	14	16	18	20	22	25	28	32	36	40
50	16	27	×	×	×	×	×											
63	22	34	×	×	×	×	×	×	×									
80	27	41		×	×	×	×	×	×	×	×							
100	32	47			×	×	×	×	×	×	×	×	×	×				
125						×	×	×	×	×	×	×	×	×				
160	40	55					×	×	×	×	×	×	×	×	×	×		
200								×	×	×	×	×	×	×	×	×	×	×

注

1 ×表示有此规格；

2 根据被加工零件公差的不同，厚度 L 公差可按供需双方协议确定，并在产品上标注。

3.2 标记示例

外径 D=50 mm，厚度 L=6 mm 的尖齿槽铣刀：

尖齿槽铣刀 50×6 GB/T 1119.1—2002

前　　言

本标准是对 GB/T 1119—1985 标准中“尖齿槽铣刀技术条件”内容的修订。

本标准在原标准上增加了“前言”、“范围”、“引用标准”、“附录 A　尖齿槽铣刀圆跳动的检测方法”等内容。各章中条号及内容也稍做改变。

GB/T 1119 在《尖齿槽铣刀》总标题下，包括两个部分：

第 1 部分(GB/T 1119.1)：型式和尺寸；

第 2 部分(GB/T 1119.2)：技术条件。

本标准是第 2 部分。

本标准的附录 A 是提示的附录。

本标准自实施之日起，同时代替 GB/T 1119—1985 中“技术条件”的内容。

本标准由中国机械工业联合会提出。

本标准由全国刀具标准化技术委员会归口。

本标准负责起草单位：成都工具研究所、河南第一工具厂、常熟量具刃具厂。

本标准主要起草人：夏千、赵建敏、王俊文。

中华人民共和国国家标准

尖齿槽铣刀 第2部分:技术条件

GB/T 1119.2—2002

代替 GB/T 1119—1985

Flat relieved tooth slotting cutters—
Part 2:The technical specifications

1 范围

本标准规定了尖齿槽铣刀的尺寸、材料和硬度、外观和表面粗糙度、标志和包装的技术要求。

本标准适用于按GB/T 1119.1生产的尖齿槽铣刀。

2 引用标准

下列标准所包含的条文,通过在本标准中引用而构成为本标准的条文。本标准出版时,所示版本均为有效。所有标准都会被修订,使用本标准的各方应探讨使用下列标准最新版本的可能性。

GB/T 1119.1—2002 尖齿槽铣刀 第1部分:型式和尺寸

3 尺寸

3.1 尖齿槽铣刀的位置公差由表1中给出。

表1

mm

项目		公差	
		$D \leqslant 80$	$D > 80$
圆周刃对内孔轴线的径向圆跳动	一转	0.04	0.05
	相邻齿	0.02	0.025
齿侧面对内孔轴线的端面圆跳动	一转	0.03	0.04
	相邻齿	0.015	0.02
外径锥度		0.03	
注:圆跳动的检测方法按附录A(提示的附录)的规定。			

4 材料和硬度

4.1 尖齿槽铣刀用W6Mo5Cr4V2或其他同等性能的高速钢制造。

4.2 尖齿槽铣刀工作部分的硬度为63 HRC~66 HRC。

5 外观和表面粗糙度

5.1 尖齿槽铣刀表面不应有裂纹,切削刃应锋利,不应有崩刃、钝口以及磨削烧伤等影响使用性能的缺陷。

中华人民共和国国家质量监督检验检疫总局2002-05-30批准 2002-12-01实施

5.2　尖齿槽铣刀表面粗糙度的上限值由表2中给出。

表2　μm

部　　位	表面粗糙度上限值
前面和后面	Rz6.3
内孔表面	Ra1.6
两侧隙面和两支承端面	Ra1.6

6　标志和包装

6.1　标志

6.1.1　产品上应标志：

a）制造厂或销售商商标；

b）尖齿槽铣刀外径和厚度；

c）高速钢代号。

6.1.2　包装盒上应标志：

a）制造厂或销售商名称、地址、商标；

b）尖齿槽铣刀标记；

c）高速钢代号或牌号；

d）件数；

e）制造年月。

6.2　包装

尖齿槽铣刀包装前应进行防锈处理。包装必须牢靠，防止运输过程中的损伤。

附　录　A
（提示的附录）
尖齿槽铣刀圆跳动的检测方法

A1　检测器具

分度值为0.01 mm指示表及表架、带凸台芯轴、跳动测量仪。

A2　检测方法

检测示意图见图A1。

A2.1　圆周刃对内孔轴线的径向圆跳动

将铣刀装在带凸台的芯轴上（芯轴与铣刀内孔应选配）置于跳动测量仪两顶尖之间。指示表测头垂直触靠在圆周刃上，旋转芯轴一周，取指示表读数的最大值和最小值之差为一转圆跳动值，取指示表相邻齿读数差绝对值的最大值为相邻齿的圆跳动值。

A2.2　齿侧面对内孔轴线的端面圆跳动

铣刀的装夹同A2.1。指示表测头垂直触靠在铣刀齿侧面（f处），旋转芯轴一周，取指示表读数的最大值和最小值之差为端面圆跳动值，取指示表相邻齿读数差绝对值的最大值为相邻齿的圆跳动值。

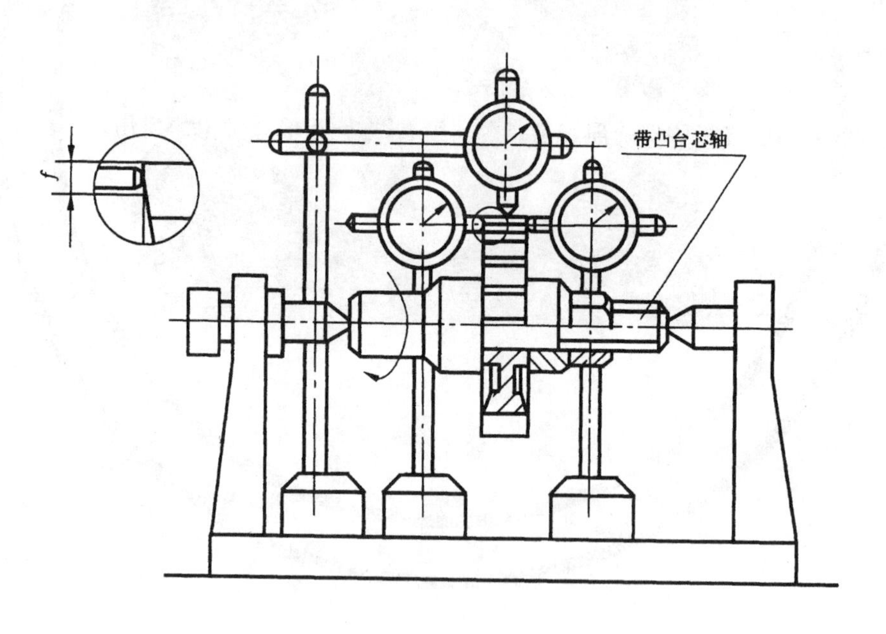

图A1

ICS 25.100.20
J 41

中华人民共和国国家标准

GB/T 1124.1—2007
代替 GB/T 1124.1—1996,GB/T 1124.2—1996

凸凹半圆铣刀　第1部分:型式和尺寸

Convex and concave milling cutters—Part 1:The types and dimensions

(ISO 3860:1976,Bore cutters with key drive—
Form milling cutters with constant profile,MOD)

2007-06-25 发布　　2007-11-01 实施

中华人民共和国国家质量监督检验检疫总局
中国国家标准化管理委员会　发布

前　言

GB/T 1124《凸凹半圆铣刀》分为两个部分：

——第1部分：型式和尺寸；

——第2部分：技术条件。

本部分为GB/T 1124的第1部分。

本部分修改采用ISO 3860:1976《带孔和键传动的铣刀　具有固定齿形的成型铣刀》(英文版)。

本部分根据ISO 3860:1976重新起草。

本部分与ISO 3860:1976相比有下列技术差异和编辑性的修改：

——规范性引用文件列项中，取消了ISO 523《外径的推荐系列》；

——ISO 240用我国国家标准GB/T 6132《铣刀和铣刀刀杆的互换尺寸》代替；

——“本国际标准”一词改为“本部分”；

——用小数点“.”代替作为小数点的逗号“,”；

——删除了国际标准的前言；

——删除了国际标准中的圆角铣刀的型式和尺寸。

本部分代替GB/T 1124.1—1996《凸凹半圆铣刀　第1部分：凹半圆铣刀的型式和尺寸》和GB/T 1124.2—1996《凸凹半圆铣刀　第2部分：凸半圆铣刀的型式和尺寸》。

本部分与GB/T 1124.1—1996和GB/T 1124.2—1996相比主要变化如下：

——将两个部分合并成一个部分。

本部分由中国机械工业联合会提出。

本部分由全国刀具标准化技术委员会(SAC/TC 91)归口。

本部分起草单位：成都工具研究所。

本部分主要起草人：刘玉玲。

本部分所代替标准的历次版本发布情况为：

——GB/T 1124.1—1996；

——GB/T 1124.2—1996。

凸凹半圆铣刀　第1部分:型式和尺寸

1　范围

本部分规定了凸半圆铣刀和凹半圆铣刀的型式和尺寸。

本部分适用于刀齿圆弧半径为1 mm～20 mm的凸半圆铣刀和凹半圆铣刀。

2　规范性引用文件

下列文件中的条款通过GB/T 1124的本部分的引用而成为本部分的条款。凡是注日期的引用文件,其随后所有的修改单(不包括勘误的内容)或修订版均不适用于本部分,然而,鼓励根据本部分达成协议的各方研究是否可使用这些文件的最新版本。凡是不注日期的引用文件,其最新版本适用于本部分。

GB/T 6132　铣刀和铣刀刀杆的互换尺寸(GB/T 6132—2006,ISO 240:1994,IDT)

3　型式和尺寸

3.1　凸半圆铣刀的型式和尺寸按图1和表1,键槽尺寸和偏差按GB/T 6132的规定。

图1　凸半圆铣刀

表1

单位为毫米

R k11	d js16	D H7	L $^{+0.30}_{0}$
1	50	16	2
1.25			2.5
1.6			3.2
2			4
2.5	63	22	5
3			6
4			8
5			10

表 1（续）

单位为毫米

R k11	d js16	D H7	L +0.30 0
6	80	27	12
8			16
10	100	32	20
12			24
16	125		32
20			40

3.2 凹半圆铣刀的型式和尺寸按图 2 和表 2，键槽尺寸和偏差按 GB/T 6132 的规定。

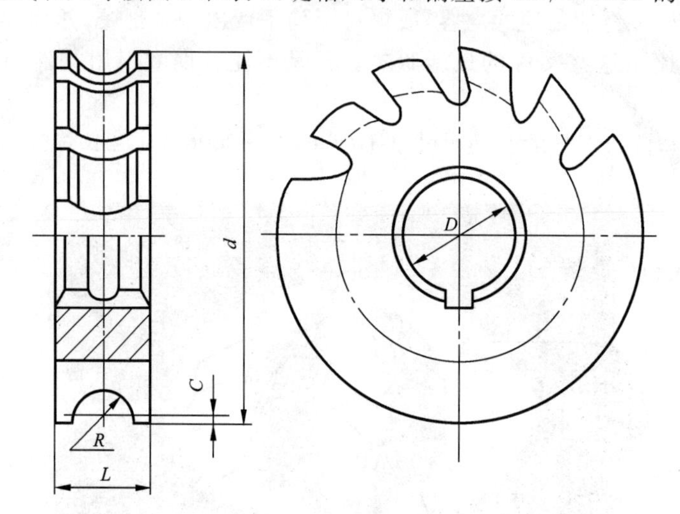

图 2 凹半圆铣刀

表 2

单位为毫米

R N11	d js16	D H7	L js16	C
1	50	16	6	0.2
1.25				
1.6			8	0.25
2			9	
2.5	63	22	10	0.3
3			12	
4			16	0.4
5			20	0.5
6	80	27	24	0.6
8			32	0.8
10	100	32	36	1.0
12			40	1.2
16	125		50	1.6
20			60	2.0

3.3 标记示例

R=10 mm的凸半圆铣刀为：

凸半圆铣刀 R10 GB/T 1124.1—2007

R=10 mm的凹半圆铣刀为：

凹半圆铣刀 R10 GB/T 1124.1—2007

ICS 25.100.20
J 41

中华人民共和国国家标准

GB/T 1124.2—2007
代替 GB/T 1124.3—1996

凸凹半圆铣刀 第2部分:技术条件

Convex and concave milling cutters—Part 2: Technical specifications

2007-09-10 发布　　2007-11-01 实施

中华人民共和国国家质量监督检验检疫总局
中国国家标准化管理委员会　发布

前 言

GB/T 1124《凸凹半圆铣刀》分为两个部分：

——第1部分：型式和尺寸；

——第2部分：技术条件。

本部分为GB/T 1124的第2部分。

本部分代替GB/T 1124.3—1996《凸凹半圆铣刀 技术条件》。

本部分与GB/T 1124.3—1996相比主要变化如下：

——在凹半圆铣刀的位置公差表2中，公差由$R6$ mm～$R12$ mm分为：$R=6$ mm～8 mm和$R=10$ mm～12 mm两段。

——将4.1条中的“磨退火”修改为“磨削烧伤”。

——取消了原标准中的性能试验部分。

本部分的附录A为规范性附录。

本部分由中国机械工业联合会提出。

本部分由全国刀具标准化技术委员会(SAC/TC 91)归口。

本部分起草单位：成都工具研究所。

本部分主要起草人：刘玉玲。

本部分所代替标准的历次版本发布情况为：

——GB/T 1124.3—1996。

凸凹半圆铣刀　第2部分：技术条件

1　范围

本部分规定了凸半圆铣刀和凹半圆铣刀的位置公差、材料和硬度、外观和表面粗糙度、标志和包装的基本要求。

本部分适用于刀齿圆弧半径为1 mm～20 mm的凸凹半圆铣刀。

2　位置公差

2.1　凸半圆铣刀的位置公差按表1。

表1

单位为毫米

项目		公差			
		R=1～2	R=2.5～5	R=6～12	R=16～20
齿形对内孔轴线的径向圆跳动	一转	0.060		0.080	0.100
	相邻	0.045	0.035	0.045	0.055
齿形上任意两相同直径的点各自到同侧端面的距离差		0.200			
两端面平行度		0.020			
注：齿形对内孔轴线的径向圆跳动检测方法见附录A。					

2.2　凹半圆铣刀的位置公差按表2。

表2

单位为毫米

项目		公差			
		R=1～5	R=6～8	R=10～12	R=16～20
齿形对内孔轴线的径向圆跳动	一转	0.060	0.080		0.100
	相邻	0.035	0.045		0.055
齿形上任意两相同直径的点各自到同侧端面的距离差		0.20		0.30	
两端面平行度		0.020			
注：齿形对内孔轴线的径向圆跳动检测方法见附录A。					

3　材料和硬度

凸凹半圆铣刀用W6Mo5Cr4V2或同等性能的高速钢制造，硬度为63 HRC～66 HRC。

4　外观和表面粗糙度

4.1　凸凹半圆铣刀不得有裂纹，切削刃应锋利，不得有崩刃、钝口和磨削烧伤等影响使用性能的缺陷。

4.2　表面粗糙度的上限值：

——前面：Rz 6.3 μm；

——内孔表面：Ra 1.25 μm；

——两支承端面：Ra 1.25 μm；

——齿背面：Ra 2.5 μm。

5 标志和包装

5.1 标志

5.1.1 产品上应标志：

——制造厂或销售商的商标；

——凸凹半圆铣刀的圆弧半径 R；

——高速钢代号。

5.1.2 包装盒上应标志：

——制造厂或销售商的名称、地址和商标；

——凸凹半圆铣刀的标记；

——高速钢代号或牌号；

——件数；

——制造年月。

5.2 包装

凸凹半圆铣刀在包装前应经防锈处理。包装应牢固，防止运输过程中损伤。

附　录　A
（规范性附录）
凸凹半圆铣刀齿形对内孔轴线的径向圆跳动检测方法

A.1　检测器具

分度值为 0.002 mm 的指示表、表座、带凸台芯轴及铣刀跳动检查仪。

A.2　检测方法

将刀具装在带凸台的芯轴上（芯轴应与刀具内孔选配），置于铣刀跳动检查仪两顶尖之间，指示表测头触及刀齿圆弧中间，且与刀具内孔轴线垂直，凸半圆铣刀如图 A.1，凹半圆铣刀如图 A.2。然后旋转芯轴一周，取指示表读数的最大值与最小值之差为一转跳动，取相邻齿读数差绝对值的最大值为相邻齿跳动。

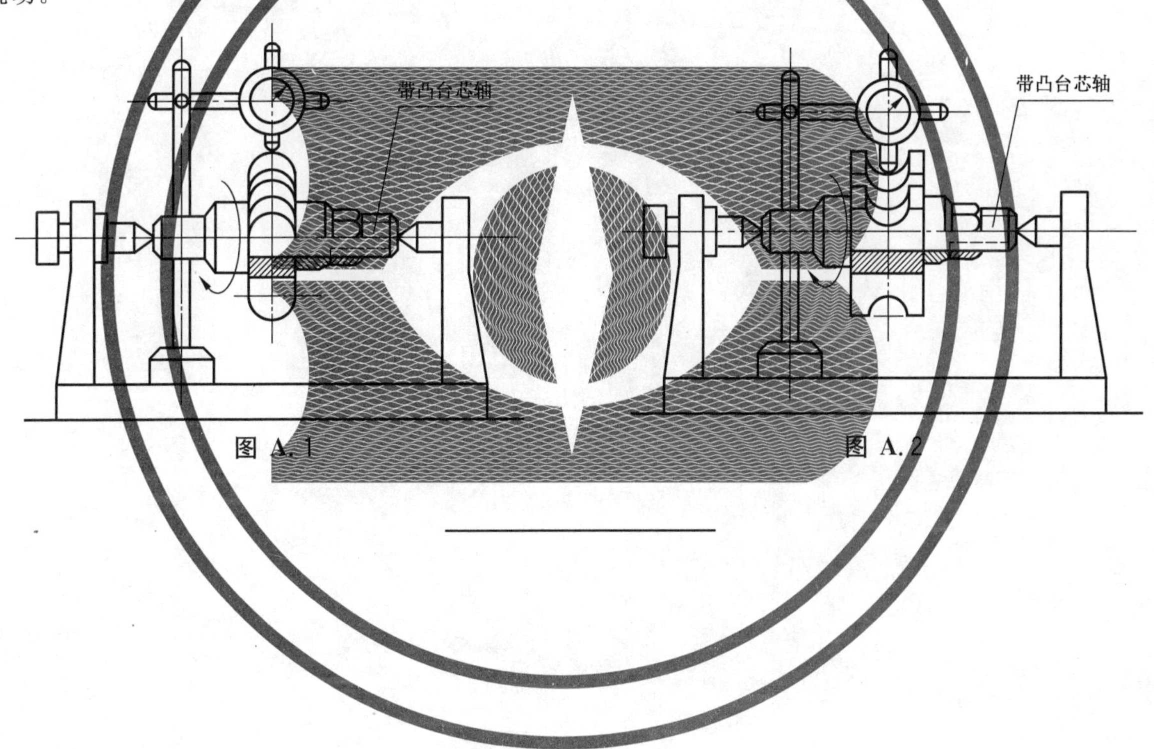

图 A.1　　图 A.2

ICS 25.100.20
J 41

中华人民共和国国家标准

GB/T 1127—2007
代替 GB/T 1127—1997

半圆键槽铣刀

Woodruff keyseat cutters

(ISO 12197:1996,Woodruff keyseat cutters—Dimensions,MOD)

2007-07-26 发布　　　　2007-12-01 实施

中华人民共和国国家质量监督检验检疫总局
中国国家标准化管理委员会　发布

前　言

本标准修改采用 ISO 12197:1996《半圆键槽铣刀　尺寸》(英文版)。

本标准根据 ISO 12197:1996 重新起草。

本标准与 ISO 12197:1996 相比有下列差异:

——删除了国际标准的前言,增加了前言;

——“本国际标准”改为“本标准”;

——用小数点‘.’代替作为小数点的逗号‘,’;

——规范性引用文件中的国际标准用我国国家标准替代,并增加了其他相应国家标准;

——名称由《半圆键槽铣刀　尺寸》改为《半圆键槽铣刀》;

——增加了 2°斜削平直柄半圆键槽铣刀和螺纹柄半圆键槽铣刀的型式和尺寸;

——键的基本尺寸表示由宽×高,改为宽×直径;

——按铣刀加工方式和直齿、螺旋齿之区别将铣刀型式分为 A、B、C 三种不同型式;

——铣刀直径变化如下:基本尺寸加大 0.5 mm,极限偏差由${}^{+0.5}_{+0.4}$(${}^{+0.5}_{+0.3}$)改为 h11;

——增加了标记示例;

——增加了技术要求;

——增加了标志和包装;

——增加了参考文献。

本标准代替 GB/T 1127—1997《半圆键槽铣刀》。

本标准与 GB/T 1127—1997 相比主要变化如下:

——修改了规范性引用文件;

——删除了性能试验;

——标记示例增加了 2°斜削平直柄半圆键槽铣刀和螺纹柄半圆键槽铣刀。

本标准由中国机械工业联合会提出。

本标准由全国刀具标准化技术委员会(SAC/TC 91)归口。

本标准起草单位:成都工具研究所。

本标准主要起草人:曾宇环、查国兵、樊英杰。

本标准所代替标准的历次版本发布情况为:

——GB 1127—73、GB 1127—81、GB/T 1127—1997。

半圆键槽铣刀

1 范围

本标准规定了半圆键槽铣刀的尺寸、材料和硬度、外观和表面粗糙度、标志和包装等基本要求。按本标准生产的铣刀适用于按GB/T 1098生产的半圆键槽。

本标准适用于半圆键槽铣刀。

2 规范性引用文件

下列文件中的条款通过本标准的引用而成为本标准的条款。凡是注日期的引用文件，其随后所有的修改单(不包括勘误的内容)或修订版均不适用于本标准，然而，鼓励根据本标准达成协议的各方研究是否可使用这些文件的最新版本。凡是不注日期的引用文件，其最新版本适用于本标准。

GB/T 1098 半圆键、键和键槽的剖面尺寸

GB/T 6131.1 铣刀直柄 第1部分:普通直柄的型式和尺寸(GB/T 6131.1—2006,ISO 3338-1:1996,IDT)

GB/T 6131.2 铣刀直柄 第2部分:削平直柄的型式和尺寸(GB/T 6131.2—2006,ISO 3338-2:1996,MOD)

GB/T 6131.3 铣刀直柄 第3部分:2°斜削平直柄的型式和尺寸

GB/T 6131.4 铣刀直柄 第4部分:螺纹柄的型式和尺寸(GB/T 6131.4—2006,ISO 3338-3:1996,IDT)

3 尺寸

3.1 型式和尺寸

半圆键槽铣刀的型式见图1~图4,尺寸在表1中给出。

4种半圆键槽铣刀的柄部按以下规定:

——直柄半圆键槽铣刀按照GB/T 6131.1;

——削平直柄半圆键槽铣刀按照GB/T 6131.2;

——2°斜削平直柄半圆键槽铣刀按照GB/T 6131.3;

——螺纹柄半圆键槽铣刀按照GB/T 6131.4。

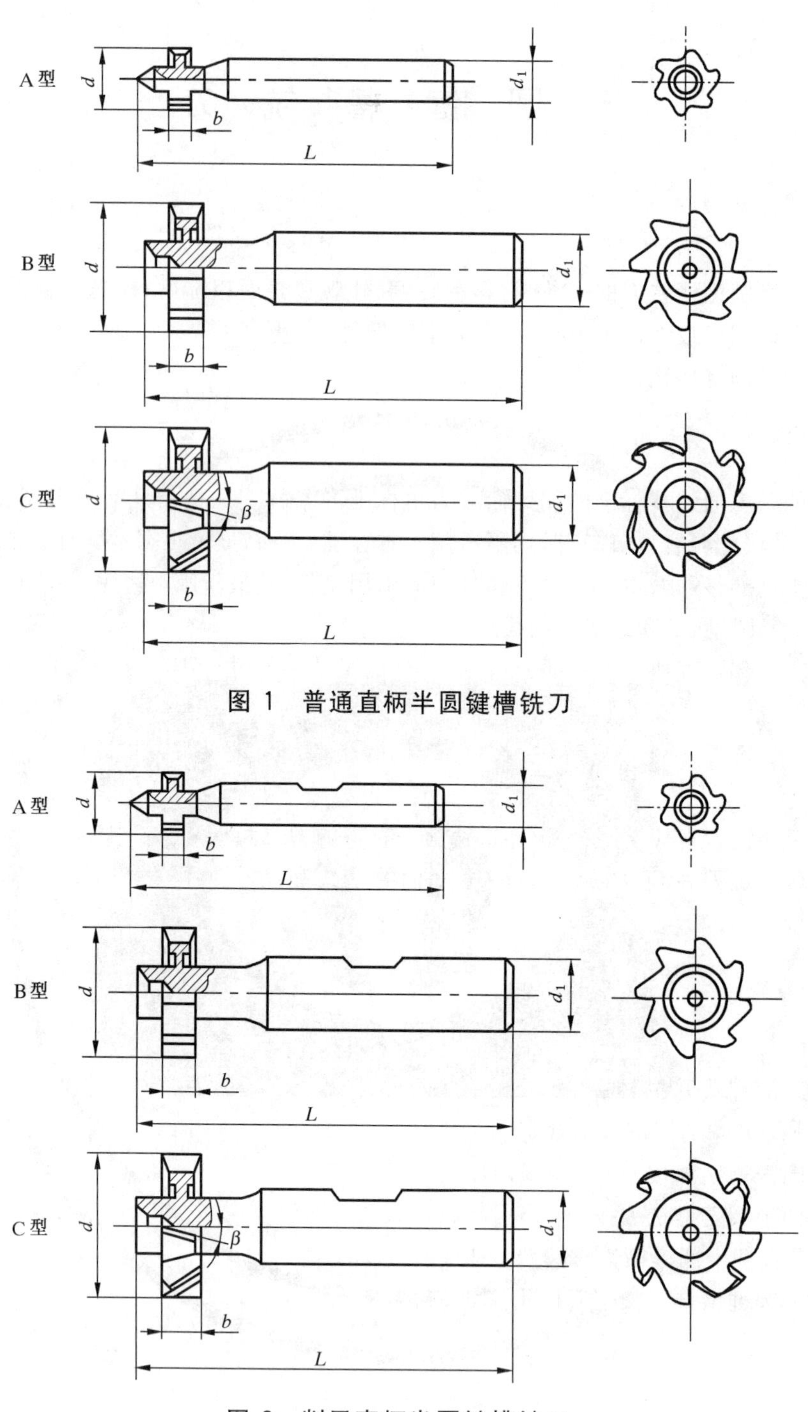

图 1　普通直柄半圆键槽铣刀

图 2　削平直柄半圆键槽铣刀

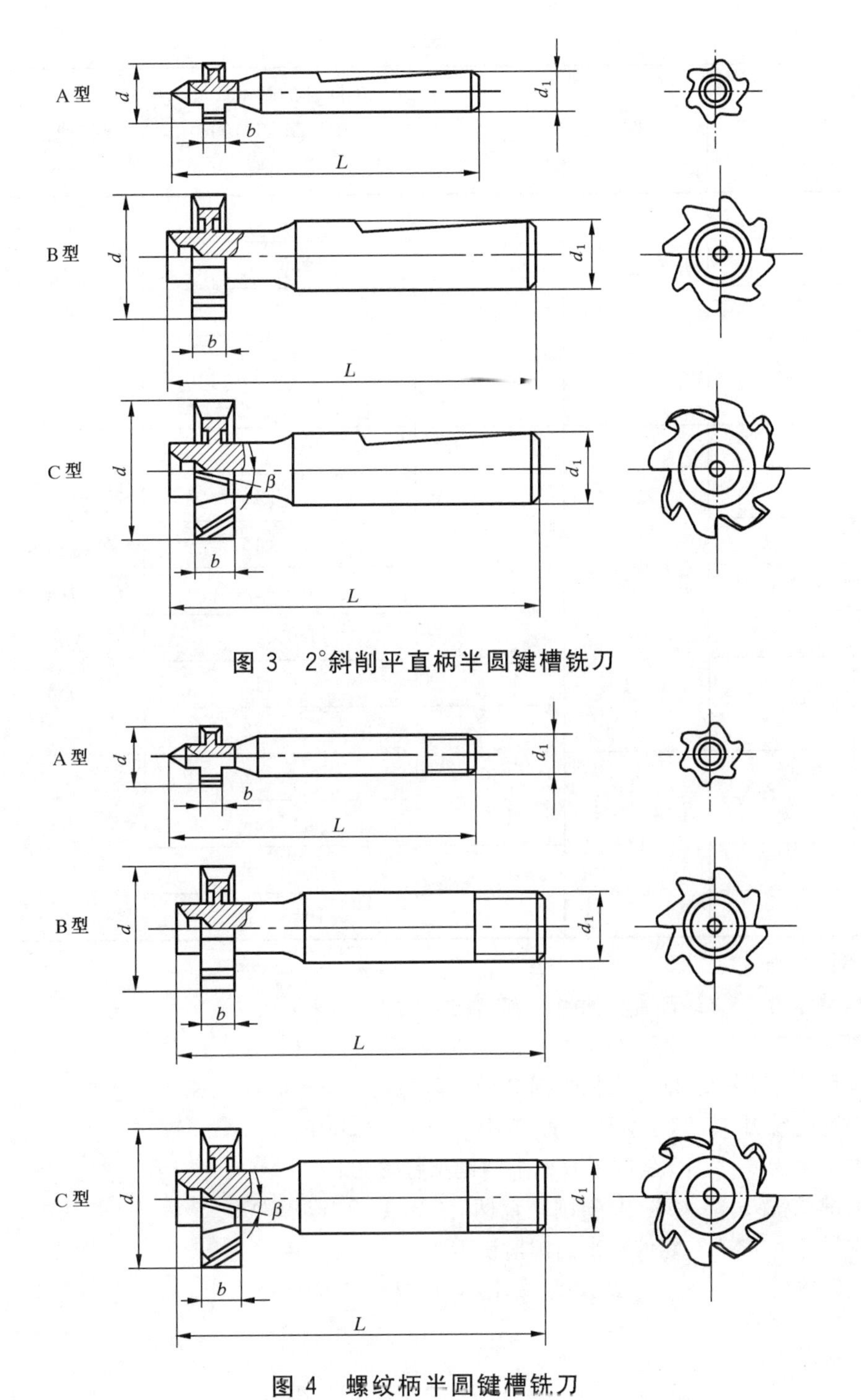

图3　2°斜削平直柄半圆键槽铣刀

图4　螺纹柄半圆键槽铣刀

表 1

单位为毫米

<table>
<tr><th>d
h11</th><th>b
e8</th><th>d_1</th><th>L
js18</th><th>半圆键的基本尺寸
(按照 GB/T 1098)
宽×直径</th><th>铣刀型式</th><th>β</th></tr>
<tr><td>4.5</td><td>1.0</td><td rowspan="5">6</td><td rowspan="5">50</td><td>1.0×4</td><td rowspan="5">A</td><td rowspan="12">—</td></tr>
<tr><td rowspan="2">7.5</td><td>1.5</td><td>1.5×7</td></tr>
<tr><td rowspan="2">2.0</td><td>2.0×7</td></tr>
<tr><td rowspan="2">10.5</td><td>2.0×10</td></tr>
<tr><td>2.5</td><td>2.5×10</td></tr>
<tr><td>13.5</td><td rowspan="2">3.0</td><td rowspan="7">10</td><td rowspan="6">55</td><td>3.0×13</td><td rowspan="7">B</td></tr>
<tr><td rowspan="3">16.5</td><td>3.0×16</td></tr>
<tr><td>4.0</td><td>4.0×16</td></tr>
<tr><td>5.0</td><td>5.0×16</td></tr>
<tr><td rowspan="2">19.5</td><td>4.0</td><td>4.0×19</td></tr>
<tr><td rowspan="2">5.0</td><td>5.0×19</td></tr>
<tr><td rowspan="2">22.5</td><td rowspan="3">60</td><td>5.0×22</td></tr>
<tr><td rowspan="2">6.0</td><td rowspan="4">12</td><td>6.0×22</td><td rowspan="4">C</td><td rowspan="4">12°</td></tr>
<tr><td>25.5</td><td>6.0×25</td></tr>
<tr><td>28.5</td><td>8.0</td><td rowspan="2">65</td><td>8.0×28</td></tr>
<tr><td>32.5</td><td>10.0</td><td>10.0×32</td></tr>
</table>

3.2 标记示例

键的基本尺寸为 6×22,普通直柄半圆键槽铣刀为:

半圆键槽铣刀 6×22 GB/T 1127—2007

键的基本尺寸为 6×22,削平直柄半圆键槽铣刀为:

半圆键槽铣刀 6×22 削平直柄 GB/T 1127—2007

键的基本尺寸为 6×22,2°斜削平直柄半圆键槽铣刀为:

半圆键槽铣刀 6×22 2°斜削平直柄 GB/T 1127—2007

键的基本尺寸为 6×22,螺纹柄半圆键槽铣刀为:

半圆键槽铣刀 6×22 螺纹柄 GB/T 1127—2007

4 技术要求

4.1 尺寸

半圆键槽铣刀的位置公差在表 2 中给出。

表 2

单位为毫米

项　　目	公　差
圆周刃对柄部轴线的径向圆跳动	0.05
两侧刃(面)对柄部轴线的端面圆跳动	0.02
注:半圆键槽铣刀圆跳动的检测方法参见 GB/T 6125。	

4.2 材料和硬度

4.2.1 材料

半圆键槽铣刀工作部分用 W6Mo5Cr4V2 或同等性能的高速钢制造。

4.2.2 硬度

工作部分硬度：外径 $d \leqslant 7.5$ mm，硬度为 62 HRC～65 HRC；

外径 $d > 7.5$ mm，硬度为 63 HRC～66 HRC。

柄部硬度：普通直柄和螺纹柄，不低于 30 HRC；

削平直柄和 2°斜削平直柄，不低于 50 HRC。

4.3 外观和表面粗糙度

4.3.1 半圆键槽铣刀切削刃应锋利，表面不得有裂纹、崩刃、钝口以及磨削烧伤等影响使用性能的缺陷。焊接铣刀在焊缝处不得有砂眼和未焊透现象。

4.3.2 半圆键槽铣刀表面粗糙度的上限值按下列规定：

——刀齿的前面和后面：Rz 6.3 μm；

——两侧面：Rz 6.3 μm；

——柄部：Ra 1.25 μm。

5 标志和包装

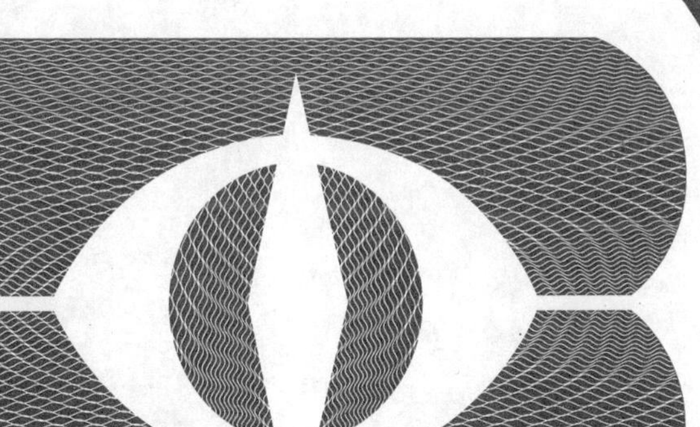

5.1 标志

5.1.1 产品上应标志：

a) 制造厂或销售商商标；

b) 半圆键的基本尺寸；

c) 高速钢代号(HSS)。

5.1.2 包装盒上应标志：

a) 制造厂或销售商名称、地址和商标；

b) 半圆键槽铣刀标记；

c) 材料牌号或代号；

d) 件数；

e) 制造年月。

注：如包装盒太小，也可在合格证、说明书等包装盒内文件上标志部分内容。

5.2 包装

半圆键槽铣刀在包装前应经防锈处理。包装必须牢靠，并能防止运输过程中的损伤。

参 考 文 献

GB/T 6125　T型槽铣刀　技术条件

ICS 25.100.30
J 41

中华人民共和国国家标准

GB/T 1131.1—2004
代替 GB/T 1131—1984 部分

手用铰刀 第1部分：型式和尺寸

Hand reamers—Part 1：Types and dimensions

(ISO 236-1：1976，Hand reamers，MOD)

2004-02-10 发布 2004-08-01 实施

中华人民共和国国家质量监督检验检疫总局
中国国家标准化管理委员会 发布

前　言

GB/T 1131《手用铰刀》分为两个部分：

——第1部分：型式和尺寸；

——第2部分：技术条件。

本部分为GB/T 1131的第1部分。

本部分修改采用ISO 236-1:1976《手用铰刀》(英文版)。

本部分与ISO 236-1:1976相比有下列技术差异和按GB/T 1.1进行编辑性修改：

——规范性引用文件中，取消了ISO 236-2《莫氏锥柄长刃机用铰刀》、取消了ISO 521《直柄或莫氏锥柄机用铰刀》；ISO 237用GB/T 4267《直柄回转工具柄部直径和传动方头尺寸》代替；增加了GB/T 4246《铰刀特殊公差》；

——增加了标记示例；

——增加了规范性附录A“加工H7、H8、H9级孔手用铰刀直径公差”；

——“本国际标准”一词改为“本部分”；

——用小数点“.”代替作为小数点的逗号“,”；

——删除了国际标准的前言；

本部分代替GB/T 1131—1984《手用铰刀》中的型式和尺寸部分。

本部分与GB/T 1131—1984相比主要变化如下：

——技术要求列入第2部分技术条件中；

——按ISO 236-1调整了直径范围；

——图用国际标准的简图表示，表面粗糙度列入技术条件中；

——按国际标准的表格，分为：长度公差、推荐直径和各相应尺寸、以直径分段的尺寸，并将英制尺寸列入其中；

——取消了GB/T 1131—1984表1中的参考尺寸：l_1、l_2、α、f和齿数；将表1中的总长L改为l，切削刃长l改为l_1；

——修改了手用铰刀的标记示例；

——增加了手用铰刀的直径公差：m6；

——增加了互换性；

——增加了规范性附录A“加工H7、H8、H9级孔手用铰刀直径公差”。

本部分的附录A为规范性附录。

本部分由中国机械工业联合会提出。

本部分由全国刀具标准化技术委员会(SAC/TC 91)归口。

本部分起草单位：成都工具研究所。

本部分主要起草人：刘玉玲、查国兵。

本部分所代替标准的历次发布情况：

——GB 1131—73、GB/T 1131—1984。

手用铰刀　第1部分:型式和尺寸

1　范围

本部分规定了手用铰刀的型式和尺寸。

本部分包括分别列出的三个表:

——直径和各相应尺寸,单位:毫米;

——直径和各相应尺寸,单位:英寸;

——以直径分段的尺寸,单位:毫米和英寸。

此外,还规定了长度、刃部直径和柄部直径的公差。

2　规范性引用文件

下列文件中的条款通过 GB/T 1131 的本部分的引用而成为本部分的条款。凡是注日期的引用文件,其随后所有的修改单(不包括勘误的内容)或修订版均不适用于本部分,然而,鼓励根据本部分达成协议的各方研究是否可使用这些文件的最新版本。凡是不注日期的引用文件,其最新版本适用于本部分。

GB/T 4246　铰刀特殊公差　(GB/T 4246—2004,ISO 522:1975,IDT)

GB/T 4267　直柄回转工具　柄部直径和传动方头的尺寸(GB/T 4267—2004,ISO 237:1975,IDT)

3　互换性

编制各尺寸表时,考虑了保证以毫米和英寸表示的各标准尺寸尽可能相等。

为此目的,将全部直径范围再细分成一系列尺寸分段。米制直径尺寸分段的极限值取自优先数系列,并直接转换成英制数值;同一直径分段中,米制和英制的长度保持相同。

然而,在两种计量单位制里,推荐直径是不同的,并且在同一直径分段中,推荐的直径数也是不同的。

4　柄部

柄部直径和切削刃部的直径相等。表2和表3所列的传动方头按 GB/T 4267 标准规定。

5　公差

5.1　切削部分

直径 d 在紧接切削锥之后测量。对于常备标准铰刀,直径 d 的公差为:m6,对于加工特定公差孔的铰刀直径公差按 GB/T 4246 设计,本部分的附录A给出了加工 H7、H8、H9 级孔的铰刀直径公差。

5.2　柄部

柄部直径公差为:h9。

5.3　长度

长度公差按表1规定。

对于特殊公差的铰刀,其长度可以从相邻的较大或较小的尺寸分段内选择,但公差应按表1的规定。

示例:直径为 4 mm 的特殊公差铰刀,长度 l_1 可取 35 mm,l 可取 71 mm;或者长度 l_1 可取 41 mm 和 l 可取 81 mm(见表4)。

表 1　长度公差

总长 l 和切削刃长 l_1				公差	
大于	至	大于	至		
mm		inch		mm	inch
6	30		1	±1	$\pm^1/_{32}$
30	120	1	4	±1.5	$\pm^1/_{16}$
120	315	4	12	±2	$\pm^3/_{32}$
315	1 000	12	40	±3	$\pm^1/_8$

6　尺寸

铰刀的尺寸按图 1 和表 2、表 3、表 4 的规定。

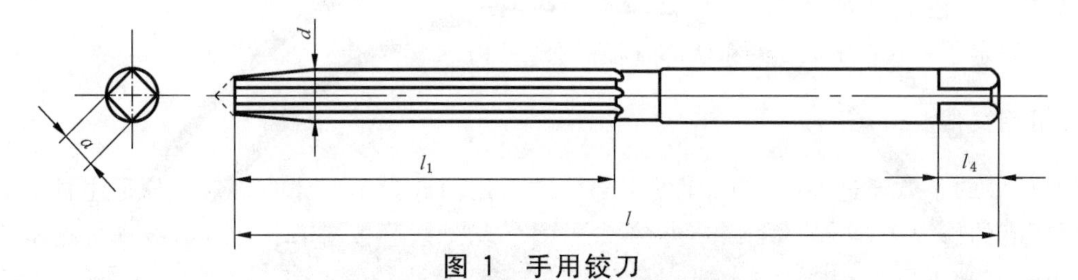

图 1　手用铰刀

表 2　米制系列的推荐直径和各相应尺寸

单位为毫米

d	l_1	l	a	l_4	d	l_1	l	a	l_4
(1.5)	20	41	1.12	4	22	107	215	18.00	22
1.6	21	44	1.25		(23)				
1.8	23	47	1.40		(24)	115	231	20.00	24
2.0	25	50	1.60		25				
2.2	27	54	1.80		(26)				
2.5	29	58	2.00		(27)	124	247	22.40	26
2.8	31	62	2.24	5	28				
3.0					(30)				
3.5	35	71	2.80		32	133	265	25.00	28
4.0	38	76	3.15	6	(34)	142	284	28.00	31
4.5	41	81	3.55		(35)				
5.0	44	87	4.00	7	36				
5.5	47	93	4.50		(38)	152	305	31.5	34
6.0					40				
7.0	54	107	5.60	8	(42)				
8.0	58	115	6.30	9	(44)	163	326	35.50	38
9.0	62	124	7.10	10	45				
10.0	66	133	8.00	11	(46)				
11.0	71	142	9.00	12	(48)	174	347	40.00	42
12.0	76	152	10.00	13	50				
(13.0)					(52)				
14.0	81	163	11.20	14	(55)	184	367	45.00	46
(15.0)					56				
16.0	87	175	12.50	16	(58)				
(17.0)					(60)				
18.0	93	188	14.00	18	(62)	194	387	50.00	51
(19.0)					63				
20.0	100	201	16.00	20	67				
(21.0)					71	203	406	56.00	56
注：括号内的尺寸尽量不采用。									

表 3 英制系列的推荐直径和各相应尺寸

单位为英寸

d	l_1	l	a	l_4	d	l_1	l	a	l_4
$^{1}/_{16}$	$^{13}/_{16}$	$1\,^{3}/_{4}$	0.049	$^{5}/_{32}$	$^{3}/_{4}$	$3\,^{15}/_{16}$	$7\,^{15}/_{16}$	0.630	$^{25}/_{32}$
$^{3}/_{32}$	$1\,^{1}/_{8}$	$2\,^{1}/_{4}$	0.079		($^{13}/_{16}$)				
$^{1}/_{8}$	$1\,^{5}/_{16}$	$2\,^{5}/_{8}$	0.098	$^{3}/_{16}$	$^{7}/_{8}$	$4\,^{3}/_{16}$	$8\,^{1}/_{2}$	0.709	$^{7}/_{8}$
$^{5}/_{32}$	$1\,^{1}/_{2}$	3	0.124	$^{1}/_{4}$	1	$4\,^{1}/_{2}$	$9\,^{1}/_{16}$	0.787	$^{15}/_{16}$
$^{3}/_{16}$	$1\,^{3}/_{4}$	$3\,^{7}/_{16}$	0.157	$^{9}/_{32}$	($1\,^{1}/_{16}$)	$4\,^{7}/_{8}$	$9\,^{3}/_{4}$	0.882	$1\,^{1}/_{32}$
$^{7}/_{32}$	$1\,^{7}/_{8}$	$3\,^{11}/_{16}$	0.177		$1\,^{1}/_{8}$				
$^{1}/_{4}$	2	$3\,^{15}/_{16}$	0.197	$^{5}/_{16}$	$1\,^{1}/_{4}$	$5\,^{1}/_{4}$	$10\,^{7}/_{16}$	0.984	$1\,^{3}/_{32}$
$^{9}/_{32}$	$2\,^{1}/_{8}$	$4\,^{3}/_{16}$	0.220		($1\,^{5}/_{16}$)				
$^{5}/_{16}$	$2\,^{1}/_{4}$	$4\,^{1}/_{2}$	0.248	$^{11}/_{32}$	$1\,^{3}/_{8}$	$5\,^{5}/_{8}$	$11\,^{3}/_{16}$	1.102	$1\,^{7}/_{32}$
$^{11}/_{32}$	$2\,^{7}/_{16}$	$4\,^{7}/_{8}$	0.280	$^{13}/_{32}$	($1\,^{7}/_{16}$)				
$^{3}/_{8}$	$2\,^{5}/_{8}$	$5\,^{1}/_{4}$	0.315	$^{7}/_{16}$	$1\,^{1}/_{2}$	6	12	1.240	$1\,^{11}/_{32}$
($^{13}/_{32}$)					($1\,^{5}/_{8}$)				
$^{7}/_{16}$	$2\,^{13}/_{16}$	$5\,^{5}/_{8}$	0.354	$^{15}/_{32}$	$1\,^{3}/_{4}$	$6\,^{7}/_{16}$	$12\,^{13}/_{16}$	1.398	$1\,^{1}/_{2}$
($^{15}/_{32}$)	3	6	0.394	$^{1}/_{2}$	($1\,^{7}/_{8}$)	$6\,^{7}/_{8}$	$13\,^{11}/_{16}$	1.575	$1\,^{21}/_{32}$
$^{1}/_{2}$					2				
$^{9}/_{16}$	$3\,^{3}/_{16}$	$6\,^{7}/_{16}$	0.441	$^{9}/_{16}$	$2\,^{1}/_{4}$	$7\,^{1}/_{4}$	$14\,^{7}/_{16}$	1.772	$1\,^{13}/_{16}$
$^{5}/_{8}$	$3\,^{7}/_{16}$	$6\,^{7}/_{8}$	0.492	$^{5}/_{8}$	$2\,^{1}/_{2}$	$7\,^{5}/_{8}$	$15\,^{1}/_{4}$	1.968	2
$^{11}/_{16}$	$3\,^{11}/_{16}$	$7\,^{7}/_{16}$	0.551	$^{23}/_{32}$	3	$8\,^{3}/_{8}$	$16\,^{11}/_{16}$	2.480	$2\,^{7}/_{16}$

注：括号内的尺寸尽量不采用。

表 4 以直径分段的尺寸

直径分段 d				长　度			
大于	至	大于	至	l_1	l	l_1	l
mm		inch		mm		inch	
1.32	1.50	0.052 0	0.059 1	20	41	$^{25}/_{32}$	$1\,^{5}/_{8}$
1.50	1.70	0.059 1	0.066 9	21	44	$^{13}/_{16}$	$1\,^{3}/_{4}$
1.70	1.90	0.066 9	0.074 8	23	47	$^{29}/_{32}$	$1\,^{7}/_{8}$
1.90	2.12	0.074 8	0.083 5	25	50	1	2
2.12	2.36	0.083 5	0.092 9	27	54	$1\,^{1}/_{16}$	$2\,^{1}/_{8}$

表 4(续)

直径分段 d				长　度			
大于	至	大于	至	l_1	l	l_1	l
mm		inch		mm		inch	
2.36	2.65	0.092 9	0.104 3	29	58	$1^1/_8$	$2^1/_4$
2.65	3. 00	0.104 3	0.118 1	31	62	$1^7/_{32}$	$2^7/_{16}$
3.00	3.35	0.118 1	0. 131 9	33	66	$1^5/_{16}$	$2^5/_8$
3.35	3.75	0. 131 9	0.147 6	35	71	$1^3/_8$	$2^{13}/_{16}$
3.75	4.25	0.147 6	0.167 3	38	76	$1^1/_2$	3
4.25	4. 75	0.167 3	0.1870	41	81	$1^5/_8$	$3^3/_{16}$
4.75	5.30	0.187 0	0.208 7	44	87	$1^3/_4$	$3^7/_{16}$
5.30	6. 00	0.208 7	0.236 2	47	93	$1^7/_8$	$3^{11}/_{16}$
6.00	6.70	0.236 2	0.263 8	50	100	2	$3^{15}/_{16}$
6.70	7.50	0.263 8	0.295 3	54	107	$2^1/_8$	$4^3/_{16}$
7.50	8.50	0.295 3	0.334 6	58	115	$2^1/_4$	$4^1/_2$
8.50	9.50	0.334 6	0.374 0	62	124	$2^7/_{16}$	$4^7/_8$
9.50	10.60	0.374 0	0.417 3	66	133	$2^5/_8$	$5^1/_4$
10.60	11.80	0. 417 3	0.464 6	71	142	$2^{13}/_{16}$	$5^5/_8$
11.80	13.20	0.464 6	0.519 7	76	152	3	6
13.20	15.00	0. 519 7	0.590 6	81	163	$3^3/_{16}$	$6^7/_{16}$
15.00	17.00	0.590 6	0.669 3	87	175	$3^7/_{16}$	$6^7/_8$
17.00	19.00	0.669 3	0.748 0	93	188	$3^{11}/_{16}$	$7^7/_{16}$
19.00	21.20	0.748 0	0.834 6	100	201	$3^{15}/_{16}$	$7^{15}/_{16}$
21.20	23.60	0.834 6	0.929 1	107	215	$4^3/_{16}$	$8^1/_2$
23.60	26.50	0.929 1	1.043 3	115	231	$4^1/_2$	$9^1/_{16}$
26.50	30.00	1.043 3	1.181 1	124	247	$4^7/_8$	$9^3/_4$
30.00	33.50	1.181 1	1.318 9	133	265	$5^1/_4$	$10^7/_{16}$
33.50	37.50	1.318 9	1.476 4	142	284	$5^5/_8$	$11^3/_{16}$

表 4(续)

直径分段 d				长　度			
大于	至	大于	至	l_1	l	l_1	l
mm		inch		mm		inch	
37.50	42.50	1.476 4	1.673 2	152	305	6	12
42.50	47.50	1.6732	1.8701	163	326	$6\ ^{7}/_{16}$	$12\ ^{13}/_{16}$
47.50	53.00	1.870 1	2.086 6	174	347	$6\ ^{7}/_{8}$	$13\ ^{11}/_{16}$
53.00	60.00	2.086 6	2.362 2	184	367	$7\ ^{1}/_{4}$	$14\ ^{7}/_{16}$
60.00	67.00	2.362 2	2.637 8	194	387	$7\ ^{5}/_{8}$	$15\ ^{1}/_{4}$
67.00	75.00	2.637 8	2.952 8	203	406	8	16
75.00	85.00	2.952 8	3.346 5	212	424	$8\ ^{3}/_{8}$	$16\ ^{11}/_{16}$

7　标记示例

直径 d=10 mm,公差为 m6 的手用铰刀为:手用铰刀　10　GB/T 1131.1—2004

直径 d=10 mm,加工 H8 级精度孔的手用铰刀为:手用铰刀　10　H8　GB/T 1131.1—2004

附　录　A
（规范性附录）
加工 H7、H8、H9 级孔的手用铰刀直径公差

表 A.1

单位为毫米

直径范围		极限偏差		
大于	至	H7 级	H8 级	H9 级
—	3	+0.008 +0.004	+0.011 +0.006	+0.021 +0.012
3	6	+0.010 +0.005	+0.015 +0.008	+0.025 +0.014
6	10	+0.012 +0.006	+0.018 +0.010	+0.030 +0.017
10	18	+0.015 +0.008	+0.022 +0.012	+0.036 +0.020
18	30	+0.017 +0.009	+0.028 +0.016	+0.044 +0.025
30	50	+0.021 +0.012	+0.033 +0.019	+0.052 +0.030
50	80	+0.025 +0.014	+0.039 +0.022	+0.062 +0.036

ICS 25.100.30
J 41

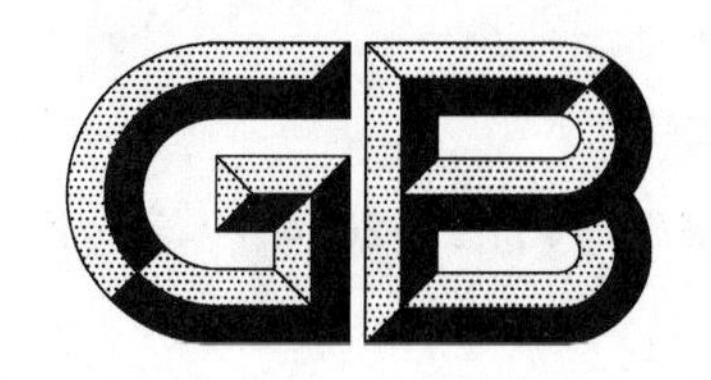

中华人民共和国国家标准

GB/T 1131.2—2004
代替 GB/T 1131—1984 部分

手用铰刀　第2部分:技术条件

Hand reamers—Part 2:Technical conditions

2004-02-10 发布　　2004-08-01 实施

中华人民共和国国家质量监督检验检疫总局
中国国家标准化管理委员会　发布

前　言

GB/T 1131《手用铰刀》分为两个部分：

——第1部分：型式和尺寸；

——第2部分：技术条件。

本部分为GB/T 1131的第2部分。

本部分自实施之日起，代替GB/T 1131—1984《手用铰刀》中的技术要求部分。

本部分与GB/T 1131—1984相比主要变化如下：

——型式和尺寸部分列入第1部分；

——取消了GB/T 1131—1984中的性能试验部分；

——修改了GB/T 1131—1984中铰刀的材料部分，材料由W18Cr4V改为W6Mo5Cr4V2；

——修改了GB/T 1131—1984中的标志和包装部分；

——增加了铰刀直径公差为m6时的铰刀位置公差；

——增加了铰刀表面粗糙度要求。

本部分由中国机械工业联合会提出。

本部分由全国刀具标准化技术委员会归口。

本部分起草单位：成都工具研究所。

本部分主要起草人：刘玉玲、查国兵。

本部分所代替标准的历次发布情况：

——GB 1131—73、GB/T 1131—1984。

手用铰刀　第2部分:技术条件

1　范围

本部分规定了手用铰刀的位置公差、材料和硬度、外观和表面粗糙度、标志和包装的基本要求。

本部分适用于按GB/T 1131.1—2004生产的手用铰刀。

2　规范性引用文件

下列文件中的条款通过GB/T 1131的本部分的引用而成为本部分的条款。凡是注日期的引用文件,其随后所有的修改单(不包括勘误的内容)或修订版均不适用于本部分,然而,鼓励根据本部分达成协议的各方研究是否可使用这些文件的最新版本。凡是不注日期的引用文件,其最新版本适用于本部分。

GB/T 1131.1　手用铰刀　第1部分:型式和尺寸(GB/T 1131.1—2004,ISO 236-1:1976,MOD)

3　铰刀的位置公差

3.1　铰刀的位置公差按表1。

表1

单位为毫米

项目		公差	
		切削部分	校准部分
对公共轴线的径向圆跳动	m6	0.015	0.01
	H7		
	H8、H9	0.02	

3.2　铰刀校准部分直径应有倒锥度。

4　材料和硬度

4.1　材料

铰刀用W6Mo5Cr4V2或其他同等性能的高速钢制造。焊接铰刀柄部用45钢或其他同等性能钢材制造。铰刀也允许采用9SiCr或其他同等性能的合金工具钢制造。

4.2　硬度

4.2.1　铰刀工作部分:

高速钢铰刀为:63HRC～66HRC;

合金工具钢铰刀为:62HRC～65HRC。

4.2.2　柄部方头:

整体铰刀:直径$d<3$ mm不低于40HRC;

　　　　　直径$d\geqslant3$ mm为40HRC～55HRC。

焊接铰刀:30HRC～45HRC。

5　外观和表面粗糙度

5.1　外观

铰刀表面不得有裂纹、划痕、锈迹以及磨削烧伤等影响使用性能的缺陷。

5.2 **表面粗糙度**

铰刀的表面粗糙度为：

——切削部分：前面和后面：Rz3.2 μm；

——校准部分：后面：Rz6.3 μm；

——圆柱刃带表面：Rz3.2 μm；

——柄部外圆表面：Ra 1.6 μm。

6 标志和包装

6.1 标志

6.1.1 产品上应标有(直径 $d<3$ mm 的铰刀可不标志，直径 $d=3$ mm～6 mm 铰刀可只标铰刀直径和精度等级)：

——制造厂或销售商的商标；

——铰刀直径；

——精度等级；

——材料代号(高速钢为 HSS，合金工具钢不标)。

6.1.2 包装盒上应标有：

——制造厂或销售商的名称、地址和商标；

——铰刀的标记；

——材料；

——件数；

——制造年月。

6.2 包装

铰刀在包装前应经防锈处理。包装应牢固，防止运输过程中损伤。

ICS 25.100.30
J 41

中华人民共和国国家标准

GB/T 1132—2004
代替 GB/T 1132—1984,GB/T 1133—1984

直柄和莫氏锥柄机用铰刀

Machine chucking reamers with parallel shanks or Morse taper shanks

(ISO 521:1975,MOD)

2004-02-10 发布　　　　2004-08-01 实施

中华人民共和国国家质量监督检验检疫总局
中国国家标准化管理委员会　发布

前　言

本标准修改采用ISO 521:1975《直柄或莫氏锥柄机用铰刀》(英文版)。

本标准与ISO 521:1975相比有下列技术差异和编辑性修改:

——规范性引用文件中,删除ISO 236-1《手用铰刀》、ISO 236-2《莫氏锥柄长刃机用铰刀》和ISO 286《ISO的极限与配合制　第1部分:总则、公差与偏差》;ISO 237用GB/T 4267《直柄回转工具　柄部直径和传动方头的尺寸》代替,ISO 296用GB/T 1443《机床和工具柄用自夹圆锥》代替;增加了GB/T 4246《铰刀特殊公差》;

——增加了标记示例;

——用符号"."代替用作小数点的逗号",";

——用"本标准"代替"本国际标准";

——删除了国际标准前言;

——增加了规范性附录A(加工H7、H8、H9级孔的铰刀直径公差)。

本标准自实施之日起,代替GB/T 1132—1984《直柄机用铰刀》和GB/T 1133—1984《锥柄机用铰刀》。

本标准与GB/T 1132—1984和GB/T 1133—1984相比有如下变化:

——两个标准合并为一个标准;

——增加了常备的标准铰刀直径公差m6;

——按ISO 521调整了GB/T 1132—1984和GB/T 1133—1984的章条;

——取消了GB/T 1132—1984和GB/T 1133—1984图中的参考尺寸和表面粗糙度标注(表面粗糙度列入技术条件标准中);

——取消了GB/T 1132—1984图中A型铰刀视图,并将A型和B型视图按d尺寸分段;图中符号"l_2"改为"l_1";

——增加了直柄长度l_1公差;

——取消了GB/T 1132—1984和GB/T 1133—1984表中的参考尺寸:l_1、α、f和齿数;

——按ISO 521调整了GB/T 1132—1984和GB/T 1133—1984表中的直径范围;

——将GB/T 1132—1984表中的l_2改为l_1,并取消了GB/T 1132—1984表中$d \leqslant 3.5$ mm时,l_1的数值;

——将GB/T 1132—1984和GB/T 1133—1984中的表按ISO 521调整为:表1长度公差,表2、表4优先采用的尺寸,表3、表5以直径范围分段尺寸;

——GB/T 1132—1984和GB/T 1133—1984表中加工H7、H8和H9级精度孔的机用铰刀直径d的公差列入附录A;

——修改了机用铰刀的标记示例;

——增加了附录A(加工H7、H8、H9级孔的铰刀直径公差)。

本标准的附录A为规范性附录。

本标准由中国机械工业联合会提出。

本标准由全国刀具标准化技术委员会(SAC/TC 91)归口。

本标准起草单位:成都工具研究所起草。

本标准主要起草人:樊瑾、许刚。

本标准所代替标准的历次发布情况:

——GB 1132—73、GB/T 1132—1984;

——GB 1133—73、GB/T 1133—1984。

直柄和莫氏锥柄机用铰刀

1 范围

本标准规定了直柄和莫氏锥柄机用铰刀的尺寸及标记示例。

本标准适用于下列类型的铰刀：

——直径大于 1.32 mm 至 20 mm 的直柄机用铰刀；

——直径大于 5.30 mm 至 50 mm 的莫氏锥柄机用铰刀。

本标准只规定米制尺寸，今后也只推荐米制尺寸。

对上述类型铰刀，本标准列出两个表，一个是优先采用的尺寸及其他相应尺寸；另一个是以直径分段的尺寸。对铰刀长度、切削部分直径和直柄的柄部直径公差也作了规定。

除另有说明外，这些铰刀均制成右切削的。直槽或螺旋槽由制造厂自行确定。

2 规范性引用文件

下列文件中的条款通过本标准的引用而成为本标准的条款。凡是注日期的引用文件，其随后所有的修改单(不包括勘误的内容)或修订版均不适用于本标准，然而，鼓励根据本标准达成协议的各方研究是否可使用这些文件的最新版本。凡是不注日期的引用文件，其最新版本适用于本标准。

GB/T 1443 机床和工具柄用自夹圆锥(GB/T 1443—1996,eqv ISO 296:1991)

GB/T 4246 铰刀特殊公差(GB/T 4246—2004,ISO 522:1975,IDT)

GB/T 4267 直柄回转工具 柄部直径和传动方头的尺寸(GB/T 4267—2004,ISO 237:1975,IDT)

3 柄部

3.1 直径大于 1.32 mm 至 3.75 mm 的直柄机用铰刀

这种铰刀的柄部直径和切削部分的直径应相同。

3.2 直径大于 3.75 mm 至 20 mm 的直柄机用铰刀

这种铰刀的柄部直径应按 GB/T 4267，见表 2 和表 3。

3.3 莫氏锥柄机用铰刀

这种铰刀的柄部尺寸应按 GB/T 1443。

4 公差

4.1 切削部分

直径 d 在紧接切削锥之后测量。对于常备标准铰刀，直径 d 的公差为 m6。对于加工特定公差孔的铰刀直径公差按 GB/T 4246 设计，本标准在附录 A 中给出了加工 H7、H8、H9 级孔的铰刀直径公差。

4.2 直柄

铰刀柄部直径 d_1 的公差为：h9。

4.3 长度

所有类型的机用铰刀的长度公差应按表 1 的规定。

表 1　长度公差

单位为毫米

总长 L、切削刃长度 l、直柄长度 l_1		公差
大于	至	
6	30	±1
30	120	±1.5
120	315	±2
315	1 000	±3

对特殊公差的铰刀，其长度和柄部尺寸可以从相邻较大或较小的分段内选择，但公差按表 1 的规定。

示例：

直径为 14 mm 的莫氏锥柄特殊公差铰刀，长度 L 可取 204 mm，l 为 50 mm 和 2 号莫氏锥柄；或长度 L 取 182 mm，l 为 44 mm 和 1 号莫氏锥柄(见表 5)。

5　直柄机用铰刀

直径 d 小于或等于 3.75 mm

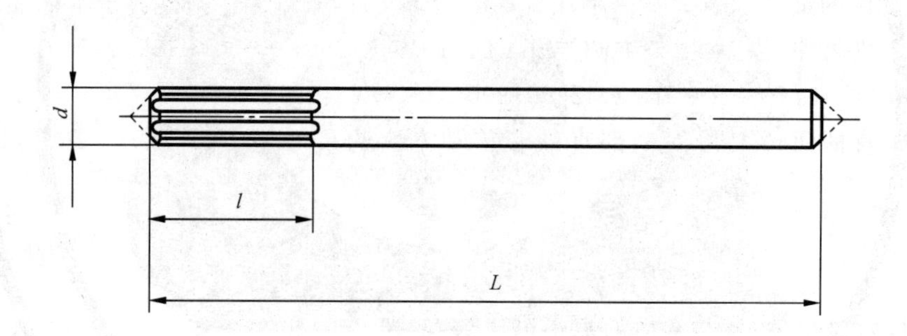

直径 d 大于 3.75 mm

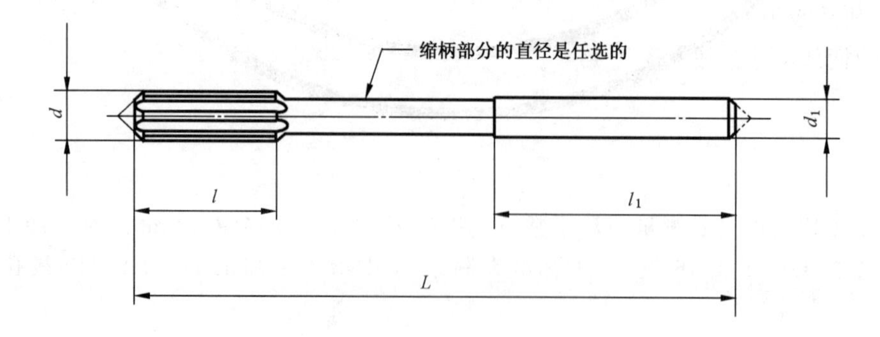

图 1　直柄机用铰刀

表 2　直柄机用铰刀优先采用的尺寸

单位为毫米

d	d_1	L	l	l_1
1.4	1.4	40	8	—
(1.5)	1.5			
1.6	1.6	43	9	
1.8	1.8	46	10	
2.0	2.0	49	11	
2.2	2.2	53	12	
2.5	2.5	57	14	
2.8	2.8	61	15	
3.0	3.0			
3.2	3.2	65	16	
3.5	3.5	70	18	
4.0	4.0	75	19	32
4.5	4.5	80	21	33
5.0	5.0	86	23	34
5.5	5.6	93	26	36
6	5.6			
7	7.1	109	31	40
8	8.0	117	33	42
9	9.0	125	36	44
10	10.0	133	38	46
11		142	41	
12		151	44	
(13)				
14	12.5	160	47	50
(15)		162	50	
16		170	52	
(17)	14.0	175	54	52
18		182	56	
(19)	16.0	189	58	58
20		195	60	

注：括号内的尺寸尽量不采用。

表 3　直柄机用铰刀以直径分段的尺寸

单位为毫米

直径范围 d		d_1	L	l	l_1
大于	至				
1.32	1.50	$d_1=d$	40	8	—
1.50	1.70		43	9	
1.70	1.90		46	10	
1.90	2.12		49	11	
2.12	2.36		53	12	
2.36	2.65		57	14	
2.65	3.00		61	15	
3.00	3.35		65	16	
3.35	3.75		70	18	
3.75	4.25	4.0	75	19	32
4.25	4.75	4.5	80	21	33
4.75	5.30	5.0	86	23	34
5.30	6.00	5.6	93	26	36
6.00	6.70	6.3	101	28	38
6.70	7.50	7.1	109	31	40
7.50	8.50	8.0	117	33	42
8.50	9.50	9.0	125	36	44
9.50	10.60	10.0	133	38	46
10.60	11.80		142	41	
11.80	13.20		151	44	
13.20	14.00	12.5	160	47	50
14.00	15.00		162	50	
15.00	16.00		170	52	
16.00	17.00	14.0	175	54	52
17.00	18.00		182	56	
18.00	19.00	16.0	189	58	58
19.00	20.00		195	60	

6　莫氏锥柄机用铰刀

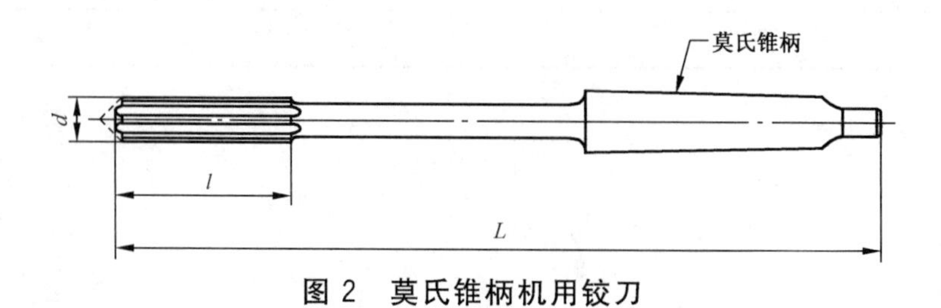

图 2　莫氏锥柄机用铰刀

表 4　莫氏锥柄机用铰刀优先采用的尺寸

单位为毫米

d	L	l	莫氏锥柄号
5.5	138	26	1
6			
7	150	31	
8	156	33	
9	162	36	
10	168	38	
11	175	41	
12	182	44	
(13)	182	44	
14	189	47	
15	204	50	2
16	210	52	
(17)	214	54	
18	219	56	
(19)	223	58	
20	228	60	
22	237	64	
(24)	268	68	3
25			
(26)	273	70	
28	277	71	
(30)	281	73	
32	317	77	4
(34)	321	78	
(35)			
36	325	79	
(38)	329	81	
40			
(42)	333	82	
(44)	336	83	
(45)			
(46)	340	84	
(48)	344	86	
50			
注：括号内的尺寸尽量不采用。			

表 5 莫氏锥柄机用铰刀以直径分段的尺寸

单位为毫米

直径范围 d		L	l	莫氏锥柄号
大于	至			
5.30	6.00	138	26	1
6.00	6.70	144	28	
6.70	7.50	150	31	
7.50	8.50	156	33	
8.50	9.50	162	36	
9.50	10.60	168	38	
10.60	11.80	175	41	
11.80	13.20	182	44	
13.20	14.00	189	47	
14.00	15.00	204	50	2
15.00	16.00	210	52	
16.00	17.00	214	54	
17.00	18.00	219	56	
18.00	19.00	223	58	
19.00	20.00	228	60	
20.00	21.20	232	62	
21.20	22.40	237	64	
22.40	23.02	241	66	
23.02	23.60	264	66	3
23.60	25.00	268	68	
25.00	26.50	273	70	
26.50	28.00	277	71	
28.00	30.00	281	73	
30.00	31.50	285	75	
31.50	31.75	290	77	
31.75	33.50	317	77	4
33.50	35.50	321	78	
35.50	37.50	325	79	
37.50	40.00	329	81	
40.00	42.50	333	82	
42.50	45.00	336	83	
45.00	47.50	340	84	
47.50	50.00	344	86	

7 标记示例

直径 d=10 mm，公差为 m6 的直柄机用铰刀为：

直柄机用铰刀　10　GB/T 1132—2004

直径 d=10 mm，加工 H8 级精度孔的直柄机用铰刀为：

直柄机用铰刀　10　H8　GB/T 1132—2004

直径 d=10 mm，公差为 m6 的莫氏锥柄机用铰刀为：

莫氏锥柄机用铰刀　10　GB/T 1132—2004

直径 d=10 mm，加工 H8 级精度孔的莫氏锥柄机用铰刀为：

莫氏锥柄机用铰刀　10　H8　GB/T 1132—2004

附 录 A
（规范性附录）
加工 H7、H8、H9 级孔的铰刀直径公差

表 A.1

单位为毫米

直径		极限偏差		
大于	至	H7 级	H8 级	H9 级
—	3.00	+0.008 +0.004	+0.011 +0.006	+0.021 +0.012
3.00	6.00	+0.010 +0.005	+0.015 +0.008	+0.025 +0.014
6.00	10.00	+0.012 +0.006	+0.018 +0.010	+0.030 +0.017
10.00	18.00	+0.015 +0.008	+0.022 +0.012	+0.036 +0.020
18.00	30.00	+0.017 +0.009	+0.028 +0.016	+0.044 +0.025
30.00	50.00	+0.021 +0.012	+0.033 +0.019	+0.052 +0.030

ICS 25.100.30
J 41

中华人民共和国国家标准

GB/T 1134—2008
代替 GB/T 4244—2004，GB/T 1134—2004

带刃倾角机用铰刀

Machine reamers with edge inclination

2008-11-04 发布　　2009-04-01 实施

中华人民共和国国家质量监督检验检疫总局
中国国家标准化管理委员会　发布

前　言

本标准代替 GB/ T 1134—2004《带刃倾角莫氏锥柄机用铰刀》和 GB/T 4244—2004《带刃倾角直柄机用铰刀》。

本标准与 GB/T 1134－2004 和 GB/T 4244－2004 相比主要变化如下：

——将 GB/T 1134—2004 和 GB/T 4244—2004 合并为一个标准；

——第 1 章中，将“尺寸及标记示例”改为“型式和尺寸”；

——取消了 GB/T 1134—2004 和 GB/T 4244—2004 范围中“今后也只推荐米制尺寸”词语；

——3.1 中“……紧接……。”改为“……接近……。”；

——取消了 3.1 中“对于常备标准铰刀，直径 d 的公差为 m6。”的要求；

——表 4 中，增加了直径 d=34 mm～40 mm 的规格；

——取消了 3.3 长度公差中“公差”两字；

——4.1 中，增加了“优先采用的尺寸按表 2，以直径分段的尺寸按表 3”要求；

——4.2 中，增加了“优先采用的尺寸按表 4，以直径分段的尺寸按表 5”要求；

——3.1 和附录 A 中，将“……的铰刀直径公差”改为“……的带刃倾角机用铰刀直径公差”；

——进行了编辑性修改。

本标准的附录 A 为规范性附录。

本标准由中国机械工业联合会提出。

本标准由全国刀具标准化技术委员会(SAC/TC 91)归口。

本标准起草单位：河南一工工具有限公司。

本标准主要起草人：赵建敏、孔春艳、樊英杰、王焯林、董向阳。

本标准所代替标准的历次版本发布情况为：

——GB 1134—1984，GB/T 1134—2004；

——GB 4244—1984，GB/T 4244—2004。

带刃倾角机用铰刀

1 范围

本标准规定了带刃倾角直柄、莫氏锥柄机用铰刀的型式和尺寸。

本标准适用于直径大于5.3 mm至20 mm的高速钢带刃倾角直柄机用铰刀和直径大于7.5 mm至40 mm的高速钢带刃倾角莫氏锥柄机用铰刀。

本标准只规定米制尺寸。

本标准列出两个表，一个是优先采用的尺寸及其他相应尺寸；另一个是以直径分段的尺寸。对铰刀长度、切削部分直径和直柄的柄部直径公差也作了规定。

2 规范性引用文件

下列文件中的条款通过本标准的引用而成为本标准的条款。凡是注日期的引用文件，其随后所有的修改单(不包括勘误的内容)或修订版均不适用于本标准，然而，鼓励根据本标准达成协议的各方研究是否可使用这些文件的最新版本。凡是不注日期的引用文件，其最新版本适用于本标准。

GB/T 1443 机床和工具柄用自夹圆锥 (GB/T 1443—1996,eqv ISO 296:1991)

GB/T 4246 铰刀特殊公差 (GB/T 4246—2004,ISO 522:1975,IDT)

3 公差

3.1 切削部分

直径 d 在接近切削锥之后测量。带刃倾角机用铰刀直径公差按GB/T 4246设计。本标准在附录A中给出了加工H7、H8、H9精度孔的带刃倾角机用铰刀直径公差。

3.2 柄部

直柄铰刀柄部直径 d_1 的公差为h9，锥柄铰刀的莫氏锥柄尺寸和公差按GB/T 1443的规定。

3.3 长度

铰刀的长度公差按表1。

表1 长度公差

单位为毫米

总长 L、切削刃长度 l、直柄长度 l_1		公差
大于	至	
6	30	±1.0
30	120	±1.5
120	315	±2.0
315	1 000	±3.0

对特殊公差的铰刀，其长度和柄部尺寸可以从相邻较大或较小的分段内选择，但公差按表1的规定。

示例：

直径为14 mm的特殊公差的带刃倾角直柄机用铰刀，长度 L 可取151 mm，l 为44 mm和直柄长度 l_1 为46 mm；或长度 L 取162 mm，l 为50 mm和直柄长度 l_1 为50 mm(见表3)。

直径为14 mm的特殊公差的带刃倾角莫氏锥柄机用铰刀，长度 L 可取182 mm，l 为44 mm和1号莫氏锥柄；或长度 L 取 204 mm，l 为 50 mm 和 2 号莫氏锥柄(见表 5)。

4 尺寸

4.1 带刃倾角直柄机用铰刀型式按图 1 尺寸，优先采用的尺寸按表 2，以直径分段的尺寸按表 3。

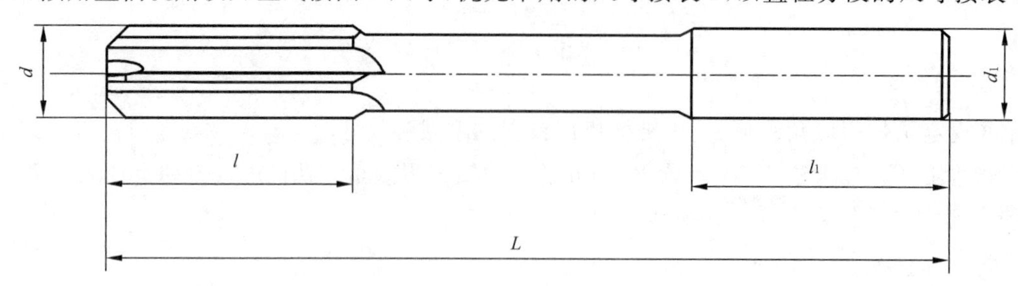

图 1

表 2 优先采用的尺寸

单位为毫米

<table>
<tr><th>d</th><th>d_1</th><th>L</th><th>l</th><th>l_1</th></tr>
<tr><td>5.5</td><td rowspan="2">5.6</td><td rowspan="2">93</td><td rowspan="2">26</td><td rowspan="2">36</td></tr>
<tr><td>6</td></tr>
<tr><td>7</td><td>7.1</td><td>109</td><td>31</td><td>40</td></tr>
<tr><td>8</td><td>8.0</td><td>117</td><td>33</td><td>42</td></tr>
<tr><td>9</td><td>9.0</td><td>125</td><td>36</td><td>44</td></tr>
<tr><td>10</td><td rowspan="4">10.0</td><td>133</td><td>38</td><td rowspan="4">46</td></tr>
<tr><td>11</td><td>142</td><td>41</td></tr>
<tr><td>12</td><td rowspan="2">151</td><td rowspan="2">44</td></tr>
<tr><td>(13)</td></tr>
<tr><td>14</td><td rowspan="3">12.5</td><td>160</td><td>47</td><td rowspan="3">50</td></tr>
<tr><td>(15)</td><td>162</td><td>50</td></tr>
<tr><td>16</td><td>170</td><td>52</td></tr>
<tr><td>(17)</td><td rowspan="2">14.0</td><td>175</td><td>54</td><td rowspan="2">52</td></tr>
<tr><td>18</td><td>182</td><td>56</td></tr>
<tr><td>(19)</td><td rowspan="2">16.0</td><td>189</td><td>58</td><td rowspan="2">58</td></tr>
<tr><td>20</td><td>195</td><td>60</td></tr>
<tr><td colspan="5">注：括号内的尺寸尽量不采用。</td></tr>
</table>

表 3 以直径分段的尺寸

单位为毫米

<table>
<tr><th colspan="2">直径范围 d</th><th rowspan="2">d_1</th><th rowspan="2">L</th><th rowspan="2">l</th><th rowspan="2">l_1</th></tr>
<tr><th>大于</th><th>至</th></tr>
<tr><td>5.30</td><td>6.00</td><td>5.6</td><td>93</td><td>26</td><td>36</td></tr>
<tr><td>6.00</td><td>6.70</td><td>6.3</td><td>101</td><td>28</td><td>38</td></tr>
<tr><td>6.70</td><td>7.50</td><td>7.1</td><td>109</td><td>31</td><td>40</td></tr>
<tr><td>7.50</td><td>8.50</td><td>8.0</td><td>117</td><td>33</td><td>42</td></tr>
<tr><td>8.50</td><td>9.50</td><td>9.0</td><td>125</td><td>36</td><td>44</td></tr>
</table>

表 3（续） 单位为毫米

直径范围 d		d_1	L	l	l_1
大于	至				
9.50	10.00	10.0	133	38	46
10.00	10.60				
10.60	11.80	10.0	142	41	
11.80	13.20		151	44	
13.20	14.00	12.5	160	47	50
14.00	15.00		162	50	
15.00	16.00		170	52	
16.00	17.00	14.0	175	54	52
17.00	18.00		182	56	
18.00	19.00	16.0	189	58	58
19.00	20.00		195	60	

4.2 带刃倾角莫氏锥柄机用铰刀型式按图 2，优先采用的尺寸按表 4，以直径分段的尺寸按表 5。莫氏锥柄的尺寸按 GB/T 1443 的规定。

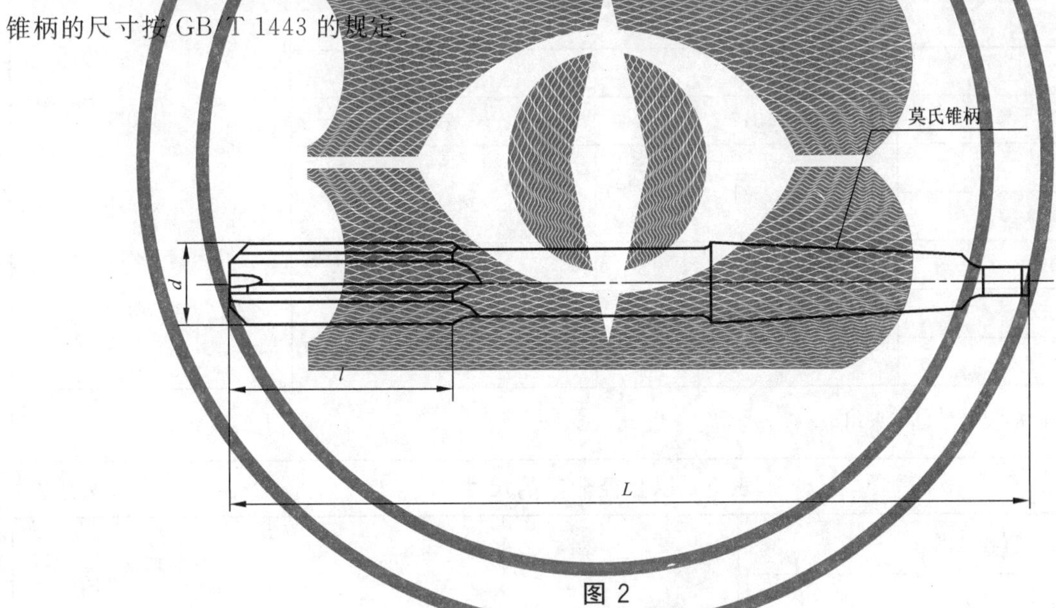

图 2

表 4 优先采用的尺寸 单位为毫米

d	L	l	莫氏锥柄号
8	156	33	1
9	162	36	
10	168	38	
11	175	41	
12	182	44	
(13)			
14	189	47	

表 4（续）

单位为毫米

d	L	l	莫氏锥柄号
(15)	204	50	2
16	210	52	
(17)	214	54	
18	219	56	
(19)	223	58	
20	228	60	
(21)	232	62	
22	237	64	
(23)	241	66	
(24)	264		3
25	268	68	
(26)	273	70	
(27)	277	71	
28			
(30)	281	73	
32	317	77	4
(34)	321	78	
(35)			
36	325	79	
(38)	329	81	
40			

注：括号内的尺寸尽量不采用。

表 5　以直径分段的尺寸

单位为毫米

直径范围 d		L	l	莫氏锥柄号
大于	至			
7.50	8.50	156	33	1
8.50	9.50	162	36	
9.50	10.00	168	38	
10.00	10.60			
10.60	11.80	175	41	
11.80	13.20	182	44	
13.20	14.00	189	47	

表 5（续）

单位为毫米

<table>
<tr><th colspan="2">直径范围 d</th><th rowspan="2">L</th><th rowspan="2">l</th><th rowspan="2">莫氏锥柄号</th></tr>
<tr><th>大于</th><th>至</th></tr>
<tr><td>14.00</td><td>15.00</td><td>204</td><td>50</td><td rowspan="9">2</td></tr>
<tr><td>15.00</td><td>16.00</td><td>210</td><td>52</td></tr>
<tr><td>16.00</td><td>17.00</td><td>214</td><td>54</td></tr>
<tr><td>17.00</td><td>18.00</td><td>219</td><td>56</td></tr>
<tr><td>18.00</td><td>19.00</td><td>223</td><td>58</td></tr>
<tr><td>19.00</td><td>20.00</td><td>228</td><td>60</td></tr>
<tr><td>20.00</td><td>21.20</td><td>232</td><td>62</td></tr>
<tr><td>21.20</td><td>22.40</td><td>237</td><td>64</td></tr>
<tr><td>22.40</td><td>23.02</td><td>241</td><td rowspan="2">66</td></tr>
<tr><td>23.02</td><td>23.60</td><td>264</td><td rowspan="6">3</td></tr>
<tr><td>23.60</td><td>25.00</td><td>268</td><td>68</td></tr>
<tr><td>25.00</td><td>26.50</td><td>273</td><td>70</td></tr>
<tr><td>26.50</td><td>28.00</td><td>277</td><td>71</td></tr>
<tr><td>28.00</td><td>30.00</td><td>281</td><td>73</td></tr>
<tr><td>30.00</td><td>31.50</td><td>285</td><td>75</td></tr>
<tr><td>31.50</td><td>31.75</td><td>290</td><td rowspan="2">77</td><td rowspan="5">4</td></tr>
<tr><td>31.75</td><td>33.50</td><td>317</td></tr>
<tr><td>33.50</td><td>35.50</td><td>321</td><td>78</td></tr>
<tr><td>35.50</td><td>37.50</td><td>325</td><td>79</td></tr>
<tr><td>37.50</td><td>40.00</td><td>329</td><td>81</td></tr>
</table>

5 标记示例

直径 d=10 mm，加工 H7 级精度孔的带刃倾角直柄机用铰刀为：

带刃倾角直柄机用铰刀 10 H7 GB/T 1134—2008

直径 d=10 mm，加工 H8 级精度孔的带刃倾角直柄机用铰刀为：

带刃倾角直柄机用铰刀 10 H8 GB/T 1134—2008

直径 d=10 mm，加工 H7 级精度孔的带刃倾角莫氏锥柄机用铰刀为：

带刃倾角莫氏锥柄机用铰刀 10 H7 GB/T 1134—2008

直径 d=10 mm，加工 H8 级精度孔的带刃倾角莫氏锥柄机用铰刀为：

带刃倾角莫氏锥柄机用铰刀 10 H8 GB/T 1134—2008

附 录 A
（规范性附录）
加工 H7、H8、H9 级精度孔的带刃倾角机用铰刀直径公差

表 A.1

单位为毫米

直径		极限偏差		
大于	至	H7 级	H8 级	H9 级
5.30	6.00	+0.010 +0.005	+0.015 +0.008	+0.025 +0.014
6.00	10.00	+0.012 +0.006	+0.018 +0.010	+0.030 +0.017
10.00	18.00	+0.015 +0.008	+0.022 +0.012	+0.036 +0.020
18.00	30.00	+0.017 +0.009	+0.028 +0.016	+0.044 +0.025
30.00	50.00	+0.021 +0.012	+0.033 +0.019	+0.052 +0.030

ICS 25.100.30
J 41

中华人民共和国国家标准

GB/T 1135—2004
代替 GB/T 1135—1984，GB/T 4255—1984 部分

套式机用铰刀和芯轴

Shell machine reamers and arbors

(ISO 2402:1972, Shell reamers with taper bore (taper bore 1∶30 (included)) with slot drive and arbors for shell reamers, MOD)

2004-02-10 发布　　　　2004-08-01 实施

中华人民共和国国家质量监督检验检疫总局
中国国家标准化管理委员会　发布

前　　言

本标准修改采用 ISO 2402:1972《端键传动的锥孔(锥度 1∶30)套式铰刀及套式铰刀用芯杆》(英文版)。

本标准与 ISO 2402:1972 相比有下列技术性差异和编辑性修改:

——规范性引用文件中,删除 ISO 236《手用铰刀和莫氏锥柄长刃机用铰刀》、ISO 521《直柄或莫氏锥柄机用铰刀》;ISO 240 用 GB/T 6132《铣刀和铣刀刀杆的互换尺寸》代替;ISO 522 用 GB/T 4246《铰刀特殊公差》代替。

——增加了标记示例;

——用符号“.”代替用作小数点的逗号“,”;

——用“本标准”代替“本国际标准”;

——删除了国际标准前言;

——增加了规范性附录 A(套式铰刀直径推荐值);

——增加了规范性附录 B(加工 H7、H8、H9 级孔的铰刀直径公差);

——对不符合 GB/T 1.1 的编辑作了修改,如:表注、图注等;

——本标准中的表 7 是 ISO 2402:1972 中的表 8,表 8 是 ISO 2402:1972 中的表 7。

本标准自实施之日起,代替 GB/T 1135—1984《套式机用铰刀》和 GB/T 4255—1984《套式铰刀和套式扩孔钻用芯轴》中的铰刀芯轴部分。

本标准与 GB/T 1135—1984 相比有如下变化:

——GB/T 4255—1984《套式铰刀和套式扩孔钻用芯轴》中的铰刀芯轴部分列入本标准;

——修改了标准名称;

——增加了常备的标准铰刀直径公差 m6;

——增加了英制尺寸;

——增加了第 3 章:一般尺寸和配合尺寸;

——取消了 GB/T 1135—1984 图中的参考尺寸和表面粗糙度标注(表面粗糙度列入技术条件标准中);

——取消了 GB/T 1135—1984 表中的参考尺寸:l、f 和齿数;

——按 ISO 2402 调整了 GB/T 1135—1984 的章条;

——按 ISO 2402 调整了 GB/T 1135—1984 表中的直径范围;

——将 GB/T 1135—1984 中的表,按 ISO 2402 调整为表 1 以直径范围分段尺寸(米制),表 2 以直径范围分段尺寸(英制);

——GB/T 1135—1984 表中套式机用铰刀的推荐直径列入附录 A;

——GB/T 1135—1984 表中加工 H7、H8 和 H9 级精度孔的机用铰刀直径 d 的公差列入附录 B;

——修改了标记示例;

——增加了附录 A(套式机用铰刀的推荐直径);

——增加了附录 B(加工 H7、H8、H9 级孔的铰刀直径公差)。

本标准与 GB/T 4255—1984 中铰刀芯轴部分相比有如下变化:

——增加了英制尺寸;

——取消了 GB/T 4255—1984 图 1 芯轴中的表面粗糙度标注(表面粗糙度列入技术条件标准中);

——原图 1、表 1 中增加了尺寸 l_1;

——原图 2 键槽和端键的互换尺寸按 ISO 2402，并增加了 l_4 尺寸、l_3 和 r 的最大尺寸。

本标准的附录 A 和附录 B 为规范性附录。

本标准由中国机械工业联合会提出。

本标准由全国刀具标准化技术委员会(SAC/TC 91)归口。

本标准起草单位：成都工具研究所。

本标准主要起草人：樊瑾、许刚。

本标准所代替标准的历次版本发布情况：

——GB/T 1135—1984；

——GB/T 4255—1984。

套式机用铰刀和芯轴

1 范围

本标准规定了：

——端键传动的锥孔(锥度1∶30)套式铰刀的尺寸及其公差、标记示例等；

——相应的套式铰刀用芯轴尺寸及公差；

——套式铰刀的键槽和芯轴的端键；

——为了保证套式铰刀和相应的芯轴能互换，还给出了圆锥各要素的详细检验方法。

本标准适用于外圆直径大于19.9 mm(0.783 5 in)至101.6 mm(4 in)，锥孔大端直径从10 mm(0.393 7 in)至50 mm(1.968 5 in)的高速钢套式机用铰刀和相应的芯轴。

2 规范性引用文件

下列文件中的条款通过本标准的引用而成为本标准的条款。凡是注日期的引用文件，其随后所有的修改单(不包括勘误的内容)或修订版均不适用于本标准，然而，鼓励根据本标准达成协议的各方研究是否可使用这些文件的最新版本。凡是不注日期的引用文件，其最新版本适用于本标准。

GB/T 1131.1 手用铰刀 第1部分：型式和尺寸(GB/T 1131.1—2004，ISO 236-1:1976，MOD)

GB/T 1132 直柄和莫氏锥柄机用铰刀(GB/T 1132—2004，ISO 521:1975，MOD)

GB/T 4243 莫氏锥柄长刃机用铰刀(GB/T 4243—2004，ISO 236-2:1976，MOD)

GB/T 4246 铰刀特殊公差(GB/T 4246—2004，ISO 522:1975，IDT)

GB/T 6132 铣刀和铣刀刀杆的互换尺寸(GB/T 6132—1993，neq ISO 2780:1986)

3 一般尺寸和配合尺寸

各尺寸同时用毫米和英寸给出，英制数值是由米制数值直接换算并适当圆整得来的。

铰刀外径系列与GB/T 1131.1、GB/T 1132和GB/T 4243不完全一致。

为使套式铰刀具有足够的强度，外径和孔之间要保持一定壁厚，因而偏离原定的外径系列是不可避免的。

因为相配的圆锥各要素的正确尺寸有任何偏差，都会在芯轴上引起很大的位移。所以有必要规定较长的键槽和端键以保证合适的接触长度。故GB/T 6132标准中给出的尺寸在这里是不适用的。

4 套式机用铰刀

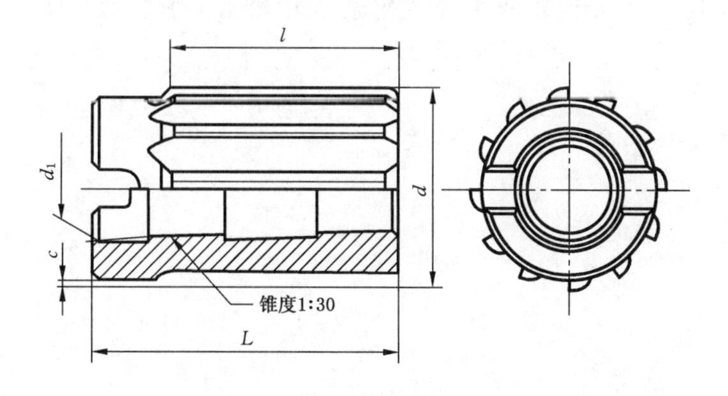

图1 套式机用铰刀

4.1 尺寸

表 1 米制尺寸

单位为毫米

直径范围 d		d_1	l	L	c 最大
大于	至				
19.9	23.6	10	28	40	1.0
23.6	30.0	13	32	45	
30.0	35.5	16	36	50	1.5
35.5	42.5	19	40	56	
42.5	50.8	22	45	63	
50.8	60.0	27	50	71	2.0
60.0	71.0	32	56	80	
71.0	85.0	40	63	90	2.5
85.0	101.6	50	71	100	

表 2 英制尺寸

单位为英寸

直径范围 d		d_1	l	L	c 最大
大于	至				
0.783 5	0.929 1	0.393 7	$1^3/_{32}$	$1^9/_{16}$	0.04
0.929 1	1.181 1	0.511 8	$1^1/_4$	$1^{25}/_{32}$	
1.181 1	1.397 6	0.629 9	$1^{13}/_{32}$	$1^{31}/_{32}$	0.06
1.397 6	1.673 2	0.748 0	$1^9/_{16}$	$2^7/_{32}$	
1.673 2	2.000 0	0.866 1	$1^{25}/_{32}$	$2^{15}/_{32}$	
2.000 0	2.362 2	1.063 0	$1^{31}/_{32}$	$2^{25}/_{32}$	0.08
2.362 2	2.795 3	1.259 8	$2^7/_{32}$	$3^5/_{32}$	
2.795 3	3.346 5	1.574 8	$2^{15}/_{32}$	$3^{17}/_{32}$	0.10
3.346 5	4.000 0	1.968 5	$2^{25}/_{32}$	$3^{15}/_{32}$	

4.2 公差

4.2.1 切削部分

直径 d 在紧接切削锥之后测量。对于常备标准铰刀,直径 d 的公差为 m6。对于加工特定公差孔的铰刀直径公差按 GB/T 4246 设计,本标准在附录 A 中给出了加工 H7、H8、H9 级孔的铰刀直径公差。

4.2.2 锥孔

铰刀锥孔大端直径 d_1 的公差见 7.1。

5 套式铰刀用芯轴

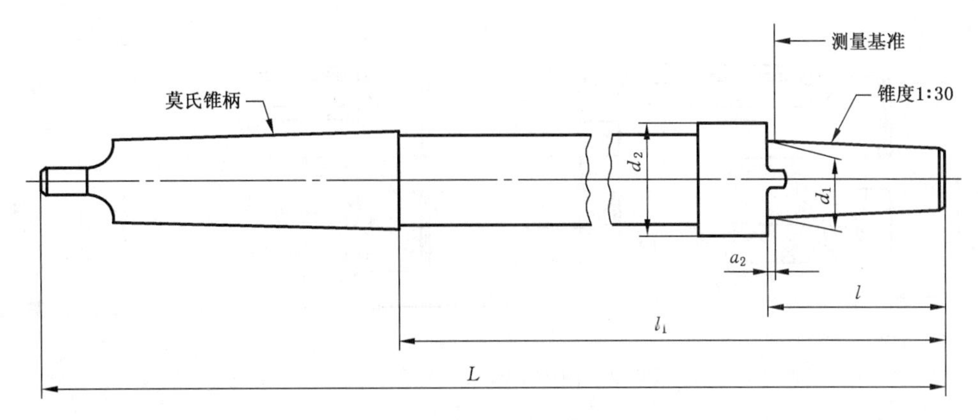

注1：a_2 值见表7。

注2：d_1 的公差见7.2。

图2 套式机用铰刀用芯轴

表3 米制尺寸

单位为毫米

铰刀直径范围 d		d_1	d_2 最大	l h16	l_1	L	莫氏锥柄号
大于	至						
19.9	23.6	10	18	40	140	220	2
23.6	30.0	13	21	45	151	250	3
30.0	35.5	16	27	50	162	261	
35.5	42.5	19	32	56	174	298	4
42.5	50.8	22	39	63	188	312	
50.8	60.0	27	46	71	203	359	5
60.0	71.0	32	56	80	220	376	
71.0	85.0	40	65	90	240	396	
85.0	101.6	50	80	100	260	416	

表4 英制尺寸

单位为英寸

铰刀直径范围 d		d_1	d_2 最大	l h16	l_1	L	莫氏锥柄号
大于	至						
0.783 5	0.929 1	0.393 7	$^{11}/_{16}$	$1^{9}/_{16}$	$5^{9}/_{16}$	$8^{11}/_{16}$	2
0.929 1	1.181 1	0.511 8	$^{13}/_{16}$	$1^{25}/_{32}$	6	$9^{7}/_{8}$	3
1.181 1	1.397 6	0.629 9	$1^{1}/_{16}$	$1^{31}/_{32}$	$6^{3}/_{8}$	$10^{1}/_{4}$	
1.397 6	1.673 2	0.748 0	$1^{1}/_{4}$	$2^{7}/_{32}$	$6^{7}/_{8}$	$11^{3}/_{4}$	4
1.673 2	2.000 0	0.866 1	$1^{17}/_{32}$	$2^{15}/_{32}$	$7^{3}/_{8}$	$12^{1}/_{4}$	
2.000 0	2.362 2	1.063 0	$1^{13}/_{16}$	$2^{25}/_{32}$	8	$14^{1}/_{8}$	5
2.362 2	2.795 3	1.259 8	$2^{3}/_{16}$	$2^{5}/_{32}$	$8^{3}/_{4}$	$14^{7}/_{8}$	
2.795 3	3.346 5	1.574 8	$2^{9}/_{16}$	$3^{17}/_{32}$	$9^{1}/_{2}$	$15^{5}/_{8}$	
3.346 5	4.000 0	1.968 5	$3^{1}/_{8}$	$3^{15}/_{16}$	$10^{1}/_{4}$	$16^{3}/_{8}$	

6 键槽和端键的互换尺寸

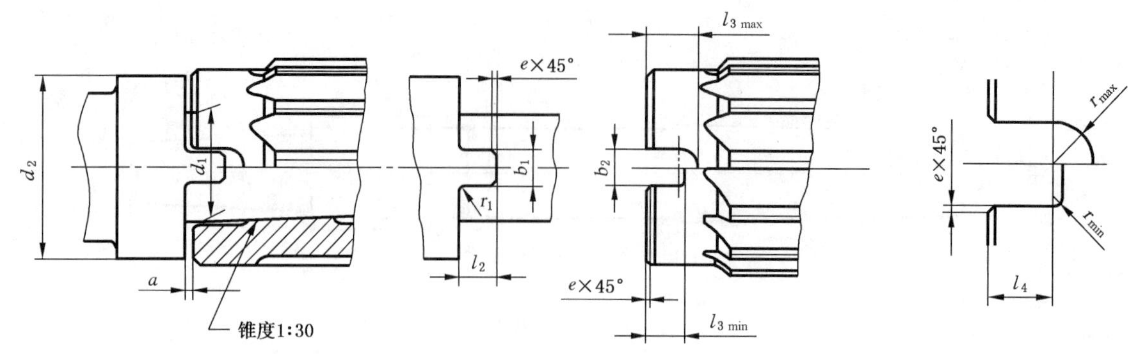

注 1：Y＝端键的轴向平面和直径 d_2 的轴线之间的最大允许偏差。

注 2：Z＝键槽轴向平面和直径 d_1 的轴线之间的最大允许偏差。

注 3：a 的尺寸见表 8。

图 3 键槽和端键的互换尺寸

表 5 米制尺寸

单位为毫米

d_1	芯轴				铰刀							e[b]	
	b_1 h12	l_2 h12	r_1 最大	y 最大	b_2[a] H13	l_3 最小	l_3 最大	r 最小	r 最大	l_4	Z 最大		
10	4	4.6	0.3	0.075	4.3	5.4	7.0	0.6	2.15	4.8	0.075	0.3	$^{+0.1}_{0}$
13													
16	5	5.6	0.4	0.100	5.4	6.2	8.3	0.6	2.70	5.6	0.100	0.4	
19	6	6.7	0.5		6.4	7.8	10.2	0.8	3.20	7.0		0.5	
22	7	7.7			7.4	8.6	11.3	1.0	3.70	7.6			
27	8	8.8	0.6		8.4	9.3	12.5	1.0	4.20	8.3		0.6	$^{+0.2}_{0}$
32	10	9.8			10.4	10.5	14.5	1.2	5.20	9.3			
40	12	11.0	0.8		12.4	11.2	16.2	1.2	6.20	10.0		0.8	
50	14	12.0			14.4	13.1	18.7	1.6	7.20	11.5			

a 键槽宽度 b_2 在长度 l_4 上必须平行。

b 倒角可以用同值的圆弧半径和公差代替。

表 6 英制尺寸

单位为英寸

d_1	芯轴				铰刀							e[b]	
	b_1 h12	l_2 h12	r_1 最大	y 最大	b_2[a] H13	l_3 最小	l_3 最大	r 最小	r 最大	l_4	Z 最大		
0.393 7	0.157 5	0.181 1	0.010	0.003	0.169 3	0.212 6	0.275 6	0.024	0.085	0.189 0	0.003	0.010	$^{+0.004}_{0}$
0.511 8													
0.629 9	0.196 9	0.220 5	0.015	0.040	0.212 6	0.244 1	0.326 8	0.024	0.106	0.220 5	0.004	0.015	
0.748 0	0.236 2	0.263 8	0.020		0.252 0	0.307 1	0.401 6	0.032	0.126	0.275 6		0.020	
0.866 1	0.275 6	0.303 1			0.291 3	0.338 6	0.444 9	0.039	0.146	0.299 2			
1.063 0	0.315 0	0.346 5	0.025		0.330 7	0.366 1	0.492 1	0.039	0.165	0.326 8		0.025	$^{+0.008}_{0}$
1.259 8	0.393 7	0.385 8			0.409 4	0.413 4	0.570 9	0.047	0.205	0.366 1			

表 6（续） 单位为英寸

d_1	芯轴				铰刀							e^b	
	b_1 h12	l_2 h12	r_1 最大	y 最大	b_2[a] H13	l_3 最小	l_3 最大	r 最小	r 最大	l_4	Z 最大		
1.574 8	0.472 4	0.433 1	0.030	0.040	0.488 2	0.440 9	0.637 8	0.047	0.244	0.393 7	0.004	0.030	+0.008 0
1.968 5	0.551 2	0.472 4			0.566 9	0.515 7	0.736 2	0.063	0.283	0.452 8			

a 键槽宽度 b_2 在长度 l_4 上必须平行。

b 倒角可以用同值的圆弧半径和公差代替。

7 圆锥要素的检验方法

7.1 套式铰刀锥孔直径 d_1 的公差

该公差由锥孔基面的位置允许偏差 a_1 决定。a_1 值表示具有相当公称尺寸的锥度塞规其基线可进入被检铰刀孔的深度，其数值如图 4 和表 7。

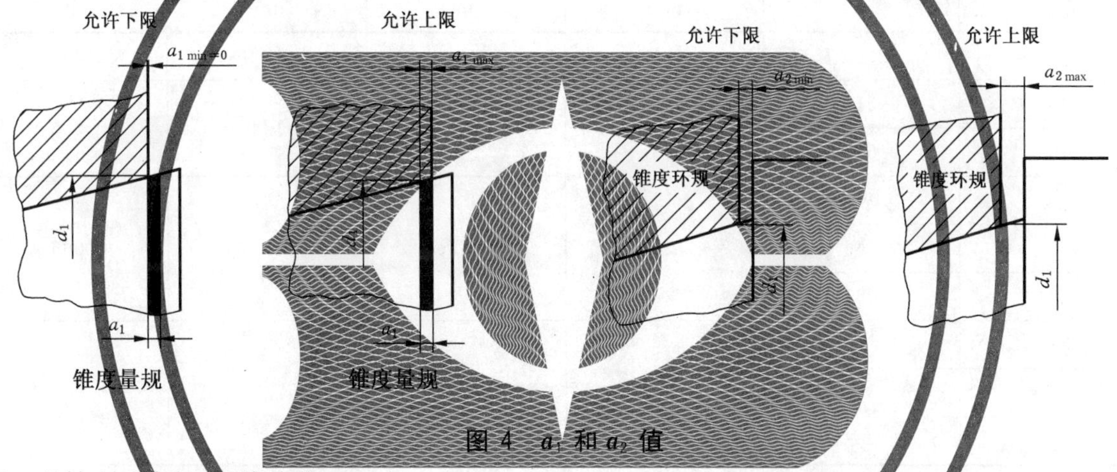

图 4 a_1 和 a_2 值

7.2 芯轴大端直径 d_1 的公差

该公差由芯轴基面的位置允许偏差 a_2 决定。a_2 值表示具有相当公称尺寸的锥度环规前端面和被检芯轴的基准面(或定位面端面)之间的允许距离，其数值如图 4 和表 7。

表 7 a_1 和 a_2 值

d_1		铰刀				芯轴			
		a_1				a_2			
		最小		最大		最小		最大	
mm	in	mm	in	mm	in	mm	in	mm	in
10	0.393 7	0	0	0.5	0.019 7	0.8	0.031 5	1.2	0.047 2
13	0.511 8			0.6	0.023 6	0.9	0.035 4	1.4	0.055 1
16	0.629 9								
19	0.748 0			0.7	0.027 6	1.1	0.043 3	1.7	0.066 9
22	0.866 1								
27	1.063 0								
32	1.259 8			0.9	0.035 4	1.4	0.055 1	2.2	0.086 6
40	1.574 8								
50	1.968 5								

7.3 间隙 *a* 的极限值

铰刀后端面和配对芯轴大端基准面(定位端面)之间的间隙 a 由铰刀锥孔和芯轴大端直径 d_1 的公差值推算得出。铰刀锥孔和芯轴大端直径 d_1 公差则由 a_1 和 a_2 值决定。a 的极限值如图 5 和表 8。

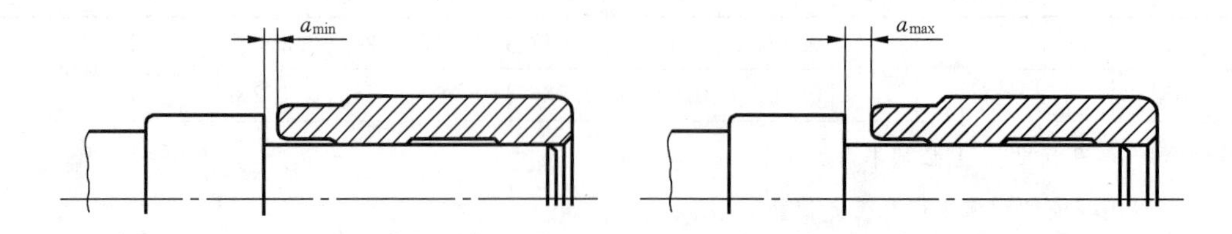

图 5 *a* 的极限值

表 8 *a* 值

d_1		a			
		最小		最大	
mm	in	mm	in	mm	in
10	0.393 7	0.3	0.011 8	1.2	0.047 2
13	0.511 8	0.3	0.011 8	1.4	0.055 1
16	0.629 9				
19	0.748 0	0.4	0.015 7	1.7	0.066 9
22	0.866 1				
27	1.063 0				
32	1.259 8	0.5	0.019 7	2.2	0.086 6
40	1.574 8				
50	1.968 5				

8 标记示例

直径 $d=25$ mm,公差为 m6 的套式机用铰刀为:

套式铰刀 25 GB/T 1135—2004

直径 $d=25$ mm,加工 H8 级精度孔的套式机用铰刀为:

套式铰刀 25 H8 GB/T 1135—2004

附　录　A
（规范性附录）
套式机用铰刀的推荐直径

下列套式机用铰刀直径作为推荐的常备尺寸(单位为毫米)：

20—(21)—22—(23)—(24)—25—(26)—(27)—28—(30)—32—(34)—(35)—36—(38)—40—(42)—45—(47)—(48)—50—(52)—56—(58)—(60)—63—(65)—71—(72)—(75)—80—(85)—90—(95)—100。

括号中的尺寸尽量不采用。

附 录 B
（规范性附录）
加工 H7、H8、H9 级孔的铰刀直径公差

表 B.1

单位为毫米

直径		极限偏差		
大于	至	H7 级	H8 级	H9 级
18.00	30.00	+0.017 +0.009	+0.028 +0.016	+0.044 +0.025
30.00	50.00	+0.021 +0.012	+0.033 +0.019	+0.052 +0.030
50.00	80.00	+0.025 +0.014	+0.039 +0.022	+0.062 +0.036
80.00	120.00	+0.029 +0.016	+0.045 +0.026	+0.073 +0.042

ICS 25.100.30
J 41

中华人民共和国国家标准

GB/T 1139—2004
代替 GB/T 1139—1984,GB/T 1140—1984

莫氏圆锥和米制圆锥铰刀

Morse and metric taper reamers

(ISO 2250:1972,Finishing reamers for morse and metric tapers,with parallel shank and morse taper shanks,MOD)

2004-02-10 发布　　2004-08-01 实施

中华人民共和国国家质量监督检验检疫总局
中国国家标准化管理委员会　发布

前　言

本标准修改采用ISO 2250:1972《直柄、锥柄莫氏圆锥和米制圆锥精铰刀》。

本标准根据ISO 2250:1972重新起草,主要差异有:

——规范性引用文件中,引用GB/T 4267《直柄回转工具柄部直径和传动方头尺寸》,GB/T 1443《机床和工具柄用自夹圆锥》;

——柄部要求列入第3章,尺寸作为第4章;

——增加了标记示例,增加了技术条件;

——用“本标准”代替“本国际标准”;

——删除了国际标准前言;

——增加了资料性附录“铰刀工作部分的锥度及其偏差”。

本标准自实施之日起,代替GB/T 1139—1984《直柄莫氏圆锥和公制圆锥铰刀》和GB/T 1140—1984《锥柄莫氏圆锥和公制圆锥铰刀》。

本标准与GB/T 1139—1984和GB/T 1140—1984相比主要变化如下:

——取消了GB/T 1139—1984表1中参考尺寸:t、b、方头尺寸及公差和GB/T 1140—1984表1中的参考尺寸:t、b及公差;

——取消了GB/T 1139—1984图1中尺寸:d_3、d_2、l_4及GB/T 1140—1984图1中的参考尺寸:d_3、d_2和表面粗糙度标注;

——增加了英制系列;

——取消了GB/T 1139—1984图1中A—A、B—B剖视图和GB/T 1140—1984图1中A—A剖视图。

本标准的附录A为资料性附录。

本标准由中国机械工业联合会提出。

本标准由全国刀具标准化技术委员会归口。

本标准起草单位:河南第一工具厂、河南机电高等专科学校。

本标准主要起草人:赵建敏、孔春艳、马霄。

本标准所代替标准的历次发布情况:

——GB/T 1139—1973、GB/T 1140—1973、GB/T 1139—1984、GB/T 1140—1984。

莫氏圆锥和米制圆锥铰刀

1 范围

本标准规定了莫氏圆锥和米制圆锥铰刀的尺寸，柄部型式为直柄或莫氏锥柄。

本标准适用于下列类型的铰刀：

——4 号和 6 号米制圆锥。

——0 号至 6 号莫氏圆锥。

铰刀的下列尺寸，用毫米和英寸列出：

——基准面直径 d；

——总长度 L；

——切削刃长度 l；

——从基准面至刀具端部的距离 l_1；

——柄部直径 d_1，或莫氏锥柄尺寸。

直径的锥度也同时列出。

除另有说明外，这种铰刀均为右切削的。

2 规范性引用文件

下列文件中的条款通过本标准的引用而成为本标准的条款。凡是注日期的引用文件，其随后所有的修改单(不包括勘误的内容)或修订版均不适用于本标准，然而，鼓励根据本标准达成协议的各方研究是否可使用这些文件的最新版本。凡是不注日期的引用文件，其最新版本适用于本标准。

GB/T 4267　直柄回转工具　柄部直径和传动方头的尺寸(GB/T 4267—2004，ISO 237:1975，IDT)

GB/T 4250　圆锥铰刀　技术条件

GB/T 1443　机床和工具柄用自夹圆锥(GB/T 1443—1996，eqv ISO 296:1991)

3 柄部

3.1 直柄

铰刀的柄部方头尺寸按 GB/T 4267 的规定。

3.2 莫氏锥柄

铰刀的莫氏锥柄尺寸按 GB/T 1443 的规定。

4 尺寸

4.1 直柄铰刀

铰刀的尺寸见图 1 和表 1。

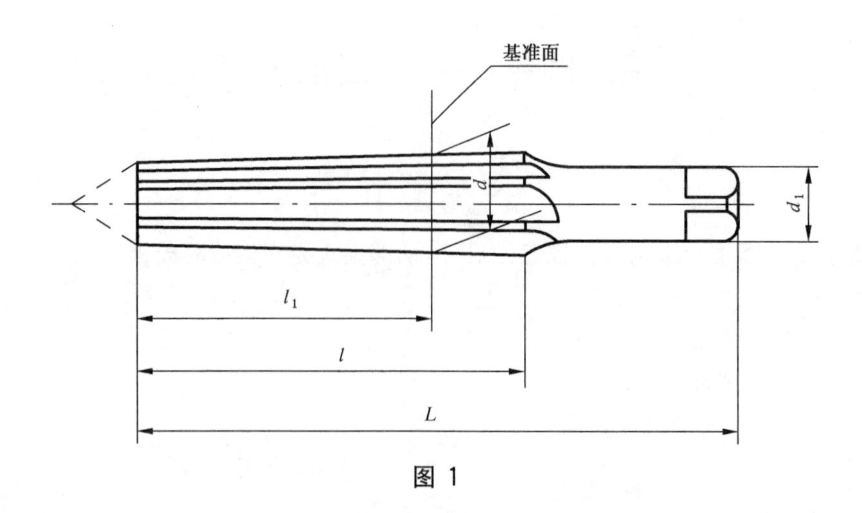

图 1

表 1

圆锥			mm					in				
代号		锥度	d	L	l	l_1	d_1(h9)	d	L	l	l_1	d_1(h9)
米制	4	1∶20=0.05	4.000	48	30	22	4.0	0.157 5	1 7/8	1 3/16	7/8	0.157 5
	6		6.000	63	40	30	5.0	0.236 2	2 15/32	1 9/16	1 3/16	0.196 9
莫氏	0	1∶19.212=0.052 05	9.045	93	61	48	8.0	0.356 1	3 21/32	2 13/32	1 7/8	0.315 0
	1	1∶20.047=0.049 88	12.065	102	66	50	10.0	0.475 0	4 1/32	2 19/32	1 31/32	0.393 7
	2	1∶20.020=0.049 95	17.780	121	79	61	14.0	0.700 0	4 3/4	3 1/8	2 13/32	0.551 2
	3	1∶19.922=0.050 20	23.825	146	96	76	20.0	0.938 0	5 3/4	3 25/32	3	0.787 4
	4	1∶19.254=0.051 94	31.267	179	119	97	25.0	1.231 0	7 1/16	4 11/16	3 13/16	0.984 3
	5	1∶19.002=0.052 63	44.399	222	150	124	31.5	1.748 0	8 3/4	5 29/32	4 7/8	1.240 2
	6	1∶19.180=0.052 14	63.348	300	208	176	45.0	2.494 0	11 13/16	8 3/16	6 15/16	1.771 7

4.2 锥柄铰刀

铰刀的型式和尺寸见图 2 和表 2。

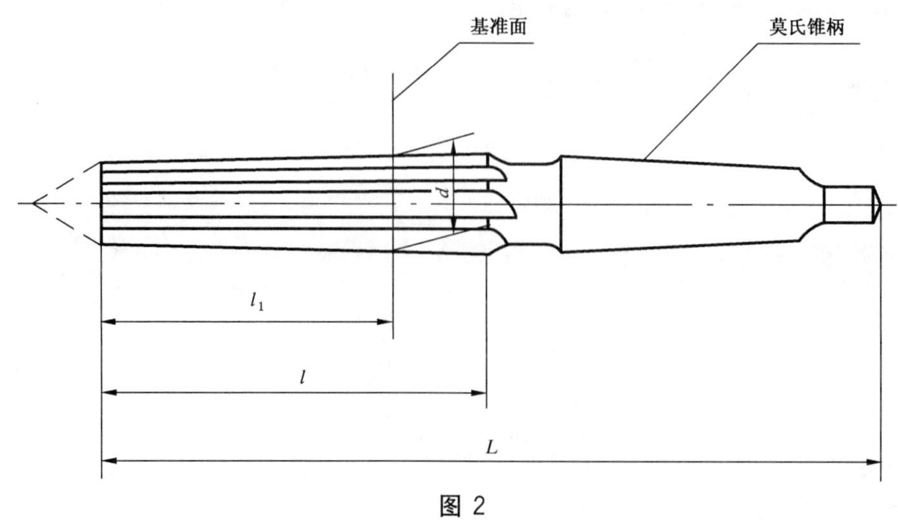

图 2

表 2

圆锥			mm				in				莫氏锥柄号
代号		锥度	d	L	l	l_1	d	L	l	l_1	
米制	4	1∶20=0.05	4.000	106	30	22	0.157 5	4 3/16	1 3/16	7/8	1
	6		6.000	116	40	30	0.236 2	4 9/16	1 9/16	1 3/16	
莫氏	0	1∶19.212=0.052 05	9.045	137	61	48	0.356 1	5 13/32	2 13/32	1 7/8	
	1	1∶20.047=0.049 88	12.065	142	66	50	0.475 0	5 19/32	2 19/32	1 31/32	
	2	1∶20.020=0.049 95	17.780	173	79	61	0.700 0	6 13/16	3 1/8	2 13/32	2
	3	1∶19.922=0.050 20	23.825	212	96	76	0.938 0	8 11/32	3 25/32	3	3
	4	1∶19.254=0.051 94	31.267	263	119	97	1.231 0	10 11/32	4 11/16	3 13/16	4
	5	1∶19.002=0.052 63	44.399	331	150	124	1.748 0	13 1/32	5 29/32	4 7/8	5
	6	1∶19.180=0.052 14	63.348	389	208	176	2.494 0	15 5/16	8 3/16	6 15/16	

5 标记示例

米制 4 号圆锥直柄铰刀为：

直柄圆锥铰刀 米制 4 GB/T 1139—2004。

莫氏 3 号圆锥直柄铰刀为：

直柄圆锥铰刀 莫氏 3 GB/T 1139—2004。

米制 4 号圆锥锥柄铰刀为：

莫氏锥柄圆锥铰刀 米制 4 GB/T 1139—2004。

莫氏 3 号圆锥锥柄铰刀为：

莫氏锥柄圆锥铰刀 莫氏 3 GB/T 1139—2004。

6 技术条件

莫氏圆锥和米制圆锥铰刀的技术条件按 GB/T 4250 的规定。

附 录 A
（资料性附录）
铰刀工作部分的锥度及其偏差

直柄莫氏圆锥和米制圆锥铰刀

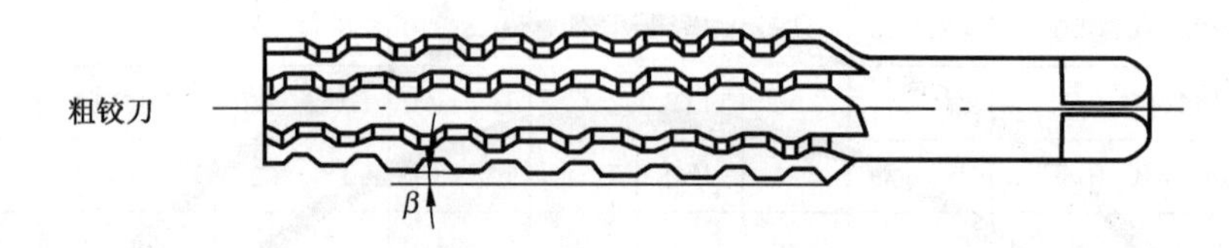

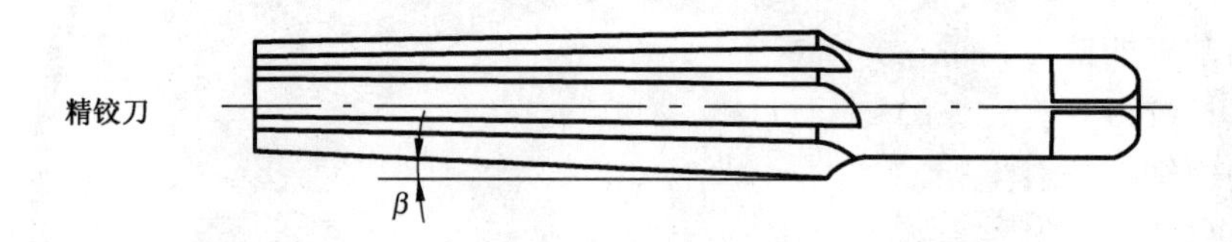

锥柄莫氏圆锥和米制圆锥铰刀

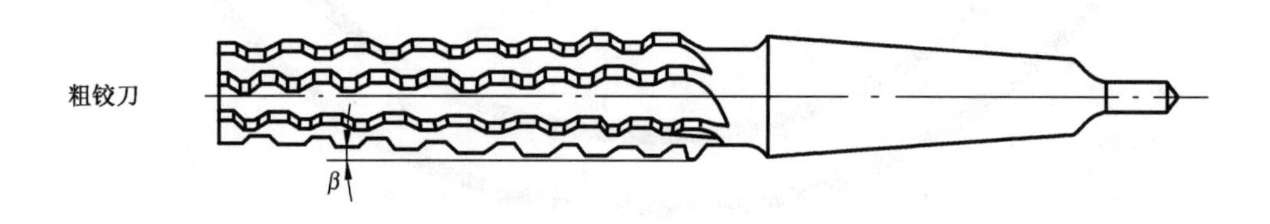

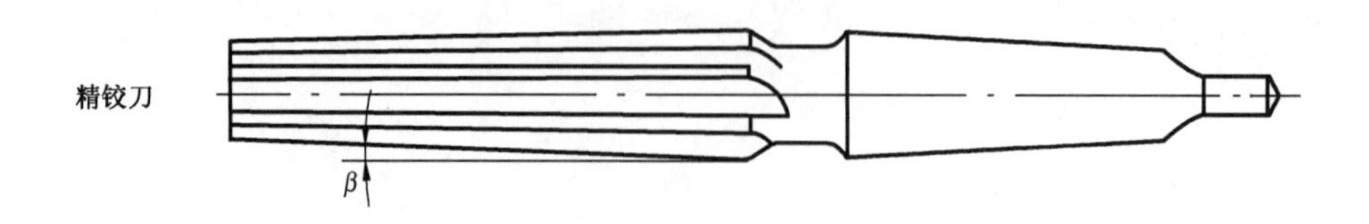

表 A.1

<table>
<tr><th colspan="2" rowspan="2">圆　锥　号</th><th rowspan="2">β</th><th rowspan="2">圆锥角偏差</th><th colspan="2">齿　数</th></tr>
<tr><th>粗</th><th>精</th></tr>
<tr><td rowspan="2">米制</td><td>4</td><td rowspan="2">1°25′56″</td><td rowspan="2">粗±1′
精±30″</td><td rowspan="2">—</td><td rowspan="2">—</td></tr>
<tr><td>6</td></tr>
<tr><td rowspan="7">莫氏</td><td>0</td><td>1°29′27″</td><td rowspan="3">粗±1′
精±30″</td><td rowspan="3">4</td><td rowspan="3">6</td></tr>
<tr><td>1</td><td>1°25′43″</td></tr>
<tr><td>2</td><td>1°25′50″</td></tr>
<tr><td>3</td><td>1°26′16″</td><td rowspan="2">粗±50″
精±25″</td><td rowspan="2">6</td><td rowspan="2">8</td></tr>
<tr><td>4</td><td>1°29′15″</td></tr>
<tr><td>5</td><td>1°30′26″</td><td>粗±40″
精±20″</td><td>8</td><td>10</td></tr>
<tr><td>6</td><td>1°29′36″</td><td>粗±30″
精±15″</td><td>10</td><td>12</td></tr>
</table>

ICS 25.100.30
J 41

中华人民共和国国家标准

GB/T 4243—2004
代替 GB/T 4243—1984

莫氏锥柄长刃机用铰刀

Long fluted machine reamers, Morse tape shanks

(ISO 236-2:1976, MOD)

2004-02-10 发布　　2004-08-01 实施

中华人民共和国国家质量监督检验检疫总局
中国国家标准化管理委员会　发布

前　言

本标准修改采用 ISO 236-2:1976《莫氏锥柄长刃机用铰刀》(英文版)。

本标准与 ISO 236-2:1976 相比有下列技术性差异和编辑性修改:

——规范性引用文件中,删除 ISO 236-1《手用铰刀》、ISO 521《直柄和莫氏锥柄机用铰刀》;ISO 296 用 GB/T 1443《机床和工具柄用自夹圆锥》代替;增加了 GB/T 4246《铰刀特殊公差》;

——增加了标记示例;

——用符号“.”代替用作小数点的逗号“,”;

——用“本标准”代替“本国际标准”;

——删除了国际标准前言;

——增加了规范性附录 A(加工 H7、H8、H9 级孔的铰刀直径公差);

——将 ISO 236-2 图和表 1、表 2、表 3、表 4 中的 l 改为 L,l_1 改为 l。

本标准自实施之日起,代替 GB/T 4243—1984《锥柄长刃机用铰刀》。

本标准与 GB/T 4243—1984 相比有如下变化:

——增加了常备的标准铰刀直径公差 m6;

——增加了英制尺寸;

——增加了第 3 章:互换性;

——按 ISO 236-2 调整了 GB/T 4243—1984 的章条;

——取消了 GB/T 4243—1984 图中的参考尺寸和表面粗糙度标注(表面粗糙度列入技术条件标准中);

——取消了 GB/T 4243—1984 表中的参考尺寸:l_1、a、f 和齿数;

——按 ISO 236-2 调整了 GB/T 4243—1984 表中的直径范围;

——将 GB/T 4243—1984 中的表按 ISO 236-2,调整为:表 1 长度公差,表 2 推荐直径和相应尺寸(米制),表 3 推荐直径和相应尺寸(英制)和表 4 以直径分段的尺寸;

——GB/T 4243—1984 表中加工 H7、H8 和 H9 级精度孔的机用铰刀直径 d 的公差列入附录 A;

——修改了标记示例;

——增加了附录 A(加工 H7、H8、H9 级孔的铰刀直径公差)。

本标准的附录 A 为规范性附录。

本标准由中国机械工业联合会提出。

本标准由全国刀具标准化技术委员会(SAC/TC 91)归口。

本标准起草单位:成都工具研究所。

本标准主要起草人:樊瑾、许刚。

本标准所代替标准的历次版本发布情况:

——GB/T 4243—1984。

莫氏锥柄长刃机用铰刀

1 范围

本标准规定了莫氏锥柄长刃机用铰刀的尺寸及标记示例。

本标准包括三个表：

——单位为毫米的推荐直径和相应尺寸；

——单位为英寸的推荐直径和相应尺寸；

——单位为毫米和英寸以直径分段的尺寸。此外还规定了长度和切削部分直径公差。

本标准适用于直径大于 6 mm 至 85 mm 的高速钢莫氏锥柄长刃机用铰刀。

2 规范性引用文件

下列文件中的条款通过本标准的引用而成为本标准的条款。凡是注日期的引用文件，其随后所有的修改单(不包括勘误的内容)或修订版均不适用于本标准，然而，鼓励根据本标准达成协议的各方研究是否可使用这些文件的最新版本。凡是不注日期的引用文件，其最新版本适用于本标准。

GB/T 1443 机床和工具柄用自夹圆锥(GB/T 1443—1996,eqv ISO 296:1991)

GB/T 4246 铰刀特殊公差(GB/T 4246—2004,ISO 522:1975,IDT)

3 互换性

编制各尺寸表时，考虑了保证以毫米和英寸表示的各尺寸尽可能相等。

因此，将直径范围再细分为一系列尺寸段。米制直径尺寸分段的极限值取自优先数系列，并直接转换成英制数值，同一直径分段中米制和英制的长度保持相同。

但是在两种计量单位制里，推荐直径是不同的，并且在同一直径分段中，推荐的直径数也是不同的。

4 公差

4.1 切削部分

直径 d 在紧接切削锥之后测量。对于常备标准铰刀，直径 d 的公差为 m6。对于加工特定公差孔的铰刀直径公差按 GB/T 4246 设计，本标准在附录 A 中给出了加工 H7、H8、H9 级孔的铰刀直径公差。

4.2 长度公差

铰刀的长度公差按表 1。

表 1 长度公差

总长 L、切削刃长度 l				公 差	
大于	至	大于	至		
mm		in		mm	in
6	30	1/4	1 1/4	±1	±1/32
30	120	1 1/4	4 3/4	±1.5	±1/16
120	315	4 3/4	12	±2	±3/32
315	1 000	12	40	±3	±1/8

对特殊公差的铰刀，其长度和柄部尺寸可以从相邻较大或较小的分段内选择，但公差按表 1 的规定。

示例：

直径为 15 mm 的特殊公差莫氏锥柄长刃机用铰刀，长度 L 可取 187 mm，l 为 87 mm 和 2 号莫氏锥柄；或长度 L 取 156 mm，l 为 76 mm 和 1 号莫氏锥柄(见表 4)。

5 尺寸

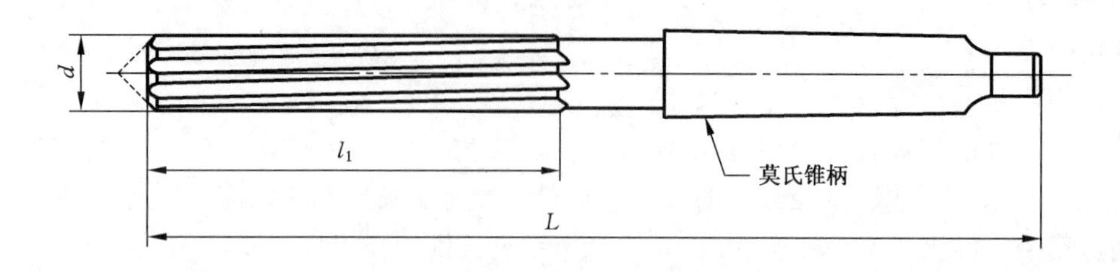

图 1 莫氏锥柄长刃机用铰刀

表 2 推荐直径和相应尺寸

单位为毫米

d	l	L	莫氏锥柄号
7	54	134	1
8	58	138	
9	62	142	
10	66	146	
11	71	151	
12	76	156	
(13)			
14	81	161	
(15)		181	2
16	87	187	
(17)			
18	93	193	
(19)			
20	100	200	
(21)			
22	107	207	
(23)			
(24)	115	242	3
25			
(26)			
(27)	124	251	
28			
(30)			

表 2（续）

单位为毫米

d	l	L	莫氏锥柄号
32	133	293	4
(34)	142	302	
(35)			
36			
(38)	152	312	
40			
(42)			
(44)	163	323	
45			
(46)			
(48)	174	334	
50			
(52)		371	5
(55)	184	381	
56			
(58)			
(60)			
(62)	194	391	
63			
67			
71	203	400	
注：括号内的尺寸尽量不采用。莫氏锥柄按 GB/T 1443 的规定。			

表 3 推荐直径和相应尺寸

单位为英寸

d	l	L	莫氏锥柄号
$\frac{1}{4}$	2	$5\frac{1}{8}$	1
$\frac{9}{32}$	$2\frac{1}{8}$	$5\frac{1}{4}$	
$\frac{5}{16}$	$2\frac{1}{4}$	$5\frac{3}{8}$	
$\frac{11}{32}$	$2\frac{7}{16}$	$5\frac{9}{16}$	
$\frac{3}{8}$	$2\frac{5}{8}$	$5\frac{3}{4}$	
($\frac{13}{32}$)			
$\frac{7}{16}$	$2\frac{13}{16}$	$5\frac{15}{16}$	
($\frac{15}{32}$)	3	$6\frac{1}{8}$	
$\frac{1}{2}$			

表 3（续）

单位为英寸

d	l	L	莫氏锥柄号
$\frac{9}{16}$	$3\frac{3}{16}$	$7\frac{1}{8}$	2
$\frac{5}{8}$	$3\frac{7}{16}$	$7\frac{3}{8}$	
$\frac{11}{16}$	$3\frac{11}{16}$	$7\frac{5}{8}$	
$\frac{3}{4}$	$3\frac{15}{16}$	$7\frac{7}{8}$	
($\frac{13}{16}$)			
$\frac{7}{8}$	$4\frac{3}{16}$	$8\frac{1}{8}$	
1	$4\frac{1}{2}$	$9\frac{1}{2}$	3
($1\frac{1}{16}$)	$4\frac{7}{8}$	$9\frac{7}{8}$	
$1\frac{1}{8}$			
$1\frac{1}{4}$	$5\frac{1}{4}$	$10\frac{1}{4}$	
($1\frac{5}{16}$)		$11\frac{9}{16}$	4
$1\frac{3}{8}$	$5\frac{5}{8}$	$11\frac{15}{16}$	
($1\frac{7}{16}$)			
$1\frac{1}{2}$	6	$12\frac{5}{16}$	
($1\frac{5}{8}$)			
$1\frac{3}{4}$	$6\frac{7}{16}$	$12\frac{3}{4}$	
($1\frac{7}{8}$)	$6\frac{7}{8}$	$13\frac{3}{16}$	
2			
$2\frac{1}{4}$	$7\frac{1}{4}$	15	5
$2\frac{1}{2}$	$7\frac{5}{8}$	$15\frac{3}{8}$	
3	$8\frac{3}{8}$	$16\frac{1}{8}$	
注：括号内的尺寸尽量不采用。莫氏锥柄按 GB/T 1443 的规定。			

表 4　以直径分段的尺寸

直径范围 d				长度尺寸				莫氏锥柄号
大于	至	大于	至	l	L	l	L	
mm		in		mm		in		
6.00	6.70	0.236 2	0.263 8	50	130	2	$5\frac{1}{8}$	1
6.70	7.50	0.263 8	0.295 3	54	134	$2\frac{1}{8}$	$5\frac{1}{4}$	
7.50	8.50	0.295 3	0.334 6	58	138	$2\frac{1}{4}$	$5\frac{3}{8}$	
8.50	9.50	0.334 6	0.374 0	62	142	$2\frac{7}{16}$	$5\frac{9}{16}$	
9.50	10.60	0.374 0	0.417 3	66	146	$2\frac{5}{8}$	$5\frac{3}{4}$	
10.60	11.80	0.417 3	0.464 6	71	151	$2\frac{13}{16}$	$5\frac{15}{16}$	
11.80	13.20	0.464 6	0.519 7	76	156	3	$6\frac{1}{8}$	
13.20	14.00	0.519 7	0.551 2	81	161	$3\frac{3}{16}$	$6\frac{5}{16}$	
14.00	15.00	0.551 2	0.590 6		181		$7\frac{1}{8}$	2

表 4（续）

直径范围 d				长度尺寸				莫氏锥柄号
大于	至	大于	至	l	L	l	L	
mm		in		mm		in		
15.00	17.00	0.590 6	0.669 3	87	187	$3\frac{7}{16}$	$7\frac{3}{8}$	2
17.00	19.00	0.669 3	0.748 0	93	193	$3\frac{11}{16}$	$7\frac{5}{8}$	
19.00	21.20	0.748 0	0.834 6	100	200	$3\frac{15}{16}$	$7\frac{7}{8}$	
21.20	23.02	0.834 6	0.906 2	107	207	$4\frac{3}{16}$	$8\frac{1}{8}$	
23.02	23.60	0.906 2	0.929 1		234		$9\frac{3}{16}$	3
23.60	26.50	0.929 1	1.043 3	115	242	$4\frac{1}{2}$	$9\frac{1}{2}$	
26.50	30.00	1.043 3	1.181 1	124	251	$4\frac{7}{8}$	$9\frac{7}{8}$	
30.00	31.75	1.181 1	1.250 0	133	260	$5\frac{1}{4}$	$10\frac{1}{4}$	
31.75	33.50	1.250 0	1.318 9		293		$11\frac{9}{16}$	4
33.50	37.50	1.318 9	1.476 4	142	302	$5\frac{5}{8}$	$11\frac{15}{16}$	
37.50	42.50	1.476 4	1.673 2	152	312	6	$12\frac{5}{16}$	
42.50	47.50	1.673 2	1.870 1	163	323	$6\frac{7}{16}$	$12\frac{3}{4}$	
47.50	50.80	1.870 1	2.000 0	174	334	$6\frac{7}{8}$	$13\frac{3}{16}$	
50.80	53.00	2.000 0	2.086 6	174	371	$6\frac{7}{8}$	$14\frac{5}{8}$	5
53.00	60.00	2.086 6	2.362 2	184	381	$7\frac{1}{4}$	15	
60.00	67.00	2.362 2	2.637 8	194	391	$7\frac{5}{8}$	$15\frac{3}{8}$	
67.00	75.00	2.637 8	2.952 8	203	400	8	$15\frac{3}{4}$	
75.00	76.20	2.952 8	3.000 0	212	409	$8\frac{3}{8}$	$16\frac{1}{8}$	
76.20	85.00	3.000 0	3.346 5		479		$18\frac{7}{8}$	6
注：莫氏锥柄按 GB/T 1443 的规定。								

6 标记示例

直径 d=10 mm，公差为 m6 的莫氏锥柄长刃机用铰刀为：

长刃机用铰刀　10　GB/T 4243—2004

直径 d=10mm，加工 H8 级精度孔的莫氏锥柄长刃机用铰刀为：

长刃机用铰刀　10　H8　GB/T 4243—2004

附　录　A
（规范性附录）
加工 H7、H8、H9 级孔的铰刀直径公差

表 A.1

单位为毫米

直　　径		极　　限　　偏　　差		
大于	至	H7 级	H8 级	H9 级
6.00	10.00	+0.012 +0.006	+0.018 +0.010	+0.030 +0.017
10.00	18.00	+0.015 +0.008	+0.022 +0.012	+0.036 +0.020
18.00	30.00	+0.017 +0.009	+0.028 +0.016	+0.044 +0.025
30.00	50.00	+0.021 +0.012	+0.033 +0.019	+0.052 +0.030
50.00	80.00	+0.025 +0.014	+0.039 +0.022	+0.062 +0.036
80.00	120.00	+0.029 +0.016	+0.045 +0.026	+0.073 +0.042

ICS 25.100.30
J 41

中华人民共和国国家标准

GB/T 4245—2004
代替 GB/T 4245—1984

机用铰刀技术条件

Technical conditions for machine reamers

2004-02-10 发布 2004-08-01 实施

中华人民共和国国家质量监督检验检疫总局
中国国家标准化管理委员会 发布

前　言

本标准自实施之日起，代替 GB/T 4245—1984《机用铰刀技术条件》。

本标准与 GB/T 4245—1984 相比主要变化如下：

——增加了“范围”；

——增加了“规范性引用文件”；

——取消了“性能试验”要求；

——铰刀用材料由“W18Cr4V”改为“W6Mo5Cr4V2”；

——增加了“表面粗糙度”的要求；

——在表 1 中增加了铰刀直径公差为 m6 时的铰刀的位置公差；

——修改了标志和包装的要求。

本标准由中国机械工业联合会提出。

本标准由全国刀具标准化技术委员会(SAC/TC 91)归口。

本标准起草单位：成都工具研究所。

本标准主要起草人：樊瑾、许刚。

本标准所代替标准的历次版本发布情况：

——GB/T 4245—1984。

机 用 铰 刀 技 术 条 件

1 范围

本标准规定了机用铰刀的位置公差、材料和硬度、外观和表面粗糙度、标志和包装的基本要求。

本标准适用于按 GB/T 1132、GB/T 1134、GB/T 1135、GB/T 4243、GB/T 4244 生产的高速钢机用铰刀。

2 规范性引用文件

下列文件中的条款通过本标准的引用而成为本标准的条款。凡是注日期的引用文件，其随后所有的修改单(不包括勘误的内容)或修订版均不适用于本标准，然而，鼓励根据本标准达成协议的各方研究是否可使用这些文件的最新版本。凡是不注日期的引用文件，其最新版本适用于本标准。

GB/T 1132　直柄和莫氏锥柄机用铰刀 (GB/T 1132—2004,ISO 521:1975,MOD)

GB/T 1134　带刃倾角莫氏锥柄机用铰刀

GB/T 1135　套式机用铰刀和芯轴(GB/T 1135—2004,ISO 2402:1972,MOD)

GB/T 4243　莫氏锥柄长刃机用铰刀(GB/T 4243—2004,ISO 236-2:1976,MOD)

GB/T 4244　带刃倾角直柄机用铰刀

3 位置公差

3.1 机用铰刀的位置公差按表 1。

表 1　位置公差　　单位为毫米

项　　目		公　　差			
		切削部分	校准部分	柄部	
				$d \leqslant 30$	$d > 30$
圆周刃对公共轴线的径向圆跳动	m6	0.015	0.01		0.015
	H7 级				
	H8、H9 级	0.02			

3.2 铰刀校准部分直径应有倒锥度。

4 材料和硬度

4.1 铰刀用 W6Mo5Cr4V2 或同等性能的其他高速钢制造。焊接铰刀柄部用 45 钢或同等性能的其他牌号钢材制造。

4.2 铰刀硬度为：

——工作部分硬度为 63HRC～66HRC。

——柄部和扁尾硬度：

整体铰刀为：铰刀直径 $d<3$ mm 时，不低于 40HRC；

铰刀直径 $d \geqslant 3$ mm 时，不低于 40HRC～55HRC。

焊接铰刀为：30HRC～45HRC。

5 外观和表面粗糙度

5.1 铰刀表面不应有裂纹、崩刃、划痕、锈迹、磨削烧伤以及显著的磨钝等影响使用性能的缺陷。

5.2 表面粗糙度的上限值：

——前面和后面：Rz3.2 μm；

——圆柱刃带：Rz3.2 μm；

——柄部：Ra0.4 μm；

——套式机用铰刀锥孔：Ra0.8μm；

——芯轴柄部：Ra0.4 μm。

6 标志和包装

6.1 标志

6.1.1 产品上应标有(d<3 mm的铰刀可不标志，d=3 mm～6 mm，可只标直径和精度等级)：

——制造厂或销售商的商标；

——铰刀直径；

——精度等级；

——高速钢代号(HSS)。

6.1.2 包装盒上应标有：

——制造厂或销售商的名称、地址和商标；

——铰刀标记，对于无标记示例的产品，应标有：产品名称、规格、精度等级、标准编号；

——高速钢牌号或代号；

——件数；

——制造年月。

6.2 包装

铰刀在包装前应经防锈处理，包装应牢固，防止运输过程中损伤。

ICS 25.100.30
J 41

中华人民共和国国家标准

GB/T 4246—2004/ISO 522:1975
代替 GB/T 4246—1984

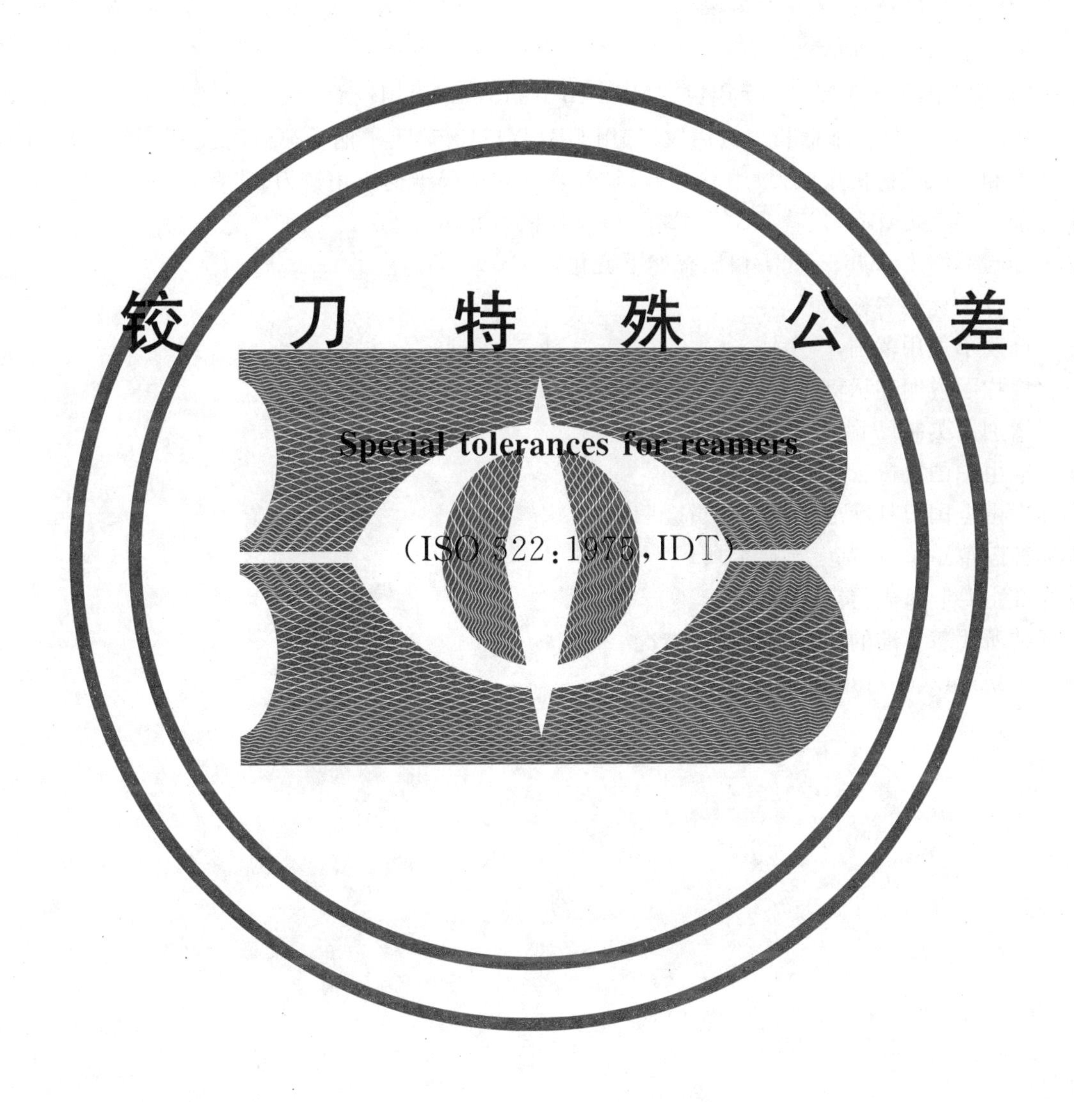

铰刀特殊公差

Special tolerances for reamers

(ISO 522:1975,IDT)

2004-02-10 发布　　2004-08-01 实施

中华人民共和国国家质量监督检验检疫总局
中国国家标准化管理委员会　发布

前　言

本标准等同采用ISO 522:1975《铰刀特殊公差》(英文版)。

为便于使用,本标准做了下列编辑性修改:

——用小数点“.”代替作为小数点的逗号“,”;

——用“本标准”代替“本国际标准”;

——删除了国际标准前言。

——“范围”中的ISO 236-1《手用铰刀》用GB/T 1131.1《手用铰刀　第1部分:型式和尺寸》代替、ISO 236-2《莫氏锥柄长刃机用铰刀》用GB/T 4243《莫氏锥柄长刃机用铰刀》代替、ISO 521《直柄和莫氏锥柄机用铰刀》用GB/T 1132《直柄和莫氏锥柄机用铰刀》代替。

本标准自实施之日起,代替GB/T 4246—1984《铰刀专用公差》。

本标准与GB/T 4246—1984相比有如下变化:

——修改了标准名称;

——修改了适用范围;

——增加了说明和示例;

——增加了英制尺寸。

本标准由中国机械工业联合会提出。

本标准由全国刀具标准化技术委员会归口。

本标准起草单位:成都工具研究所。

本标准主要起草人:樊瑾、许刚。

本标准所代替标准的历次版本发布情况:

——GB/T 4246—1984。

铰 刀 特 殊 公 差

1 范围

本标准规定了铰刀切削部分直径的特殊公差。

本标准适用于当铰刀公差不是 m6 时，GB/T 1131.1《手用铰刀　第 1 部分：型式和尺寸》、GB/T 1132《直柄和莫氏锥柄机用铰刀》、GB/T 4243《莫氏锥柄长刃机用铰刀》中规定的铰刀。

2 公差的确定

除非特别指定外，铰刀按公差 m6 制造。事先推断用公差为 m6 的铰刀加工的孔的公差是不可能的。实际中，铰刀铰出的孔的实际尺寸取决于很多因素，这些因素包括：

a) 被加工材料的种类和加工余量；

b) 铰刀的切削角度；

c) 铰刀使用时的条件；

d) 装夹和操作方法；

e) 润滑情况。

若给出了孔的公差，要确定加工孔的铰刀的特殊公差时，应考虑上述因素。制订标准的“特殊”公差，能在各种条件下保证结果是不可能的。

但是，为统一起见，下面推荐的根据被加工孔来确定铰刀公差上下极限的方法，应在设计专用铰刀时尽量采用。

2.1 确定铰刀公差极限的规则（见图 1）

当孔的公差为 IT 时：

——铰刀直径的上限尺寸等于孔的最大直径减 0.15IT。0.15IT 的值应圆整到 0.001 mm（或 0.000 1 in）的整数倍。

——铰刀直径的下限尺寸等于铰刀的最大直径减 0.35IT。0.35IT 的值应圆整到 0.001 mm（或 0.000 1 in）的整数倍。

注：英制尺寸的 IT 数值是由米制尺寸的 IT 数值直接换算取得。

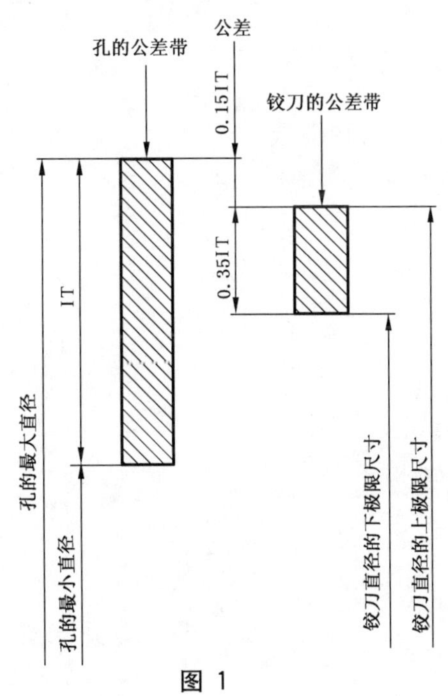

图 1

2.2 总说明

制造出比本标准规定的精度更高的铰刀,而又符合本标准规定的极限尺寸是可能的。

2.3 示例

2.3.1 孔的直径为 12 mm,精度为 H7 时:IT7=0.018 mm;

孔的最大尺寸为:12.018 mm,最小尺寸为:12.000 mm;

铰刀直径的上限尺寸在孔的最大直径以下 0.15IT 处:0.15×0.018 mm=0.002 7 mm,

该值圆整到 0.003 mm;

铰刀直径的上限尺寸=12.018 mm-0.003 mm=12.015 mm;

铰刀直径的下限尺寸在铰刀最大直径以下 0.35IT 处:0.35×0.018 mm=0.006 3 mm,

该值圆整到 0.007 mm;

铰刀直径的下限尺寸=12.015 mm-0.007 mm=12.008 mm。

2.3.2 孔的直径为 0.5 in,精度为 H7 时:IT7=0.000 7 in(0.018 最小数值直接换算);

孔的最大尺寸为:0.500 7 in,最小尺寸为:0.500 0 in;

铰刀直径的上限尺寸在孔的最大直径以下 0.15IT 处:0.15×0.000 7 in=0.000 10 in,

该值圆整到 0.000 1 in;

铰刀直径的上限尺寸=0.500 7 in-0.000 1 in=0.500 6 in;

铰刀直径的下限尺寸在铰刀最大直径以下 0.35IT 处:0.35×0.000 7 in=0.000 24 in,

该值圆整到 0.000 3 in;

铰刀直径的下限尺寸=0.500 6 in-0.000 3 in=0.500 3 in。

ICS 25.100.30
J 41

中华人民共和国国家标准

GB/T 4247—2004/ISO 2238:1972
代替 GB/T 4247—1984

莫氏锥柄机用桥梁铰刀

Machine bridge reamers with Morse taper shanks

(ISO 2238:1972,Machine bridge reamers,IDT)

2004-02-10 发布　　2004-08-01 实施

中华人民共和国国家质量监督检验检疫总局
中国国家标准化管理委员会　发布

前　言

本标准等同采用 ISO 2238:1972《机用桥梁铰刀》(英文版)。

为便于使用,本标准做了下列编辑性修改:

——用小数点"."代替作为小数点的逗号",";

——用"本标准"代替"本国际标准";

——删除了国际标准前言;

——规范性引用文件中,ISO 296 用 GB/T 1443《机床和工具柄用自夹圆锥》代替;ISO 1051 用 GB/T 18194《铆钉杆直径》代替。

本标准自实施之日起,代替 GB/T 4247—1984《锥柄机用桥梁铰刀》。

本标准与 GB/T 4247—1984 相比有如下变化:

——增加了英制尺寸;

——取消了 GB/T 4247—1984 图中的表面粗糙度标注;

——按 ISO 2238 改变了表格形式,改变了 L、l 和 l_1 的极限偏差规定;

——推荐值作为常备尺寸列入附录 A 中;

——取消了标记示例。

本标准的附录 A 为规范性附录。

本标准由中国机械联合会提出。

本标准由全国刀具标准化技术委员会归口。

本标准起草单位:成都工具研究所。

本标准主要起草人:樊瑾、许刚。

本标准所代替标准的历次版本发布情况:

——GB/T 4247—1984。

莫氏锥柄机用桥梁铰刀

1 范围

本标准规定了莫氏锥柄机用桥梁铰刀的各项特征。本标准用毫米和英寸为单位给出了直径范围 d 从 6 mm 至 50.8 mm(0.236 2in 至 2.000 0in)的桥梁铰刀的下列尺寸。

——总长 L;

——总切削刃长度 l;

——锥形切削刃长度 l_1。

同时给出了每个直径分段的莫氏锥柄号,莫氏锥柄的尺寸按 GB/T 1443 的规定。

2 规范性引用文件

下列文件中的条款通过本标准的引用而成为本标准的条款。凡是注日期的引用文件,其随后所有的修改单(不包括勘误的内容)或修订版均不适用于本标准,然而,鼓励根据本标准达成协议的各方研究是否可使用这些文件的最新版本。凡是不注日期的引用文件,其最新版本适用于本标准。

GB/T 1443 机床和工具柄用自夹圆锥(GB/T 1443—1996,eqv ISO 296:1991)

GB/T 18194 铆钉杆直径(GB/T 18194—2000,idt ISO 1051:1999)

3 尺寸

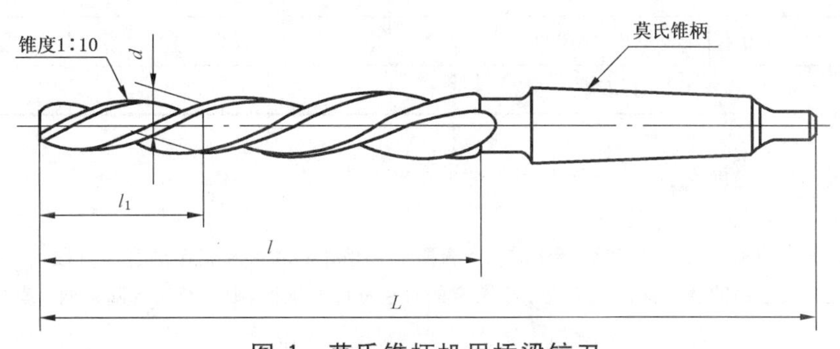

图 1 莫氏锥柄机用桥梁铰刀

表 1 尺寸

直径范围 d				长度						莫氏锥柄号
mm		in		mm			in			
大于	至	大于	至	L	l	l_1	L	l	l_1	
6.0	6.7	0.236 2	0.263 8	151	75	30	$5^{15}/_{16}$	$2^{15}/_{16}$	$1^{3}/_{16}$	1
6.7	7.5	0.263 8	0.295 3	156	80	32	$6^{5}/_{32}$	$3^{5}/_{32}$	$2^{1}/_{4}$	
7.5	8.5	0.295 3	0.334 6	161	85	34	$6^{11}/_{32}$	$3^{11}/_{32}$	$1^{11}/_{32}$	
8.5	9.5	0.334 6	0.374 0	166	90	36	$6^{17}/_{32}$	$3^{17}/_{32}$	$1^{13}/_{32}$	
9.5	10.6	0.374 0	0.417 3	171	95	38	$6^{3}/_{4}$	$3^{3}/_{4}$	$1^{1}/_{2}$	
10.6	11.8	0.417 3	0.464 6	176	100	40	$6^{15}/_{16}$	$3^{15}/_{16}$	$1^{9}/_{16}$	

表 1(续)

直径范围 d				长　度						莫氏锥柄号
mm		in		mm			in			
大于	至	大于	至	L	l	l_1	L	l	l_1	
11.8	13.2	0.464 6	0.519 7	199	105	42	$7\frac{27}{32}$	$4\frac{1}{8}$	$1\frac{21}{32}$	2
13.2	14.0	0.519 7	0.551 2	209	115	46	$8\frac{1}{4}$	$4\frac{17}{32}$	$1\frac{13}{16}$	
14.0	15.0	0.551 2	0.590 6	219	125	50	$8\frac{5}{8}$	$4\frac{29}{32}$	$1\frac{31}{32}$	
15.0	16.0	0.590 6	0.629 9	229	135	54	$9\frac{1}{32}$	$5\frac{5}{16}$	$2\frac{1}{8}$	
16.0	17.0	0.629 9	0.669 3	251	135	54	$9\frac{7}{8}$	$5\frac{5}{16}$	$2\frac{1}{8}$	3
17.0	19.0	0.669 3	0.748 0	261	145	58	$10\frac{9}{32}$	$5\frac{23}{32}$	$2\frac{9}{32}$	
19.0	21.2	0.748 0	0.834 6	271	155	62	$10\frac{21}{32}$	$6\frac{3}{32}$	$2\frac{7}{16}$	
21.2	23.6	0.834 6	0.929 1	281	165	66	$11\frac{1}{16}$	$6\frac{1}{2}$	$2\frac{19}{32}$	
23.6	26.5	0.929 1	1.043 3	296	180	72	$11\frac{21}{32}$	$7\frac{3}{32}$	$2\frac{27}{32}$	
26.5	30.0	1.043 3	1.181 1	311	195	78	$12\frac{1}{4}$	$7\frac{11}{16}$	$3\frac{1}{16}$	
30.0	31.5	1.181 1	1.240 2	326	210	84	$12\frac{27}{32}$	$8\frac{9}{32}$	$3\frac{5}{16}$	
31.5	33.5	1.240 2	1.318 9	354	210	84	$13\frac{15}{16}$	$8\frac{9}{32}$	$3\frac{5}{16}$	4
33.5	37.5	1.318 9	1.476 4	364	220	88	$14\frac{5}{16}$	$8\frac{21}{32}$	$3\frac{15}{32}$	
37.5	42.5	1.476 4	1.673 2	374	230	92	$14\frac{23}{32}$	$9\frac{1}{16}$	$3\frac{5}{8}$	
42.5	47.5	1.673 2	1.870 1	384	240	96	$15\frac{3}{32}$	$9\frac{7}{16}$	$3\frac{25}{32}$	
47.5	50.8	1.870 1	2.000 0	394	250	100	$15\frac{1}{2}$	$9\frac{27}{32}$	$3\frac{15}{16}$	
注：除特别说明外，这些铰刀为右切削。										

注 1：引入锥

铰刀引入部分的锥度为 1∶10，近似相当于张开角 5°45′。

注 2：长度 L 和 l 的公差

每一直径分段的 L 和 l 可以变化，变化的上下极限值是相邻的较大和较小的直径分段给出的数值(假如两个相邻直径分段之一的莫氏锥柄大于或小于给定的直径分段的锥柄，则总长还要随这两个莫氏锥柄的长度而变化)。

示例：直径 13 mm 的铰刀，l 的公称值为 105 mm，可在 100 mm 和 115 mm 之间变化；L 的公称值 199 mm，可在 176 mm 和 209 mm 之间变化。

注 3：直径 d

桥梁铰刀的直径 d 必须在下列原则的基础上确定：

——铆钉直径 10 mm 以下：铰刀直径＝铆钉直径＋0.4 mm；

——铆钉直径大于或等于 10 mm：铰刀直径＝铆钉直径＋1 mm；

——直径 d 的公差：k11；

——推荐的米制系列直径：见附录 A。

附　录　A
（规范性附录）
莫氏锥柄机用桥梁铰刀的推荐直径

下列莫氏锥柄机用桥梁铰刀直径作为推荐的常备尺寸(单位为毫米)：

6.4—(7.4)—8.4—11—13—(15)—17—(19)—21—(23)—25—(28)—31—(34)—(40)。

推荐直径和 GB/T 18194 的铆钉直径 6 mm 至 36 mm 相当。

括号中的尺寸尽量不采用。

ICS 25.100.30
J 41

中华人民共和国国家标准

GB/T 4248—2004
代替 GB/T 4248—1984

手用 1∶50 锥度销子铰刀　技术条件

Technical conditions for hand taper 1∶50 pin reamers

2004-02-10 发布　　2004-08-01 实施

中华人民共和国国家质量监督检验检疫总局
中国国家标准化管理委员会　发布

前　言

本标准自实施之日起，代替 GB/T 4248—1984《手用 1∶50 锥度销子铰刀技术条件》。

本标准与 GB/T 4248—1984 相比主要变化如下：

——取消了 GB/T 4248—1984 中的性能试验部分；

——修改了 GB/T 4248—1984 中材料部分，材料由 W18Cr4V 改为 W6Mo5Cr4V2；

——修改了 GB/T 4248—1984 中的标志和包装部分；

——增加了表面粗糙度。

本标准由中国机械工业联合会提出。

本标准由全国刀具标准化技术委员会(SAC/TC 91)归口。

本标准起草单位：成都工具研究所。

本标准主要起草人：刘玉玲、查国兵。

本标准所代替标准的历次版本发布情况：

——GB/T 4248—1984。

手用1∶50锥度销子铰刀　技术条件

1　范围

本标准规定了手用1∶50锥度销子铰刀的位置公差、材料和硬度、外观和表面粗糙度、标志和包装的基本要求。

本标准适用于手用1∶50锥度销子铰刀和手用长刃1∶50锥度销子铰刀。

2　铰刀的位置公差

铰刀的位置公差按表1。

表1

单位为毫米

项目		公差		
		$d \leqslant 3$	$d > 3 \sim 20$	$d > 20 \sim 50$
工作部分对公共轴线的径向圆跳动		0.03	0.02	0.03
在100 mm长度上铰刀直径差的允差	$l \leqslant 100$	0.05		
	$l > 100 \sim 200$	0.04		
	$l > 200$	0.03		

3　材料和硬度

3.1　材料

铰刀用W6Mo5Cr4V2或其他同等性能的高速钢制造。焊接铰刀柄部用45钢或其他同等性能的钢材制造。铰刀也允许用9SiCr或其他同等性能的合金工具钢制造。

3.2　硬度

3.2.1　工作部分硬度：

高速钢铰刀为：63HRC～66HRC；

合金工具钢铰刀为：62HRC～65HRC。

3.2.2　柄部方头硬度：

整体铰刀：直径 $d < 3$ mm不低于40HRC；

直径 $d \geqslant 3$ mm为40HRC～55HRC。

焊接铰刀：30HRC～45HRC。

4　外观和表面粗糙度

4.1　外观

铰刀的表面不得有裂纹、划痕、锈迹以及磨削烧伤等影响使用性能的缺陷。

4.2　表面粗糙度

铰刀的表面粗糙度为：

——前面：$Rz3.2$ μm；

——后面：$Rz6.3$ μm；

——柄部：$Ra1.6$ μm；

——圆锥刃带：Rz6.3 μm。

5 标志和包装

5.1 标志

5.1.1 产品上应标有(直径 d<3 mm 的铰刀可不标志，直径 d=3 mm～6 mm 铰刀可只标铰刀直径和工作部分长度)：

——制造厂或销售商的商标；

——铰刀直径；

——工作部分长度；

——材料代号(合金工具钢铰刀不标材料)、锥度。

5.1.2 包装盒上应标有：

——制造厂或销售商的名称、地址和商标；

——产品名称；

——铰刀直径；

——工作部分长度；

——标准编号；

——材料；

——件数；

——制造年月。

5.2 包装

铰刀在包装前应经防锈处理。包装应牢固，防止运输过程中损伤。

ICS 25.100.30
J 41

中华人民共和国国家标准

GB/T 4250—2004
代替 GB/T 4250—1984

圆锥铰刀　技术条件

Taper reamers—Technical requirements

2004-02-10 发布　　2004-08-01 实施

中华人民共和国国家质量监督检验检疫总局
中国国家标准化管理委员会　发布

前　言

本标准自实施之日起，代替 GB/T 4250—1984《圆锥铰刀　技术条件》。

本标准与 GB/T 4250—1984 相比主要变化如下：

——取消了 GB/T 4250—1984 中的性能试验部分；

——修改了 GB/T 4250—1984 中铰刀的材料；

——修改了 GB/T 4250—1984 中的标志和包装部分；

——增加了表面粗糙度。

本标准由中国机械工业联合会提出。

本标准由全国刀具标准化技术委员会归口。

本标准起草单位：河南第一工具厂、河南机电高等专科学校。

本标准主要起草人：赵建敏、孔春艳、马霄。

本标准所代替标准的历次发布情况：

——GB/T 4250—1984。

圆锥铰刀　技术条件

1 范围

本标准规定了圆锥铰刀的位置公差、材料和硬度、外观和表面粗糙度、标志和包装的基本要求。

本标准适用于按 GB/T 1139 生产的莫氏圆锥和米制圆锥铰刀。

2 规范性引用文件

下列文件中的条款通过本标准的引用而成为本标准的条款。凡是注日期的引用文件，其随后所有的修改单(不包括勘误的内容)或修订版均不适用于本标准，然而，鼓励根据本标准达成协议的各方研究是否可使用这些文件的最新版本。凡是不注日期的引用文件，其最新版本适用于本标准。

GB/T 1139　莫氏圆锥和米制圆锥铰刀(GB/T 1139—2004，ISO 2250:1972，MOD)

3 铰刀位置公差

铰刀的位置公差见表 1。

表 1

单位为毫米

项　　目	公　差	
	$d \leq 20$	$d > 20$
工作部分和柄部对公共轴线的径向圆跳动	0.02	0.03

4 材料和硬度

4.1 材料

铰刀用 W6Mo5Cr4V2 或同等性能的其他牌号高速钢制造，也可用 9SiCr 或其他同等性能合金工具钢制造。焊接铰刀柄部用 45 钢或同等性能的其他牌号钢材制造。

4.2 硬度

4.2.1 铰刀工作部分：

——高速钢铰刀：硬度为 63HRC～66HRC；

——合金工具钢铰刀：硬度为 62HRC～65HRC。

4.2.2 柄部方头或扁尾：

——整体铰刀：硬度为 40HRC～55HRC；

——焊接铰刀：硬度为 30HRC～45HRC。

5 外观和表面粗糙度

5.1 外观

铰刀表面不得有裂纹、划痕、锈迹以及磨削烧伤等影响使用性能的缺陷。

5.2 表面粗糙度

表面粗糙度的上限值：

——前面、圆锥刃带：Rz3.2 μm；

——后面：Rz6.3 μm；

——圆柱柄：Ra1.6 μm；

——莫氏锥柄：$Ra0.4$ μm。

6 标志和包装

6.1 标志

6.1.1 产品上应标有：

——制造厂或销售商的商标；

——圆锥代号(例如：米制 4)；

——材料代号(高速钢为 HSS，合金工具钢不标志)。

6.1.2 包装盒上应标有：

——制造厂或销售商的名称、地址和商标；

——产品名称、圆锥代号、标准编号；

——材料牌号或代号；

——件数；

——制造年月。

6.2 包装

铰刀在包装前应经防锈处理，包装必须牢固，防止运输过程中损伤。

ICS 25.100.30
J 41

中华人民共和国国家标准

GB/T 4251—2008
代替 GB/T 4251～4253—2004

硬质合金机用铰刀

Machine reamers with carbide tips

2008-11-04 发布　　2009-04-01 实施

中华人民共和国国家质量监督检验检疫总局
中国国家标准化管理委员会　发布

前言

本标准代替GB/T 4251—2004《硬质合金直柄机用铰刀》、GB/T 4252—2004《硬质合金莫氏锥柄机用铰刀》、GB/T 4253—2004《硬质合金铰刀 技术条件》。

本标准与GB/T 4251—2004、GB/T 4252—2004、GB/T 4253—2004相比主要变化如下：

——将GB/T 4251—2004、GB/T 4252—2004和GB/T 4253—2004合并为一个标准；

——对5.2.2铰刀柄部或扁尾部分硬度进行了修改；

——取消了3.1中"对于常备标准铰刀，直径 d 的公差为m6。"和"其公差带位置上移0.05IT～0.15IT"的要求；

——取消了3.3长度公差中"公差"两字；

——取消了位置公差表6中直径 d 公差为m6的位置公差要求；

——表A.1中增加了注；

——进行了编辑性修改。

本标准的附录A为规范性附录。

本标准由中国机械工业联合会提出。

本标准由全国刀具标准化技术委员会(SAC/TC 91)归口。

本标准起草单位：河南一工工具有限公司。

本标准主要起草人：赵建敏、孔春艳、樊英杰、王焯林、董向阳。

本标准所代替标准的历次版本发布情况为：

——GB 4251—1984，GB/T 4251—2004；

——GB 4252—1984，GB/T 4252—2004；

——GB 4253—1984，GB/T 4253—2004。

硬质合金机用铰刀

1 范围

本标准规定了硬质合金直柄、莫氏锥柄机用铰刀的型式和尺寸、位置公差、材料和硬度、外观和表面粗糙度、标志和包装的基本要求。

本标准适用于直径大于 5.3 mm 至 20 mm 的硬质合金直柄机用铰刀和直径大于 7.5 mm 至 40 mm 的硬质合金锥柄机用铰刀。

2 规范性引用文件

下列文件中的条款通过本标准的引用而成为本标准的条款。凡是注日期的引用文件，其随后所有的修改单(不包括勘误的内容)或修订版均不适用于本标准，然而，鼓励根据本标准达成协议的各方研究是否可使用这些文件的最新版本。凡是不注日期的引用文件，其最新版本适用于本标准。

GB/T 1443　机床和工具柄用自夹圆锥(GB/T 1443—1996,eqv ISO 296:1991)

GB/T 2075　切削加工用硬切削材料的分类和用途　大组和用途小组的分类代号(GB/T 2075—2007,ISO 513:2004,IDT)

GB/T 4246　铰刀特殊公差(GB/T 4246—2004,ISO 522:1975,IDT)

3 公差

3.1 切削部分

铰刀直径公差参照 GB/T 4246 设计，其公差带位置根据被加工材料、切削状态等情况可适当上移。附录 A 中给出了加工 H7、H8、H9 精度孔的铰刀直径公差。

3.2 柄部

直柄铰刀柄部直径 d_1 的公差为 h9，锥柄铰刀的莫氏锥柄尺寸和公差按 GB/T 1443 的规定。

3.3 长度

铰刀的长度公差按表 1。

表 1　长度公差

单位为毫米

总长 L、切削刃长度 l、直柄长度 l_1		公差
大于	至	
6	30	±1.0
30	120	±1.5
120	315	±2.0
315	1 000	±3.0

4 型式和尺寸

4.1 直柄机用铰刀的型式按图 1，优先采用的尺寸按表 2，以直径分段的尺寸按表 3。根据需要刀齿也可做成螺旋齿或斜齿。

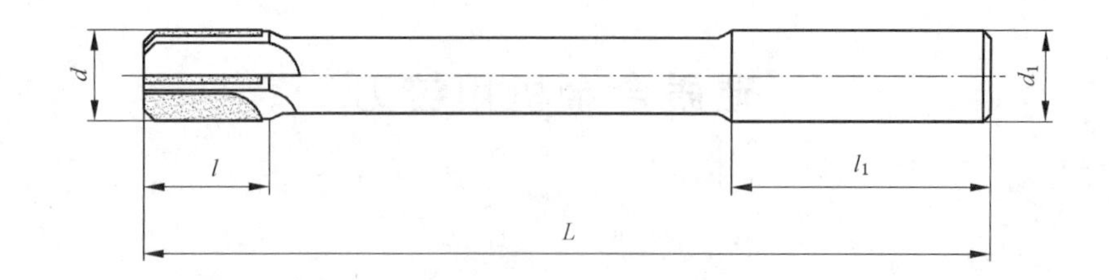

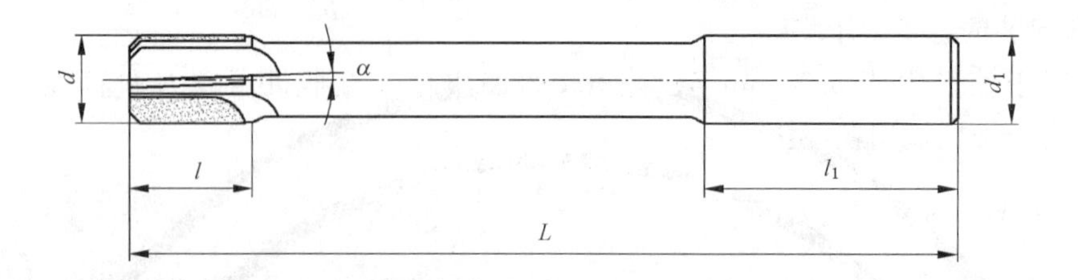

α——根据被加工情况确定。

图 1

表 2 优先采用的尺寸

单位为毫米

<table>
<tr><th>d</th><th>d₁</th><th>L</th><th>l</th><th>l₁</th></tr>
<tr><td>6</td><td>5.6</td><td>93</td><td rowspan="6">17</td><td>36</td></tr>
<tr><td>7</td><td>7.1</td><td>109</td><td>40</td></tr>
<tr><td>8</td><td>8.0</td><td>117</td><td>42</td></tr>
<tr><td>9</td><td>9.0</td><td>125</td><td>44</td></tr>
<tr><td>10</td><td rowspan="4">10.0</td><td>133</td><td rowspan="4">46</td></tr>
<tr><td>11</td><td>142</td></tr>
<tr><td>12</td><td rowspan="2">151</td><td rowspan="4">20</td></tr>
<tr><td>(13)</td></tr>
<tr><td>14</td><td rowspan="3">12.5</td><td>160</td><td rowspan="3">50</td></tr>
<tr><td>(15)</td><td>162</td></tr>
<tr><td>16</td><td>170</td><td rowspan="5">25</td></tr>
<tr><td>(17)</td><td rowspan="2">14.0</td><td>175</td><td rowspan="2">52</td></tr>
<tr><td>18</td><td>182</td></tr>
<tr><td>(19)</td><td rowspan="2">16.0</td><td>189</td><td rowspan="2">58</td></tr>
<tr><td>20</td><td>195</td></tr>
<tr><td colspan="5">注：括号内的尺寸尽量不采用。</td></tr>
</table>

表 3　以直径分段的尺寸

单位为毫米

<table>
<tr><th colspan="2">直径范围 d</th><th rowspan="2">d_1</th><th rowspan="2">L</th><th rowspan="2">l</th><th rowspan="2">l_1</th></tr>
<tr><th>大于</th><th>至</th></tr>
<tr><td>5.3</td><td>6.0</td><td>5.6</td><td>93</td><td rowspan="7">17</td><td>36</td></tr>
<tr><td>6.0</td><td>6.7</td><td>6.3</td><td>101</td><td>38</td></tr>
<tr><td>6.7</td><td>7.5</td><td>7.1</td><td>109</td><td>40</td></tr>
<tr><td>7.5</td><td>8.5</td><td>8.0</td><td>117</td><td>42</td></tr>
<tr><td>8.5</td><td>9.5</td><td>9.0</td><td>125</td><td>44</td></tr>
<tr><td>9.5</td><td>10.6</td><td rowspan="3">10.0</td><td>133</td><td rowspan="3">46</td></tr>
<tr><td>10.6</td><td>11.8</td><td>142</td></tr>
<tr><td>11.8</td><td>13.2</td><td>151</td><td rowspan="3">20</td></tr>
<tr><td>13.2</td><td>14.0</td><td rowspan="3">12.5</td><td>160</td><td rowspan="3">50</td></tr>
<tr><td>14.0</td><td>15.0</td><td>162</td></tr>
<tr><td>15.0</td><td>16.0</td><td>170</td><td rowspan="5">25</td></tr>
<tr><td>16.0</td><td>17.0</td><td rowspan="2">14.0</td><td>175</td><td rowspan="2">52</td></tr>
<tr><td>17.0</td><td>18.0</td><td>182</td></tr>
<tr><td>18.0</td><td>19.0</td><td rowspan="2">16.0</td><td>189</td><td rowspan="2">58</td></tr>
<tr><td>19.0</td><td>20.0</td><td>195</td></tr>
</table>

4.2　莫氏锥柄机用铰刀的型式按图 2，优先采用的尺寸按表 4，以直径分段的尺寸按表 5。莫氏锥柄的尺寸和偏差按 GB/T 1443 的规定。根据需要刀齿也可做成螺旋齿或斜齿。

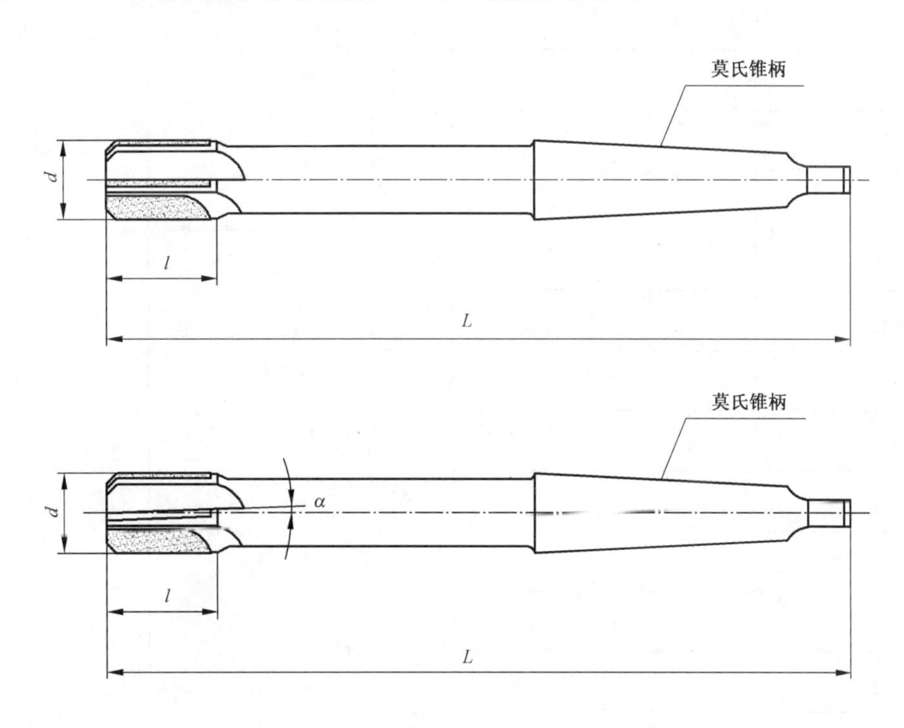

α——根据使用情况确定。

图 2

表 4　优先采用的尺寸

单位为毫米

<table>
<tr><th>d</th><th>L</th><th>l</th><th>莫氏锥度号</th></tr>
<tr><td>8</td><td>156</td><td rowspan="4">17</td><td rowspan="7">1</td></tr>
<tr><td>9</td><td>162</td></tr>
<tr><td>10</td><td>168</td></tr>
<tr><td>11</td><td>175</td></tr>
<tr><td>12</td><td rowspan="2">182</td><td rowspan="3">20</td></tr>
<tr><td>(13)</td></tr>
<tr><td>14</td><td>189</td></tr>
<tr><td>(15)</td><td>204</td><td rowspan="6">25</td><td rowspan="9">2</td></tr>
<tr><td>16</td><td>210</td></tr>
<tr><td>(17)</td><td>214</td></tr>
<tr><td>18</td><td>219</td></tr>
<tr><td>(19)</td><td>223</td></tr>
<tr><td>20</td><td>228</td></tr>
<tr><td>21</td><td>232</td><td rowspan="5">28</td></tr>
<tr><td>22</td><td>237</td></tr>
<tr><td>23</td><td>241</td></tr>
<tr><td>24</td><td rowspan="2">268</td><td rowspan="5">3</td></tr>
<tr><td>25</td></tr>
<tr><td>(26)</td><td>273</td><td rowspan="9">34</td></tr>
<tr><td>28</td><td>277</td></tr>
<tr><td>(30)</td><td>281</td></tr>
<tr><td>32</td><td>317</td><td rowspan="6">4</td></tr>
<tr><td>(34)</td><td rowspan="2">321</td></tr>
<tr><td>(35)</td></tr>
<tr><td>36</td><td>325</td></tr>
<tr><td>(38)</td><td rowspan="2">329</td></tr>
<tr><td>40</td></tr>
<tr><td colspan="4">注：括号内尺寸尽量不采用。</td></tr>
</table>

表 5　以直径分段的尺寸

单位为毫米

<table>
<tr><th colspan="2">直径范围 d</th><th rowspan="2">L</th><th rowspan="2">l</th><th rowspan="2">莫氏锥柄号</th></tr>
<tr><th>大于</th><th>至</th></tr>
<tr><td>7.5</td><td>8.5</td><td>156</td><td rowspan="5">17</td><td rowspan="7">1</td></tr>
<tr><td>8.5</td><td>9.5</td><td>162</td></tr>
<tr><td>9.5</td><td>10.0</td><td rowspan="2">168</td></tr>
<tr><td>10.0</td><td>10.6</td></tr>
<tr><td>10.6</td><td>11.8</td><td>175</td></tr>
<tr><td>11.8</td><td>13.2</td><td>182</td><td rowspan="3">20</td></tr>
<tr><td>13.2</td><td>14.0</td><td>189</td></tr>
<tr><td>14.0</td><td>15.0</td><td>204</td><td rowspan="9">2</td></tr>
<tr><td>15.0</td><td>16.0</td><td>210</td><td rowspan="5">25</td></tr>
<tr><td>16.0</td><td>17.0</td><td>214</td></tr>
<tr><td>17.0</td><td>18.0</td><td>219</td></tr>
<tr><td>18.0</td><td>19.0</td><td>223</td></tr>
<tr><td>19.0</td><td>20.0</td><td>228</td></tr>
<tr><td>20.0</td><td>21.2</td><td>232</td><td rowspan="5">28</td></tr>
<tr><td>21.2</td><td>22.4</td><td>237</td></tr>
<tr><td>22.4</td><td>23.02</td><td rowspan="2">244</td></tr>
<tr><td>23.02</td><td>23.6</td><td rowspan="6">3</td></tr>
<tr><td>23.6</td><td>25.0</td><td>268</td></tr>
<tr><td>25.0</td><td>26.5</td><td>273</td><td rowspan="8">34</td></tr>
<tr><td>26.5</td><td>28.0</td><td>277</td></tr>
<tr><td>28.0</td><td>30.0</td><td>281</td></tr>
<tr><td>30.0</td><td>31.5</td><td>285</td></tr>
<tr><td>31.5</td><td>33.5</td><td>317</td><td rowspan="4">4</td></tr>
<tr><td>33.5</td><td>35.5</td><td>321</td></tr>
<tr><td>35.5</td><td>37.5</td><td>325</td></tr>
<tr><td>37.5</td><td>40.0</td><td>329</td></tr>
</table>

4.3　标记示例

直径 d=20 mm，加工 H7 级精度孔，焊有用途分类代号为 P20 硬质合金刀片的直柄机用铰刀为：

硬质合金直柄机用铰刀　20 H7—P20　GB/T 4251—2008

直径 d=20 mm，加工 H7 级精度孔，焊有用途分类代号为 P20 硬质合金刀片的莫氏锥柄机用铰刀为：

硬质合金莫氏锥柄机用铰刀　20 H7—P20　GB/T 4251—2008

5　技术条件

5.1　铰刀的位置公差和倒锥度

5.1.1　铰刀的位置公差按表 6。

表 6 位置公差

单位为毫米

<table>
<tr><th colspan="2" rowspan="3">项目</th><th colspan="4">公差</th></tr>
<tr><th rowspan="2">切削部分</th><th rowspan="2">校准部分</th><th colspan="2">柄部</th></tr>
<tr><th>$d \leqslant 30$</th><th>$d > 30$</th></tr>
<tr><td rowspan="2">对公共轴线的径向圆跳动</td><td>H7 级</td><td>0.015</td><td colspan="2">0.01</td><td rowspan="2">0.018</td></tr>
<tr><td>H8、H9 级</td><td colspan="3">0.018</td></tr>
</table>

5.1.2 铰刀校准部分直径应有倒锥度。

5.2 材料和硬度

5.2.1 材料

铰刀刀片按 GB/T 2075 选用，铰刀刀体用 40Cr 或同等性能的其他牌号合金钢制造。

5.2.2 硬度

铰刀柄部和扁尾部分硬度为 35 HRC～45 HRC。

5.3 外观和表面粗糙度

5.3.1 外观

铰刀上不得有裂纹、崩刃，铰刀磨削表面不得有划痕、锈迹以及磨削烧伤等影响使用性能的缺陷。刀片焊接应牢固，不得有明显焊瘤。

5.3.2 表面粗糙度

表面粗糙度的上限值：

——前面和后面：Rz3.2 μm；

——圆柱刃带表面：Rz1.6 μm；

——柄部外圆：Ra0.4 μm。

6 标志和包装

6.1 标志

6.1.1 产品上应标志：

——制造厂或销售商的商标；

——铰刀直径；

——精度等级；

——硬质合金刀片的牌号。

6.1.2 包装盒上应标志：

——制造厂或销售商的名称、地址和商标；

——铰刀的标记；

——硬质合金刀片的牌号；

——件数；

——制造年月。

6.2 包装

铰刀在包装前应经防锈处理，包装应牢固，防止运输过程中损伤。

附　录　A
（规范性附录）
加工 H7、H8、H9 级精度孔的硬质合金铰刀直径公差

表 A.1

单位为毫米

直径范围	极限偏差		
	H7 级	H8 级	H9 级
>5.3～6.0	+0.012 +0.007	+0.018 +0.011	+0.030 +0.019
>6.0～10.0	+0.015 +0.009	+0.022 +0.014	+0.036 +0.023
>10.0～18.0	+0.018 +0.011	+0.027 +0.017	+0.043 +0.027
>18.0～30.0	+0.021 +0.013	+0.033 +0.021	+0.052 +0.033
>30.0～40.0	+0.025 +0.016	+0.039 +0.025	+0.062 +0.040
注：硬质合金铰刀直径的极限偏差，是在按 GB/T 4246 设计的基础上，公差带位置上移 0.05 IT～0.15 IT 所得。			

ICS 25.100.20
J 41

中华人民共和国国家标准

GB/T 5340.1—2006
代替 GB/T 5340—1985

可转位立铣刀
第1部分:削平直柄立铣刀

End mill with indexable inserts—
Part 1:End mill with flatted parallel shank

(ISO 6262-1:1982,MOD)

2006-12-30 发布 2007-06-01 实施

中华人民共和国国家质量监督检验检疫总局
中国国家标准化管理委员会 发布

前　言

GB/T 5340 在《可转位立铣刀》总标题下，分为三个部分：

——第 1 部分：削平直柄立铣刀；

——第 2 部分：莫氏锥柄立铣刀；

——第 3 部分：技术条件。

本部分为 GB/T 5340 的第 1 部分。

本部分修改采用 ISO 6262-1:1982《可转位立铣刀　第 1 部分：削平直柄立铣刀》(英文版)。

本部分根据 ISO 6262-1:1982 重新起草。

本部分与 ISO 6262-1:1982 相比有下列技术差异和编辑性修改：

——删除了国际标准前言；

——用“.”代替用作小数点的逗号“,”；

——“本国际标准”改为“本部分”；

——规范性引用文件列项中，ISO 3338-2 用 GB/T 6131.2 代替，ISO 3365-2 用 GB/T 2081 代替，删除了 ISO 6262-2 和 ISO 523；

——增加了 D=12 mm、14 mm、18 mm 的立铣刀；

——条文的脚注改为图的脚注。

本部分代替 GB/T 5340—1985 中的削平直柄立铣刀部分。

本部分与 GB/T 5340—1985 相比有如下变化：

——莫氏锥柄立铣刀列入 GB/T 5340.2，技术要求列入 GB/T 5340.3；

——l 由参考值改为最大值，删除了总长 L 的极限偏差；

——删除了参考齿数；

——删除了附录 A、附录 B。

本部分由中国机械工业联合会提出。

本部分由全国刀具标准化技术委员会(SAC/TC 91)归口。

本部分起草单位：成都工具研究所。

本部分主要起草人：沈士昌。

本部分所代替标准的历次版本发布情况为：

——GB/T 5340—1985。

可转位立铣刀
第1部分:削平直柄立铣刀

1 范围

GB/T 5340的本部分规定了装可转位刀片的削平直柄立铣刀的尺寸,削平直柄的尺寸按GB/T 6131.2的规定。

刀片的形式和尺寸由制造商确定(优先按GB/T 2081)。

2 规范性引用文件

下列文件中的条款通过GB/T 5340的本部分的引用而成为本部分的条款。凡是注日期的引用文件,其随后所有的修改单(不包括勘误的内容)或修订版均不适用于本部分,然而,鼓励根据本部分达成协议的各方研究是否可使用这些文件的最新版本。凡是不注日期的引用文件,其最新版本适用于本部分。

GB/T 2081　硬质合金可转位铣刀片(GB/T 2081—1987,eqv ISO 3365:1985)

GB/T 6131.2　铣刀直柄　第2部分:削平直柄的型式和尺寸(GB/T 6131.2—2006,ISO 3338-2:2000,MOD)

3 尺寸

可转位刀片的削平直柄立铣刀的尺寸按图1和表1所示。

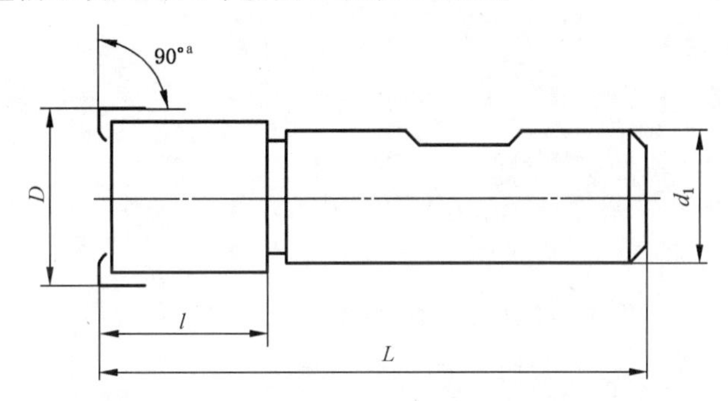

a　90°是刀片切削刃主偏角的公称值,对于工件而言,有效角度取决于铣刀的几何形状、直径以及切削深度。

图1

表1

单位为毫米

<table>
<tr><th>D
js14</th><th>d_1
h6</th><th>l
最大</th><th>L</th></tr>
<tr><td>12</td><td rowspan="2">12</td><td rowspan="2">20</td><td rowspan="2">70</td></tr>
<tr><td>14</td></tr>
<tr><td>16</td><td rowspan="2">16</td><td rowspan="2">25</td><td rowspan="2">75</td></tr>
<tr><td>18</td></tr>
<tr><td>20</td><td>20</td><td>30</td><td>82</td></tr>
<tr><td>25</td><td>25</td><td rowspan="2">38</td><td>96</td></tr>
<tr><td>32</td><td rowspan="3">32</td><td>100</td></tr>
<tr><td>40</td><td rowspan="2">48</td><td rowspan="2">110</td></tr>
<tr><td>50</td></tr>
</table>

ICS 25.100.20
J 41

中华人民共和国国家标准

GB/T 5340.2—2006
代替 GB/T 5340—1985

可转位立铣刀
第2部分:莫氏锥柄立铣刀

End mill with indexable inserts—Part 2: End mill with Morse taper shank

(ISO 6262-2:1982,MOD)

2006-12-30 发布　　2007-06-01 实施

中华人民共和国国家质量监督检验检疫总局
中国国家标准化管理委员会　发布

前　言

GB/T 5340在《可转位立铣刀》总标题下，分为三个部分：

——第1部分：削平直柄立铣刀；

——第2部分：莫氏锥柄立铣刀；

——第3部分：技术条件。

本部分为GB/T 5340的第2部分。

本部分修改采用ISO 6262-2:1982《可转位立铣刀　第2部分：莫氏锥柄立铣刀》（英文版）。

本部分根据ISO 6262-2:1982重新起草。

本部分与ISO 6262-2:1982相比有下列技术差异和编辑性修改：

——删除了国际标准前言；

——用“.”代替用作小数点的逗号“,”；

——“本国际标准”改为“本部分”；

——规范性引用文件列项中，ISO 296用GB/T 1443代替，ISO 3365-2用GB/T 2081代替，删除了ISO 6262-1和ISO 523；

——增加了D=12 mm、14 mm、18 mm的立铣刀；

——条文的脚注改为图的脚注。

本部分代替GB/T 5340—1985中的莫氏锥柄立铣刀部分。

本部分与GB/T 5340—1985相比有如下变化：

——削平直柄立铣刀列入GB/T 5340.1，技术要求列入GB/T 5340.3；

——l由参考值改为最大值，删除了总长L的极限偏差；

——删除了参考齿数；

——删除了附录A、附录B。

本部分由中国机械工业联合会提出。

本部分由全国刀具标准化技术委员会(SAC/TC 91)归口。

本部分起草单位：成都工具研究所。

本部分主要起草人：沈士昌。

本部分所代替标准的历次版本发布情况为：

——GB/T 5340—1985。

可转位立铣刀
第2部分:莫氏锥柄立铣刀

1 范围

GB/T 5340的本部分规定了装可转位刀片的莫氏锥柄立铣刀的尺寸,莫氏锥柄的尺寸按GB/T 1443的规定。

刀片的形式和尺寸由制造商确定(优先按GB/T 2081)。

2 规范性引用文件

下列文件中的条款通过GB/T 5340的本部分的引用而成为本部分的条款。凡是注日期的引用文件,其随后所有的修改单(不包括勘误的内容)或修订版均不适用于本部分,然而,鼓励根据本部分达成协议的各方研究是否可使用这些文件的最新版本。凡是不注日期的引用文件,其最新版本适用于本部分。

GB/T 1443　机床和工具柄用自夹圆锥(GB/T 1443—1996,eqv ISO 296:1991)

GB/T 2081　硬质合金可转位铣刀片(GB/T 2081—1987,eqv ISO 3365:1985)

3 尺寸

可转位刀片的莫氏锥柄立铣刀的尺寸按图1和表1所示。

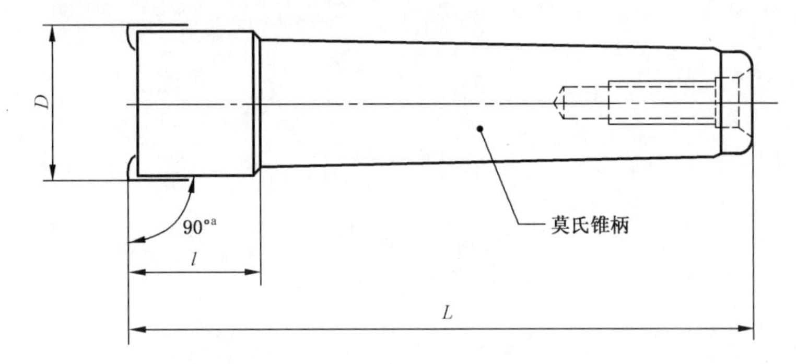

a　90°是刀片切削刃主偏角的公称值,对于工件而言,有效角度取决于铣刀的几何形状、直径以及切削深度。

图 1

表 1　　单位为毫米

D js14	莫氏锥柄号	l 最大	L
12	2	20	90
14			
16		25	94
18			
20	3	30	116
25		38	124
32			
40	4	48	157
50			

ICS 25.100.20
J 41

中华人民共和国国家标准

GB/T 5340.3—2006
代替 GB/T 5340—1985

可转位立铣刀　第3部分：技术条件

End mill with indexable inserts—Part 3: Technical requirements

2006-12-30 发布　　　　2007-06-01 实施

中华人民共和国国家质量监督检验检疫总局
中国国家标准化管理委员会　发布

前　言

GB/T 5340在《可转位立铣刀》总标题下，分为三个部分：

——第1部分：削平直柄立铣刀；

——第2部分：莫氏锥柄立铣刀；

——第3部分：技术条件。

本部分为GB/T 5340的第3部分。

本部分代替GB/T 5340—1985中的技术条件部分。

本部分与GB/T 5340—1985中的技术条件部分相比有如下变化：

——理顺了编写顺序，技术内容依次为：位置公差、材料和硬度、刀片和零部件、外观和表面粗糙度、标志和包装；

——取消了试验方法一章；

——标志内容作了补充。

本部分由中国机械工业联合会提出。

本部分由全国刀具标准化技术委员会(SAC/TC 91)归口。

本部分起草单位：成都工具研究所。

本部分主要起草人：沈士昌。

本部分所代替标准的历次版本发布情况为：

——GB/T 5340—1985。

可转位立铣刀　第3部分:技术条件

1　范围

GB/T 5340的本部分规定了装可转位刀片的立铣刀的位置公差、材料和硬度、刀片和零部件、外观和表面粗糙度、标志和包装的基本要求。

本部分适用于按GB/T 5340.1和GB/T 5340.2生产的削平直柄立铣刀和莫氏锥柄立铣刀。

2　规范性引用文件

下列文件中的条款通过GB/T 5340的本部分的引用而成为本部分的条款。凡是注日期的引用文件,其随后所有的修改单(不包括勘误的内容)或修订版均不适用于本部分,然而,鼓励根据本部分达成协议的各方研究是否可使用这些文件的最新版本。凡是不注日期的引用文件,其最新版本适用于本部分。

GB/T 2075　切削加工用硬切削材料的用途　切屑形式大组和用途小组的分类代号(GB/T 2075—1998,idt ISO 513:1991)

GB/T 2081　硬质合金可转位铣刀片(GB/T 2081—1987,eqv ISO 3365:1985)

GB/T 5340.1　可转位立铣刀　第1部分:削平直柄立铣刀(GB/T 5340.1—2006,ISO 6262-1:1982,MOD)

GB/T 5340.2　可转位立铣刀　第2部分:莫氏锥柄立铣刀(GB/T 5340.2—2006,ISO 6262-2:1982,MOD)

3　位置公差

立铣刀的位置公差按表1所示。

表1

单位为毫米

项　目	公　差
圆周刃的径向圆跳动	0.03
端刃的端面圆跳动	
柄部的径向圆跳动	0.01

检查圆跳动以公共轴线为基准。刀刃圆跳动应采用同一刀片在同一切削刃上进行。

4　材料和硬度

4.1　铣刀刀体用合金钢制造,其硬度为:

——头部:不低于45 HRC;

——柄部:35 HRC~50 HRC。

4.2　铣刀零部件的硬度为:

——定位元件不低于50 HRC;

——夹紧元件不低于40 HRC。

5　刀片和零部件

刀片的选用按GB/T 2075和GB/T 2081(优先)。刀片的夹紧应可靠,保证切削过程中刀片不松动和不移位。

铣刀各相同零部件应能互换。

6 外观和表面粗糙度

6.1 铣刀刀片不得有裂纹、崩刃。铣刀零部件不得有裂纹、刻痕和锈迹等影响使用性能的缺陷。

6.2 铣刀柄部外圆表面粗糙度的上限值为 $Ra0.4\ \mu m$。

7 标志和包装

7.1 标志

7.1.1 产品上应标志：

——制造厂或销售商的商标；

——铣刀直径；

——刀片刃口长度。

7.1.2 刀片上应标志：

——硬质合金牌号；

——用途代号(按 GB/T 2075)。

7.1.3 包装盒上应标志：

——制造厂或销售商的名称、地址和商标；

——产品名称；

——铣刀直径；

——刀片刃口长度；

——标准编号；

——制造年月。

7.2 包装

铣刀包装前应经防锈处理，包装应牢固，防止运输过程中的损伤。

ICS 25.100.20
J 41

中华人民共和国国家标准

GB/T 5341.1—2006
代替 GB/T 5341—1985

可转位三面刃铣刀 第1部分:型式和尺寸

Side and face milling cutters with indexable inserts—Part 1:Types and dimensions

(ISO 6986:1983,Side and face milling (slotting)cutters with indexable inserts—Dimensions,MOD)

2006-12-30 发布　　2007-06-01 实施

中华人民共和国国家质量监督检验检疫总局
中国国家标准化管理委员会　发布

前　言

GB/T 5341 在《可转位三面刃铣刀》总标题下分为两个部分：

——第 1 部分：型式和尺寸；

——第 2 部分：技术条件。

本部分为 GB/T 5341 的第 1 部分。

本部分修改采用 ISO 6986：1983《装可转位刀片的三面刃(槽)铣刀　尺寸》(英文版)。

本部分根据 ISO 6986：1983 重新起草。

本部分与 ISO 6986：1983 相比有下列技术差异和编辑性的修改：

——规范性引用文件一章中，取消了 ISO 523《外径的推荐系列》、ISO 883《倒圆刀尖、无紧固孔的可转位硬质合金刀片　尺寸》、ISO 3364《倒圆刀尖、有圆柱紧固孔的可转位硬质合金刀片　尺寸》、ISO 6987-1《倒圆刀尖、有部分圆柱紧固孔的可转位硬质合金刀片　带 7°法向后角的刀片尺寸》。

——ISO 3365 用 GB/T 2081《硬质合金可转位铣刀片》代替。

——“本国际标准”一词改为“本部分”；

——用小数点“.”代替作为小数点的逗号“，”；

——删除了国际标准的前言；

——删除了国际标准的条文脚注 1)～4)；

——条文脚注 5)、6)列入正式条文；

——增加了刀片选用的规定。

本部分代替 GB/T 5341—1985《可转位三面刃铣刀》中的型式和尺寸部分。

本部分与 GB/T 5431—1985 相比主要变化如下：

——技术要求列入 GB/T 5431.2 中；

——图用国际标准的简图表示；

——将表 1 中尺寸 l 改为 l_1；

——取消了表 1 中的参考值：齿数及尺寸 L 对应的公差；

——取消了直径为 250 mm 的铣刀；

——取消了除 ISO 以外的铣刀宽度尺寸系列，如：L=14 mm、18 mm、22 mm；

——取消了附录 A 和附录 B。

本部分由中国机械工业联合会提出。

本部分由全国刀具标准化技术委员会(SAC/TC 91)归口。

本部分起草单位：成都工具研究所。

本部分主要起草人：刘玉玲、查国兵。

本部分所代替标准的历次版本发布情况为：

——GB/T 5341—1985。

可转位三面刃铣刀
第1部分:型式和尺寸

1 范围

GB/T 5341的本部分规定了可转位三面刃铣刀的型式和尺寸。

本部分适用于装可转位刀片的三面刃铣刀。

2 规范性引用文件

下列文件中的条款通过GB/T 5341的本部分的引用而成为本部分的条款。凡是注日期的引用文件,其随后所有的修改单(不包括勘误的内容)或修订版均不适用于本部分,然而,鼓励根据本部分达成协议的各方研究是否可使用这些文件的最新版本。凡是不注日期的引用文件,其最新版本适用于本部分。

GB/T 2081 硬质合金可转位铣刀片(GB/T 2081—1987,eqv ISO 3365:1985)

GB/T 6132 铣刀和铣刀刀杆的互换尺寸(GB/T 6132—2006,ISO 240:1994,IDT)

3 型式和尺寸

3.1 可转位三面刃铣刀的型式和尺寸按图1和表1所示。90°是刀片的公称切削刃主偏角。

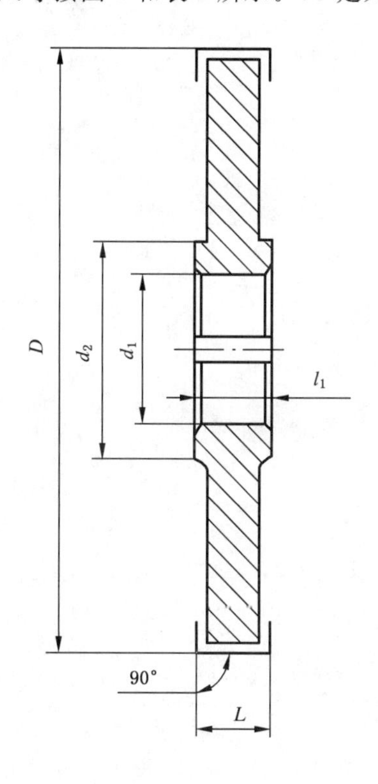

图1 可转位三面刃铣刀

表 1

单位为毫米

D js16	d_1 H7	d_2 min	L	l_1 $^{+2}_{0}$
80	27	41	10	10
100	32	47	10	10
			12	12
125	40	55	12	12
			16	16
160	40	55	16	16
			20	20
200	50	69	20	20
			25	25

3.2　内孔键槽的尺寸按 GB/T 6132。

3.3　铣刀刀片型式和尺寸可按 GB/T 2081 选用。

ICS 25.100.20
J 41

中华人民共和国国家标准

GB/T 5341.2—2006
代替 GB/T 5341—1985

可转位三面刃铣刀 第2部分:技术条件

Side and face milling cutters with indexable inserts—Part 2: Technical requirements

2006-12-30 发布 2007-06-01 实施

中华人民共和国国家质量监督检验检疫总局
中国国家标准化管理委员会 发布

前　言

GB/T 5341 在《可转位三面刃铣刀》总标题下分为两个部分：

——第 1 部分：型式和尺寸；

——第 2 部分：技术条件。

本部分为 GB/T 5341 的第 2 部分。

本部分代替 GB/T 5341—1985《可转位三面刃铣刀》的技术要求部分。

本部分与 GB/T 5341—1985 相比主要变化如下：

——型式和尺寸部分列入 GB/T 5341.1 中；

——取消了试验方法部分；

——将技术内容按位置公差、材料和硬度、刀片和零部件、外观和表面粗糙度、标志和包装顺序列出；

——将表 2 的注作为条款单独列出；

——取消了刀片精度的选用；

——修改了表面粗糙度的上限值；

——修改了标志和包装部分。

本部分由中国机械工业联合会提出。

本部分由全国刀具标准化技术委员会(SAC/TC 91)归口。

本部分起草单位：成都工具研究所。

本部分主要起草人：刘玉玲、查国兵。

本部分所代替标准的历次版本发布情况为：

——GB/T 5341—1985。

可转位三面刃铣刀
第2部分:技术条件

1 范围

GB/T 5341的本部分规定了可转位三面刃铣刀的位置公差、材料和硬度、刀片和零部件、外观和表面粗糙度、标志和包装的基本要求。

本部分适用于按GB/T 5341.1生产的可转位三面刃铣刀。

2 规范性引用文件

下列文件中的条款通过GB/T 5341的本部分的引用而成为本部分的条款。凡是注日期的引用文件,其随后所有的修改单(不包括勘误的内容)或修订版均不适用于本部分,然而,鼓励根据本部分达成协议的各方研究是否可使用这些文件的最新版本。凡是不注日期的引用文件,其最新版本适用于本部分。

GB/T 5341.1 可转位三面刃铣刀 第1部分:型式和尺寸(GB/T 5341.1—2006,ISO 6986:1983,MOD)

3 位置公差

3.1 可转位三面刃铣刀的位置公差按表1所示。

表1

单位为毫米

项目		公差		
		$D\leqslant100$	$D>100\sim160$	$D>160$
圆周刃的径向圆跳动	一转	0.06	0.07	0.08
	相邻齿	0.03	0.04	0.05
端刃的端面圆跳动		0.03	0.04	0.05
两支承面的端面圆跳动		0.02		

3.2 检查圆跳动以内孔和端面定位。

3.3 刀刃圆跳动应采用同一刀片在同一切削刃上进行。

4 材料和硬度

4.1 铣刀刀体用40 Cr或同等性能以上的合金工具钢制造,硬度不低于30 HRC。

4.2 与刀片直接接触的定位面硬度不低于45 HRC。

4.3 铣刀上其余零件的硬度:

——定位元件不低于50 HRC;

——夹紧元件不低于40 HRC。

5 刀片和零部件

5.1 铣刀刀片夹紧应可靠,保证切削过程中刀片不松动和不移位。

5.2 铣刀各相同零部件应能互换。

6 外观和表面粗糙度

6.1 铣刀刀片不得有裂纹、崩刃,其余零件不得有裂纹、划痕和锈迹等影响使用性能的缺陷。

6.2 铣刀内孔和端面的表面粗糙度的上限值为 Ra 0.8 μm。

7 标志和包装

7.1 标志

7.1.1 铣刀产品上应标志:

——制造厂或销售商的商标;

——外径 D 和铣刀宽度 L。

7.1.2 铣刀刀片上应标志:

——硬质合金牌号;

——用途代号。

7.1.3 包装盒上应标志:

——制造厂或销售商的名称、地址和商标;

——产品名称;

——铣刀的外径 D 和铣刀宽度 L;

——标准编号;

——制造年月。

7.2 包装

铣刀在包装前应经防锈处理。包装应牢固,防止运输过程中损伤。

ICS 25.100.20
J 41

中华人民共和国国家标准

GB/T 5342.1—2006
代替 GB/T 5342—1985

可转位面铣刀 第1部分:套式面铣刀

Face milling cutter with indexable inserts—Part 1:Shell face milling cutter

(ISO 6462:1983,Face milling cutter with indexable inserts—Dimensions,MOD)

2006-12-30 发布

2007-06-01 实施

中华人民共和国国家质量监督检验检疫总局
中国国家标准化管理委员会
发布

前　言

GB/T 5342在《可转位面铣刀》总标题下，分为三个部分：

——第1部分：套式面铣刀；

——第2部分：莫氏锥柄面铣刀；

——第3部分：技术条件。

本部分为GB/T 5342的第1部分。

本部分修改采用ISO 6462:1983《可转位面铣刀　尺寸》(英文版)。

本部分根据ISO 6462:1983重新起草。

本部分与ISO 6462:1983相比有下列技术差异和编辑性修改：

——删除了国际标准前言；

——用“.”代替用作小数点的逗号“,”；

——“本国际标准”改为“本部分”；

——规范性引用文件列项中，ISO 3365-1和ISO 3365-2用GB/T 2081代替，删除了ISO 523。

本部分代替GB/T 5342—1985中的套式面铣刀部分。

本部分与GB/T 5342—1985相比有如下变化：

——莫氏锥柄面铣刀列入GB/T 5342.2，技术要求列入GB/T 5342.3；

——增加了直径D、高度H、主偏角κ_r的定义；

——增加了对装卸孔的要求；

——增加了高度H的公差(±0.37)，增加了紧固螺钉的尺寸；

——删除了主偏角为60°的面铣刀；

——删除了表中尽量不采用的括号内尺寸，删除了参考齿数；

——删除了附录A、附录B。

本部分由中国机械工业联合会提出。

本部分由全国刀具标准化技术委员会(SAC/TC 91)归口。

本部分起草单位：成都工具研究所。

本部分主要起草人：沈士昌。

本部分所代替标准的历次版本发布情况为：

——GB/T 5342—1985。

可转位面铣刀
第1部分:套式面铣刀

1 范围

GB/T 5342的本部分规定了装可转位刀片的套式面铣刀的尺寸。

刀片的型式和尺寸由制造商确定(优先按GB/T 2081)。

2 规范性引用文件

下列文件中的条款通过GB/T 5342的本部分的引用而成为本部分的条款。凡是注日期的引用文件,其随后所有的修改单(不包括勘误的内容)或修订版均不适用于本部分,然而,鼓励根据本部分达成协议的各方研究是否可使用这些文件的最新版本。凡是不注日期的引用文件,其最新版本适用于本部分。

GB/T 2081 硬质合金可转位铣刀片(GB/T 2081—1987,eqv ISO 3365:1985)

GB/T 6132 铣刀和铣刀刀杆的互换尺寸(GB/T 6132—2006,ISO 240:1994,IDT)

ISO 2780 端键传动的铣刀 铣刀刀杆的互换尺寸 米制系列

ISO 2940-1 装在7:24锥柄定心刀杆上的铣刀 配合尺寸 定心刀杆

3 型式

标准的装可转位刀片的面铣刀,带有45°、75°和90°主偏角,其型式如下:

——A型:端键传动,内六角沉头螺钉紧固,直径为:50 mm,80 mm和100 mm;

——B型:端键传动,互换尺寸按ISO 2780的铣刀夹持螺钉紧固,直径为:80 mm,100 mm和125 mm;

——C型:装在刀杆的互换尺寸按ISO 2940-1的带7:24锥柄的定心刀杆上,直径为:160 mm,200 mm,250 mm,315 mm,400 mm和500 mm。

注:直径为160 mm的C型铣刀,也可制成端键传动。

4 定义

4.1

切削直径 D 和切削高度 H　cutting diameter, D and cutting height, H

切削直径 D 和高度 H 取自于图1中定义的P点。

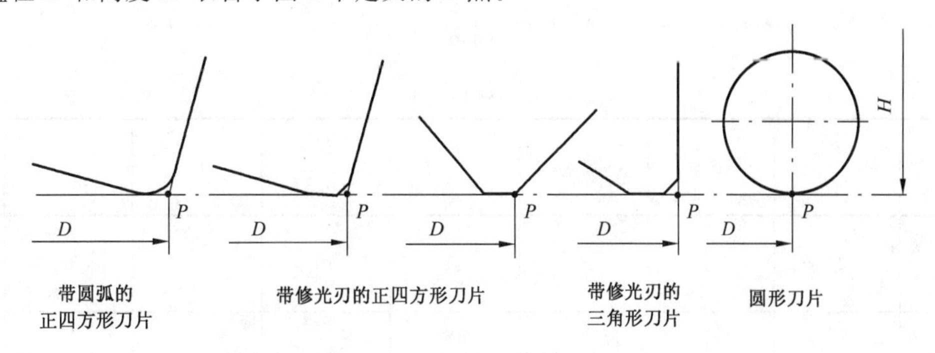

图1

表 1、表 2 中所列的 D 和 H 值及其公差是按 GB/T 2081 规定的具有修光刃的标准刀片的形状和尺寸计算的。使用其他刀片时，D 和 H 将要改变。

4.2

主偏角 κ_r　cutting edge angle

刀片切削刃主偏角的公称值。

对于工件而言，有效角度取决于铣刀的几何形状、直径以及切削深度。

5　尺寸

5.1　卸刀机构的孔

直径 D 等于或大于 250 mm 的铣刀，用于卸刀的螺纹孔，由制造商决定制备，孔的数量和位置也由制造商选择，但螺纹孔的最小尺寸须按下列规定：

——对于直径 D=250 mm 或 315 mm 的铣刀，螺纹孔为 M12×27；

——对于直径 D=400 mm 或 500 mm 的铣刀，螺纹孔为 M16×34。

注：必须考虑国家安全规程。

5.2　A 型面铣刀，端键传动，内六角沉头螺钉紧固

尺寸按图 2 和表 1 所示。

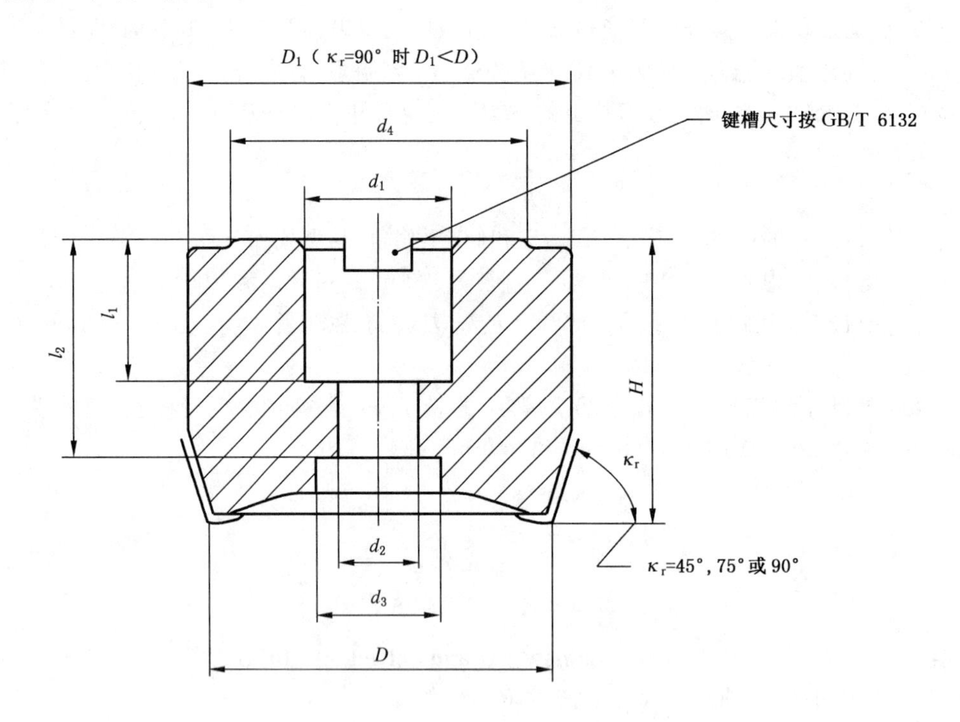

图 2

表 1

单位为毫米

D js16	d_1 H7	d_2	d_3	d_4 最小	H ±0.37	l_1	l_2 最大	紧固螺钉
50	22	11	18	41	40	20	33	M10
63								
80	27	13.5	20	49	50	22	37	M12
100	32	17.5	27	59		25	33	M16

5.3 B型面铣刀，端键传动，铣刀夹持螺钉紧固

尺寸按图3和表2所示。

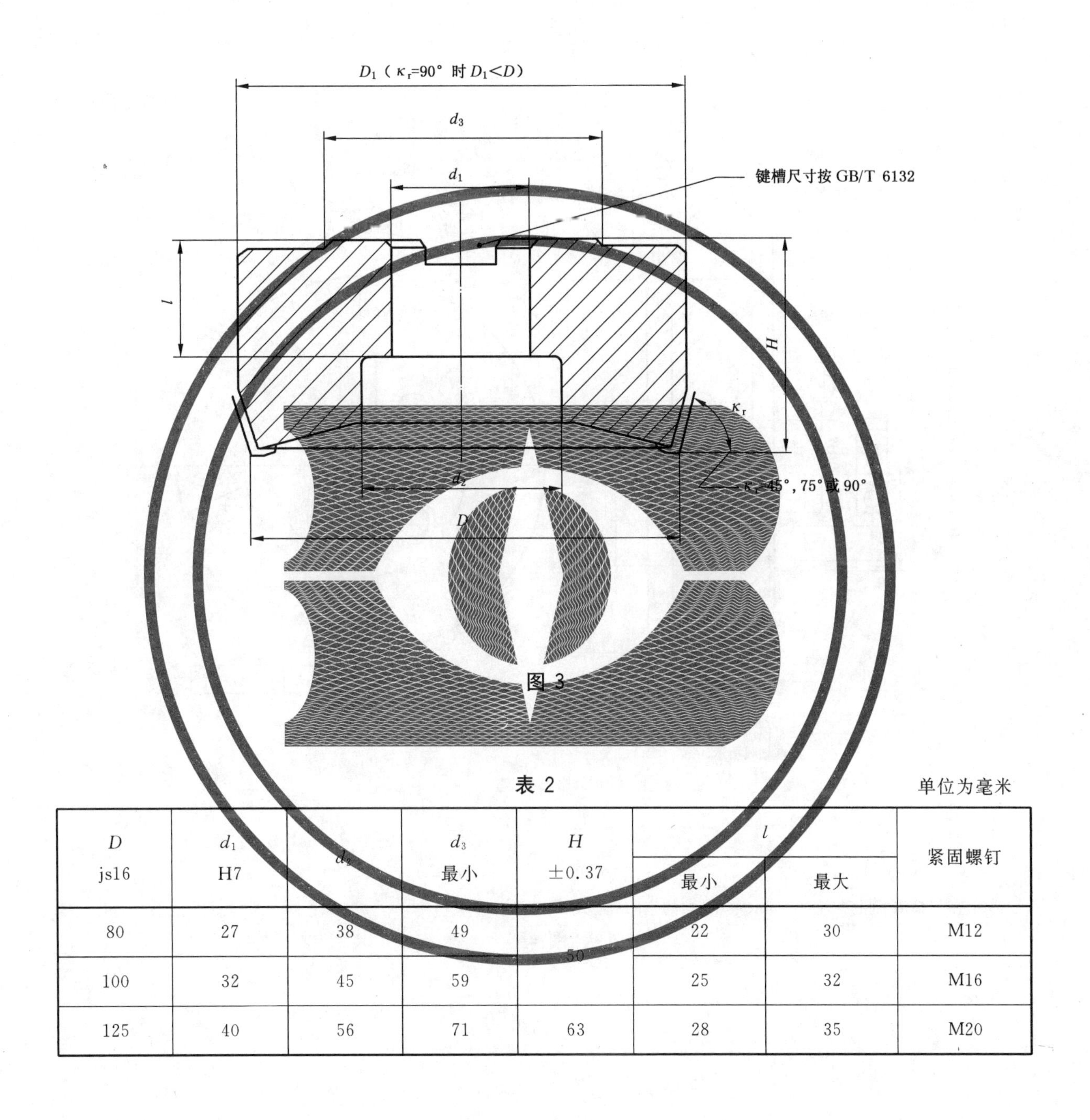

图 3

表 2

单位为毫米

D js16	d_1 H7	d_2	d_3 最小	H ±0.37	l		紧固螺钉
					最小	最大	
80	27	38	49	50	22	30	M12
100	32	45	59		25	32	M16
125	40	56	71	63	28	35	M20

5.4 C型面铣刀，安装在带有7∶24锥柄的定心刀杆上

5.4.1 D=160 mm，40号定心刀杆

尺寸按图4所示。

注：这种铣刀也可制成端键传动。

单位为毫米

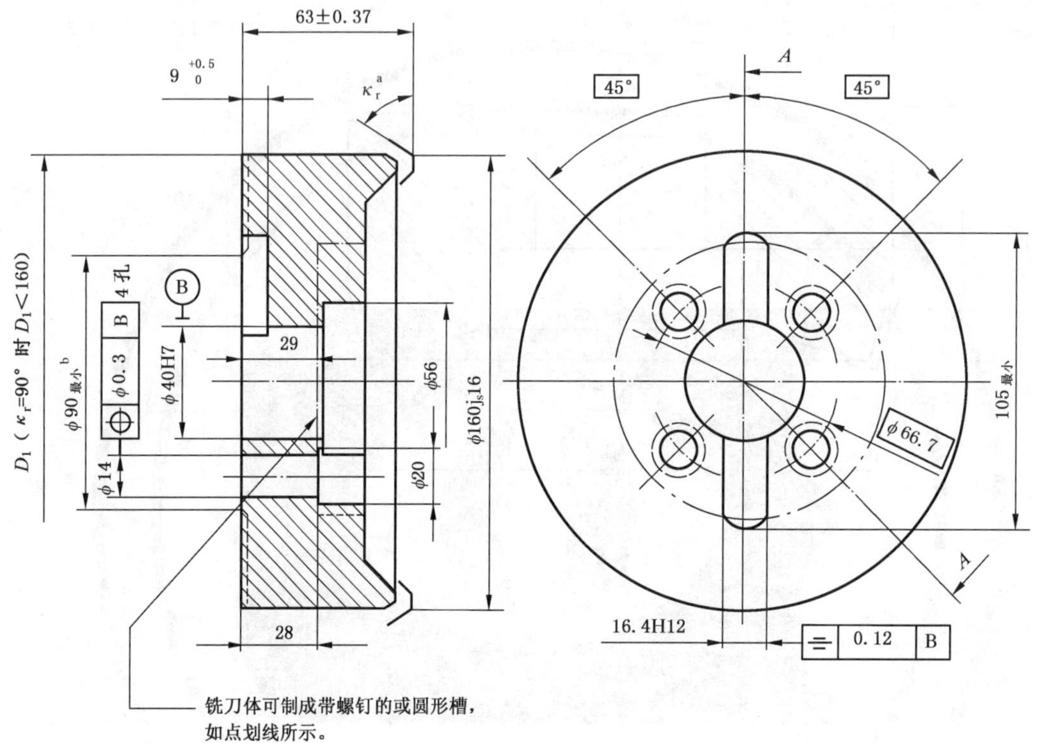

a κ_r=45°，75°或90°；

b 在刀体背面上直径90 mm(最小)处的空刀是任选的。

图4

5.4.2 **D=200 mm和250 mm,50号定心刀杆**

尺寸按图5所示。

单位为毫米

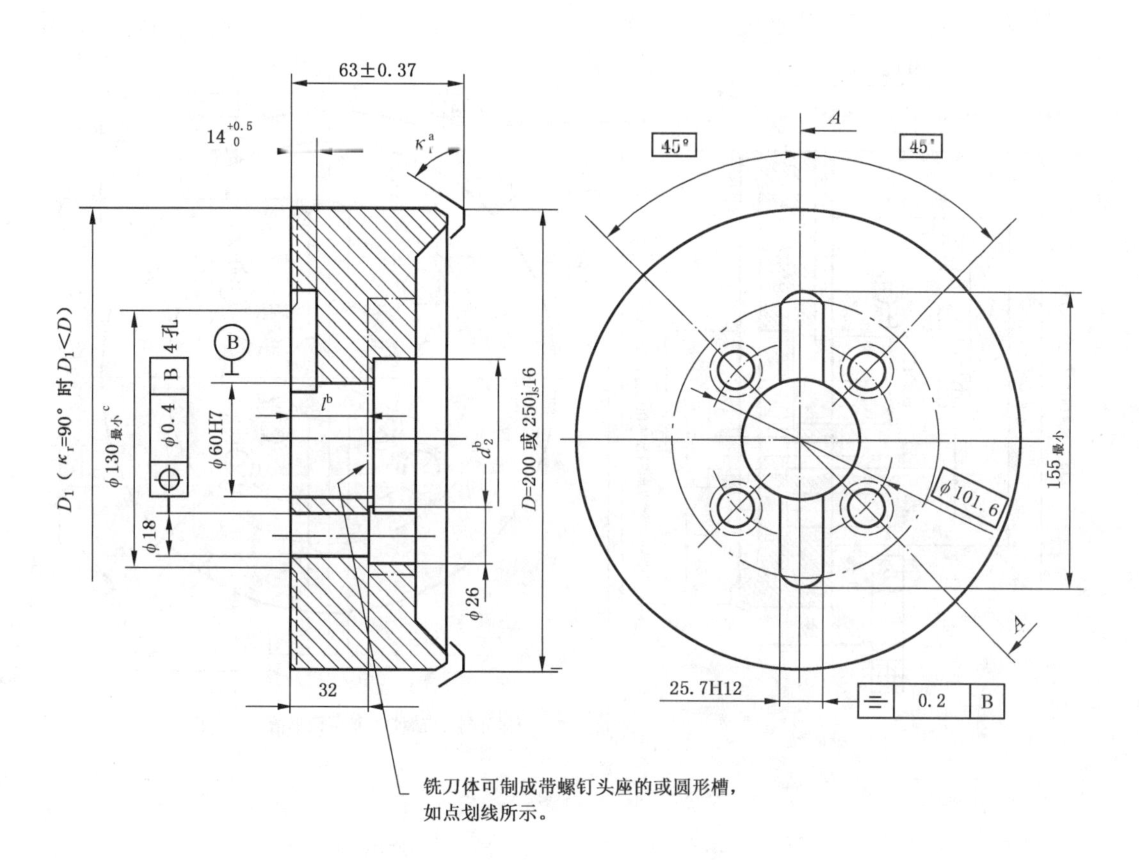

a　κ_r=45°,75°或90°。

b　由制造商自定。

c　在刀体背面上直径130 mm(最小)处的空刀是任选的。

图5

5.4.3 **D=315 mm,400 mm和500 mm,50号和60号定心刀杆**

尺寸按图6所示。

单位为毫米

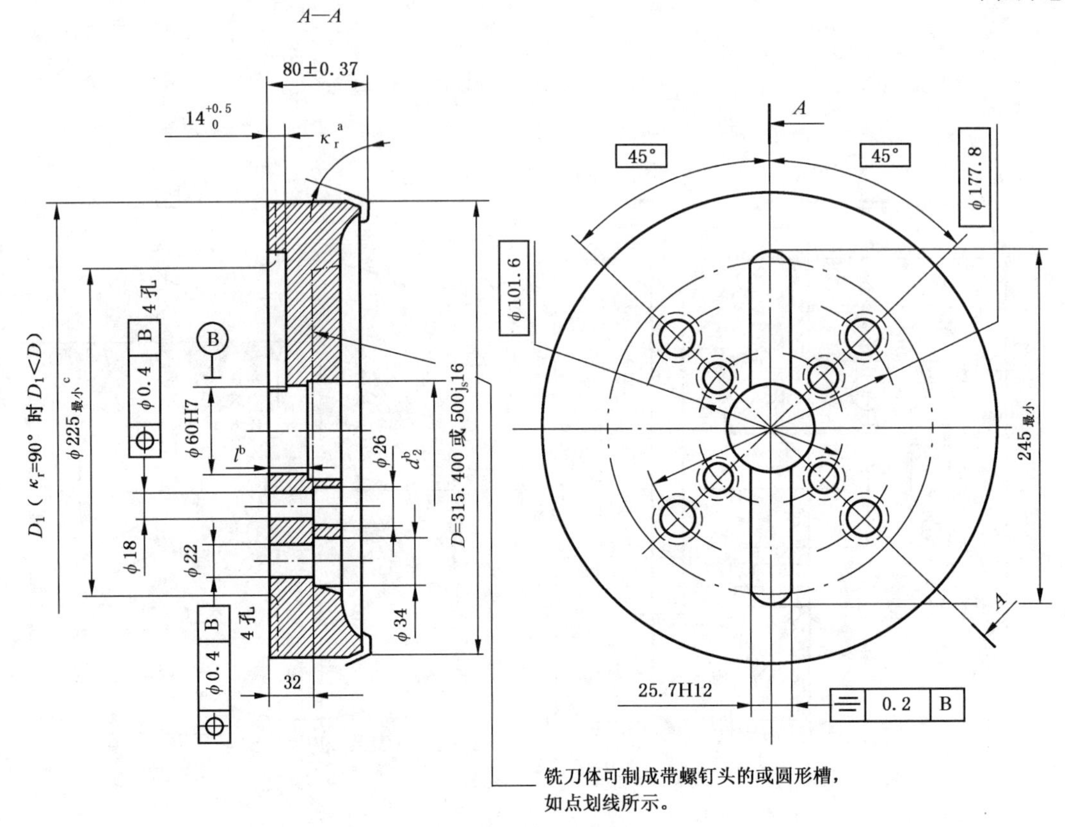

a　κ_r=45°,75°或90°。

b　由制造商自定。

c　在刀体背面上直径225 mm(最小)处的空刀是任选的。

图6

ICS 25.100.20
J 41

中华人民共和国国家标准

GB/T 5342.2—2006
代替 GB/T 5342—1985

可转位面铣刀 第2部分:莫氏锥柄面铣刀

**Face milling cutter with indexable inserts—
Part 2: Face milling cutter with Morse taper shanks**

2006-12-30 发布　　2007-06-01 实施

中华人民共和国国家质量监督检验检疫总局
中国国家标准化管理委员会　发布

前　言

GB/T 5342 在《可转位面铣刀》总标题下，分为三个部分：

——第 1 部分：套式面铣刀；

——第 2 部分：莫氏锥柄面铣刀；

——第 3 部分：技术条件。

本部分为 GB/T 5342 的第 2 部分。

本部分代替 GB/T 5342—1985 中的锥柄面铣刀部分。

本部分与 GB/T 5342—1985 中锥柄面铣刀部分相比有如下变化：

——增加了直径 D、长度 L、主偏角 κ_r 的定义；

——删除了参考齿数。

本部分由中国机械工业联合会提出。

本部分由全国刀具标准化技术委员会(SAC/TC 91)归口。

本部分起草单位：成都工具研究所。

本部分主要起草人：沈士昌。

本部分所代替标准的历次版本发布情况为：

——GB/T 5342—1985。

可转位面铣刀
第2部分:莫氏锥柄面铣刀

1 范围

GB/T 5342的本部分规定了装可转位刀片的莫氏锥柄面铣刀的尺寸。

刀片的形式和尺寸由制造商确定(优先按GB/T 2081)。

2 规范性引用文件

下列文件中的条款通过GB/T 5342的本部分的引用而成为本部分的条款。凡是注日期的引用文件,其随后所有的修改单(不包括勘误的内容)或修订版均不适用于本部分,然而,鼓励根据本部分达成协议的各方研究是否可使用这些文件的最新版本。凡是不注日期的引用文件,其最新版本适用于本部分。

GB/T 1443 机床和工具柄用自夹圆锥(GB/T 1443—1996,eqv ISO 296:1991)

GB/T 2081 硬质合金可转位铣刀片(GB/T 2081—1987,eqv ISO 3365:1985)

3 定义

3.1

切削直径 *D* 和长度 *L* cutting cliameter, *D* and cutting length, *L*

切削直径 D 和长度 L 取自于图1中定义的 P 点。

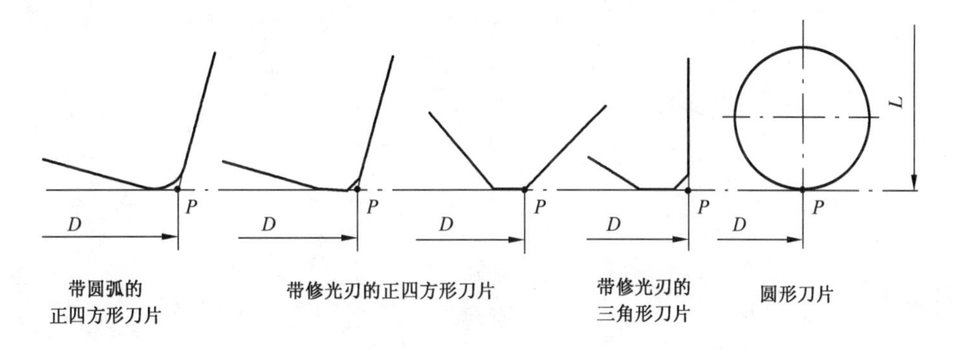

图 1

3.2

主偏角 κ_r cutting edge angle

刀片切削刃主偏角的公称值。

对于工件而言,有效角度取决于铣刀的几何形状、直径以及切削深度。

4 尺寸

面铣刀的尺寸按图2和表1所示,莫氏锥柄的尺寸按GB/T 1443的规定。

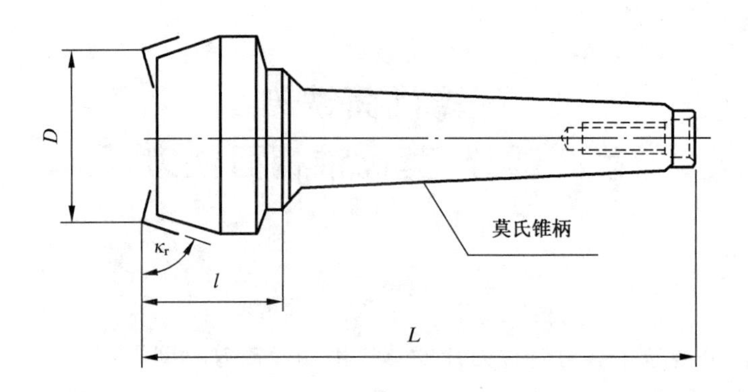

图 2

表 1

单位为毫米

D js14	L h16	莫氏锥柄号	l(参考)
63	157	4	48
80			

ICS 25.100.20
J 41

中华人民共和国国家标准

GB/T 5342.3—2006
代替 GB/T 5342—1985

可转位面铣刀 第3部分:技术条件

Face milling cutter with indexable inserts—Part 3:Technical requirements

2006-12-30 发布 2007-06-01 实施

中华人民共和国国家质量监督检验检疫总局
中国国家标准化管理委员会 发布

前　言

GB/T 5342 在《可转位面铣刀》总标题下，分为三个部分：

——第 1 部分：套式面铣刀；

——第 2 部分：莫氏锥柄面铣刀；

——第 3 部分：技术条件。

本部分为 GB/T 5342 的第 3 部分。

本部分代替 GB/T 5342—1985 中的技术条件部分。

本部分与 GB/T 5342—1985 中技术条件部分相比有如下变化：

——理顺了编写顺序，技术内容部分依次为：位置公差、材料和硬度、刀片和零部件、外观和表面粗糙度、标志和包装；

——取消了试验方法一章；

——标志内容作了补充。

本部分由中国机械工业联合会提出。

本部分由全国刀具标准化技术委员会(SAC/TC 91)归口。

本部分起草单位：成都工具研究所。

本部分主要起草人：沈士昌。

本部分所代替标准的历次版本发布情况为：

——GB/T 5342—1985。

可转位面铣刀　第3部分:技术条件

1　范围

GB/T 5342的本部分规定了装可转位刀片的面铣刀的位置公差、材料和硬度、刀片和零部件、外观和表面粗糙度、标志和包装的基本要求。

本部分适用于按GB/T 5342.1和GB/T 5342.2生产的套式面铣刀和莫氏锥柄面铣刀。

2　规范性引用文件

下列文件中的条款通过GB/T 5342的本部分的引用而成为本部分的条款。凡是注日期的引用文件,其随后所有的修改单(不包括勘误的内容)或修订版均不适用于本部分,然而,鼓励根据本部分达成协议的各方研究是否可使用这些文件的最新版本。凡是不注日期的引用文件,其最新版本适用于本部分。

GB/T 2075　切削加工用硬切削材料的用途　切屑形式大组和用途小组的分类代号(GB/T 2075—1998,idt ISO 513:1991)

GB/T 2081　硬质合金可转位刀片(GB/T 2081—1987,eqv ISO 3365:1985)

GB/T 5342.1　可转位面铣刀　第1部分:套式面铣刀(GB/T 5342.1—2006,ISO 6462:1983,MOD)

GB/T 5342.2　可转位面铣刀　第2部分:莫氏锥柄面铣刀

3　位置公差

面铣刀的位置公差按表1所示。检查圆跳动时,莫氏锥柄面铣刀以公共轴线为基准,套式面铣刀以内孔和端面定位。刀刃圆跳动应采用同一刀片在同一切削刃上进行。

表1

单位为毫米

项目		公差		
		D=63～160	D=200～315	D=400～500
主切削刃法向(或径向)圆跳动	相邻齿	0.04	0.05	0.06
	一转	0.07	0.08	0.09
端刃的端面圆跳动		0.02	0.03	0.04
支承端面的端面圆跳动		0.015	0.02	0.025
柄部的径向圆跳动		0.01	—	

4　材料和硬度

4.1　铣刀刀体用合金钢制造,其硬度为:

——锥柄铣刀头部不低于45HRC,柄部35HRC～50HRC;

——套式铣刀不低于220HBS,与刀片接触的定位面不低于45HRC。

4.2　铣刀零部件的硬度为:

——定位元件不低于50HRC;

——夹紧元件不低于40HRC。

5 刀片和零部件

刀片的选用按 GB/T 2075 和 GB/T 2081(优先)。刀片的夹紧应可靠,保证切削过程中刀片不松动和不移位。

铣刀相同零部件应能互换。

6 外观和表面粗糙度

6.1 铣刀刀片不得有裂纹、崩刃。铣刀零部件不得有裂纹、刻痕和锈迹等影响使用性能的缺陷。

6.2 铣刀表面粗糙度的上限值为:

——锥柄铣刀柄部外圆:Ra 0.4 μm;

——套式铣刀内孔和端面:Ra 0.8 μm。

7 标志和包装

7.1 标志

7.1.1 产品上应标志:

——制造厂或销售商的商标;

——铣刀直径。

7.1.2 刀片上应标志:

——硬质合金牌号;

——用途代号(按 GB/T 2075)。

7.1.3 包装盒上应标志:

——制造厂或销售商的名称、地址和商标;

——产品名称;

——铣刀直径;

——标准编号;

——制造年月。

7.2 包装

铣刀包装前应经防锈处理,包装应牢固,防止运输过程中的损伤。

ICS 25.100.40
J 41

中华人民共和国国家标准

GB/T 6080.1—2010/ISO 2336-2:2006
代替 GB/T 6080.1—1998

机用锯条 第1部分:型式和尺寸

Machine hacksaw blades—Part 1:Types and dimensions

(ISO 2336-2:2006,Hacksaw blades—
Part 2:Dimensions for machine blades,IDT)

2010-12-23 发布 2011-07-01 实施

中华人民共和国国家质量监督检验检疫总局
中国国家标准化管理委员会 发布

前　言

GB/T 6080《机用锯条》分为两个部分：

——第1部分：型式和尺寸；

——第2部分：技术条件。

本部分为GB/T 6080的第1部分。

本部分等同采用ISO 2336-2:2006《锯条　第2部分：机用锯条的尺寸》(英文版)。

本部分与ISO 2336-2:2006相比主要变化如下：

——删除了国际标准前言；

——规范性引用文件中的国际标准改为对应的国家标准。

本部分代替GB/T 6080.1—1998《机用锯条　第1部分：型式与尺寸》。

本部分与GB/T 6080.1—1998相比主要变化如下：

——删除了目次；

——删除了国际标准前言；

——“本标准”改为“本部分”；

——增加了规范性引用文件；

——图1中的字母标注按照ISO 2336-2:2006重新标注；

——按照ISO 2336-2:2006重新制订“表1　机用锯条的型式和尺寸”；

——将标记示例中的“锯条齿距P,mm,齿距后可在括号内补充每25 mm的齿数N”改为“25 mm长度上的齿数N”；

——标记示例表示方法作了修改。

本部分由中国机械工业联合会提出。

本部分由全国刀具标准化技术委员会(SAC/TC 91)归口。

本部分起草单位：成都工具研究所。

本部分主要起草人：曾宇环、沈士昌。

本部分所代替标准的历次版本发布情况为：

——GB 6080—1985,GB/T 6080.1—1998。

机用锯条　第1部分:型式和尺寸

1　范围

GB/T 6080的本部分规定了机用锯条的型式和尺寸。

本部分适用于长度为300 mm～700 mm,齿距不超过8.5 mm的单边开齿的机用锯条。

2　规范性引用文件

下列文件中的条款通过GB/T 6080的本部分的引用而成为本部分的条款。凡是注日期的引用文件,其随后所有的修改单(不包括勘误的内容)或修订版均不适用于本部分,然而,鼓励根据本部分达成协议的各方研究是否可使用这些文件的最新版本。凡是不注日期的引用文件,其最新版本适用于本部分。

GB/T 1804—2000　一般公差 未注公差的线性和角度尺寸的公差(eqv ISO 2768.1:1989)

3　型式和尺寸

3.1　概述

所有的型式和尺寸以及公差都以毫米为单位。

未注公差按照GB/T 1804—2000的"m"级规定。

3.2　型式和尺寸

型式和尺寸见图1和表1,包括齿距P,25 mm长度上的齿数N,长度l_1(它是直径为d的两销孔中心间距离)。建议销孔的中心位于锯条的中心线上。

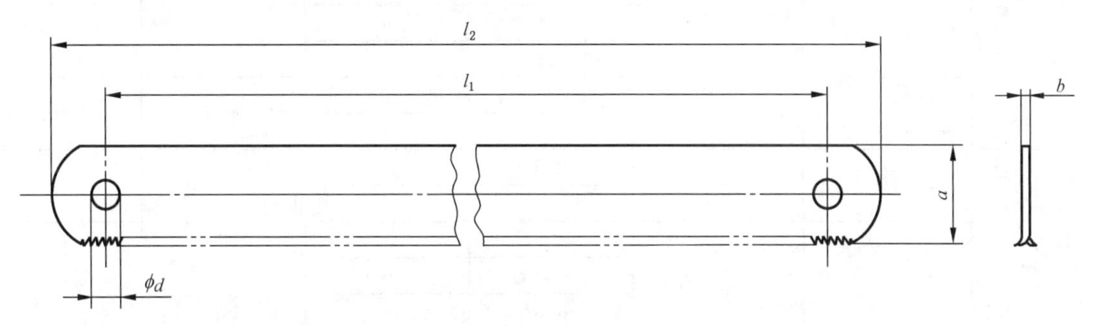

注:锯条两端的形状由制造厂自定。

图1　机用锯条

表 1　机用锯条的型式和尺寸

$l_1 \pm 2$	$a_{-1}^{\ 0}$	b	齿距		l_2 max	d H14
			P	N		
300	25	1.25	1.8	14	330	8.4
			2.5	10		
		1.5	1.8	14		
			2.5	10		
			4	6		
350	25	1.25	1.8	14	380	
			2.5	10		
		1.5	1.8	14		
			2.5	10		
			4	6		
	30		1.8	14		
			2.5	10		
			4	6		
		2	1.8	14		
			2.5	10		
			4	6		
400	25	1.5	1.8	14	430	
			2.5	10		
			4	6		
	30		1.8	14		
			2.5	10		
			4	6		
		2	2.5	10		
			4	6		
			6.3	4		
	40		4	6	440	10.4
			6.3	4		
450	30	1.5	2.5	10	490	8.4
			4	6		
	40	2	2.5	10		8.4/10.4
			4	6		
			6.3	4		
500			2.5	10	540	10.4
			4	6		
			6.3	4		
575	50	2.5	4	6	615	
			6.3	4		
			8.5	3		
600			4	6	640	10.4/12.9
			6.3	4		
700			4	6	745	
			6.3	4		
			8.5	3		

4 标记

按 GB/T 6080.1 制造的机用锯条的标记如下：

a) 机用锯条；

b) 标准号(如 GB/T 6080.1—2010)；

c) 锯条长度 l_1,mm；

d) 锯条宽度 a,mm；

e) 锯条厚度 b,mm；

f) 25 mm 长度上的齿数 N。

示例：

长度 l_1=300 mm,锯条宽度 a=25 mm,厚度 b=1.25 mm,25 mm 长度上的齿数 N=10 的机用锯条表示为：

机用锯条 GB/T 6080.1—2010—300×25×1.25×10

ICS 25.100.40
J 41

中华人民共和国国家标准

GB/T 6080.2—2010
代替 GB/T 6080.2—1998

机用锯条 第2部分:技术条件

**Machine hacksaw blades—
Part 2:Technical specifications**

2010-12-23 发布　　2011-07-01 实施

中华人民共和国国家质量监督检验检疫总局
中国国家标准化管理委员会 发布

前　言

GB/T 6080《机用锯条》分为两个部分：

——第1部分：型式和尺寸；

——第2部分：技术条件。

本部分为 GB/T 6080 的第2部分。

本部分代替 GB/T 6080.2—1998《机用锯条　第2部分：技术条件》。

本部分与 GB/T 6080.2—1998 相比主要变化如下：

——“本标准”改为“本部分”；

——修改了范围；

——修改了规范性引用文件；

——修改了图1中的直径字母标注；

——修改了标志和包装中规格的表示方法。

本部分由中国机械工业联合会提出。

本部分由全国刀具标准化技术委员会(SAC/TC 91)归口。

本部分起草单位：成都工具研究所。

本部分主要起草人：曾宇环、沈士昌。

本部分所代替标准的历次版本发布情况为：

——GB 6080—1985，GB/T 6080.2—1998。

机用锯条
第2部分:技术条件

1 范围

GB/T 6080 的本部分规定了机用锯条的尺寸、材料和硬度、外观、标志和包装的技术要求。

本部分适用于按照 GB/T 6080.1 生产的机用锯条。

2 规范性引用文件

下列文件中的条款通过 GB/T 6080 的本部分的引用而成为本部分的条款。凡是注日期的引用文件,其随后所有的修改单(不包括勘误的内容)或修订版均不适用于本部分,然而,鼓励根据本部分达成协议的各方研究是否可使用这些文件的最新版本。凡是不注日期的引用文件,其最新版本适用于本部分。

GB/T 6080.1 机用锯条 第1部分:型式和尺寸(GB/T 6080.1—2010,ISO 2336-2:2006,Hacksaw blades—Part 2:Dimensions for machine blades,IDT)

3 尺寸

3.1 机用锯条的形状和位置公差见表1。

表1

单位为毫米

长度 l	公差		
	侧面平面度	侧面横向直线度	刀状弯
300	1.0	0.1	1.0
350			
400	1.5		1.5
450			
500	2.0		1.8
575			
600			
700			2.0

3.2 分齿量 h 及公差由生产厂自定,分齿对称度小于或等于 0.2 mm。

4 材料和硬度

机用锯条用高速钢制造,硬度分布按图1。

A 区:≤48 HRC;

B 区:≥63 HRC。

单位为毫米

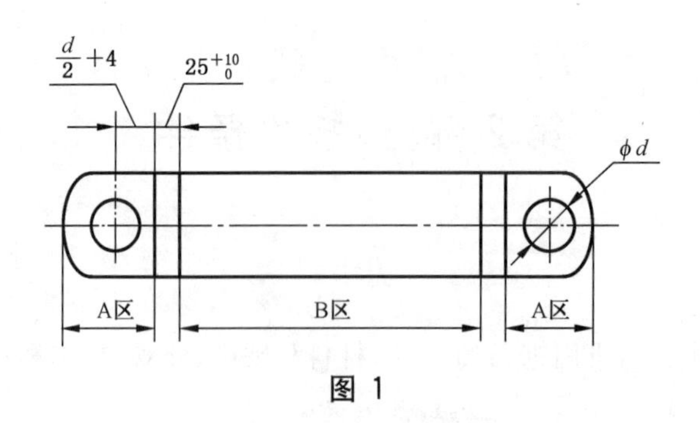

图 1

5 外观

机用锯条表面不应有裂纹，锈蚀及其他影响使用的缺陷。

6 标志和包装

6.1 标志

6.1.1 产品上应标志：

a) 制造厂或销售商商标；

b) 规格(长×宽×厚×25 mm 长度上的齿数)；

c) 材料代号。

6.1.2 包装盒上应标志：

a) 制造厂或销售商名称、地址和商标；

b) 机用锯条的标记；

c) 材料代号；

d) 件数；

e) 制造年月。

6.2 包装

机用锯条包装前应经防锈处理。包装应牢靠，并能防止运输过程中的损伤。

ICS 25.100.20
J 41

中华人民共和国国家标准

GB/T 6117.1—2010
代替 GB/T 6117.1—1996

立铣刀
第1部分:直柄立铣刀

End mills—Part 1:Milling cutters with parallel shanks

(ISO 1641-1:2003,End mills and slot drills—
Part 1:Milling cutters with cylindrical shanks,MOD)

2010-11-10 发布 2011-03-01 实施

中华人民共和国国家质量监督检验检疫总局
中国国家标准化管理委员会 发布

前　言

GB/T 6117《立铣刀》包括三个部分：

——第1部分：直柄立铣刀；

——第2部分：莫氏锥柄立铣刀；

——第3部分：7∶24锥柄立铣刀。

本部分是GB/T 6117的第1部分。

本部分修改采用国际标准ISO 1641-1：2003《立铣刀和键槽铣刀　第1部分：直柄铣刀》。

本部分根据ISO 1641-1：2003重新起草。

本部分与ISO 1641-1：2003相比有下列编辑性修改和技术差异：

——删除了国际标准前言；

——用“.”代替用作小数点的逗号“,”；

——规范性引用文件列项中，ISO 3338-1用我国标准GB/T 6131.1代替，ISO 3338-2用我国标准GB/T 6131.2代替，ISO 3338-3用我国标准GB/T 6131.4代替；

——增加了标记示例；

——增加了2°斜削平直柄铣刀的型式和尺寸；

——增加了粗齿、中齿、细齿的齿数；

——删除了ISO 1641-1：2003中球头立铣刀和键槽铣刀的图例；

——删除了ISO 1641-1：2003表1中键槽铣刀的短系列尺寸；

——删除了ISO 1641-1：2003中表2。

本部分代替GB/T 6117.1—1996《立铣刀　第1部分：直柄立铣刀的型式和尺寸》。

本部分与GB/T 6117.1—1996相比有如下变化：

——增加了“前言”；

——表1推荐直径d中增加规格24；

——删除了第3章符号的内容；

——按GB/T 1.1要求对编写格式作了编辑性修改。

本部分由中国机械工业联合会提出。

本部分由全国刀具标准化技术委员会(SAC/TC 91)归口。

本部分主要起草单位：成都成量工具集团有限公司、成都工具研究所、上海工具厂有限公司。

本部分主要起草人：赵庆、严松波、黄华新、查国兵、励政伟、张红。

本部分所代替标准的历次版本发布情况为：

——GB 1110～1111—1973、GB 1110—1985；

——GB 6116—1985；

——GB/T 6117.1—1996。

立铣刀
第1部分:直柄立铣刀

1 范围

GB/T 6117 的本部分规定了普通直柄立铣刀、削平直柄立铣刀、2°斜削平直柄立铣刀、螺纹柄立铣刀的型式、尺寸和标记等的基本要求。

本部分适用于直径大于1.9 mm~75 mm 直柄立铣刀。

2 规范性引用文件

下列文件中的条款通过 GB/T 6117 的本部分的引用而成为本部分的条款。凡是注日期的引用文件,其随后所有的修改单(不包括勘误的内容)或修订版均不适用于本部分,然而,鼓励根据本部分达成协议的各方研究是否可使用这些文件的最新版本。凡是不注日期的引用文件,其最新版本适用于本部分。

GB/T 6131.1 铣刀直柄 第1部分:普通直柄的型式和尺寸(GB/T 6131.1—2006,ISO 3338-1:1996,IDT)

GB/T 6131.2 铣刀直柄 第2部分:削平直柄的型式和尺寸(GB/T 6131.2—2006,ISO 3338-2:2000,MOD)

GB/T 6131.3 铣刀直柄 第3部分:2°斜削平直柄的型式和尺寸

GB/T 6131.4 铣刀直柄 第4部分:螺纹柄的型式和尺寸(GB/T 6131.4—2006,ISO 3338-3:1996,IDT)

3 型式和尺寸

3.1 直柄立铣刀按其柄部型式不同分为四种型式,见图1~图4。直柄立铣刀的尺寸按表1。

直柄立铣刀按其刃长不同分为标准系列和长系列。

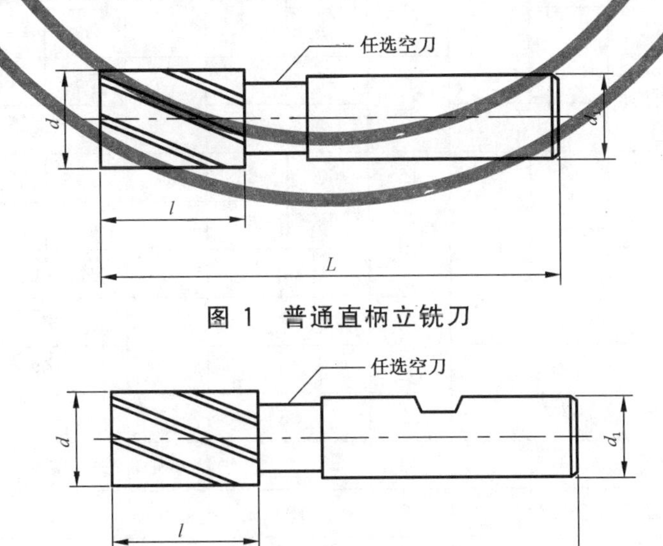

图1 普通直柄立铣刀

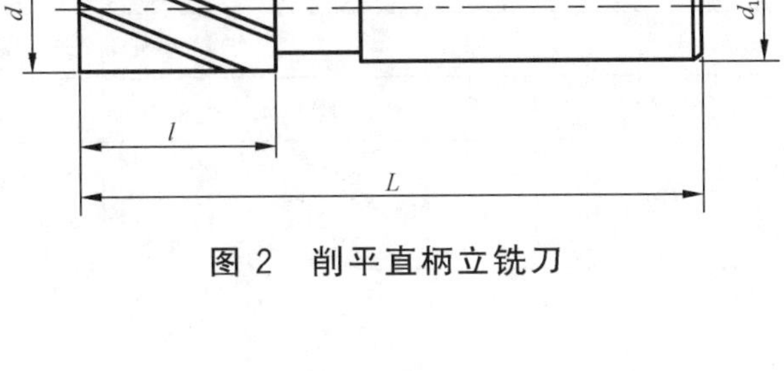

图2 削平直柄立铣刀

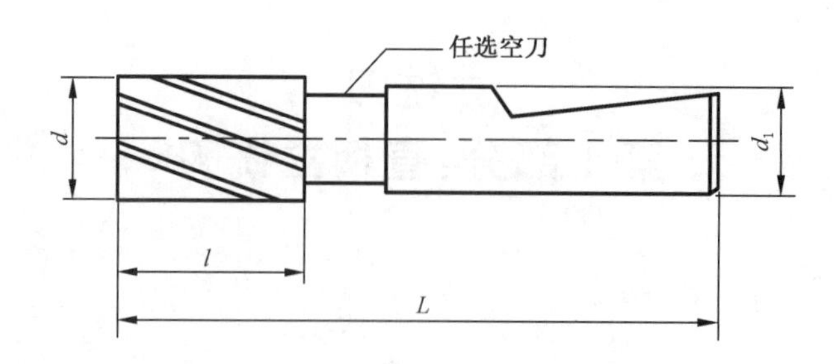

图 3　2°斜削平直柄立铣刀

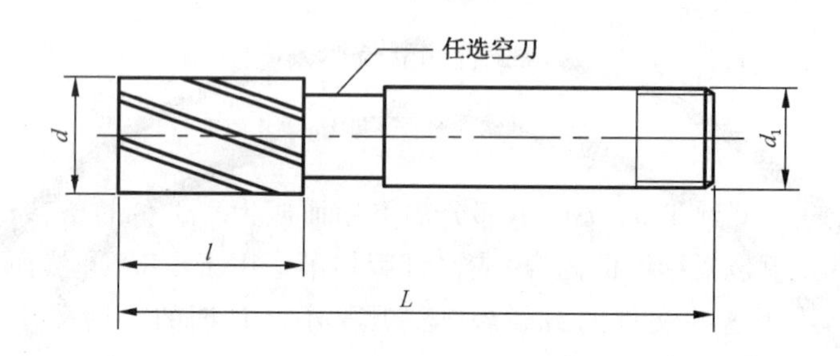

图 4　螺纹柄立铣刀

表 1

单位为毫米

<table>
<tr><th colspan="2" rowspan="2">直径范围
d</th><th colspan="2" rowspan="3">推荐直径
d</th><th colspan="2" rowspan="2">d_1[a]</th><th colspan="3">标准系列</th><th colspan="3">长系列</th><th colspan="3">齿数</th></tr>
<tr><th rowspan="2">l</th><th colspan="2">L[b]</th><th rowspan="2">l</th><th colspan="2">L[b]</th><th rowspan="2">粗齿</th><th rowspan="2">中齿</th><th rowspan="2">细齿</th></tr>
<tr><th>></th><th>≤</th><th>Ⅰ组</th><th>Ⅱ组</th><th>Ⅰ组</th><th>Ⅱ组</th><th>Ⅰ组</th><th>Ⅱ组</th></tr>
<tr><td>1.9</td><td>2.36</td><td>2</td><td rowspan="3">—</td><td rowspan="5">4[c]</td><td rowspan="7">6</td><td>7</td><td>39</td><td>51</td><td>10</td><td>42</td><td>54</td><td rowspan="18">3</td><td rowspan="18">4</td><td rowspan="10">—</td></tr>
<tr><td rowspan="2">2.36</td><td rowspan="2">3</td><td>2.5</td><td rowspan="2">8</td><td rowspan="2">40</td><td rowspan="2">52</td><td rowspan="2">12</td><td rowspan="2">44</td><td rowspan="2">56</td></tr>
<tr><td>3</td></tr>
<tr><td>3</td><td>3.75</td><td>—</td><td>3.5</td><td>10</td><td>42</td><td>54</td><td>15</td><td>47</td><td>59</td></tr>
<tr><td>3.75</td><td>4</td><td>4</td><td rowspan="4">—</td><td rowspan="2">11</td><td>43</td><td rowspan="2">55</td><td rowspan="2">19</td><td>51</td><td rowspan="2">63</td></tr>
<tr><td>4</td><td>4.75</td><td>—</td><td rowspan="2">5[c]</td><td>45</td><td>53</td></tr>
<tr><td>4.75</td><td>5</td><td>5</td><td rowspan="2">13</td><td>47</td><td>57</td><td rowspan="2">24</td><td>58</td><td>68</td></tr>
<tr><td>5</td><td>6</td><td>6</td><td colspan="2">6</td><td colspan="2">57</td><td colspan="2">68</td></tr>
<tr><td>6</td><td>7.5</td><td>—</td><td>7</td><td rowspan="2">8</td><td rowspan="2">10</td><td>16</td><td>60</td><td>66</td><td>30</td><td>74</td><td>80</td></tr>
<tr><td>7.5</td><td>8</td><td>8</td><td>—</td><td rowspan="2">19</td><td>63</td><td>69</td><td rowspan="2">38</td><td>82</td><td>88</td></tr>
<tr><td>8</td><td>9.5</td><td>—</td><td>9</td><td colspan="2" rowspan="2">10</td><td colspan="2">69</td><td colspan="2">88</td><td rowspan="4">5</td></tr>
<tr><td>9.5</td><td>10</td><td>10</td><td>—</td><td rowspan="2">22</td><td colspan="2">72</td><td rowspan="2">45</td><td colspan="2">95</td></tr>
<tr><td>10</td><td>11.8</td><td>—</td><td>11</td><td colspan="2" rowspan="2">12</td><td colspan="2">79</td><td colspan="2">102</td></tr>
<tr><td>11.8</td><td>15</td><td>12</td><td>14</td><td>26</td><td colspan="2">83</td><td>53</td><td colspan="2">110</td></tr>
<tr><td>15</td><td>19</td><td>16</td><td>18</td><td colspan="2">16</td><td>32</td><td colspan="2">92</td><td>63</td><td colspan="2">123</td><td rowspan="4">6</td></tr>
<tr><td>19</td><td>23.6</td><td>20</td><td>22</td><td colspan="2">20</td><td>38</td><td colspan="2">104</td><td>75</td><td colspan="2">141</td></tr>
<tr><td rowspan="2">23.6</td><td rowspan="2">30</td><td>24</td><td rowspan="2">28</td><td colspan="2" rowspan="2">25</td><td rowspan="2">45</td><td colspan="2" rowspan="2">121</td><td rowspan="2">90</td><td colspan="2" rowspan="2">166</td></tr>
<tr><td>25</td></tr>
</table>

表 1（续）

单位为毫米

<table>
<tr><th colspan="2" rowspan="2">直径范围
d</th><th colspan="2" rowspan="3">推荐直径
d</th><th colspan="2" rowspan="2">d_1[a]</th><th colspan="3">标准系列</th><th colspan="3">长系列</th><th colspan="3">齿数</th></tr>
<tr><th rowspan="2">l</th><th colspan="2">L[b]</th><th rowspan="2">l</th><th colspan="2">L[b]</th><th rowspan="2">粗齿</th><th rowspan="2">中齿</th><th rowspan="2">细齿</th></tr>
<tr><th>></th><th>≤</th><th>Ⅰ组</th><th>Ⅱ组</th><th>Ⅰ组</th><th>Ⅱ组</th><th>Ⅰ组</th><th>Ⅱ组</th></tr>
<tr><td>30</td><td>37.5</td><td>32</td><td>36</td><td colspan="2">32</td><td>53</td><td colspan="2">133</td><td>106</td><td colspan="2">186</td><td rowspan="3">4</td><td rowspan="3">6</td><td rowspan="3">8</td></tr>
<tr><td>37.5</td><td>47.5</td><td>40</td><td>45</td><td colspan="2">40</td><td>63</td><td colspan="2">155</td><td>125</td><td colspan="2">217</td></tr>
<tr><td rowspan="2">47.5</td><td rowspan="2">60</td><td>50</td><td>—</td><td colspan="2" rowspan="2">50</td><td rowspan="2">75</td><td colspan="2" rowspan="2">177</td><td rowspan="2">150</td><td colspan="2" rowspan="2">252</td></tr>
<tr><td>—</td><td>56</td><td rowspan="3">6</td><td rowspan="3">8</td><td rowspan="3">10</td></tr>
<tr><td>60</td><td>67</td><td>63</td><td>—</td><td>50</td><td>63</td><td rowspan="2">90</td><td>192</td><td>202</td><td rowspan="2">180</td><td>282</td><td>292</td></tr>
<tr><td>67</td><td>75</td><td>—</td><td>71</td><td colspan="2">63</td><td colspan="2">202</td><td colspan="2">292</td></tr>
</table>

a 柄部尺寸和公差分别按 GB/T 6131.1、GB/T 6131.2、GB/T 6131.3 和 GB/T 6131.4 的规定。

b 总长尺寸的Ⅰ组和Ⅱ组分别与柄部直径的Ⅰ组和Ⅱ组相对应。

c 只适用于普通直柄。

3.2 直柄立铣刀的直径 d 的公差为 js14，刃长 l 和总长 L 的公差为 js18。

3.3 标记示例：

a) 直径 d=8 mm，中齿，柄径 d_1=8 mm 的普通直柄标准系列立铣刀为：

中齿　　直柄立铣刀 8　　GB/T 6117.1—2010

b) 直径 d=8 mm，中齿，柄径 d_1=8 mm 的螺纹柄标准系列立铣刀为：

中齿　　直柄立铣刀 8 螺纹柄　　GB/T 6117.1—2010

c) 直径 d=10 mm，中齿，柄径 d_1=10 mm 的削平直柄长系列立铣刀为：

中齿　　直柄立铣刀 8 削平柄 10 长　　GB/T 6117.1—2010

注：对于表 1 中，当 d_1 尺寸只有一个时，或 d_1 为第Ⅰ组时，可不标记柄径；只有当 d_1 为第Ⅱ组时，才要标记柄径。

ICS 25.100.20
J 41

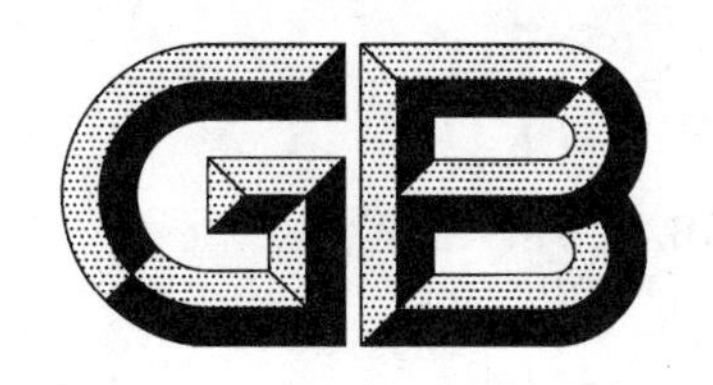

中华人民共和国国家标准

GB/T 6117.2—2010
代替 GB/T 6117.2—1996

立铣刀 第2部分：莫氏锥柄立铣刀

End mills—Part 2: Milling cutters with Morse taper shanks

(ISO 1641-2:1978, End mills and slot drills—Part 2: Milling cutters with Morse taper shanks, MOD)

2010-11-10 发布 2011-03-01 实施

中华人民共和国国家质量监督检验检疫总局
中国国家标准化管理委员会 发布

前　言

GB/T 6117《立铣刀》包括三个部分：

——第1部分：直柄立铣刀；

——第2部分：莫氏锥柄立铣刀；

——第3部分：7：24锥柄立铣刀。

本部分是GB/T 6117的第2部分。

本部分修改采用国际标准ISO 1641-2:1978《立铣刀和键槽铣刀　第2部分：莫氏锥柄铣刀》。

本部分根据ISO 1641-2:1978重新起草。

本部分与ISO 1641-2:1978相比有下列编辑性修改和技术差异：

——删除了国际标准前言；

——用"."代替用作小数点的逗号","；

——规范性引用文件列项中，ISO 296用我国标准GB/T 1443代替，ISO 5413用我国标准GB/T 4133代替；

——增加了标记示例；

——表1推荐直径 d 中增加规格24、规格71；

——增加了粗齿、中齿、细齿的齿数；

——删除了ISO 1641-2:1978中球头立铣刀和键槽铣刀的图例；

——删除了ISO 1641-2:1978表1中键槽铣刀的短系列尺寸；

——删除了ISO 1641-2:1978中表1注。

本部分代替GB/T 6117.2—1996《立铣刀　第2部分：莫氏锥柄立铣刀的型式和尺寸》。

本部分与GB/T 6117.2—1996相比有如下变化：

——增加了"前言"；

——取消了第3章"符号"的内容；

——表1推荐直径 d 中增加规格24、规格71；

——表1的表头中"组"改为了"型"；

——删除了4.3标记示例中第2项和第3项示例内容；

——按GB/T 1.1要求对编写格式作了编辑性修改。

本部分由中国机械工业联合会提出。

本部分由全国刀具标准化技术委员会(SAC/TC 91)归口。

本部分主要起草单位：成都成量工具集团有限公司、成都工具研究所、上海工具厂有限公司。

本部分主要起草人：赵庆、严松波、黄华新、查国兵、励政伟、张红。

本部分所代替标准的历次版本发布情况为：

——GB 1106～1108—1973、GB 1106—1985；

——GB/T 6117.2—1996。

立铣刀
第2部分:莫氏锥柄立铣刀

1 范围

GB/T 6117 的本部分规定了莫氏锥柄立铣刀的型式、尺寸和标记等的基本要求。

本部分适用于直径大于5 mm~75 mm 莫氏锥柄立铣刀。

2 规范性引用文件

下列文件中的条款通过GB/T 6117 的本部分的引用而成为本部分的条款。凡是注日期的引用文件,其随后所有的修改单(不包括勘误的内容)或修订版均不适用于本部分,然而,鼓励根据本部分达成协议的各方研究是否可使用这些文件的最新版本。凡是不注日期的引用文件,其最新版本适用于本部分。

GB/T 1443 机床和工具柄用自夹圆锥(GB/T 1443—1996,eqv ISO 296:1991)

GB/T 4133 莫氏圆锥的强制传动型式及尺寸(GB/T 4133—1984,eqv ISO 5413:1976)

3 型式和尺寸

3.1 莫氏锥柄立铣刀按其柄部型式不同分为二种型式,见图1和图2,其尺寸见表1。

莫氏锥柄立铣刀按其刃长不同分为标准系列和长系列。

Ⅰ型莫氏锥柄立铣刀的柄部尺寸和公差按GB/T 1443。Ⅱ型莫氏锥柄立铣刀的柄部尺寸和公差按GB/T 4133。

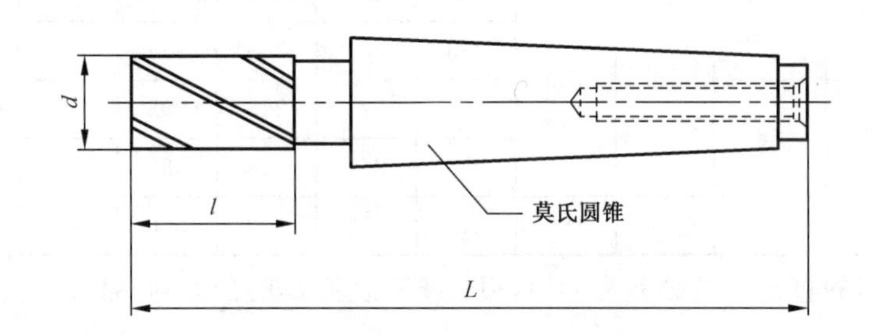

图1 Ⅰ型

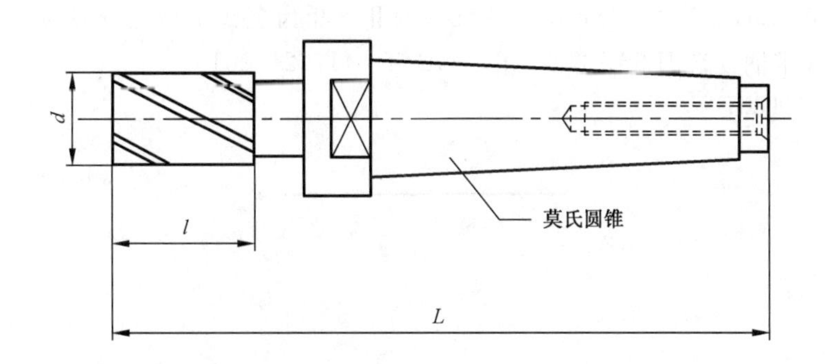

图2 Ⅱ型

表 1

单位为毫米

<table>
<tr><th colspan="2" rowspan="2">直径范围
d</th><th colspan="2" rowspan="3">推荐直径
d</th><th colspan="2">l</th><th colspan="4">L</th><th rowspan="3">莫氏
圆锥号</th><th colspan="3">齿数</th></tr>
<tr><th rowspan="2">标准
系列</th><th rowspan="2">长系列</th><th colspan="2">标准系列</th><th colspan="2">长系列</th><th rowspan="2">粗齿</th><th rowspan="2">中齿</th><th rowspan="2">细齿</th></tr>
<tr><th>></th><th>≤</th><th>Ⅰ型</th><th>Ⅱ型</th><th>Ⅰ型</th><th>Ⅱ型</th></tr>
<tr><td>5</td><td>6</td><td>6</td><td>—</td><td>13</td><td>24</td><td>83</td><td rowspan="13">—</td><td>94</td><td rowspan="13">—</td><td rowspan="6">1</td><td rowspan="12">3</td><td rowspan="12">4</td><td rowspan="3">—</td></tr>
<tr><td>6</td><td>7.5</td><td>—</td><td>7</td><td>16</td><td>30</td><td>86</td><td>100</td></tr>
<tr><td rowspan="2">7.5</td><td rowspan="2">9.5</td><td>8</td><td>—</td><td rowspan="2">19</td><td rowspan="2">38</td><td rowspan="2">89</td><td rowspan="2">108</td></tr>
<tr><td>—</td><td>9</td><td rowspan="4">5</td></tr>
<tr><td>9.5</td><td>11.8</td><td>10</td><td>11</td><td>22</td><td>45</td><td>92</td><td>115</td></tr>
<tr><td rowspan="2">11.8</td><td rowspan="2">15</td><td rowspan="2">12</td><td rowspan="2">14</td><td rowspan="2">26</td><td rowspan="2">53</td><td>96</td><td>123</td></tr>
<tr><td>111</td><td>138</td><td rowspan="3">2</td></tr>
<tr><td>15</td><td>19</td><td>16</td><td>18</td><td>32</td><td>63</td><td>117</td><td>148</td><td rowspan="5">6</td></tr>
<tr><td rowspan="2">19</td><td rowspan="2">23.6</td><td rowspan="2">20</td><td rowspan="2">22</td><td rowspan="2">38</td><td rowspan="2">75</td><td>123</td><td>160</td></tr>
<tr><td>140</td><td>177</td><td rowspan="4">3</td></tr>
<tr><td rowspan="2">23.6</td><td rowspan="2">30</td><td>24</td><td rowspan="2">28</td><td rowspan="2">45</td><td rowspan="2">90</td><td rowspan="2">147</td><td rowspan="2">192</td></tr>
<tr><td>25</td></tr>
<tr><td rowspan="2">30</td><td rowspan="2">37.5</td><td rowspan="2">32</td><td rowspan="2">36</td><td rowspan="2">53</td><td rowspan="2">106</td><td>155</td><td>208</td><td rowspan="6">4</td><td rowspan="6">6</td><td rowspan="6">8</td></tr>
<tr><td>178</td><td>201</td><td>231</td><td>254</td><td rowspan="2">4</td></tr>
<tr><td rowspan="2">37.5</td><td rowspan="2">47.5</td><td rowspan="2">40</td><td rowspan="2">45</td><td rowspan="2">63</td><td rowspan="2">125</td><td>188</td><td>211</td><td>250</td><td>273</td></tr>
<tr><td>221</td><td>249</td><td>283</td><td>311</td><td>5</td></tr>
<tr><td rowspan="4">47.5</td><td rowspan="4">60</td><td rowspan="2">50</td><td rowspan="2">—</td><td rowspan="4">75</td><td rowspan="4">150</td><td>200</td><td>223</td><td>275</td><td>298</td><td>4</td></tr>
<tr><td>233</td><td>261</td><td>308</td><td>336</td><td>5</td></tr>
<tr><td rowspan="2">—</td><td rowspan="2">56</td><td>200</td><td>223</td><td>275</td><td>298</td><td>4</td><td rowspan="3">6</td><td rowspan="3">8</td><td rowspan="3">10</td></tr>
<tr><td>233</td><td>261</td><td>308</td><td>336</td><td rowspan="2">5</td></tr>
<tr><td>60</td><td>75</td><td>63</td><td>71</td><td>90</td><td>180</td><td>248</td><td>276</td><td>338</td><td>366</td></tr>
</table>

3.2　莫氏锥柄立铣刀的直径 d 的公差为 js14，刃长 l 和总长 L 的公差为 js18。

3.3　标记示例：

a)　直径 d=12 mm，总长 L=96 mm 的标准系列Ⅰ型中齿莫氏锥柄立铣刀为：

中齿　莫氏锥柄立铣刀 12×96　Ⅰ　GB/T 6117.2—2010

b)　直径 d=50 mm，总长 L=298 mm 的长系列Ⅱ型粗齿莫氏锥柄立铣刀为：

粗齿　莫氏锥柄立铣刀 50×298　Ⅱ　GB/T 6117.2—2010

注：a)示例中的“Ⅰ”可以不标。

ICS 25.100.20
J 41

中华人民共和国国家标准

GB/T 6117.3—2010
代替 GB/T 6117.3—1996

立铣刀　第3部分:7 : 24锥柄立铣刀

End mills—Part 3:Milling cutters with 7 : 24 taper shanks

(ISO 1641-3:2003,End mills and slot drills—
Part 3:Milling cutters with 7/24 taper shanks,MOD)

2010-11-10 发布　　2011-03-01 实施

中华人民共和国国家质量监督检验检疫总局
中国国家标准化管理委员会　发布

前　言

GB/T 6117《立铣刀》包括三个部分：

——第1部分：直柄立铣刀；

——第2部分：莫氏锥柄立铣刀；

——第3部分：7∶24锥柄立铣刀。

本部分是GB/T 6117的第3部分。

本部分修改采用国际标准ISO 1641-3:2003《立铣刀和键槽铣刀　第3部分：7∶24锥柄铣刀》。

本部分根据ISO 1641-3:2003重新起草。

本部分与ISO 1641-3:2003相比有下列编辑性修改和技术差异：

——删除了国际标准前言；

——用“.”代替用作小数点的逗号“,”；

——规范性引用文件列项中，ISO 297用我国标准GB/T 3837代替；

——增加了标记示例；

——增加了粗齿、中齿、细齿的齿数；

——删除了ISO 1641-3:2003中球头立铣刀和键槽铣刀的图例；

——删除了ISO 1641-3:2003表1中键槽铣刀的短系列尺寸，表1中直径范围作了调整；

——删除了ISO 1641-3:2003中表2；

——删除了ISO 1641-3:2003中3.2　自动换刀7/24锥柄立铣刀。

本部分代替GB/T 6117.3—1996《立铣刀　第3部分：7∶24锥柄立铣刀的型式和尺寸》。

本部分与GB/T 6117.3—1996相比有如下变化：

——增加了“前言”；

——取消了第3章“符号”的内容；

——删除了标记示例b)的内容；

——按GB/T 1.1要求对编写格式作了编辑性修改。

本部分由中国机械工业联合会提出。

本部分由全国刀具标准化技术委员会(SAC/TC 91)归口。

本部分主要起草单位：成都成量工具集团有限公司、成都工具研究所、上海工具厂有限公司。

本部分主要起草人：赵庆、严松波、黄华新、查国兵、励政伟、张红。

本部分所代替标准的历次版本发布情况为：

——GB 6117—1985、GB/T 6117.3—1996。

立铣刀　第3部分:7∶24锥柄立铣刀

1　范围

GB/T 6117的本部分规定了手动换刀7∶24锥柄立铣刀的型式、尺寸和标记等的基本要求。

本部分适用于直径大于23.6 mm～95 mm的7∶24锥柄立铣刀。

2　规范性引用文件

下列文件中的条款通过GB/T 6117的本部分的引用而成为本部分的条款。凡是注日期的引用文件,其随后所有的修改单(不包括勘误的内容)或修订版均不适用于本部分,然而,鼓励根据本部分达成协议的各方研究是否可使用这些文件的最新版本。凡是不注日期的引用文件,其最新版本适用于本部分。

GB/T 3837　7∶24手动换刀刀柄圆锥(GB/T 3837—2001,eqv ISO 297:1988)

3　型式和尺寸

3.1　7∶24锥柄立铣刀的型式见图1,其尺寸见表1。

7∶24锥柄立铣刀按其刃长不同分为标准系列和长系列。

7∶24锥柄立铣刀的柄部尺寸和公差按GB/T 3837。

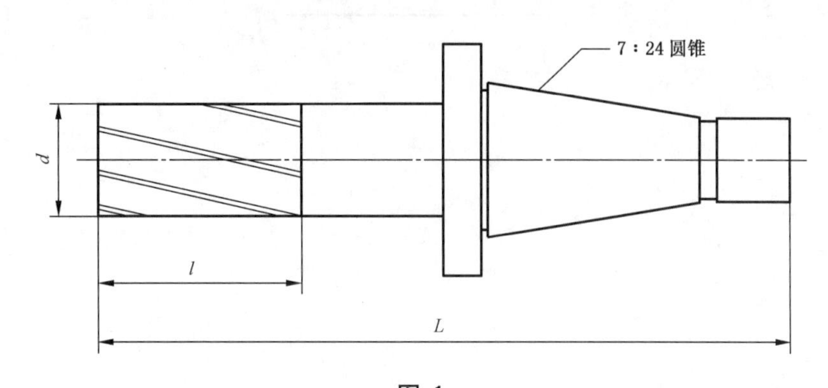

图1

表1

单位为毫米

<table>
<tr><th colspan="2">直径范围
d</th><th colspan="2" rowspan="2">推荐直径
d</th><th colspan="2">l</th><th colspan="2">L</th><th rowspan="2">7∶24
圆锥号</th><th colspan="3">齿　数</th></tr>
<tr><th>></th><th>≤</th><th>标准系列</th><th>长系列</th><th>标准系列</th><th>长系列</th><th>粗齿</th><th>中齿</th><th>细齿</th></tr>
<tr><td>23.6</td><td>30</td><td>25</td><td>28</td><td>45</td><td>90</td><td>150</td><td>195</td><td rowspan="2">30</td><td>3</td><td>4</td><td>6</td></tr>
<tr><td rowspan="3">30</td><td rowspan="3">37.5</td><td rowspan="3">32</td><td rowspan="3">36</td><td rowspan="3">53</td><td rowspan="3">106</td><td>158</td><td>211</td><td rowspan="6">4</td><td rowspan="6">6</td><td rowspan="6">8</td></tr>
<tr><td>188</td><td>241</td><td>40</td></tr>
<tr><td>208</td><td>261</td><td>45</td></tr>
<tr><td rowspan="3">37.5</td><td rowspan="3">47.5</td><td rowspan="3">40</td><td rowspan="3">45</td><td rowspan="3">63</td><td rowspan="3">125</td><td>198</td><td>260</td><td>40</td></tr>
<tr><td>218</td><td>280</td><td>45</td></tr>
<tr><td>240</td><td>302</td><td>50</td></tr>
</table>

表 1（续）

单位为毫米

直径范围 d		推荐直径 d		l		L		7∶24 圆锥号	齿数		
>	≤			标准系列	长系列	标准系列	长系列		粗齿	中齿	细齿
47.5	60	50	—	75	150	210	285	40	4	6	8
						230	305	45			
						252	327	50			
		—	56			210	285	40	6	8	10
						230	305	45			
						252	327	50			
60	75	63	71	90	180	245	335	45			
						267	357	50			
75	95	80	—	106	212	283	389				

3.2 7∶24 锥柄立铣刀的直径 d 的公差为 js14，刃长 l 和总长 L 的公差为 js18。

3.3 标记示例：

直径 d=32 mm，总长 L=158 mm，标准系列中齿 7∶24 锥柄立铣刀为：

中齿 7∶24 锥柄立铣刀 32×158 GB/T 6117.3—2010

ICS 25.100.20
J 41

中华人民共和国国家标准

GB/T 6118—2010
代替 GB/T 6118—1996

立铣刀技术条件

End mills—Technical specifications

2010-11-10 发布　　2011-03-01 实施

中华人民共和国国家质量监督检验检疫总局
中国国家标准化管理委员会　发布

前　言

本标准代替 GB/T 6118—1996《立铣刀　技术条件》。

本标准与 GB/T 6118—1996 相比有如下变化：

——编写格式按 GB/T 1.1—2000；

——删除了第 3 章“符号”的内容；

——将第 4 章章标题由“尺寸”改为“尺寸和位置公差”；

——4.1 中增加了高性能高速钢的材料要求；

——4.1 中增加了焊接柄部的材料要求；

——删除了第 6 章性能试验的内容；

——删除了附录 A“立铣刀圆跳动的检测方法”的内容。

本标准由中国机械工业联合会提出。

本标准由全国刀具标准化技术委员会(SAC/TC 91)归口。

本标准主要起草单位：成都成量工具集团有限公司、成都工具研究所、上海工具厂有限公司。

本标准主要起草人：赵庆、严松波、黄华新、查国兵、励政伟、张红。

本标准所代替标准的历次版本发布情况为：

——GB/T 6118—1985、GB/T 6118—1996。

立铣刀技术条件

1 范围

本标准规定了立铣刀的位置公差、材料和硬度、外观和表面粗糙度、标志和包装的基本要求。

本标准适用于按 GB/T 6117.1、GB/T 6117.2 和 GB/T 6117.3 生产的立铣刀。根据供需双方协议，其他立铣刀也可以参照使用。

2 规范性引用文件

下列文件中的条款通过本标准的引用而成为本标准的条款。凡是注日期的引用文件，其随后所有的修改单(不包括勘误的内容)或修订版均不适用于本标准，然而，鼓励根据本标准达成协议的各方研究是否可使用这些文件的最新版本。凡是不注日期的引用文件，其最新版本适用于本标准。

GB/T 6117.1 立铣刀 第1部分：直柄立铣刀(GB/T 6117.1—2010，ISO 1641-1:2003，MOD)

GB/T 6117.2 立铣刀 第2部分：莫氏锥柄立铣刀(GB/T 6117.2—2010，ISO 1641-2:1978，MOD)

GB/T 6117.3 立铣刀 第3部分：7∶24锥柄立铣刀(GB/T 6117.3—2010，ISO 1641-3:2003，MOD)

JB/T 10231.3 刀具产品检测方法 第3部分：立铣刀

3 尺寸和位置公差

立铣刀的尺寸和位置公差由表1给出，检测方法按 JB/T 10231.3 执行。

表 1

单位为毫米

<table>
<tr><th rowspan="3">d</th><th colspan="4">圆周刃对柄部轴线的径向圆跳动</th><th rowspan="3">端刃对柄部轴线的端面圆跳动</th><th colspan="2" rowspan="2">工作部分直径锥度</th></tr>
<tr><th colspan="2">一转</th><th colspan="2">相邻</th></tr>
<tr><th>标准系列</th><th>长系列</th><th>标准系列</th><th>长系列</th><th>标准系列</th><th>长系列</th></tr>
<tr><td>1.9～6</td><td>0.025</td><td>0.032</td><td>0.013</td><td>0.016</td><td rowspan="2">0.050</td><td rowspan="4">0.02</td><td rowspan="4">0.03</td></tr>
<tr><td>>6～18</td><td>0.032</td><td>0.040</td><td>0.016</td><td>0.020</td></tr>
<tr><td>>18～28</td><td>0.040</td><td>0.050</td><td>0.020</td><td>0.025</td><td rowspan="2">0.060</td></tr>
<tr><td>>28～95</td><td>0.050</td><td>0.063</td><td>0.025</td><td>0.032</td></tr>
</table>

4 材料和硬度

4.1 材料

4.1.1 立铣刀工作部分采用 W6Mo5Cr4V2 或同等性能的高速钢(代号 HSS)制造，也可采用 W6Mo5Cr4V2Al 或同等性能及以上高性能高速钢(代号 HSS-E)制造。

4.1.2 焊接立铣刀柄部采用 45 钢或同等性能的其他牌号钢材制造。

4.2 硬度

立铣刀工作部分：普通高速钢(HSS) $d \leqslant 6$ mm，62 HRC～65 HRC；

$d > 6$ mm，63 HRC～66 HRC。

高性能高速钢(HSS-E) 不低于 64 HRC。

立铣刀柄部：普通直柄、螺纹柄和锥柄，不低于 30 HRC；
削平直柄和 2°斜削平直柄，不低于 50 HRC。

5 外观和表面粗糙度

5.1 立铣刀的表面不应有裂纹，切削刃应锋利，不应有崩刃、钝口以及磨削烧伤等影响使用性能的缺陷。焊接柄部的立铣刀在焊缝处不应有砂眼和未焊透现象。

5.2 立铣刀的表面粗糙度按以下规定：

——前面和后面：Rz6.3 μm；

——普通直柄或螺纹柄柄部外圆：Ra1.25 μm；

——削平直柄、2°斜削平直柄和锥柄柄部外圆：Ra0.63 μm。

6 标志和包装

6.1 标志

6.1.1 产品上应标志：

a) 制造厂或销售商的商标（$d_1 \leqslant 5$ mm 的立铣刀允许不标志商标）；

b) 立铣刀直径；

c) 高速钢代号。

6.1.2 包装盒上应标志：

a) 制造厂或销售商的名称、地址和商标；

b) 立铣刀标记；

c) 高速钢牌号或代号；

d) 件数；

e) 制造年月。

注：如包装盒太小，也可在合格证、说明书等包装盒内文件上标志部分内容。

6.2 包装

立铣刀在包装前应经防锈处理，包装应牢靠，防止运输过程中的损伤。

ICS 25.100.20
J 41

中华人民共和国国家标准

GB/T 6119—2012

代替 GB/T 6119.1—1996,GB/T 6119.2—1996

三面刃铣刀

Side and face milling cutter

(ISO 2587:1972,Side and face milling cutters with plain bore and key drive—Metric series,MOD)

2012-03-09 发布

2012-07-01 实施

中华人民共和国国家质量监督检验检疫总局
中国国家标准化管理委员会
发布

前　　言

本标准按照 GB/T 1.1—2009 给出的规则起草。

本标准代替 GB/T 6119.1—1996《三面刃铣刀　型式和尺寸》和 GB/T 6119.2—1996《三面刃铣刀　技术条件》。

本标准与 GB/T 6119.1 和 GB/T 6119.2 相比主要变化如下：

——将原标准的两个部分合并为一个标准；

——取消了 GB/T 6119.2—1996 中的“第 6 章　性能试验”；

——将原标准的“附录 A(参考件)”修改为“附录 A(规范性附录)”。

本标准使用重新起草法修改采用 ISO 2587:1972《带直孔和平键传动的三面刃铣刀　米制系列》(英文版)。

本标准与 ISO 2587:1972 相比有下列编辑性的修改和技术差异，这些差异涉及的条款已通过在其外侧页边空白处位置的垂直单线(|)进行了标示：

——“本国际标准”一词改为“本标准”；

——用小数点“.”代替作为小数点的逗号“,”；

——删除了国际标准的前言；

——修改了规范性引用文件；

——修改了国际标准的中文标准名称；

——取消了原文中“国际标准第 1 条适用范围中的外径系列取自 ISO 523 铣刀外径的推荐系列”，原 ISO 523 标准现已作废；

——增加了“4.2　标记示例”；

——增加了“位置公差、外观和表面粗糙度、材料和硬度、标志和包装”等项目技术要求；

——增加了“附录 A(规范性附录)三面刃铣刀圆跳动的检测方法”。

本标准由中国机械工业联合会提出。

本标准由全国刀具标准化技术委员会(SAC/TC 91)归口。

本标准负责起草单位：温岭市温西工量刃具科技服务中心有限公司、成都工具研究所有限公司。

本标准主要起草人：陈卫平、林新源、刘玉玲。

本标准所代替标准的历次版本发布情况为：

——GB/T 1117—1985；

——GB/T 1118—1985；

——GB/T 6119.1—1996；

——GB/T 6119.2—1996。

三 面 刃 铣 刀

1 范围

本标准规定了直齿和错齿三面刃铣刀的型式和尺寸、位置公差、外观和表面粗糙度、材料和硬度、标志和包装等基本要求。

本标准适用于直径为50 mm～200 mm的直齿和错齿三面刃铣刀。

2 规范性引用文件

下列文件对于本文件的应用是必不可少的。凡是注日期的引用文件，仅注日期的版本适用于本文件。凡是不注日期的引用文件，其最新版本(包括所有的修改单)适用于本文件。

GB/T 6132 铣刀和铣刀刀杆的互换尺寸(GB/T 6132—2006，ISO 240：1994，IDT)

3 符号

d ——三面刃铣刀外圆直径；

D ——三面刃铣刀内孔直径；

d_1——三面刃铣刀轴台直径；

L ——三面刃铣刀厚度。

4 型式和尺寸

4.1 三面刃铣刀的型式和尺寸按图1、图2和表1的规定。键槽尺寸按GB/T 6132的规定。

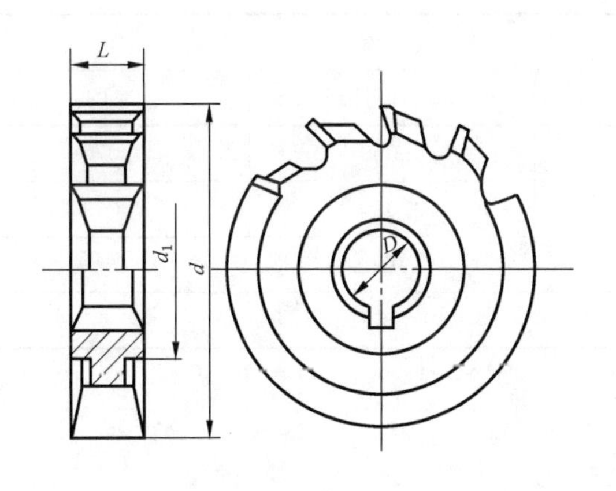

图1 直齿三面刃铣刀

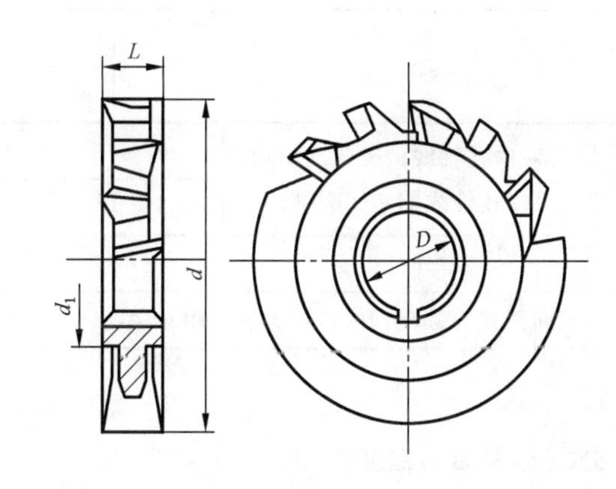

图2 错齿三面刃铣刀

表 1 单位为毫米

<table>
<tr><th rowspan="2">d
js16</th><th rowspan="2">D
H7</th><th rowspan="2">d_1
min</th><th colspan="16">L
k11</th></tr>
<tr><th>4</th><th>5</th><th>6</th><th>8</th><th>10</th><th>12</th><th>14</th><th>16</th><th>18</th><th>20</th><th>22</th><th>25</th><th>28</th><th>32</th><th>36</th><th>40</th></tr>
<tr><td>50</td><td>16</td><td>27</td><td>×</td><td>×</td><td>×</td><td>×</td><td>×</td><td>—</td><td>—</td><td>—</td><td rowspan="2">—</td><td rowspan="2">—</td><td rowspan="3">—</td><td rowspan="3">—</td><td rowspan="4">—</td><td rowspan="5">—</td><td rowspan="6">—</td><td rowspan="6">—</td></tr>
<tr><td>63</td><td>22</td><td>34</td><td>×</td><td>×</td><td>×</td><td>×</td><td>×</td><td>×</td><td>×</td><td>×</td></tr>
<tr><td>80</td><td>27</td><td>41</td><td rowspan="5">—</td><td>×</td><td>×</td><td>×</td><td>×</td><td>×</td><td>×</td><td>×</td><td>×</td><td>×</td></tr>
<tr><td>100</td><td rowspan="2">32</td><td rowspan="2">47</td><td rowspan="4">—</td><td>×</td><td>×</td><td>×</td><td>×</td><td>×</td><td>×</td><td>×</td><td>×</td><td>×</td><td>×</td></tr>
<tr><td>125</td><td rowspan="3">—</td><td>×</td><td>×</td><td>×</td><td>×</td><td>×</td><td>×</td><td>×</td><td>×</td><td>×</td><td>×</td></tr>
<tr><td>160</td><td rowspan="2">40</td><td rowspan="2">55</td><td rowspan="2">—</td><td>×</td><td>×</td><td>×</td><td>×</td><td>×</td><td>×</td><td>×</td><td>×</td><td>×</td><td>×</td></tr>
<tr><td>200</td><td>—</td><td>×</td><td>×</td><td>×</td><td>×</td><td>×</td><td>×</td><td>×</td><td>×</td><td>×</td><td>×</td><td>×</td></tr>
<tr><td colspan="19">注：×表示有此规格。</td></tr>
</table>

4.2 标记示例

示例 1：外圆直径 d=63 mm，厚度 L=12 mm 的直齿三面刃铣刀标记为：

直齿三面刃铣刀 63×12 GB/T 6119—2012

示例 2：外圆直径 d=63 mm，厚度 L=12 mm 的错齿三面刃铣刀标记为：

错齿三面刃铣刀 63×12 GB/T 6119—2012

5 位置公差

位置公差按表 2。

表 2 单位为毫米

<table>
<tr><th colspan="2" rowspan="2">项　目</th><th colspan="3">公　差</th></tr>
<tr><th>$d \leqslant 80$</th><th>$80 < d \leqslant 125$</th><th>$d > 125$</th></tr>
<tr><td rowspan="2">圆周刃对内孔轴线的径向圆跳动
端刃对内孔轴线的端面圆跳动</td><td>一转</td><td>0.050</td><td>0.060</td><td>0.070</td></tr>
<tr><td>相邻齿</td><td>0.025</td><td>0.030</td><td>0.035</td></tr>
<tr><td colspan="2">外径锥度</td><td colspan="3">0.030</td></tr>
<tr><td colspan="5">三面刃铣刀圆跳动的检测方法按附录 A。</td></tr>
</table>

6 外观和表面粗糙度

6.1 三面刃铣刀表面不应有裂纹，切削刃应锋利，不应有崩刃、钝口以及磨削烧伤等影响使用性能的缺陷。

6.2 三面刃铣刀的表面粗糙度的最大允许值按以下规定：

——前面和后面：Rz 6.3 μm；

——内孔表面：Ra 1.25 μm；

——端刃后面和两支承面：Ra 1.25 μm。

7 材料和硬度

三面刃铣刀采用 W6Mo5Cr4V2 或同等性能的高速钢（代号 HSS）制造，其硬度为63 HRC～66 HRC。

8 标志和包装

8.1 标志

8.1.1 产品上应标志：

a) 制造厂或销售商的商标；

b) 三面刃铣刀的外圆直径和厚度；

c) 高速钢代号。

8.1.2 包装盒上应标志：

a) 制造厂或销售商的名称、地址和商标；

b) 产品的标记；

c) 件数；

d) 高速钢的牌号或代号；

e) 制造年月。

8.2 包装

三面刃铣刀在包装前应经防锈处理，包装应牢固，并能防止在运输过程中的损伤。

附 录 A
（规范性附录）
三面刃铣刀圆跳动的检测方法

三面刃铣刀圆跳动的检测方法按表 A.1。

表 A.1

项目	检测方法	检测方法示意图	检测器具
圆周刃对内孔轴线的径向圆跳动	将三面刃铣刀装在带凸台的芯轴上，置于跳动检查仪两顶尖之间。指示表测头垂直接触在圆周刃上（厚度 L 的中间）。旋转芯轴一周，读取指示表指针的最大值与最小值之差即为一转圆周刃的径向圆跳动值；取指示表相邻齿读数差绝对值的最大值为相邻齿的圆周刃的径向圆跳动值	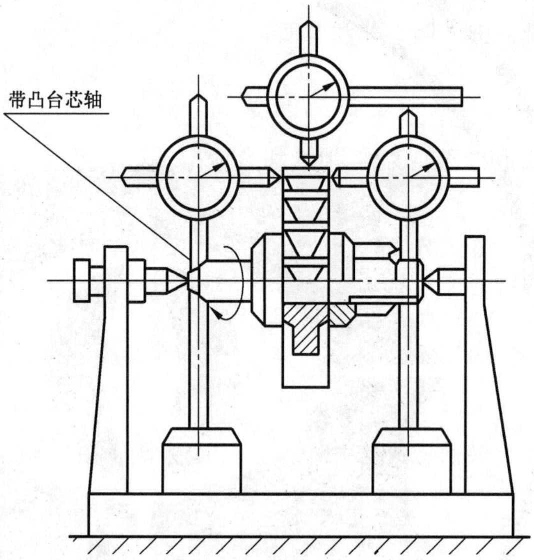	分度值为 0.01 mm 的指示表或分度值为 0.002 mm 的杠杆指示表、磁力表架、带凸台芯轴、跳动检查仪、铸铁平板
端刃对内孔轴线的端面圆跳动	将三面刃铣刀装在带凸台的芯轴上，置于跳动检查仪两顶尖之间。指示表测头垂直接触在靠近外圆直径处的端刃上（距外圆直径 2 mm～3 mm）。旋转芯轴一周，指示表指针读数的最大值与最小值之差为一转端面圆跳动值，取两端面中最大的圆跳动值为所需一转端面圆跳动；取指示表相邻齿读数差绝对值的最大值为相邻齿的端面圆跳动值		

ICS 25.100.20
J 41

中华人民共和国国家标准

GB/T 6120—2012
代替 GB/T 6120—1996
GB/T 6121—1996

锯片铣刀

Metal slitting saw

(ISO 2296:2011, Metal slitting saws with fine and coarse teeth—Metric series, MOD)

2012-03-09 发布　　2012-07-01 实施

中华人民共和国国家质量监督检验检疫总局
中国国家标准化管理委员会　发布

前　言

本标准按照 GB/T 1.1—2009 给出的规则起草。

本标准代替 GB/T 6120—1996《锯片铣刀　型式和尺寸》和 GB/T 6121—1996《锯片铣刀　技术条件》。

本标准与 GB/T 6120—1996 和 GB/T 6121—1996 相比主要变化如下：

——修改了范围；

——修改了规范性引用文件；

——修改了 GB/T 6120—1996 表 1、表 2、表 3 的注；

——4.1 中内孔应制出键槽时的 d 范围由 $d \geqslant 125$ mm 改为 $d \geqslant 110$ mm；

——修改了 GB/T 6121—1996 表 4 的注；

——删除了性能试验。

本标准使用重新起草法修改采用 ISO 2296:2011《金属用细齿和粗齿锯片铣刀　米制系列》(英文版)。

本标准与 ISO 2296:2011 相比有下列编辑性的修改和技术差异，这些差异涉及的条款已通过在其外侧页边空白处位置的垂直单线(|)进行了标示：

——删除了国际标准的前言，增加了我国标准前言；

——修改了范围；

——本国际标准改为本标准；

——规范性引用文件中的国际标准用我国国家标准替代；

——增加了符号说明；

——将粗齿锯片铣刀的型式尺寸改为中齿锯片铣刀，增加了新的粗齿锯片铣刀的型式尺寸；

——内孔应制出键槽时的 d 范围由 $d \geqslant 125$ mm 改为 $d \geqslant 110$ mm；

——增加了标记示例；

——增加了技术条件；

——修改了附录 A 锯片铣刀齿数的确定方法；

——增加了附录 B 锯片铣刀圆跳动的检测方法。

本标准由中国机械工业联合会提出。

本标准由全国刀具标准化技术委员会(SAC/TC 91)归口。

本标准负责起草单位：成都工具研究所有限公司、温岭市温西工量刃具科技服务中心有限公司。

本标准主要起草人：曾宇环、林新源。

本标准所代替标准的历次版本发布情况为：

——GB/T 1120—1985, GB/T 1121—1985, GB/T 6120—1985, GB/T 6120—1996, GB/T 6121—1985, GB/T 6121—1996。

锯 片 铣 刀

1 范围

本标准规定了细齿、中齿和粗齿锯片铣刀的型式和尺寸、材料和硬度、外观和表面粗糙度、标志和包装等基本要求。

本标准适用于直径 20 mm～315 mm 的金属切削用锯片铣刀。

2 规范性引用文件

下列文件对于本文件的应用是必不可少的。凡是注日期的引用文件,仅注日期的版本适用于本文件。凡是不注日期的引用文件,其最新版本(包括所有的修改单)适用于本文件。

GB/T 6132 铣刀和铣刀刀杆的互换尺寸(GB/T 6132—2006,ISO 240:1994,IDT)

3 符号

d ——锯片铣刀外圆直径;

D ——锯片铣刀内孔直径;

d_1 ——锯片铣刀轴台直径;

L ——锯片铣刀厚度。

4 型式和尺寸

4.1 锯片铣刀的型式和尺寸按图 1 和表 1、表 2、表 3 的规定。$d \geqslant 110$ mm,且 $L \geqslant 3$ mm 时,内孔应制出键槽,键槽的尺寸按 GB/T 6132 的规定。锯片铣刀齿数的确定方法参见附录 A。

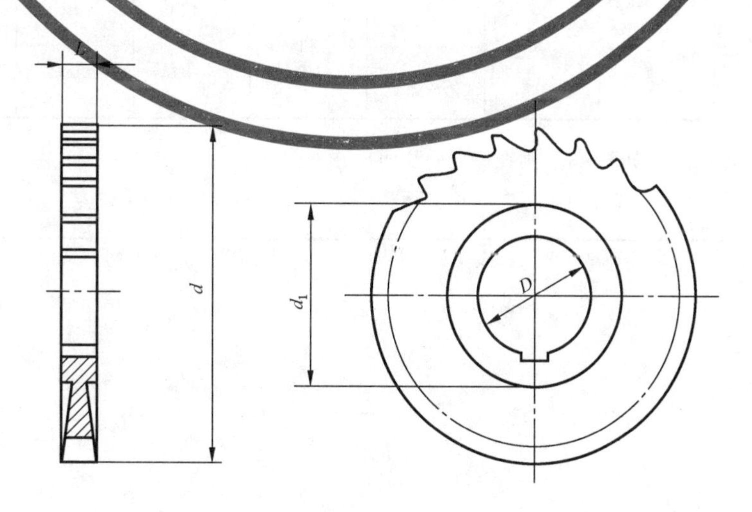

图 1

表1 粗齿锯片铣刀

单位为毫米

<table>
<tr><td>d
js16</td><td>50</td><td>63</td><td>80</td><td>100</td><td>125</td><td>160</td><td>200</td><td>250</td><td>315</td></tr>
<tr><td>D
H7</td><td>13</td><td>16</td><td>22</td><td colspan="2">22(27)</td><td colspan="3">32</td><td>40</td></tr>
<tr><td>d_1
min</td><td colspan="2">—</td><td>34</td><td colspan="2">34(40)</td><td>47</td><td colspan="2">63</td><td>80</td></tr>
<tr><td>L
js11</td><td colspan="9">齿数(参考)</td></tr>
<tr><td>0.80</td><td rowspan="3">24</td><td rowspan="2">32</td><td>40</td><td rowspan="3">40</td><td>—</td><td rowspan="2">—</td><td rowspan="3">—</td><td rowspan="4">—</td><td rowspan="5">—</td></tr>
<tr><td>1.00</td><td rowspan="3">32</td><td>48</td></tr>
<tr><td>1.20</td><td rowspan="3">24</td><td rowspan="3">40</td><td rowspan="2">48</td></tr>
<tr><td>1.60</td><td rowspan="3">20</td><td rowspan="3">32</td><td rowspan="3">48</td></tr>
<tr><td>2.00</td><td rowspan="3">24</td><td rowspan="3">40</td><td>64</td></tr>
<tr><td>2.50</td><td rowspan="3">20</td><td rowspan="3">32</td><td rowspan="3">48</td><td rowspan="2">64</td></tr>
<tr><td>3.00</td><td rowspan="3">16</td><td rowspan="3">24</td><td rowspan="3">40</td></tr>
<tr><td>4.00</td><td rowspan="3">20</td><td rowspan="3">32</td><td rowspan="3">48</td></tr>
<tr><td>5.00</td><td rowspan="2">16</td><td rowspan="2">24</td><td rowspan="2">40</td></tr>
<tr><td>6.00</td><td>—</td><td>20</td><td>32</td></tr>
<tr><td colspan="10">括号内的尺寸尽量不采用,如要采用,则在标记中注明尺寸 D。
$d \geqslant 80$mm,且 $L < 3$ mm 时,允许不做支承台 d_1。</td></tr>
</table>

表 2　中齿锯片铣刀

单位为毫米

<table>
<tr><td>d
js16</td><td>32</td><td>40</td><td>50</td><td>63</td><td>80</td><td>100</td><td>125</td><td>160</td><td>200</td><td>250</td><td>315</td></tr>
<tr><td>D
H7</td><td>8</td><td>10(13)</td><td>13</td><td>16</td><td>22</td><td colspan="2">22(27)</td><td colspan="3">32</td><td>40</td></tr>
<tr><td>d1
min</td><td colspan="4">—</td><td>34</td><td colspan="2">34(40)</td><td>47</td><td colspan="2">63</td><td>80</td></tr>
<tr><td>L
js11</td><td colspan="11">齿数(参考)</td></tr>
<tr><td>0.30</td><td rowspan="3">40</td><td rowspan="2">48</td><td>64</td><td rowspan="3">64</td><td rowspan="3">—</td><td rowspan="4">—</td><td rowspan="5">—</td><td rowspan="6">—</td><td rowspan="7">—</td><td rowspan="8">—</td><td rowspan="9">—</td></tr>
<tr><td>0.40</td><td rowspan="3">48</td></tr>
<tr><td>0.50</td><td rowspan="3">40</td></tr>
<tr><td>0.60</td><td rowspan="3">32</td><td rowspan="3">48</td><td rowspan="2">64</td></tr>
<tr><td>0.80</td><td rowspan="3">40</td><td rowspan="3">64</td></tr>
<tr><td>1.00</td><td rowspan="3">32</td><td rowspan="3">48</td><td>80</td></tr>
<tr><td>1.20</td><td rowspan="3">24</td><td rowspan="3">40</td><td rowspan="3">64</td><td rowspan="2">80</td></tr>
<tr><td>1.60</td><td rowspan="3">32</td><td rowspan="3">48</td><td rowspan="3">80</td></tr>
<tr><td>2.00</td><td rowspan="3">24</td><td rowspan="3">40</td><td rowspan="3">64</td><td>100</td></tr>
<tr><td>2.50</td><td rowspan="2">20</td><td rowspan="3">32</td><td rowspan="3">48</td><td rowspan="3">80</td><td rowspan="2">100</td></tr>
<tr><td>3.00</td><td rowspan="3">24</td><td rowspan="3">40</td><td rowspan="3">64</td></tr>
<tr><td>4.00</td><td rowspan="3">—</td><td>20</td><td rowspan="3">32</td><td rowspan="3">48</td><td rowspan="3">80</td></tr>
<tr><td>5.00</td><td rowspan="2">—</td><td rowspan="2">24</td><td rowspan="2">40</td><td rowspan="2">64</td></tr>
<tr><td>6.00</td><td>—</td><td>32</td><td>48</td></tr>
<tr><td colspan="12">括号内的尺寸尽量不采用，如要采用，则在标记中注明尺寸 D。
d≥80 mm，且 L<3 mm 时，允许不做支承台 d1。</td></tr>
</table>

表 3 细齿锯片铣刀

单位为毫米

<table>
<tr><td>d
js16</td><td>20</td><td>25</td><td>32</td><td>40</td><td>50</td><td>63</td><td>80</td><td>100</td><td>125</td><td>160</td><td>200</td><td>250</td><td>315</td></tr>
<tr><td>D
H7</td><td>5</td><td colspan="2">8</td><td>10
(13)</td><td>13</td><td>16</td><td>22</td><td colspan="2">22(27)</td><td colspan="3">32</td><td>40</td></tr>
<tr><td>d_1
min</td><td colspan="6">—</td><td>34</td><td colspan="2">34(40)</td><td>47</td><td colspan="2">63</td><td>80</td></tr>
<tr><td>L
js11</td><td colspan="13">齿数(参考)</td></tr>
<tr><td>0.20</td><td>80</td><td rowspan="3">80</td><td rowspan="2">100</td><td>128</td><td>—</td><td rowspan="2">—</td><td rowspan="4">—</td><td rowspan="5">—</td><td rowspan="6">—</td><td rowspan="8">—</td><td rowspan="9">—</td><td rowspan="10">—</td><td rowspan="11">—</td></tr>
<tr><td>0.25</td><td rowspan="3">64</td><td rowspan="3">100</td><td rowspan="2">128</td></tr>
<tr><td>0.30</td><td rowspan="3">80</td><td rowspan="3">128</td></tr>
<tr><td>0.40</td><td rowspan="3">64</td><td rowspan="3">100</td></tr>
<tr><td>0.50</td><td rowspan="3">48</td><td rowspan="3">80</td><td rowspan="3">128</td></tr>
<tr><td>0.60</td><td rowspan="3">64</td><td rowspan="3">100</td><td>160</td></tr>
<tr><td>0.80</td><td rowspan="3">48</td><td rowspan="3">80</td><td rowspan="3">128</td><td rowspan="2">160</td></tr>
<tr><td>1.00</td><td rowspan="3">40</td><td rowspan="3">64</td><td rowspan="3">100</td></tr>
<tr><td>1.20</td><td rowspan="3">48</td><td rowspan="3">80</td><td rowspan="3">128</td><td rowspan="2">160</td></tr>
<tr><td>1.60</td><td rowspan="3">40</td><td rowspan="3">64</td><td rowspan="3">100</td><td rowspan="3">160</td></tr>
<tr><td>2.00</td><td>32</td><td rowspan="3">48</td><td rowspan="3">80</td><td rowspan="3">128</td><td>200</td></tr>
<tr><td>2.50</td><td rowspan="5">—</td><td rowspan="2">40</td><td rowspan="3">64</td><td rowspan="3">100</td><td rowspan="3">160</td><td rowspan="2">200</td></tr>
<tr><td>3.00</td><td rowspan="4">—</td><td rowspan="3">48</td><td rowspan="3">80</td><td rowspan="3">128</td></tr>
<tr><td>4.00</td><td rowspan="3">—</td><td>40</td><td rowspan="3">64</td><td rowspan="3">100</td><td rowspan="3">160</td></tr>
<tr><td>5.00</td><td rowspan="2">—</td><td rowspan="2">48</td><td rowspan="2">80</td><td rowspan="2">128</td></tr>
<tr><td>6.00</td><td>—</td><td>64</td><td>100</td></tr>
<tr><td colspan="14">括号内的尺寸尽量不采用,如要采用,则在标记中注明尺寸 D。
$d \geqslant 80$ mm,且 $L < 3$ mm 时,允许不做支承台 d_1。</td></tr>
</table>

4.2 标记示例

示例1：d=125 mm，L=6 mm的粗齿锯片铣刀的标记为：

粗齿锯片铣刀 125×6 GB/T 6120—2012

示例2：d=125 mm，L=6 mm的中齿锯片铣刀的标记为：

中齿锯片铣刀 125×6 GB/T 6120—2012

示例3：d=125 mm，L=6 mm的细齿锯片铣刀的标记为：

细齿锯片铣刀 125×6 GB/T 6120—2012

示例4：d=125 mm，L=6 mm，D=27 mm的中齿锯片铣刀的标记为：

中齿锯片铣刀 125×6×27 GB/T 6120—2012

5 位置公差

位置公差见表4。

表4 位置公差

单位为毫米

外圆直径 d	圆周刃对内孔轴线的径向圆跳动		侧隙面对内孔轴线的端面圆跳动				
	一转	相邻	L=0.2～0.5	L=0.6～1.0	L=1.2～2.0	L=2.5～4.0	L=5.0～6.0
20～32	0.04	0.02	0.10	0.08	0.06	0.05	—
40～50	0.06	0.04	0.12	0.10	0.08	0.06	0.05
60～80	0.08	0.05	0.16	0.12	0.10	0.08	0.06
100～125	0.10	0.06	[illegible]	0.16	0.12	0.10	0.08
150～200	0.12	0.07	[illegible]	—	0.20	0.16	0.12
250～315	0.16	0.09	—	—	0.25	0.20	0.16
[a] 锯片铣刀圆跳动的检测方法参见附录B。							

6 材料和硬度

锯片铣刀用W6Mo5Cr4V2或同等性能的其他高速钢（代号HSS）制造，其硬度为：

——L≤1 mm时，62 HRC～65 HRC；

——L>1 mm时，63 HRC～66 HRC。

7 外观和表面粗糙度

7.1 锯片铣刀表面不应有裂纹，切削刃应锋利，不应有崩刃、钝口以及磨削烧伤等影响使用性能的缺陷。

7.2 锯片铣刀表面粗糙度的上限值按下列规定：

——前面和后面：Rz6.3 μm；

——细齿锯片前面：Rz10 μm；

——内孔表面：Ra1.25 μm；

——两侧隙面：$Ra1.25\ \mu m$；
——两支承端面：$Ra1.25\ \mu m$。

8 标志和包装

8.1 标志

8.1.1 锯片铣刀上应标志：
a) 制造厂或销售商的商标；
b) 锯片铣刀的外圆直径和厚度；
c) 齿数及高速钢代号。

8.1.2 包装盒上应标志：
a) 制造厂或销售商的名称、地址和商标；
b) 锯片铣刀的标记；
c) 高速钢的牌号或代号；
d) 齿数；
e) 件数；
f) 制造年月。

8.2 包装

锯片铣刀在包装前应经防锈处理。包装应牢固，防止运输过程中损伤。

附 录 A
（资料性附录）
锯片铣刀齿数的确定方法

A.1 确定齿数的示图

根据外圆直径和厚度确定齿数的示图按图 A.1。

A.2 使用示例

当外圆直径 d=80 mm，厚度 L=1.2 mm 时，通过 80 和 1.2 两条线的交点顺着倾斜线的方向求得齿数：细齿 100，中齿 48，粗齿 32。

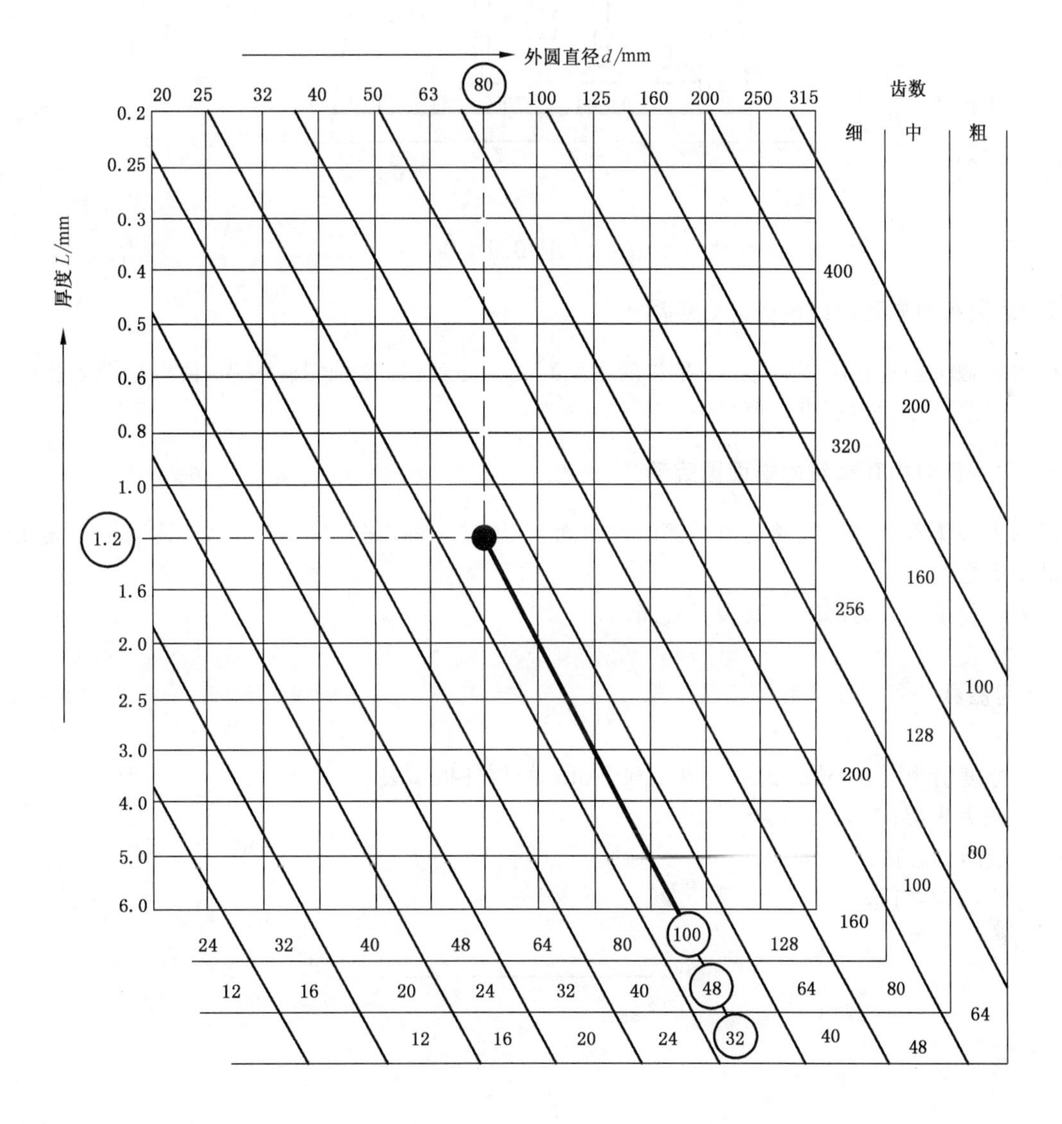

图 A.1

附　录　B
（资料性附录）
锯片铣刀圆跳动的检测方法

B.1　检测方法

检测示意图按图 B.1。

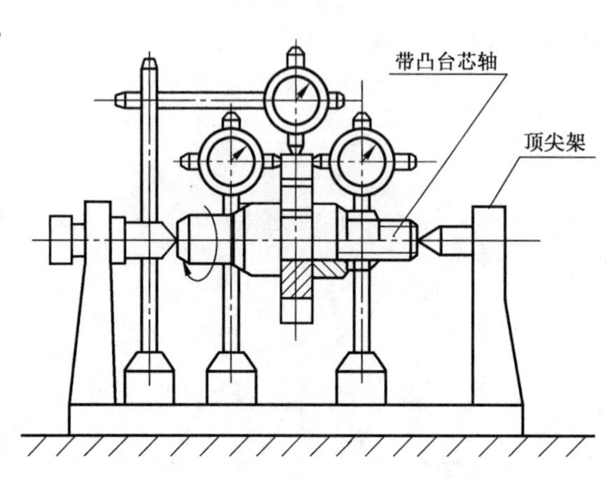

图 B.1

B.1.1　圆周刃对内孔轴线的径向圆跳动

指示表触头垂直在圆周刃上(厚度 L 的中间),旋转芯轴,锯片铣刀转一周,读取指示表指针最大值与最小值之差及最大相邻齿差值。

B.1.2　侧隙面对内孔轴线的端面圆跳动

指示表触头垂直触靠在靠近齿根部的侧隙面上,旋转芯轴,锯片铣刀转一周,读取指示表指针最大值与最小值之差。

两侧隙面中较大的圆跳动值为所要测的值。

B.2　使用器具

a）分度值为 0.01 mm 指示表或 0.002 mm 的杠杆指示表；
b）磁力表架；
c）带凸台芯轴；
d）跳动检查仪；
e）铸铁平板。

前　　言

本标准等效采用国际标准 ISO 3860:1976《直孔键传动的铣刀　具有固定齿形的成形铣刀》，本标准与 ISO 3860 的主要差别如下：

——型式和尺寸：只采用了国际标准中倒圆角铣刀部分，凸半圆铣刀和凹半圆铣刀未列入；

——在表 1 中将符号“e”改为“L”，并规定了“L”的公差为“js16”；

——增加了标记示例的条款。

本标准是对 GB/T 6122—1985 标准中“圆角铣刀型式和尺寸”内容的修订。

本标准与 GB/T 6122—1985 相比主要变化如下：

——增加了“前言”、“ISO 前言”、“范围”、“引用标准”的内容；

——在表 1 中取消了 γ_0、k、齿数等参考尺寸，对铣刀的部分规格进行了增调。

GB/T 6122 在《圆角铣刀》总标题下，包括两个部分：

第 1 部分(GB/T 6122.1)：型式和尺寸；

第 2 部分(GB/T 6122.2)：技术条件。

本标准是第 1 部分。

本标准自实施之日起，同时代替 GB/T 6122—1985 中“型式和尺寸”的内容。

本标准由中国机械工业联合会提出。

本标准由全国刀具标准化技术委员会归口。

本标准负责起草单位：成都工具研究所、哈尔滨第一工具厂、哈尔滨量具刃具厂。

本标准主要起草人：夏千、陈克天、张玉生。

ISO 前言

ISO(国际标准化组织)是一个世界性的国家标准团体(ISO 成员体)的联盟。国际标准的制定一般由 ISO 技术委员会进行。每一个成员体如对某个为此已建立技术委员会的项目感兴趣，均有权派代表参加该技术委员会工作。与 ISO 有联系的政府性和非政府性的国际组织也可参加国际标准工作。

由技术委员会提出的国际标准草案，在 ISO 理事会接受为国际标准之前，均提交给成员体进行投票。

国际标准 ISO 3860 由 ISO/TC 29(工具)技术委员会起草的。

本标准在 1975 年 7 月由下列成员体投了赞成票：

澳大利亚	印度	埃及
奥地利	以色列	西班牙
比利时	意大利	瑞典
保加利亚	日本	土耳其
加拿大	墨西哥	英国
捷克斯洛伐克	荷兰	美国
法国	波兰	苏联
匈牙利	罗马尼亚	

下列成员体基于技术原因对该标准投了反对票：

德国

瑞士

中华人民共和国国家标准

圆角铣刀
第1部分:型式和尺寸

Corner-rounding cutters—
Part 1:The types and dimensions

GB/T 6122.1—2002
eqv ISO 3860:1976
代替 GB/T 6122—1985

1 范围

本标准规定了圆角铣刀的型式和尺寸。

本标准适用于加工半径为1 mm～20 mm的圆角用的圆角铣刀。

2 引用标准

下列标准所包含的条文,通过在本标准中引用而构成为本标准的条文。本标准出版时,所示版本均为有效。所有标准都会被修订,使用本标准的各方应探讨使用下列标准最新版本的可能性。

GB/T 6132—1993 铣刀和铣刀刀杆的互换尺寸

3 型式和尺寸

3.1 圆角铣刀的型式按图1所示,尺寸由表1中给出。键槽的尺寸按GB/T 6132的规定。

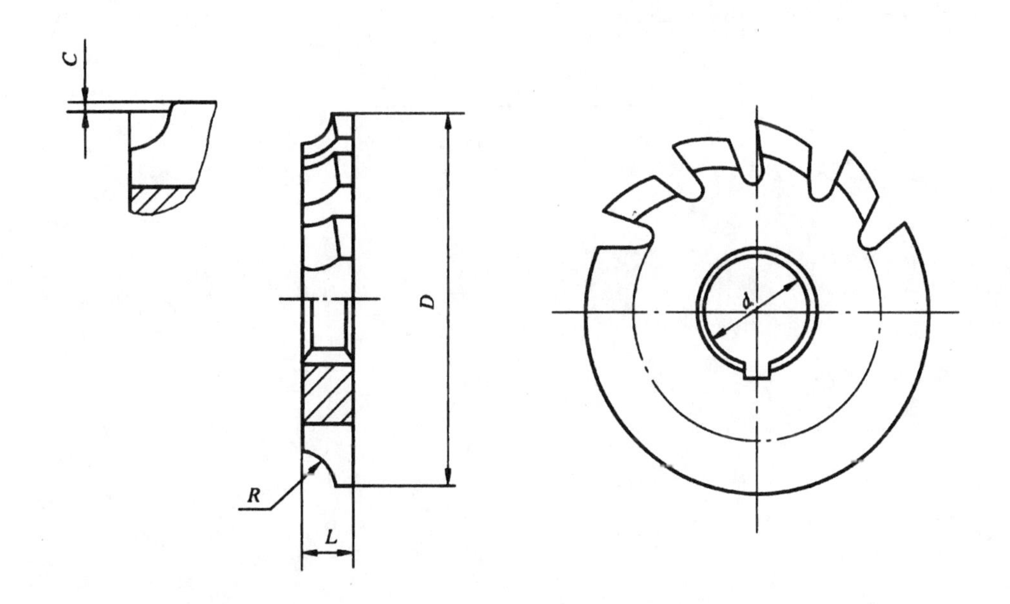

图 1

中华人民共和国国家质量监督检验检疫总局 2002-05-30 批准 2002-12-01 实施

表 1

mm

<table>
<tr><th>R
N11</th><th>D
js16</th><th>d
H7</th><th>L
js16</th><th>C</th></tr>
<tr><td>1</td><td rowspan="4">50</td><td rowspan="4">16</td><td rowspan="2">4</td><td rowspan="2">0.2</td></tr>
<tr><td>1.25</td></tr>
<tr><td>1.6</td><td rowspan="3">5</td><td rowspan="2">0.25</td></tr>
<tr><td>2</td></tr>
<tr><td>2.5</td><td rowspan="4">63</td><td rowspan="4">22</td><td rowspan="2">0.3</td></tr>
<tr><td>3.15(3)</td><td>6</td></tr>
<tr><td>4</td><td>8</td><td>0.4</td></tr>
<tr><td>5</td><td>10</td><td>0.5</td></tr>
<tr><td>6.3(6)</td><td rowspan="2">80</td><td rowspan="2">27</td><td>12</td><td>0.6</td></tr>
<tr><td>8</td><td>16</td><td>0.8</td></tr>
<tr><td>10</td><td rowspan="2">100</td><td rowspan="4">32</td><td>18</td><td>1.0</td></tr>
<tr><td>12.5(12)</td><td>20</td><td>1.2</td></tr>
<tr><td>16</td><td rowspan="2">125</td><td>24</td><td>1.6</td></tr>
<tr><td>20</td><td>28</td><td>2.0</td></tr>
<tr><td colspan="5">注：扩号内的值为替代方案。</td></tr>
</table>

3.2 标记示例

齿形半径　R=10 mm 的圆角铣刀：

圆角铣刀　R10　GB/T 6122.1—2002

前　　言

本标准是对 GB/T 6122—1985 标准中“圆角铣刀技术条件”内容的修订。

本标准在原标准上增加了“前言”、“范围”、“引用标准”、“附录 A　圆角铣刀圆跳动的检测方法”等内容。各章中条号及内容也稍作改变。

GB/T 6122 在《圆角铣刀》总标题下，包括两个部分：

第 1 部分(GB/T 6122.1)：型式和尺寸；

第 2 部分(GB/T 6122.2)：技术条件。

本标准是第 2 部分。

本标准的附录 A 是提示的附录。

本标准自实施之日起，同时代替 GB/T 6122—1985 中“技术条件”的内容。

本标准由中国机械工业联合会提出。

本标准由全国刀具标准化技术委员会归口。

本标准负责起草单位：成都工具研究所、哈尔滨第一工具厂、哈尔滨量具刃具厂。

本标准主要起草人：夏千、陈克天、张玉生。

中华人民共和国国家标准

圆角铣刀 第2部分:技术条件

GB/T 6122.2—2002

代替 GB/T 6122—1985

Corner-rounding cutters—Part 2:The technical specifications

1 范围

本标准规定了圆角铣刀的尺寸、材料和硬度、外观和表面粗糙度、标志和包装的技术要求。

本标准适用于按 GB/T 6122.1 生产的圆角铣刀。

2 引用标准

下列标准所包含的条文,通过在本标准中引用而构成为本标准的条文。本标准出版时,所示版本均为有效。所有标准都会被修订,使用本标准的各方应探讨使用下列标准最新版本的可能性。

GB/T 6122.1—2002 圆角铣刀 第1部分:型式和尺寸

3 尺寸

3.1 圆角铣刀的位置公差由表1中给出。

表1

mm

项目		公差		
		$R \leqslant 5$	$5<R \leqslant 12$	$12<R \leqslant 20$
齿形对内孔轴线的径向和斜向圆跳动	一转	0.060	0.080	0.100
	相邻齿	0.035	0.045	0.055
两端面平行度		0.02		
注:圆跳动的检测方法按附录A(提示的附录)的规定。				

4 材料和硬度

4.1 圆角铣刀用 W6Mo5Cr4V2 或其他同等性能的高速钢制造。

4.2 圆角铣刀工作部分的硬度为 63 HRC～66 HRC。

5 外观和表面粗糙度

5.1 圆角铣刀表面不应有裂纹,切削刃应锋利,不应有崩刃、钝口以及磨削烧伤等影响使用性能的缺陷。

5.2 圆角铣刀表面粗糙度的上限值由表2中给出。

中华人民共和国国家质量监督检验检疫总局2002-05-30批准

2002-12-01实施

表 2 μm

部　　位	表面粗糙度上限值
前面	Rz6.3
内孔表面	Ra1.6
两支承端面	Ra1.6
齿背面	Ra3.2

6 标志和包装

6.1 标志

6.1.1 产品上应标志：

a）制造厂或销售商商标；

b）圆角铣刀齿形半径；

c）高速钢代号。

6.1.2 包装盒上应标志：

a）制造厂或销售商名称、地址、商标；

b）圆角铣刀标记；

c）高速钢代号或牌号；

d）件数；

e）制造年月。

6.2 包装

圆角铣刀包装前应进行防锈处理。包装必须牢靠，防止运输过程中的损伤。

附　录　A
（提示的附录）
圆角铣刀圆跳动的检测方法

A1　检测器具

分度值为 0.01 mm 的指示表及表座、带凸台芯轴、跳动测量仪。

A2　检测方法

检测示图见图 A1。

A2.1　齿形对内孔轴线的斜向圆跳动

将铣刀装在带凸台的芯轴上(芯轴与铣刀内孔应选配)置于跳动测量仪两顶尖之间，指示表测头垂直触靠在圆弧刀刃上，见图 A1，旋转芯轴一周，取指示表读数的最大值和最小值之差为一转圆跳动值，取指示表相邻齿读数差绝对值的最大值为相邻齿的圆跳动值。

A2.2　齿形对内孔轴线的径向圆跳动

将铣刀装在带凸台的芯轴上(芯轴与铣刀内孔应选配)置于跳动测量仪两顶尖之间。指示表测头垂直触靠在圆周刃上，旋转芯轴一周，取指示表读数的最大值和最小值之差为一转圆跳动值，取指示表相邻齿读数差绝对值的最大值为相邻齿的圆跳动值。

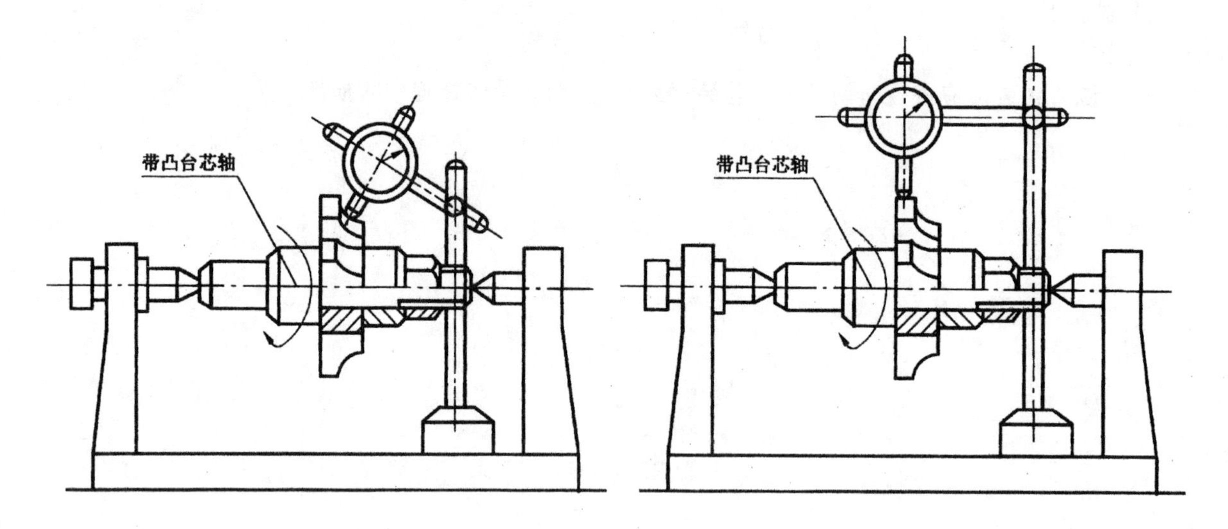

图 A1

ICS 25.100.20
J 41

中华人民共和国国家标准

GB/T 6124—2007
代替 GB/T 6124.1—1996,GB/T 6124.2—1996

T型槽铣刀　型式和尺寸

T-slot cutters—Types and sizes

(ISO 3337:2000,T-slot cutters with cylindrical shanks and with Morse taper shanks having tapped hole,MOD)

2007-07-26 发布　　2007-12-01 实施

中华人民共和国国家质量监督检验检疫总局
中国国家标准化管理委员会　发布

前 言

本标准修改采用 ISO 3337:2000《直柄和莫氏锥柄 T 型槽铣刀》(英文版)。

本标准根据 ISO 3337:2000 重新起草。

本标准与 ISO 3337:2000 相比有下列差异:

——删除了国际标准的前言,增加了前言;

——“本国际标准”改为“本标准”;

——规范性引用文件中的国际标准用我国国家标准替代;

——标准名称《直柄和莫氏锥柄 T 型槽铣刀》改为《T 型槽铣刀　型式和尺寸》;

——用小数点“.”代替作为小数点的逗号“,”;

——增加了标记示例。

本标准代替 GB/T 6124.1—1996《T 型槽铣刀　第 1 部分:直柄 T 型槽铣刀的型式和尺寸》和 GB/T 6124.2—1996《T 型槽铣刀　第 2 部分:莫氏锥柄 T 型槽铣刀的型式和尺寸》。

本标准与 GB/T 6124.1—1996 和 GB/T 6124.2—1996 相比主要变化如下:

——两个部分合并为一个标准;

——修改了规范性引用文件;

——删除了符号说明;

——尺寸标注符号变化;

——改变了 l 尺寸的标注部位和大小;

——增加了螺纹柄 T 型槽铣刀。

本标准由中国机械工业联合会提出。

本标准由全国刀具标准化技术委员会(SAC/TC 91)归口。

本标准起草单位:成都工具研究所。

本标准主要起草人:曾宇环、查国兵、樊英杰。

本标准所代替标准的历次版本发布情况为:

——GB 6123—85、GB 6124—85、GB/T 6124.1—1996;

——GB 1126—85、GB/T 6124.2—1996。

T型槽铣刀　型式和尺寸

1　范围

本标准规定了普通或削平直柄T型槽铣刀、螺纹柄T型槽铣刀和带螺纹孔的莫氏锥柄T型槽铣刀的型式和尺寸。

本标准适用于加工GB/T 158规定的T型槽宽度为5 mm～54 mm的T型槽铣刀。

2　规范性引用文件

下列文件中的条款通过本标准的引用而成为本标准的条款。凡是注日期的引用文件，其随后所有的修改单(不包括勘误的内容)或修订版均不适用于本标准，然而，鼓励根据本标准达成协议的各方研究是否可使用这些文件的最新版本。凡是不注日期的引用文件，其最新版本适用于本标准。

GB/T 158　机床工作台　T型槽和相应螺栓(GB/T 158—1996，eqv ISO 299:1987)

GB/T 1443　机床和工具柄用自夹圆锥(GB/T 1443—1996，eqv ISO 296:1991)

GB/T 6131.1　铣刀直柄　第1部分：普通直柄的型式和尺寸(GB/T 6131.1—2006，ISO 3338-1:1996，IDT)

GB/T 6131.2　铣刀直柄　第2部分：削平直柄的型式和尺寸(GB/T 6131.2—2006，ISO 3338-2:2000，IDT)

GB/T 6131.4　铣刀直柄　第4部分：螺纹柄的型式和尺寸(GB/T 6131.4—2006，ISO 3338-3:1996，IDT)

3　型式和尺寸

3.1　普通直柄、削平直柄和螺纹柄T型槽铣刀

型式和尺寸见图1和表1。

普通直柄、削平直柄和螺纹柄的柄部尺寸和公差分别按照GB/T 6131.1、GB/T 6131.2和GB/T 6131.4的规定。

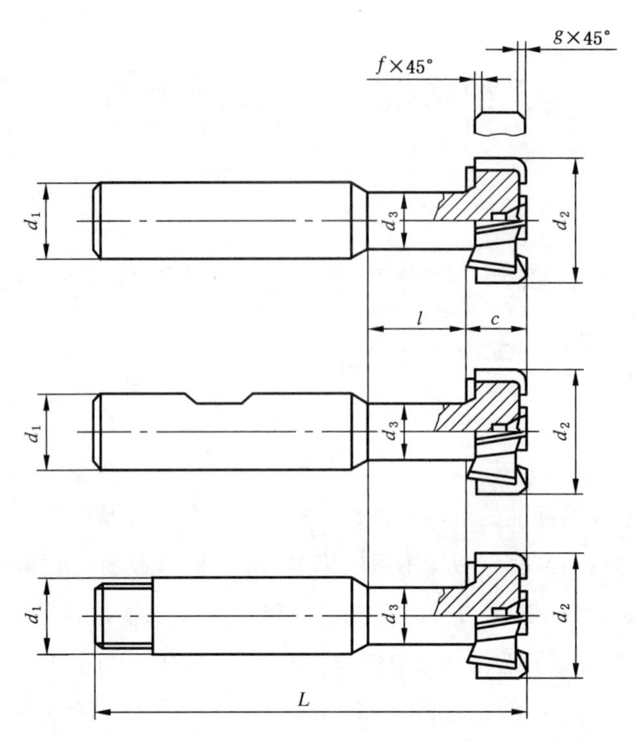

注：倒角 f 和 g 可用相同尺寸的圆弧代替。

图 1

表 1

单位为毫米

<table>
<tr><th>d_2
h12</th><th>c
h12</th><th>d_3
max</th><th>l
$^{+1}_{0}$</th><th>d_1[a]</th><th>L
js18</th><th>f
max</th><th>g
max</th><th>T 型槽宽度</th></tr>
<tr><td>11</td><td>3.5</td><td>4</td><td>6.5</td><td rowspan="3">10</td><td>53.5</td><td rowspan="6">0.6</td><td rowspan="5">1</td><td>5</td></tr>
<tr><td>12.5</td><td>6</td><td>5</td><td>7</td><td>57</td><td>6</td></tr>
<tr><td>16</td><td rowspan="2">8</td><td>7</td><td>10</td><td>62</td><td>8</td></tr>
<tr><td>18</td><td>8</td><td>13</td><td rowspan="2">12</td><td>70</td><td>10</td></tr>
<tr><td>21</td><td>9</td><td>10</td><td>16</td><td>74</td><td>12</td></tr>
<tr><td>25</td><td>11</td><td>12</td><td>17</td><td rowspan="2">16</td><td>82</td><td rowspan="2">1.6</td><td>14</td></tr>
<tr><td>32</td><td>14</td><td>15</td><td>22</td><td>90</td><td rowspan="4">1</td><td>18</td></tr>
<tr><td>40</td><td>18</td><td>19</td><td>27</td><td>25</td><td>108</td><td rowspan="3">2.5</td><td>22</td></tr>
<tr><td>50</td><td>22</td><td>25</td><td>34</td><td rowspan="2">32</td><td>124</td><td>28</td></tr>
<tr><td>60</td><td>28</td><td>30</td><td>43</td><td>139</td><td>36</td></tr>
<tr><td colspan="9">[a] d_1 的公差(按照 GB/T 6131.1,GB/T 6131.2,GB/T 6131.4)；
——普通直柄适用 h8；
——削平直柄适用 h6；
——螺纹柄适用 h8。</td></tr>
</table>

3.2 带螺纹孔的莫氏锥柄 T 型槽铣刀

型式和尺寸见图 2 和表 2。

带螺纹孔的莫氏锥柄的柄部尺寸和公差按照 GB/T 1443。

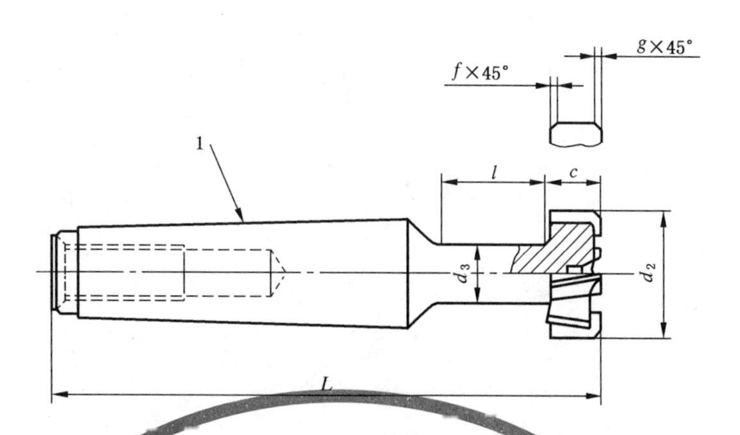

1 —莫氏圆锥。

注：倒角 f 和 g 可用相同尺寸的圆弧代替。

图 2

表 2

单位为毫米

d_2 h12	c h12	d_3 max	l^{+1}_{0}	L	f max	g max	莫氏圆锥号	T 型槽宽度
18	8	8	13	82	0.6	1	1	10
21	9	10	16	98			2	12
25	11	12	17	103		1.6		14
32	14	15	22	111	1		3	18
40	18	19	27	138		2.5	4	22
50	22	25	34	173				28
60	28	30	43	188				36
72	35	36	50	229	1.6	4	5	42
85	40	42	55	240	2	6		48
95	44	44	62	251				54

3.3 标记示例

加工 T 型槽的宽度为 10 mm 的普通直柄 T 型槽铣刀为：

直柄 T 型槽铣刀 10 GB/T 6124—2007

加工 T 型槽的宽度为 10 mm 的削平直柄 T 型槽铣刀为：

削平直柄 T 型槽铣刀 10 GB/T 6124—2007

加工 T 型槽的宽度为 10 mm 的螺纹柄 T 型槽铣刀为：

螺纹柄 T 型槽铣刀 10 GB/T 6124—2007

加工 T 型槽的宽度为 12 mm 的莫氏锥柄 T 型槽铣刀为：

莫氏锥柄 T 型槽铣刀 12 GB/T 6124—2007

ICS 25.100.20
J 41

中华人民共和国国家标准

GB/T 6125—2007
代替 GB/T 6125—1996

T型槽铣刀　技术条件

T-slot cutters—Technical specifications

2007-07-26 发布　　2007-12-01 实施

中华人民共和国国家质量监督检验检疫总局
中国国家标准化管理委员会　发布

前　言

本标准代替 GB/T 6125—1996《T 型槽铣刀　技术条件》。

本标准与 GB/T 6125—1996 相比主要变化如下：

——修改了规范性引用文件；

——删除了性能试验；

——删除了符号说明。

本标准附录 A 为规范性附录。

本标准由中国机械工业联合会提出。

本标准由全国刀具标准化技术委员会(SAC/TC 91)归口。

本标准起草单位:成都工具研究所。

本标准主要起草人:曾宇环、查国兵、樊英杰。

本标准所代替标准的历次版本发布情况为：

——GB 6125—85、GB/T 6125—1996。

T型槽铣刀　技术条件

1　范围

本标准规定了T型槽铣刀的位置公差、材料和硬度、外观和表面粗糙度、标志和包装的技术要求。

本标准适用于按GB/T 6124生产的T型槽铣刀。根据供需双方协议,其他T型槽铣刀也可参照使用。

2　规范性引用文件

下列文件中的条款通过本标准的引用而成为本标准的条款。凡是注日期的引用文件,其随后所有的修改单(不包括勘误的内容)或修订版均不适用于本标准,然而,鼓励根据本标准达成协议的各方研究是否可使用这些文件的最新版本。凡是不注日期的引用文件,其最新版本适用于本标准。

GB/T 6124　T型槽铣刀　型式和尺寸(GB/T 6124—2007,ISO 3337:2000,MOD)

3　位置公差

位置公差按表1。

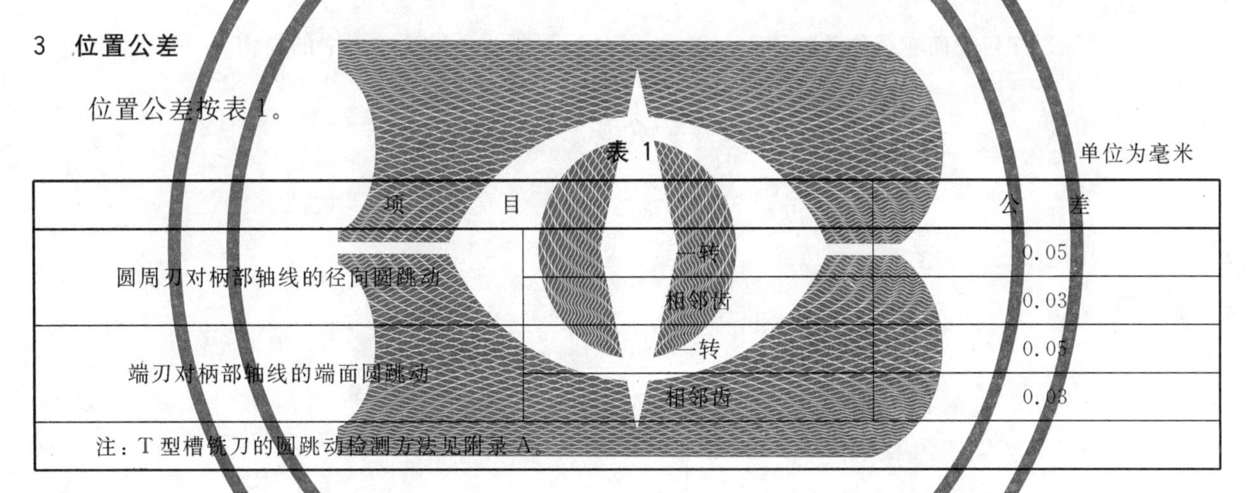

表1

单位为毫米

项目		公差
圆周刃对柄部轴线的径向圆跳动	一转	0.05
	相邻齿	0.03
端刃对柄部轴线的端面圆跳动	一转	0.05
	相邻齿	0.03
注:T型槽铣刀的圆跳动检测方法见附录A。		

4　材料和硬度

4.1　材料

T型槽铣刀用W6Mo5Cr4V2或同等性能的高速钢制造。

4.2　硬度

T型槽铣刀工作部分:63 HRC～66 HRC。

T型槽铣刀柄部:普通直柄和锥柄,不低于30 HRC;

削平直柄,不低于50 HRC;

螺纹柄,不低于30 HRC。

5　外观和表面粗糙度

5.1　T型槽铣刀表面不应有裂纹,切削刃应锋利,不应有崩刃、钝口以及磨退火等影响使用性能的缺陷。焊接铣刀在焊缝处不得有砂眼和未焊透现象。

5.2　T型槽铣刀表面粗糙度的上限值按以下规定:

——前面和后面:Rz 6.3 μm;

——普通直柄柄部外圆:Ra 1.25 μm;

——削平直柄和锥柄柄部外圆：Ra 0.63 μm；

——螺纹柄：Ra 1.25 μm。

6 标志和包装

6.1 标志

6.1.1 产品上应标志：

a) 制造厂或销售商商标；

b) 加工T型槽的宽度；

c) 高速钢代号(HSS)。

6.1.2 包装盒上应标志：

a) 制造厂或销售商名称、地址和商标；

b) T型槽铣刀的标记；

c) 高速钢的牌号或代号；

d) 件数；

e) 制造年月。

6.2 包装

T型槽铣刀在包装前应经防锈处理。包装必须牢固，并能防止运输过程中的损伤。

附 录 A
（规范性附录）
T型槽铣刀圆跳动的检测方法

A.1 检测方法

直柄T型槽铣刀圆跳动的检测示意图按图A.1，锥柄T型槽铣刀圆跳动的检测示意图按图A.2。

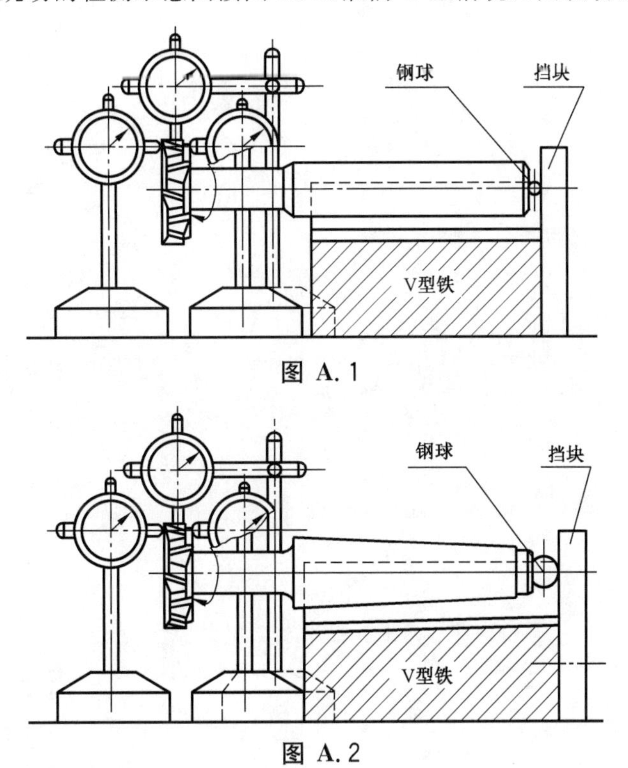

图 A.1

图 A.2

A.1.1 周刃对柄部轴线的径向圆跳动

指示表触头垂直触靠在圆周刃上，旋转铣刀一周，读取同位齿上指示表指针最大值与最小值之差及最大相邻齿的差值。

A.1.2 端刃对柄部轴线的端面圆跳动

指示表触头垂直在靠近外径的端刃上，旋转铣刀一周，读取同位齿上指示表指针最大值与最小值之差及最大相邻齿的差值。

A.2 检测器具

a) 分度值为0.01 mm的指示表或0.002 mm的杠杆指示表；

b) 磁力表架；

c) 普通V型铁，斜度V型铁；

d) 检验平板；

e) 钢球，钢球直径的选用按表A.1。

表 A.1

单位为毫米

T型槽铣刀中心孔	1.00	1.6	2.00	2.50	3.15	4.00	6.30	10.00
选用钢球直径	1.5	2.0	3.0	4.0	5.0	6.0	10.0	15.0

ICS 25.100.20
J 41

中华人民共和国国家标准

GB/T 6128.1—2007
代替 GB/T 6128.1—1996,GB/T 6128.2—1996

角度铣刀
第1部分:单角和不对称双角铣刀

Angle milling cutter—Part 1:The single and double unequal-angle cutters

2007-06-25 发布 2007-11-01 实施

中华人民共和国国家质量监督检验检疫总局
中国国家标准化管理委员会 发布

前　言

GB/T 6128《角度铣刀》分为两个部分：

——第1部分：单角和不对称双角铣刀；

——第2部分：对称双角铣刀。

本部分为GB/T 6128的第1部分。

本部分代替GB/T 6128.1—1996《角度铣刀　第1部分：单角铣刀的型式和尺寸》和GB/T 6128.2—1996《角度铣刀　第2部分：不对称双角铣刀的型式和尺寸》。

本部分与GB/T 6128.1—1996和GB/T 6128.2—1996相比主要变化如下：

——将GB/T 6128.1和GB/T 6128.2合并为一个部分；

——增加了“前言”；

——取消了“第3章　符号”；

——图1：取消了r尺寸局部放大图和r尺寸标识；

——表1：取消了r_{max}系列尺寸。

本部分由中国机械工业联合会提出。

本部分由全国刀具标准化技术委员会(SAC/TC 91)归口。

本部分起草单位：成都工具研究所。

本部分主要起草人：夏千。

本部分所代替标准的历次版本发布情况为：

——GB/T 6128.1—1996；

——GB/T 6128.2—1996。

角度铣刀
第1部分：单角和不对称双角铣刀

1 范围

本部分规定了单角和不对称双角铣刀的型式和尺寸。

本部分适用于外圆直径 40 mm～100 mm 的单角和不对称双角铣刀。

2 规范性引用文件

下列文件中的条款通过 GB/T 6128 的本部分的引用而成为本部分的条款。凡是注日期的引用文件，其随后所有的修改单(不包括勘误的内容)或修订版均不适用于本部分，然而，鼓励根据本部分达成协议的各方研究是否可使用这些文件的最新版本。凡是不注日期的引用文件，其最新版本适用于本部分。

GB/T 6132 铣刀和铣刀刀杆的互换尺寸(GB/T 6132—2006，ISO 240：1994，IDT)

3 型式和尺寸

3.1 单角铣刀的型式按图1所示，尺寸由表1给出。不对称双角铣刀的型式按图2所示，尺寸由表2给出。铣刀键槽的尺寸按 GB/T 6132 的规定。

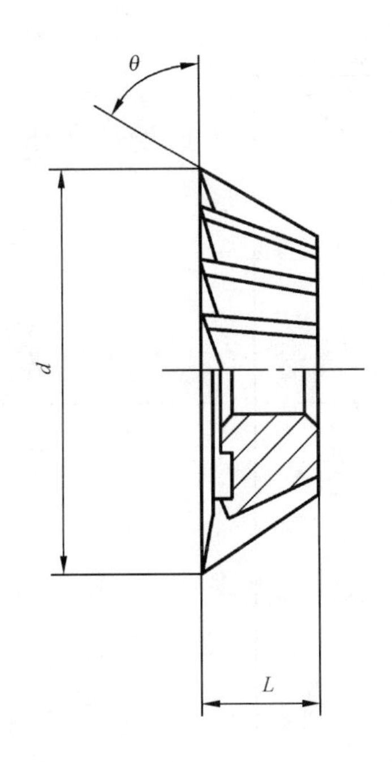

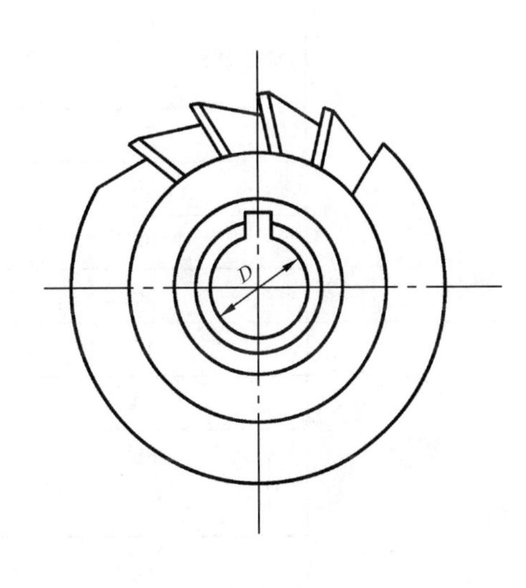

图 1

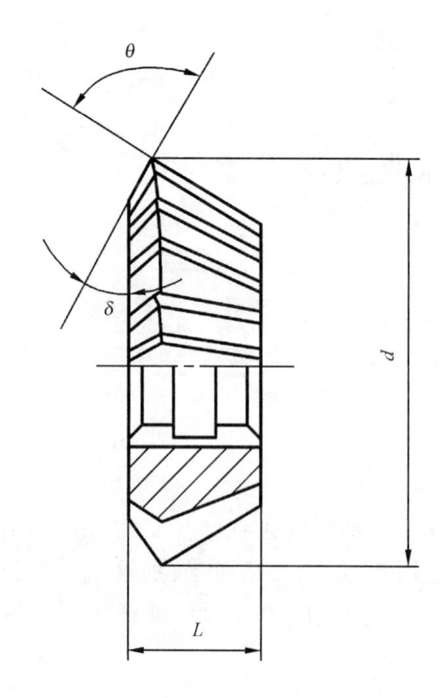

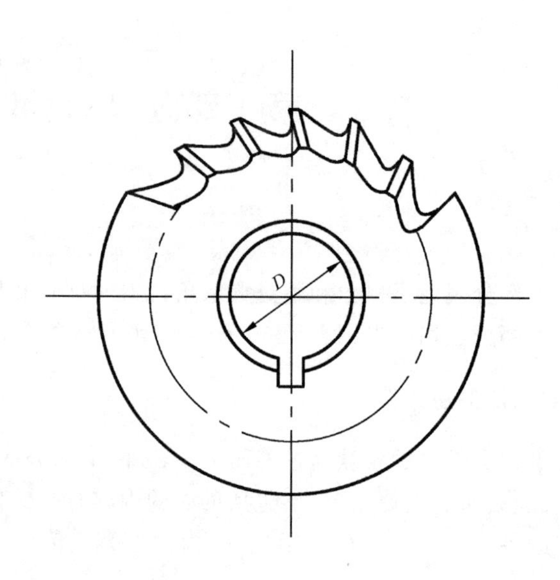

图 2

表 1

单位为毫米

d js16	θ ±20′	L js16	D H7
40	45°	8	13
	50°		
	55°		
	60°		
	65°	10	
	70°		
	75°		
	80°		
	85°		
	90°		
50	45°	13	16
	50°		
	55°		
	60°		
	65°		
	70°		
	75°		
	80°		
	85°		
	90°		

表 1(续)

单位为毫米

<table>
<tr><th>d
js16</th><th>θ
±20′</th><th>L
js16</th><th>D
H7</th></tr>
<tr><td rowspan="15">63</td><td>18°</td><td>6</td><td rowspan="20">22</td></tr>
<tr><td>22°</td><td>7</td></tr>
<tr><td>25°</td><td>8</td></tr>
<tr><td>30°</td><td rowspan="2">9</td></tr>
<tr><td>40°</td></tr>
<tr><td>45°</td><td rowspan="6">16</td></tr>
<tr><td>50°</td></tr>
<tr><td>55°</td></tr>
<tr><td>60°</td></tr>
<tr><td>65°</td></tr>
<tr><td>70°</td></tr>
<tr><td>75°</td><td rowspan="4">20</td></tr>
<tr><td>80°</td></tr>
<tr><td>85°</td></tr>
<tr><td>90°</td></tr>
<tr><td rowspan="5">80</td><td>18°</td><td>10</td></tr>
<tr><td>22°</td><td>12</td></tr>
<tr><td>25°</td><td>13</td></tr>
<tr><td>30°</td><td rowspan="2">15</td></tr>
<tr><td>40°</td></tr>
<tr><td rowspan="10">80</td><td>45°</td><td rowspan="6">22</td><td rowspan="10">27</td></tr>
<tr><td>50°</td></tr>
<tr><td>55°</td></tr>
<tr><td>60°</td></tr>
<tr><td>65°</td></tr>
<tr><td>70°</td></tr>
<tr><td>75°</td><td rowspan="4">24</td></tr>
<tr><td>80°</td></tr>
<tr><td>85°</td></tr>
<tr><td>90°</td></tr>
<tr><td rowspan="5">100</td><td>18°</td><td>12</td><td rowspan="5">32</td></tr>
<tr><td>22°</td><td>14</td></tr>
<tr><td>25°</td><td>16</td></tr>
<tr><td>30°</td><td rowspan="2">18</td></tr>
<tr><td>40°</td></tr>
<tr><td colspan="4">单角铣刀的顶刃允许有圆弧,圆弧半径尺寸由制造商自行规定。</td></tr>
</table>

表 2

单位为毫米

<table>
<tr><th>d
js16</th><th>θ
±20′</th><th>δ
±30′</th><th>L
js16</th><th>D
H7</th></tr>
<tr><td rowspan="9">40</td><td>55°</td><td rowspan="7">15°</td><td rowspan="3">6</td><td rowspan="9">13</td></tr>
<tr><td>60°</td></tr>
<tr><td>65°</td></tr>
<tr><td>70°</td><td rowspan="2">8</td></tr>
<tr><td>75°</td></tr>
<tr><td>80°</td><td rowspan="3">10</td></tr>
<tr><td>85°</td></tr>
<tr><td>90°</td><td>20°</td></tr>
<tr><td>100°</td><td>25°</td><td>13</td></tr>
<tr><td rowspan="9">50</td><td>55°</td><td rowspan="7">15°</td><td rowspan="3">8</td><td rowspan="9">16</td></tr>
<tr><td>60°</td></tr>
<tr><td>65°</td></tr>
<tr><td>70°</td><td rowspan="2">10</td></tr>
<tr><td>75°</td></tr>
<tr><td>80°</td><td rowspan="2">13</td></tr>
<tr><td>85°</td></tr>
<tr><td>90°</td><td>20°</td><td rowspan="2">16</td></tr>
<tr><td>100°</td><td>25°</td></tr>
<tr><td rowspan="9">63</td><td>55°</td><td rowspan="7">15°</td><td rowspan="3">10</td><td rowspan="9">22</td></tr>
<tr><td>60°</td></tr>
<tr><td>65°</td></tr>
<tr><td>70°</td><td rowspan="2">13</td></tr>
<tr><td>75°</td></tr>
<tr><td>80°</td><td rowspan="4">16</td></tr>
<tr><td>85°</td></tr>
<tr><td>90°</td><td>20°</td></tr>
<tr><td>100°</td><td>25°</td></tr>
<tr><td rowspan="9">80</td><td>50°</td><td rowspan="8">15°</td><td rowspan="2">13</td><td rowspan="9">27</td></tr>
<tr><td>55°</td></tr>
<tr><td>60°</td><td rowspan="2">16</td></tr>
<tr><td>65°</td></tr>
<tr><td>70°</td><td rowspan="3">20</td></tr>
<tr><td>75°</td></tr>
<tr><td>80°</td></tr>
<tr><td>85°</td><td rowspan="2">24</td></tr>
<tr><td>90°</td><td>20°</td></tr>
</table>

表 2(续)

单位为毫米

<table>
<tr><th>d
js16</th><th>θ
±20′</th><th>δ
±30′</th><th>L
js16</th><th>D
H7</th></tr>
<tr><td rowspan="7">100</td><td>50°</td><td rowspan="7">15°</td><td rowspan="2">20</td><td rowspan="7">32</td></tr>
<tr><td>55°</td></tr>
<tr><td>60°</td><td rowspan="2">24</td></tr>
<tr><td>65°</td></tr>
<tr><td>70°</td><td rowspan="3">30</td></tr>
<tr><td>75°</td></tr>
<tr><td>80°</td></tr>
<tr><td colspan="5">不对称双角铣刀的顶刃允许有圆弧,圆弧半径尺寸由制造商自行规定。</td></tr>
</table>

3.2 标记示例

d=50 mm、θ=45°的单角铣刀为:

单角铣刀 50×45° GB/T 6128.1—2007

d=50 mm、θ=55°的不对称双角铣刀为:

不对称双角铣刀 50×55° GB/T 6128.1—2007

ICS 25.100.20
J 41

中华人民共和国国家标准

GB/T 6128.2—2007
代替 GB/T 6128.3—1996

角度铣刀　第2部分：对称双角铣刀

Angle milling cutter—Part 2: The double equal-angle cutters

(ISO 6108:1978, Double equal angle cutters with plain bore and key drive, MOD)

2007-06-25 发布　　2007-11-01 实施

中华人民共和国国家质量监督检验检疫总局
中国国家标准化管理委员会　发布

前　言

GB/T 6128《角度铣刀》分为两个部分：
——第1部分：单角和不对称双角铣刀；
——第2部分：对称双角铣刀。
本部分为GB/T 6128的第2部分。
本部分修改采用ISO 6108:1978《带孔和键传动的对称双角铣刀》。
本部分与ISO 6128:1978相比有下列技术差异和编辑性修改：
——规范性引用文件一章中，ISO 240用GB/T 6132标准代替；
——用“本部分”代替“本国际标准”；
——删除了国际标准前言；
——增加了对称双角铣刀的规格尺寸；
——图1和表1：对应尺寸所用的符号不同；
——增加了标记示例。
本部分代替GB/T 6128.3—1996《角度铣刀　第3部分：对称双角铣刀的型式和尺寸》。
本部分与GB/T 6128.3—1996相比主要变化如下：
——增加了“前言”；
——取消了“第3章　符号”；
——图1：取消了r的尺寸标识；
——表1：取消了r_{max}系列尺寸。
本部分由中国机械工业联合会提出。
本部分由全国刀具标准化技术委员会(SAC/TC 91)归口。
本部分起草单位：成都工具研究所。
本部分主要起草人：夏千。
本部分所代替标准的历次版本发布情况为：
——GB 6128—1985、GB/T 6128.3—1996。

角度铣刀 第2部分:对称双角铣刀

1 范围

本部分规定了对称双角铣刀的型式和尺寸。

本部分适用于外圆直径 50 mm～100 mm 的对称双角铣刀。

2 规范性引用文件

下列文件中的条款通过 GB/T 6128 的本部分的引用而成为本部分的条款。凡是注日期的引用文件,其随后所有的修改单(不包括勘误的内容)或修订版均不适用于本部分,然而,鼓励根据本部分达成协议的各方研究是否可使用这些文件的最新版本。凡是不注日期的引用文件,其最新版本适用于本部分。

GB/T 6132 铣刀和铣刀刀杆的互换尺寸(GB/T 6132—2006,ISO 240:1994,IDT)

3 型式和尺寸

3.1 对称双角铣刀的型式按图1所示,尺寸由表1给出。铣刀键槽的尺寸按 GB/T 6132 的规定。

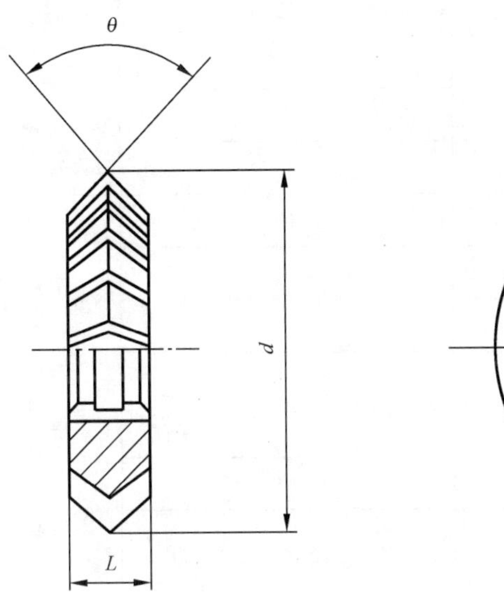

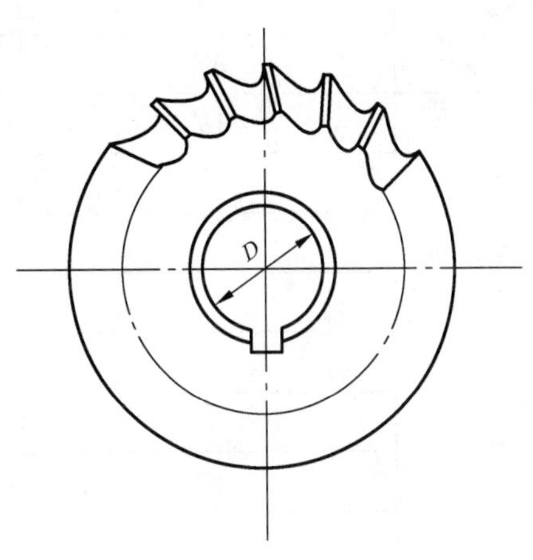

图 1

表 1

单位为毫米

d js16	θ $\pm 30'$	L js16	D H7
50	45°	8	16
	60°	10	
	90°	14	

表 1(续)

单位为毫米

d js16	θ ±30′	L js16	D H7
63	18°	5	22
	22°	6	
	25°	7	
	30°	8	
	40°		
	45°	10	
	50°		
	60°	14	
	90°	20	
80	18°	8	27
	22°	10	
	25°	11	
	30°	12	
	40°		
	45°		
	60°	18	
	90°	22	
100	18°	10	32
	22°	12	
	25°	13	
	30°	14	
	40°		
	45°	18	
	60°	25	
	90°	32	
对称双角铣刀的顶刃允许有圆弧,圆弧半径尺寸由制造商自行规定。			

3.2 标记示例

d=50 mm,θ=45°的对称双角铣刀为:

对称双角铣刀 50×45° GB/T 6128.2—2007

ICS 25.100.20
J 41

中华人民共和国国家标准

GB/T 6129—2007
代替 GB/T 6129—1996

角度铣刀　技术条件

Technical specifications for angle cutters

2007-06-25 发布　　　　2007-11-01 实施

中华人民共和国国家质量监督检验检疫总局
中国国家标准化管理委员会　发布

前　言

本标准代替 GB/T 6129—1996《角度铣刀　技术条件》。

本标准与 GB/T 6129—1996 相比主要变化如下：

——增加了“前言”；

——“1　范围”：将“本标准适用于金属切削用的角度铣刀”改为“本标准适用于按 GB/T 6128.1、GB/T 6128.2 生产的角度铣刀”；

——取消了“3　符号”；

——表 2：内孔表面、两支承端面的表面粗糙度值由“*Ra* 1.25 μm”改为“*Ra* 1.6 μm”；

——将附录 A 由“参考件”改为“规范性附录”。

本标准的附录 A 为规范性附录。

本标准由中国机械工业联合会提出。

本标准由全国刀具标准化技术委员会(SAC/TC 91)归口。

本标准起草单位：成都工具研究所。

本标准主要起草人：夏千。

本标准所代替标准的历次版本发布情况为：

——GB 6129—1985、GB/T 6129—1996。

角度铣刀　技术条件

1　范围

本标准规定了角度铣刀的尺寸、材料和硬度、外观和表面粗糙度、标志和包装的技术要求。

本标准适用于按 GB/T 6128.1、GB/T 6128.2 生产的角度铣刀。

2　规范性引用文件

下列文件中的条款通过本标准的引用而成为本标准的条款。凡是注日期的引用文件，其随后所有的修改单(不包括勘误的内容)或修订版均不适用于本标准，然而，鼓励根据本标准达成协议的各方研究是否可使用这些文件的最新版本。凡是不注日期的引用文件，其最新版本适用于本标准。

GB/T 6128.1　角度铣刀　第1部分：单角和不对称双角铣刀

GB/T 6128.2　角度铣刀　第2部分：对称双角铣刀(GB/T 6128.2—2007，ISO 6108：1978，Double equal angle cutters with plain bore and key drive，MOD)

3　尺寸

3.1　角度铣刀的位置公差由表1给出。

表 1

单位为毫米

项　目		公　差	
		$d \leqslant 80$	$d > 80$
顶刃对内孔轴线的径向圆跳动	一转	0.050	0.060
	相邻	0.025	0.030
锥刃对内孔轴线的斜向圆跳动	一转	0.050	0.060
	相邻	0.025	0.030
单角铣刀端刃对内孔轴线的端面圆跳动	一转	0.060	
	相邻	0.030	
注：角度铣刀圆跳动的检验方法见附录A。			

4　材料和硬度

4.1　角度铣刀用 W6Mo5Cr4V2 或同等性能的其他高速钢制造。

4.2　角度铣刀的硬度为 63HRC～66HRC。

5　外观和表面粗糙度

5.1　角度铣刀表面不应有裂纹，切削刃应锋利，不应有崩刃、钝口以及磨削烧伤等影响使用性能的缺陷。

5.2　角度铣刀表面粗糙度的上限值由表2中给出。

表 2

单位为微米

项　　目	表面粗糙度
前面、后面	Rz 6.3
内孔表面	Ra 1.6
两支承端面	Ra 1.6

6　标志和包装

6.1　标志

6.1.1　产品上应标志：

a）制造厂或销售商商标；

b）角度铣刀的外圆直径和角度；

c）高速钢代号。

6.1.2　包装盒上应标志：

a）制造厂或销售商名称、地址、商标；

b）角度铣刀的名称、外圆直径×铣刀角度、标准编号；

c）高速钢代号或牌号；

d）件数；

e）制造年月。

6.2　包装

角度铣刀包装前应进行防锈处理。包装必须牢固，防止运输过程中的损坏。

附 录 A
（规范性附录）
角度铣刀圆跳动的检测方法

A.1 检测器具

分度值为 0.01 mm 的指示表、表座、带凸台的芯轴、铣刀跳动检测仪。

A.2 检测方法

A.2.1 顶刃对内孔轴线的径向圆跳动

将铣刀装在带凸台的芯轴上（芯轴应与铣刀内孔选配）置于铣刀跳动检查仪两顶尖之间，见图 A.1。指示表测头触及刀齿，并与铣刀内孔轴线垂直。旋转铣刀芯轴一周，取表读数的最大与最小值之差为一转跳动，取相邻刀齿读数差绝对值的最大值为相邻齿跳动。

A.2.2 锥刃对内孔轴线的斜向圆跳动

将铣刀装在带凸台的芯轴上（芯轴应与铣刀内孔选配）置于铣刀跳动检查仪两顶尖之间，见图 A.2。指示表测头垂直触及锥面刃上，旋转铣刀一周，取表读数的最大与最小值之差为一转跳动，取相邻刀齿读数差绝对值的最大值为相邻齿跳动。分别测量两侧锥刃，取最大值为锥刃对内孔轴线的斜向圆跳动。

A.2.3 单角铣刀端刃对内孔轴线的端面圆跳动

将铣刀装在带凸台的芯轴上（芯轴应与铣刀内孔选配）置于铣刀跳动检查仪两顶尖之间，见图 A.2。指示表测头垂直触及端刃上，旋转铣刀一周，取表读数的最大与最小值之差为一转跳动，取相邻刀齿读数差绝对值的最大值为相邻齿跳动。

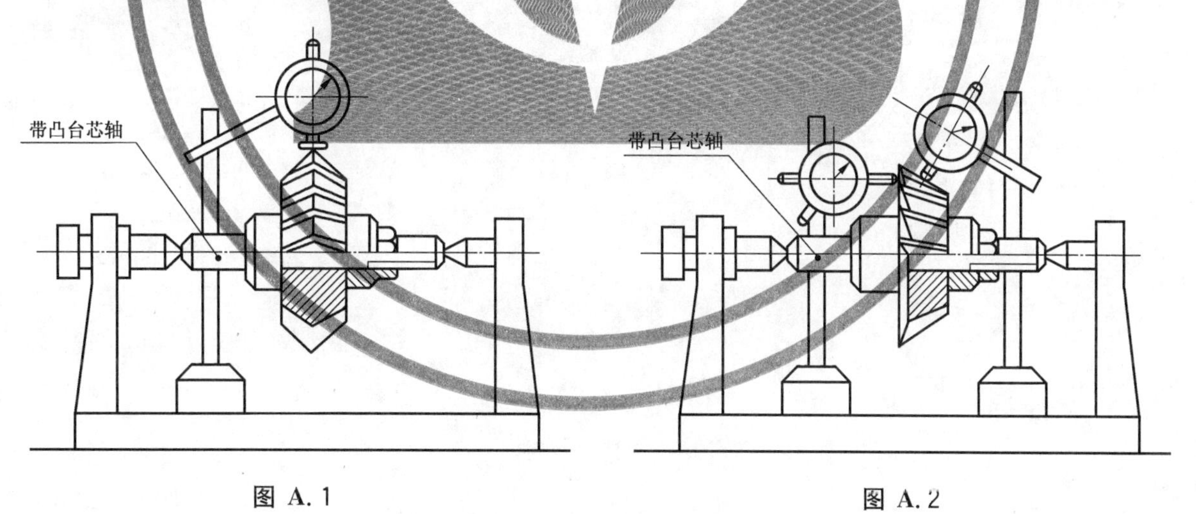

图 A.1　　　图 A.2

前　言

本标准中的Ⅰ系列等效采用国际标准ISO 2924:1973《金属冷切用整体圆锯和镶片圆锯　传动部分的互换尺寸　圆锯的直径范围从224～2 240 mm》;Ⅱ系列参考了国际标准ISO 2924:1973。

本标准是对GB/T 6130—1985的修订,在原标准上增加了"前言"、"第1章　范围"、"第2章　引用标准",各章中的条号及内容稍有改变;取消了原标准中的部分参考尺寸:D_1、L_1、γ_o、α_o、K'_r;取消了原标准中"性能试验"部分。

本标准自生效之日起,代替GB/T 6130—1985。

本标准由中国机械工业联合会提出。

本标准由全国刀具标准化技术委员会归口。

本标准主要起草单位:成都工具研究所、上海工具厂有限公司。

本标准主要起草人:樊瑾、谢伟康。

本标准于1985年6月首次发布。

中华人民共和国国家标准

GB/T 6130—2001

代替 GB/T 6130—1985

镶片圆锯

Segmental circular metal cutting saws

1 范围

本标准规定了镶片圆锯的型式和尺寸、技术要求、标志和包装等。

本标准适用于所有型式的镶片圆锯。

2 引用标准

下列标准所包含的条文，通过在本标准中引用而构成为本标准的条文。本标准出版时，所示版本均为有效。所有标准都会被修订，使用本标准的各方应探讨使用下列标准最新版本的可能性。

GB/T 6119.2—1996 三面刃铣刀 技术条件

3 型式和尺寸

3.1 镶片圆锯的型式和尺寸见图1及表1（Ⅰ系列）和表2（Ⅱ系列）。

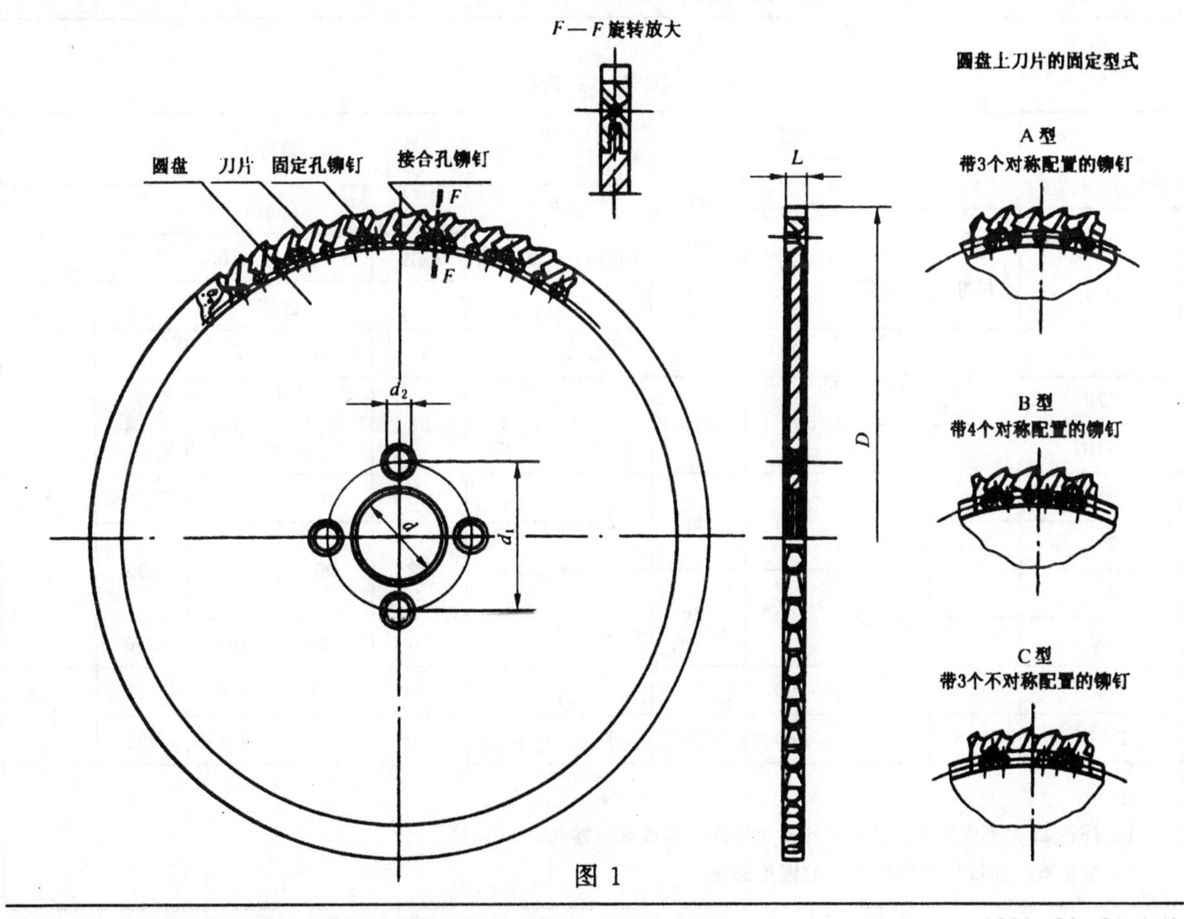

图1

中华人民共和国国家质量监督检验检疫总局2001-07-20批准　　2002-03-01实施

表 1 Ⅰ系列

D mm js16	L mm 基本尺寸	L mm 极限偏差	d mm H8	d_1 mm	d_2 mm js14	参考 刀片数	参考 齿型 齿数 粗齿	普通齿	中齿	细齿	刀片固定型式
250	5	±0.30	32	50	8.5	14	42	56	84	112	A
315			40	63	10.5						
400			50	80	17	18	54	72	108	114	
500	6	±0.50		100							
630			80	120	22	20	60	80	120	160	
800	7					24	72	96	144	192	
1 000	8		100	200	32	30	90	120	180	240	
1 250	9					36	108	144	216	288	
1 600	12		120	315	40	40	120	160	240	320	B
2 000	14.5			400		44	132	176	264	352	

注

1 外径 D 大于或等于 800 mm 的镶片圆锯应制成有运输孔。

2 根据双方协议可以供应 C 型的镶片圆锯。

表 2 Ⅱ系列

D mm js16	L mm 基本尺寸	L mm 极限偏差	d mm H8	d_1 mm	d_2 mm H14	参考 刀片数	参考 齿型 齿数 粗齿	普通齿	中齿	细齿	刀片固定型式
350	5	±0.30	32	62	16	14	42	56	84	112	A
410			70	110	22	18	54	72	108	114	
510	6	±0.50									
610			80	120	24	20	60	80	120	160	
710	6.5					24	72	96	144	192	
810	7		120	185	27						
1 010	8					30	90	120	180	240	
1 430	10.5		150	225		36	108	144	216	288	B
2 010	14.5		240	320	37	44	132	176	264	352	

注

1 外径 D 大于或等于 710 mm 的镶片圆锯应制成有运输孔。

2 根据双方协议可以供应 C 型的镶片圆锯。

3.2 标记示例

外径 D=710 mm,粗齿的镶片圆锯为

镶片圆锯 710 粗齿 GB/T 6130—2001

4 技术要求

4.1 镶片圆锯切削刃应锋利,不得有崩刃、裂纹以及退火等影响使用性能的缺陷。

4.2 镶片圆锯表面粗糙度的上限值为

切削刃前面和后面 Rz 6.3 μm;

内孔表面 Ra 2.5 μm;

两侧隙面(非工作部分除外) Ra 1.25 μm。

4.3 位置公差按表 3。

表 3

mm

项目		公差					
		D≤350	D>350~510	D>510~810	D>810~1 010	D>1 010~1 430	D>1 430~2 010
圆周刃对内孔轴线的径向圆跳动	一转	0.10	0.15	0.20	0.30	0.40	0.60
	相邻齿	0.05	0.08	0.10	0.12	0.15	0.20
两侧隙面对内孔轴线的端面圆跳动		0.20	0.40	0.60	0.80	1.30	1.80
d_2 销孔的中心对内孔轴线的位置度		0.30Ⓜ	0.35Ⓜ		0.45Ⓜ	0.55Ⓜ	
注:圆跳动的检测方法按 GB/T 6119.2—1996 附录 A。							

4.4 刀片用铆钉铆接在圆盘上,装配应牢固,不得有松动。

4.4.1 刀片与刀片斜面间的接合间隙允许有四片不超过 0.12 mm,其余间隙不大于 0.06 mm。

4.4.2 刀片内圆弧面与圆盘的支撑面的结合间隙允许有四片不超过 0.2 mm,其余间隙不大于 0.10 mm。

4.5 镶片圆锯的材料

4.5.1 镶片圆锯的刀片用 W6Mo5Cr4V2 或同等性能的其他高速钢制造。

4.5.2 圆盘用 8MnSi 或同等性能的其他钢材制造。

4.5.3 铆钉用 10A、15A 或同等性能以上的其他钢材制造。

4.6 镶片圆锯的硬度

4.6.1 镶片圆锯刀片工作部分的硬度为 63HRC~66HRC,非工作部分的硬度不高于 48HRC。

注

1 刀片工作部分的硬度在距齿顶(朝镶片圆锯中心)下述范围内检查。

镶片圆锯直径: 250 mm:10 mm;

315~1 010 mm:12 mm;

1 250~1 430 mm:16 mm;

1 600~2 010 mm:20 mm。

2 非工作部分硬度在高于钳口槽底 2 mm 检查。

4.6.2 镶片圆锯圆盘硬度不低于 35HRC。

5 标志和包装

5.1 标志

5.1.1 产品上应标志：

a）制造厂或销售商商标；

b）外圆直径；

c）内孔直径；

d）齿型（普通齿不标）；

e）齿数；

f）刀片材料代号(HSS)。

5.1.2 包装盒上应标志：

a）产品名称；

b）制造厂或销售商的名称、地址和商标；

c）镶片圆锯标记；

d）刀片材料牌号或代号；

e）件数；

f）制造年月。

5.2 包装

镶片圆锯在包装前应经防锈处理。包装必须牢靠，并能防止运输过程中的损伤。

ICS 25.100.20
J 41

中华人民共和国国家标准

GB/T 6338—2004/ISO 3859:2000
代替 GB/T 6338—1986,GB/T 6339—1986

直柄反燕尾槽铣刀和直柄燕尾槽铣刀

Inverse dovetail cutters and dovetail cutters with cylindrical shanks

(ISO 3859:2000,IDT)

2004-02-10 发布　　2004-08-01 实施

中华人民共和国国家质量监督检验检疫总局
中国国家标准化管理委员会　发布

前　言

本标准等同采用ISO 3859:2000《直柄反燕尾槽铣刀和直柄燕尾槽铣刀》(英文版)。

为便于使用,本标准做了下列编辑性修改:

——删除了国际标准前言;

——"本国际标准"一词改为"本标准";

——用小数点"."代替作为小数点的逗号",";

——图1:将国际标准左图下方文字"反燕尾槽铣刀"改为"燕尾槽铣刀",右图下方文字"燕尾槽铣刀"改为"反燕尾槽铣刀"。

本标准代替GB/T 6338—1986《直柄燕尾槽铣刀和直柄反燕尾槽铣刀》和GB/T 6339—1986《削平型直柄燕尾槽铣刀和削平型直柄反燕尾槽铣刀》。

本标准与GB/T 6338和GB/T 6339相比主要变化如下:

——将原GB/T 6338和GB/T 6339标准合并为一个标准;

——增加了"前言"、"第1章　范围"、"第2章　规范性引用文件"的内容;

——增加了螺纹柄的反燕尾槽铣刀和燕尾槽铣刀的图示及尺寸;

——反燕尾槽铣刀取消了"a型—带端齿,b型—不带端齿"的规定;

——表1:取消了γ_0、α_n、α_n'、齿数等参考尺寸;

——将外径符号"d"改为"d_2",角度"θ"改为"α",切削部分长度"l"改为"l_1",总长"L"改为"l_2";

——取消了总长l_2和切削部分长度l_1尺寸的公差"js16";

——取消了角度$\alpha=50°$和$\alpha=55°$两类规格尺寸的铣刀;

——将外径尺寸d从"32"改为"31.5";

——增加了表的角注;

——取消了标记示例的条款。

本标准由中国机械工业联合会提出。

本标准由全国刀具标准化技术委员会归口。

本标准起草单位:成都工具研究所。

本标准主要起草人:夏千。

本标准所代替标准的历次版本发布情况为:

——GB/T 6338—1986;

——GB/T 6339—1986。

直柄反燕尾槽铣刀和直柄燕尾槽铣刀

1 范围

本标准规定了普通直柄、削平直柄和螺纹柄的反燕尾槽铣刀和燕尾槽铣刀的尺寸。

反燕尾槽铣刀和燕尾槽铣刀具有相同的设计特点。

本标准适用于直径 d_2 从 16 mm～31.5 mm 的 45°和 60°的燕尾槽和反燕尾槽铣刀。

2 规范性引用文件

下列文件中的条款通过本标准的引用而成为本标准的条款。凡是注日期的引用文件，其随后所有的修改单(不包括勘误的内容)或修订版均不适用于本标准，然而，鼓励根据本标准达成协议的各方研究是否可使用这些文件的最新版本。凡是不注日期的引用文件，其最新版本适用于本标准。

ISO 3338-1 铣刀直柄 第1部分:普通直柄的尺寸特性

ISO 3338-2 铣刀直柄 第2部分:削平直柄的尺寸特性

ISO 3338-3 铣刀直柄 第3部分:螺纹柄的尺寸特性

3 尺寸

铣刀的型式按图1所示，尺寸由表1给出。铣刀柄部尺寸分别按 ISO 3338-1、ISO 3338-2、ISO 3338-3的规定。

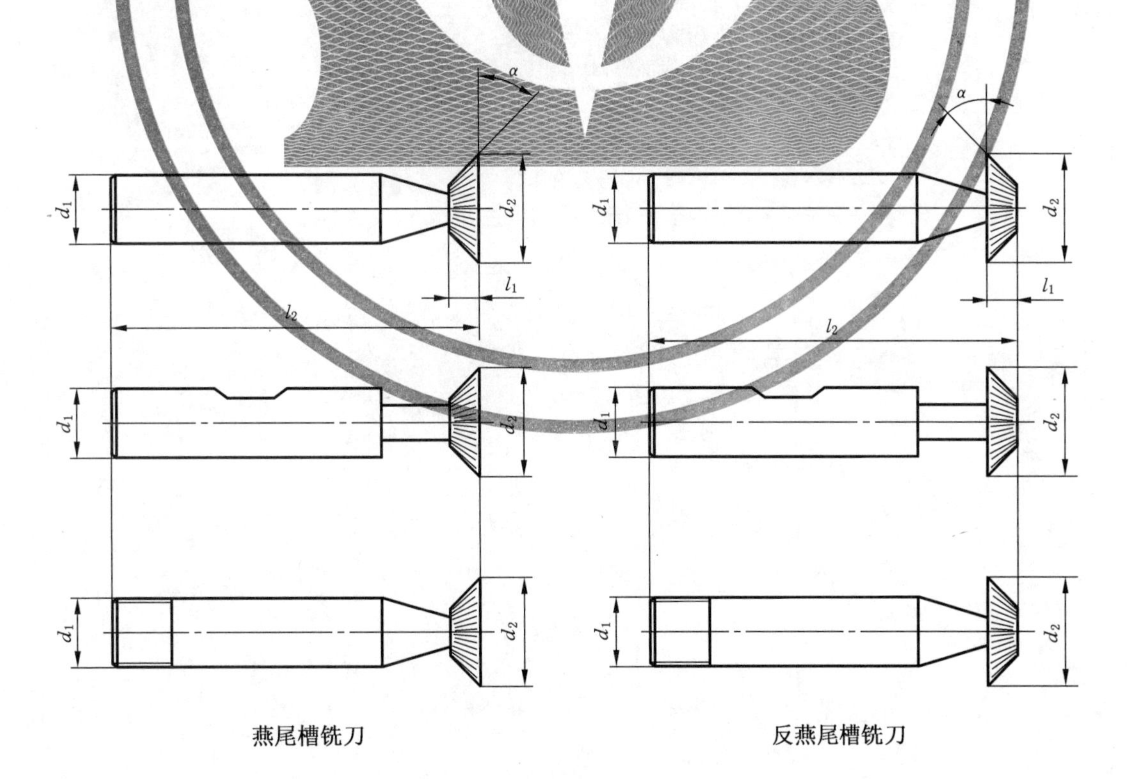

图 1

表 1

单位为毫米

d_2 js16	l_1	l_2	d_1[a]	α[b] ±30′
16	4	60	12	45°
20	5	63		
25	6.3	67		
31.5	8	71	16	
16	6.3	60	12	60°
20	8	63		
25	10	67		
31.5	12.5	71	16	

a　d_1 的公差：

普通直柄 h8；

削平直柄 h6；

螺纹柄 h8。

b　这个角度对于反燕尾槽铣刀来说，相当于主偏角 κ_r，对于燕尾槽铣刀则相当于刀尖角 ε_r。

ICS 25.100.20
J 41

中华人民共和国国家标准

GB/T 6340—2004
代替 GB/T 6340—1986

直柄反燕尾槽铣刀和直柄燕尾槽铣刀技术条件

Inverse dovetail cutters and dovetail cutters with cylindrical shanks—Technical specifications

2004-02-10 发布　　2004-08-01 实施

中华人民共和国国家质量监督检验检疫总局
中国国家标准化管理委员会　发布

前　言

本标准是对 GB/T 6340—1986《直柄燕尾槽铣刀和直柄反燕尾槽铣刀技术条件》的修订。

本标准自实施之日起，代替 GB/T 6340—1986。

本标准与 GB/T 6340—1986 相比主要变化如下：

——增加了“前言”、“第 1 章　范围”、“第 2 章　规范性引用文件”等内容。

——增加了螺纹柄的反燕尾槽铣刀和燕尾槽铣刀的技术要求；

——将普通直柄柄部外圆表面粗糙度的上限值“*Ra*1.25”改为“*Ra*0.8”；将削平直柄柄部外圆表面粗糙度的上限值“*Ra*0.63”改为“*Ra*0.4”；

——将高速钢牌号“W18Cr4V”改为“W6Mo5Cr4V2”；

——删除性能试验的章节。

本标准由中国机械工业联合会提出。

本标准由全国刀具标准化技术委员会归口。

本标准起草单位：成都工具研究所。

本标准主要起草人：夏千。

本标准所代替标准的历次版本发布情况为：

——GB/T 6340—1986。

直柄反燕尾槽铣刀和直柄燕尾槽铣刀　技术条件

1　范围

本标准规定了直柄反燕尾槽铣刀和直柄燕尾槽铣刀的位置公差、材料和硬度、外观和表面粗糙度、标志和包装的技术要求。

本标准适用于按GB/T 6338生产的反燕尾槽铣刀和燕尾槽铣刀。

2　规范性引用文件

下列文件中的条款通过本标准的引用而成为本标准的条款。凡是注日期的引用文件，其随后所有的修改单(不包括勘误的内容)或修订版均不适用于本标准，然而，鼓励根据本标准达成协议的各方研究是否可使用这些文件的最新版本。凡是不注日期的引用文件，其最新版本适用于本标准。

GB/T 6338　直柄反燕尾槽铣刀和直柄燕尾槽铣刀(GB/T 6338—2004，ISO 3859:2000，IDT)

3　位置公差

铣刀的位置公差由表1给出。

表1

单位为毫米

项　　目	公　　差
锥刃对柄部轴线的斜向圆跳动	0.05
端刃对柄部轴线的端面圆跳动	0.06

4　材料和硬度

4.1　铣刀用W6Mo5Cr4V2或其他同等性能的高速钢制造。

4.2　焊接铣刀柄部用45钢或其他同等性能的钢材制造。

4.3　铣刀的硬度为：

——切削部分：63 HRC～66 HRC；

——柄部：普通直柄和螺纹柄不低于30 HRC，削平直柄不低于50 HRC。

5　外观和表面粗糙度

5.1　铣刀表面不应有裂纹，切削刃应锋利，不应有崩刃、钝口以及磨削烧伤等影响使用性能的缺陷。焊接铣刀在焊缝处不应有砂眼和未焊透现象。

5.2　铣刀表面粗糙度的上限值由表2给出。

表2

单位为微米

项　　目	公　　差
前面和后面[a]	*Rz*6.3
普通直柄和螺纹柄柄部外圆	*Ra*0.8
削平直柄柄部外圆	*Ra*0.4
[a] 直柄反燕尾槽铣刀端刃前面表面粗糙度的上限值为*Rz*25。	

6　标志和包装

6.1　标志

6.1.1　产品上应标有：

a）制造厂或销售商商标；

b）铣刀外径和角度；

c）高速钢代号。

6.1.2　包装盒上应标有：

a）制造厂或销售商名称、地址、商标；

b）铣刀的名称、外径和角度、标准编号；

c）高速钢代号或牌号；

d）件数；

e）制造年月。

6.2　包装

铣刀包装前应进行防锈处理。包装必须牢靠，防止运输过程中的损坏。

ICS 25.100.20
J 41

中华人民共和国国家标准

GB/T 9062—2006
代替 GB/T 9062—1988

硬质合金错齿三面刃铣刀

Side and face milling cutters with double alternate helical teeth with carbide tips

2006-12-30 发布 2007-06-01 实施

中华人民共和国国家质量监督检验检疫总局
中国国家标准化管理委员会 发布

前　言

本标准代替 GB/T 9062—1988《硬质合金错齿三面刃铣刀》。

本标准与 GB/T 9062—1988 相比主要变化如下：

——取消原表 1 中的参考值：齿数、β、γ_0、α_0、α_n、κ_r；

——尺寸 D_1、L_1 及硬质合金刀片型号作为参考值列出；

——修改标记示例部分；

——取消原形状和位置公差表中对外径锥度的要求；

——修改内孔表面、刀齿两侧面和两支承端面的表面粗糙度上限值；

——取消性能试验部分；

——修改标志和包装部分；

——取消原标准中的附录 A。

本标准由中国机械工业联合会提出。

本标准由全国刀具标准化技术委员会归口。

本标准起草单位：成都工具研究所。

本标准主要起草人：刘玉玲、查国兵。

本标准所代替标准的历次版本发布情况为：

——GB/T 9062—1988。

硬质合金错齿三面刃铣刀

1 范围

本标准规定了硬质合金错齿三面刃铣刀的型式和尺寸、外观和表面粗糙度、位置公差、材料和硬度、标志和包装的基本要求。

本标准适用于镶硬质合金刀片的错齿三面刃铣刀。

2 规范性引用文件

下列文件中的条款通过本标准的引用而成为本标准的条款。凡是注日期的引用文件，其随后所有的修改单(不包括勘误的内容)或修订版均不适用于本标准，然而，鼓励根据本标准达成协议的各方研究是否可使用这些文件的最新版本。凡是不注日期的引用文件，其最新版本适用于本标准。

GB/T 2075 切削加工用硬切削材料的用途 切屑形式大组和用途小组的分类代号(GB/T 2075—1998，idt ISO 513:1991)

GB/T 6132 铣刀和铣刀刀杆的互换尺寸(GB/T 6132—2006，ISO 240:1994，IDT)

YS/T 79 硬质合金焊接刀片

3 型式和尺寸

3.1 硬质合金错齿三面刃铣刀的型式和尺寸按图1和表1所示。

3.2 键槽尺寸和偏差按GB/T 6132规定。

3.3 硬质合金刀片的型式和尺寸可按YS/T 79选用。

3.4 标记示例：

外径 D=100 mm，宽度 L=16 mm，刀片分类代号为P20的硬质合金错齿三面刃铣刀为：

硬质合金错齿三面刃铣刀 100×16-P20 GB/T 9062—2006

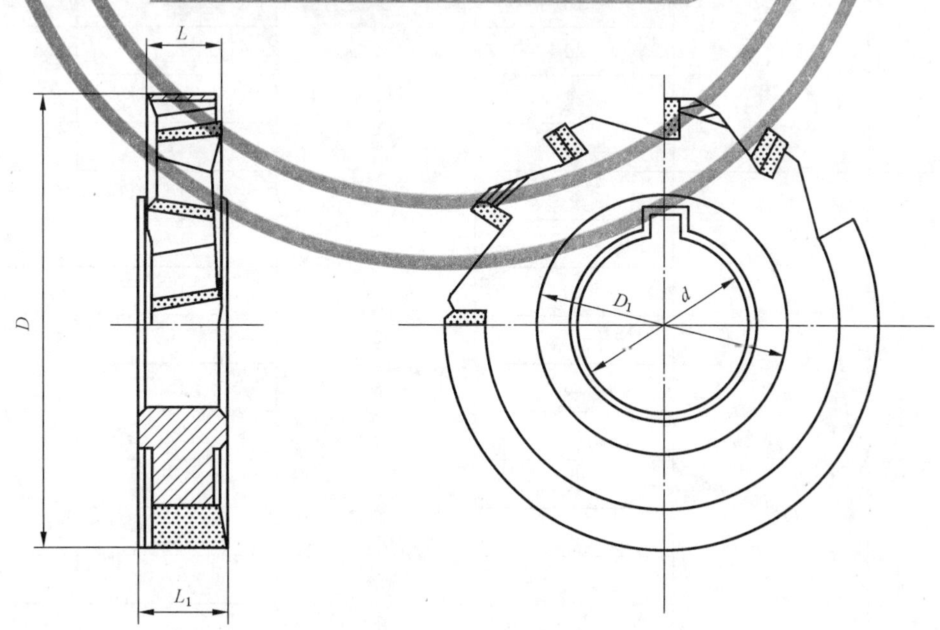

图1 硬质合金错齿三面刃铣刀

表 1

单位为毫米

D js16	d H7	L k11	D_1	L_1	硬质合金刀片型号
			（参考）		
63	22	8	34	9	A108
		10		11	D210A
		12		13	
		14		15	D214
		16		17	
80	27	8	41	9	A108
		10		11	D210A
		12		13	A112
		14		15	
		16		17	D214A
		18		20	D218B
		20		22	
100	32	8	47	10	A108
		10		12	D210A
		12		14	A112
		14		16	
		16		18	D214A
		18		20	
		20		22	D220
		22		24	
		25		27	D224
125	40	8		10	A108
		10		12	D210A
		12		14	A112
		14		16	
		16		18	D214A
		18		20	
		20		22	D220
		22		24	
		25		27	D224
		28		30	D226

表 1（续）

单位为毫米

D js16	d H7	L k11	D_1	L_1	硬质合金 刀片型号
			（参考）		
160	40	10	55	12	D210A
		12		14	A112
		14		16	
		16		18	D214A
		18		20	
		20		22	D220
		22		24	
		25		27	D222A
		28		30	D226
		32		34	D230
200	50	12		14	A112
		14		16	
		16		18	D214A
		18		20	
		20		22	D220
		22		24	
		25		27	D222A
		28		30	D226
		32		34	D230
250	50	14	68	16	A112
		16		18	D214A
		18		20	
		20		22	D220
		22		24	
		25		27	D222A
		28		30	D226
		32		34	D230

4 技术要求

4.1 外观和表面粗糙度

4.1.1 铣刀刀片不得有裂纹，切削刃不得有崩刃，铣刀表面不得有刻痕和锈迹等影响使用性能的缺陷。

4.1.2 铣刀焊缝处不应有砂眼和未焊透现象。

4.1.3 铣刀表面粗糙度的上限值：

——前面和后面：Rz 3.2 μm；

——内孔表面：Ra 0.8 μm；

——刀齿两侧隙面和两支承端面：Ra 0.8 μm。

4.2 位置公差

硬质合金错齿三面刃铣刀的位置公差按表2所示。

表2

单位为毫米

项目		公差		
		$D \leqslant 80$	$D > 80 \sim 125$	$D > 125$
圆周刃对内孔轴线的径向圆跳动	一转	0.040	0.050	0.063
	相邻	0.020	0.025	0.032
端刃对内孔轴线的端面圆跳动	一转	0.032	0.040	0.050
	相邻	0.016	0.020	0.025

4.3 材料和硬度

4.3.1 铣刀刀体用40Cr或同等性能的合金工具钢制造，硬度不低于30 HRC；

4.3.2 铣刀刀片材料按GB/T 2075选用。

5 标志和包装

5.1 标志

5.1.1 铣刀产品上应标志：

——制造厂或销售商的商标；

——外径 D 和宽度 L；

——刀片材料（硬质合金牌号或用途代号）。

5.1.2 包装盒上应标志：

——制造厂或销售商的名称、地址和商标；

——产品名称；

——标准编号；

——外径 D 和宽度 L；

——刀片材料（硬质合金牌号或用途代号）；

——件数；

——制造年月。

5.2 包装

铣刀在包装前应经防锈处理。包装应牢固，防止运输过程中损伤。

ICS 25.100.20
J 41

中华人民共和国国家标准

GB/T 9217.1—2005
代替 GB/T 9217—1988

硬质合金旋转锉 第1部分:通用技术条件

Hardmetal burrs—Part 1:General specifications

(ISO 7755-1:1984,MOD)

2005-05-18 发布 2005-12-01 实施

中华人民共和国国家质量监督检验检疫总局
中国国家标准化管理委员会 发布

前　言

GB/T 9217《硬质合金旋转锉》分为十二个部分：

——第1部分：通用技术条件；

——第2部分：圆柱形旋转锉(A型)；

——第3部分：圆柱形球头旋转锉(C型)；

——第4部分：圆球形旋转锉(D型)；

——第5部分：椭圆形旋转锉(E型)；

——第6部分：弧形圆头旋转锉(F型)；

——第7部分：弧形尖头旋转锉(G型)；

——第8部分：火炬形旋转锉(H型)；

——第9部分：60°和90°圆锥形旋转锉(J型和K型)；

——第10部分：锥形圆头旋转锉(L型)；

——第11部分：锥形尖头旋转锉(M型)；

——第12部分：倒锥形旋转锉(N型)。

本部分为GB/T 9217的第1部分，本部分修改采用ISO 7755-1:1984《硬质合金旋转锉　第1部分：通用技术条件》(英文版)。

本部分根据ISO 7755-1:1984重新起草。

由于我国工业的特殊需要，本部分在采用国际标准时进行了下列修改：

——规范性引用文件中，国际标准用我国对应的国家标准代替。

——将国际标准3.2中的柄部长度由范围改为定值；

——取消了国际标准5.2.4中关于刀齿齿数的研究的注，增加了刀齿形状；

——取消了过渡期的柄部直径(3.15 mm，6.3 mm)；

——取消了过渡期使用的切削直径公差；

——增加了技术要求及标志包装；

——增加了资料性附录A《硬质合金旋转锉推荐齿数》。

为便于使用，本部分还做了下列编辑性修改：

——删除了国际标准前言；

——用“本部分”代替“本国际标准”；

——用“.”代替国际标准中用作小数点的逗号“,”。

本部分代替GB/T 9217—1988《硬质合金旋转锉 技术条件》。

本部分与GB/T 9217—1988相比有下列技术差异：

——取消了原国家标准4.1中的推荐加长柄柄部长度；

——取消了原国家标准4.2表后的注；

——取消了原国家标准4.3.3中的锥角偏差；

——将原国家标准“5.2推荐齿数”列入附录；

——修改了柄部外圆的表面粗糙度；

——增加了焊接柄材料；

——取消了原国家标准第7章性能试验；

——修改了标志；

——取消了原国家标准 8.1.3 包装盒上贴附标签颜色的规定。

本部分的附录 A 为资料性附录。

本部分由中国机械工业联合会提出。

本部分由全国刀具标准化技术委员会(SAC/TC 91)归口。

本部分主要起草单位:成都工具研究所。

本部分主要起草人:聂珂星、沈士昌。

本部分历次发布情况:

——GB/T 9217—1988。

硬质合金旋转锉
第1部分:通用技术条件

1 范围

本部分规定了整体结构和焊柄结构的各型硬质合金旋转锉的共同特征。

硬质合金旋转锉切削部分的主要尺寸和总长分别在GB/T 9217的第2至12部分中规定。

2 规范性引用文件

下列文件中的条款通过GB/T 9217本部分的引用而成为本部分的条款。凡是注日期的引用文件,其随后所有的修改单(不包括勘误的内容)或修订版均不适用于本部分,然而,鼓励根据本部分达成协议的各方研究是否可使用这些文件的最新版本。凡是不注日期的引用文件,其最新版本适用于本部分。

GB/T 2075 切削加工用硬切削材料的用途 切削形式大组和用途小组的分类代号(GB/T 2075—1998,idt ISO 513:1991)

GB/T 9217.2 硬质合金旋转锉 第2部分:圆柱形旋转锉(A型)(GB/T 9217.2—2005,ISO 7755-2:1984,MOD)

GB/T 9217.3 硬质合金旋转锉 第3部分:圆柱形球头旋转锉(C型)(GB/T 9217.3—2005,ISO7755-3:1984,MOD)

GB/T 9217.4 硬质合金旋转锉 第4部分:圆球形旋转锉(D型)(GB/T 9217.4—2005,ISO 7755-4:1984,MOD)

GB/T 9217.5 硬质合金旋转锉 第5部分:椭圆形旋转锉(E型)(GB/T 9217.5—2005,ISO 7755-5:1984,MOD)

GB/T 9217.6 硬质合金旋转锉 第6部分:弧形圆头旋转锉(F型)(GB/T 9217.6—2005,ISO 7755-6:1984,MOD)

GB/T 9217.7 硬质合金旋转锉 第7部分:弧形尖头旋转锉(G型)(GB/T 9217.7—2005,ISO 7755-7:1984,MOD)

GB/T 9217.8 硬质合金旋转锉 第8部分:火炬形旋转锉(H型)(GB/T 9217.8—2005,ISO 7755-8:1984,MOD)

GB/T 9217.9 硬质合金旋转锉 第9部分:60°和90°圆锥形旋转锉(J型和K型)(GB/T 9217.9—2005,ISO 7755-9:1984,MOD)

GB/T 9217.10 硬质合金旋转锉 第10部分:锥形圆头旋转锉(L型)(GB/T 9217.10—2005,ISO 7755-10:1984,MOD)

GB/T 9217.11 硬质合金旋转锉 第11部分:锥形尖头旋转锉(M型)(GB/T 9217.11—2005,ISO 7755-11:1984,MOD)

GB/T 9217.12 硬质合金旋转锉 第12部分:倒锥形旋转锉(N型)(GB/T 9217.12—2005,ISO 7755-12:1984,MOD)

3 型式和尺寸

3.1 切削直径

表1给出了各切削直径系列和相关的公差。

表 1

单位为毫米

切削部分直径	公差
2	±0.1
3 4 6 8 10	±0.2
12 16	±0.3

3.2 圆柱形柄

柄部直径与长度的关系按表 2，柄部直径公差为 h9，柄部长度的定义为：旋转锉的长度减去由 GB/T 9217第 2 至第 12 部分中规定的切削部分长度。

表 2

单位为毫米

柄部直径	柄部长度
3	30
6	40

3.3 切削直径和柄部直径间的关系

表 3 给出了切削直径和柄部直径的关系。

表 3

单位为毫米

切削部分直径	柄部直径	
	3	6
2	×	
3	×	×
4	×	×
6	×	×
8		×
10		×
12		×
16		×
注：“×”表示切削直径和柄部直径存在对应关系。		

4 槽的螺旋方向和切削方向

除另有规定外，旋转锉应做成右螺旋槽和右切削。

60°和 90°的锥形旋转锉(形状 J 和 K)也可制成直槽。

5 代号

5.1 代号使用规则的说明

硬质合金旋转锉的代号包括 6 个符号，其中最后一个符号是任意的。

各符号的意义如下：

a) 识别旋转锉型式的字母符号(见 5.2.1);

b) 识别切削直径的数字符号(见 5.2.2);

c) 识别切削部分长度的数字符号(见 5.2.3);

d) 识别刀齿型式的字母符号(见 5.2.4);

e) 识别柄部直径的数字符号(见 5.2.5);

f) 识别柄部长度的数字符号——任选的(见 5.2.6)。

示例:

1	2	3	4	5	6
C	12	25	M	06	30

5.2 符号

5.2.1 用作旋转锉型式的符号——号位 1

表 4 给出了识别每种旋转锉型式的字母符号。

表 4

字母符号	旋转锉型式	图
A	圆柱形旋转锉	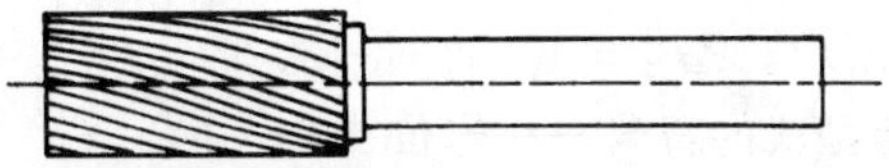
C	圆柱形球头旋转锉	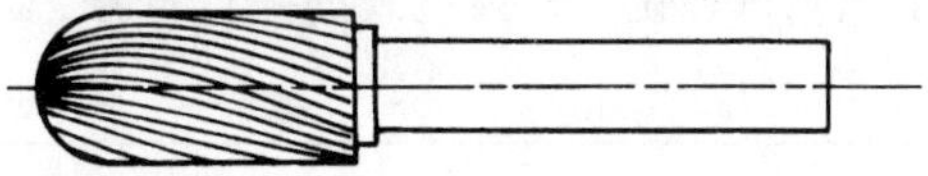
D	圆球形旋转锉	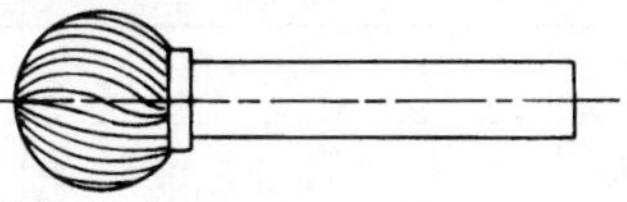
E	椭圆形旋转锉	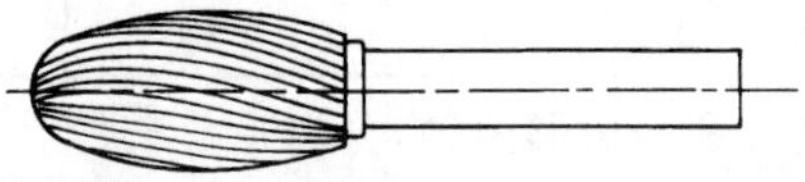
F	弧形圆头旋转锉	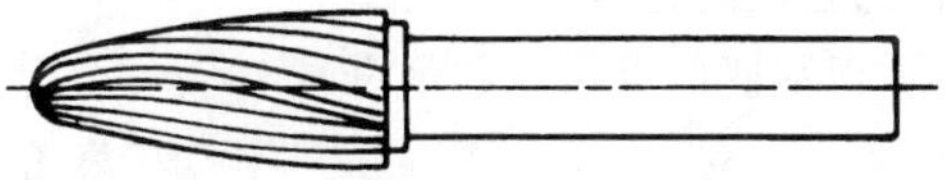
G	弧形尖头旋转锉	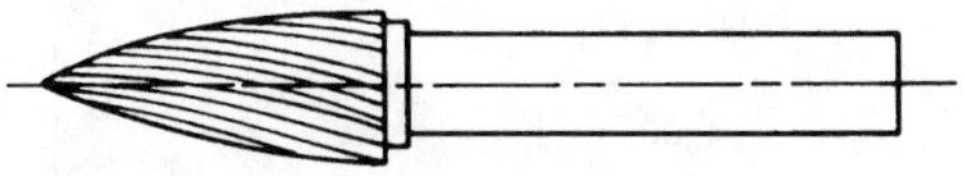
H	火炬形旋转锉	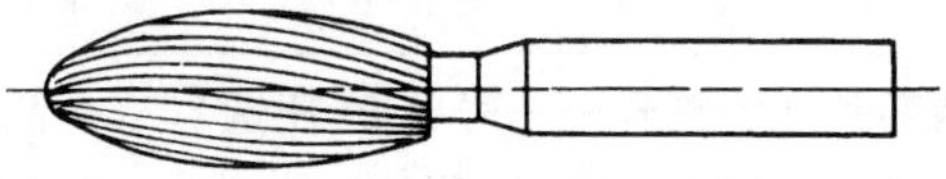
J	60°圆锥形旋转锉	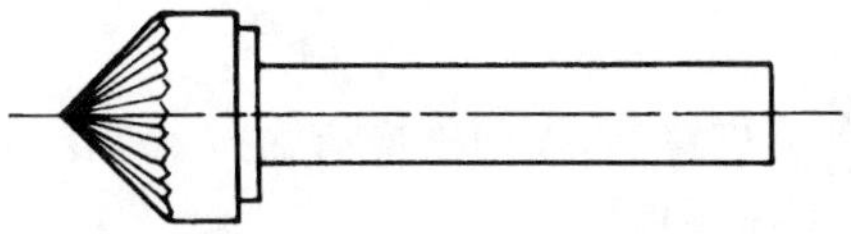
K	90°圆锥形旋转锉	
L	锥形圆头旋转锉	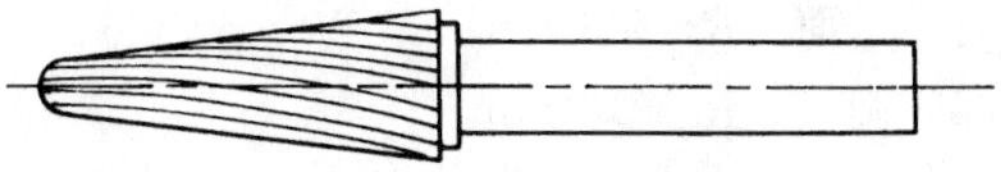

表 4(续)

字母符号	旋转锉型式	图
M	锥形尖头旋转锉	
N	倒锥形旋转锉	

5.2.2 **用作切削直径的符号——号位 2**

数字符号是以毫米为单位的切削直径的数值，一位数字之前应加一个 0。

示例：切削直径为 6 mm——符号为 06

切削直径为 12 mm——符号为 12

5.2.3 **用作切削部分长度的符号——号位 3**

数字符号是以毫米为单位的切削部分长度的数值，不记小数。一位数字之前应加一个 0。

示例：切削部分长度 5.2 mm——符号为 05

切削部分长度 10 mm——符号为 10

5.2.4 **用作刀齿型式的符号——号位 4**

表 5 给出了识别每种铣刀刀齿型式的字母符号。

表 5

字母符号	刀齿型式
F	细齿
M	标准齿(中齿)
C	粗齿

刀齿形状有普通形和分屑形两种，分屑形旋转锉在号位 1 后面应加注字母"X"。

5.2.5 **用作柄部直径的符号——号位 5**

表 6 给出了识别柄部直径的数字符号。

表 6

单位为毫米

数字符号	柄部直径
03	3
06	6

5.2.6 **用作柄部长度的符号——号位 6(任选)**

数字符号是以毫米为单位的柄部长度的数值，不计小数。

6 技术要求

6.1 旋转锉的切削刃应锋利，表面不应有裂纹、刻痕、崩刃等影响使用性能的缺陷，柄部不应有锈迹。焊接处不应有未焊透现象。

6.2 旋转锉表面粗糙度的上限值按下列规定：

——前面和后面 Rz 6.3 μm；

——柄部外圆 Ra 0.8 μm。

6.3 位置公差

——圆周刃对柄部轴线的径向(斜向)圆跳动： 0.1mm；

——端面刃对柄部轴线的端面圆跳动： 0.1mm。

6.4 旋转锉切削部分用 K10～K30 或 M10～M30 硬质合金(按 GB/T 2075)材料制造，具体牌号可由制造厂选定。

6.5 焊接柄部用 45 钢或同等性能的钢材制造，其硬度不低于 30HRC。

6.6 推荐角度

旋转锉沟槽应制成等前角和等螺旋角：

——前角 $\alpha = 3° \sim 10°$；

——螺旋角 $\beta = 5° \sim 20°$。

7 标志和包装

7.1 标志

7.1.1 旋转锉上应标有：

——制造厂或销售商商标；

——旋转锉代号(型式符号、切削部分直径符号)；

——硬质合金用途分类代号。

7.1.2 旋转锉的包装盒上应标有：

——制造厂或销售商的名称、地址和商标；

——产品名称；

——标准代号；

——旋转锉代号(对于成组包装的产品，在包装盒上可以不标记代号)；

——硬质合金用途分类代号；

——件数；

——制造年月。

7.2 包装

旋转锉在包装时应防止碰伤，柄部应经防锈处理，成包的旋转锉应防止损伤。

附 录 A
（资料性附录）
硬质合金旋转锉推荐齿数

旋转锉推荐齿数按表A.1。

表A.1

切削部分直径/mm	齿数		
	粗齿(C)	标准齿(中齿)(M)	细齿(F)
2	—	8～10	12～14
3	—	8～10	14～16
4	—	8～12	16～18
6	6～8	12～15	20～22
8	8～10	16～18	24～26
10	10～12	20～22	28～30
12	12～14	24～26	32～34
16	16～18	28～30	36～38

ICS 25.100.20
J 41

中华人民共和国国家标准

GB/T 9217.2—2005
代替 GB/T 9206—1988

硬质合金旋转锉 第2部分:圆柱形旋转锉(A型)

Hardmetal burrs—Part 2:Cylindrical burrs (style A)

(ISO 7755-2:1984,MOD)

2005-05-18 发布　　2005-12-01 实施

中华人民共和国国家质量监督检验检疫总局
中国国家标准化管理委员会　发布

前　言

GB/T 9217《硬质合金旋转锉》分为十二个部分：

——第1部分：通用技术条件；

——第2部分：圆柱形旋转锉(A型)；

——第3部分：圆柱形球头旋转锉(C型)；

——第4部分：圆球形旋转锉(D型)；

——第5部分：椭圆形旋转锉(E型)；

——第6部分：弧形圆头旋转锉(F型)；

——第7部分：弧形尖头旋转锉(G型)；

——第8部分：火炬形旋转锉(H型)；

——第9部分：60°和90°圆锥形旋转锉(J型和K型)；

——第10部分：锥形圆头旋转锉(L型)；

——第11部分：锥形尖头旋转锉(M型)；

——第12部分：倒锥形旋转锉(N型)。

本部分为GB/T 9217的第2部分，本部分修改采用ISO 7755-2:1984《硬质合金旋转锉　第2部分：圆柱形旋转锉(A型)》(英文版)。

本部分根据ISO 7755-2:1984重新起草。

由于我国工业的特殊需要，本部分在采用国际标准时进行了下列修改：

——规范性引用文件中，国际标准用我国对应的国家标准代替。

为便于使用，本部分还做了下列编辑性修改：

——删除了国际标准前言；

——用“本部分”代替“本国际标准”。

本部分代替GB/T 9206—1988《硬质合金圆柱形旋转锉》。

本部分与GB/T 9206—1988相比有下列技术差异：

——取消了原国家标准表中的旋转锉代号、切削部分直径的极限偏差、柄部直径与极限偏差、总长，这些内容在GB/T 9217.1中已作了规定；

——取消了原国家标准中的标记示例；

——取消了原国家标准中对技术条件引用的描述。

本部分由中国机械工业联合会提出。

本部分由全国刀具标准化技术委员会(SAC/TC 91)归口。

本部分主要起草单位：成都工具研究所。

本部分主要起草人：聂珂星、沈士昌。

本部分历次发布情况：

——GB/T 9206—1988。

硬质合金旋转锉
第2部分:圆柱形旋转锉(A型)

1 范围

本部分规定了圆柱形硬质合金旋转锉的主要尺寸,并用符号A表示。

切削直径的公差、螺旋槽方向和切削方向,圆柱形柄部的直径以及旋转锉的代号按GB/T 9217.1。

2 规范性引用文件

下列文件中的条款通过GB/T 9217本部分的引用而成为本部分的条款。凡是注日期的引用文件,其随后所有的修改单(不包括勘误的内容)或修订版均不适用于本部分,然而,鼓励根据本部分达成协议的各方研究是否可使用这些文件的最新版本。凡是不注日期的引用文件,其最新版本适用于本部分。

GB/T 9217.1 硬质合金旋转锉 第1部分:通用技术条件(GB/T 9217.1—2005,ISO 7755-1:1984,MOD)

3 型式和尺寸

见图1和表1。

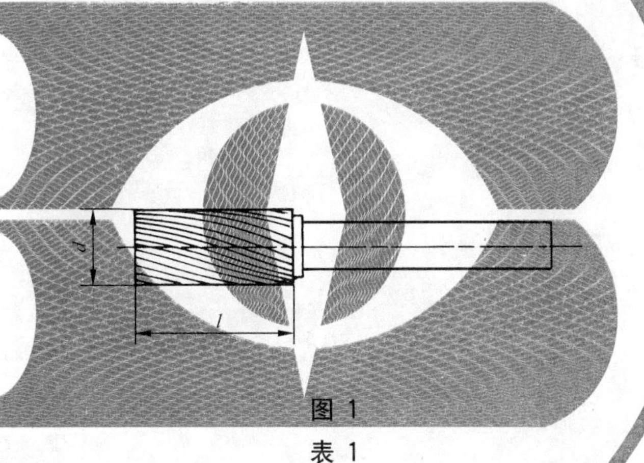

图1

表1

单位为毫米

d	l
2	10
3	13
4	13
6	16
8	20
10	20
12	25
16	25

ICS 25.100.20
J 41

中华人民共和国国家标准

GB/T 9217.3—2005
代替 GB/T 9207—1988

硬质合金旋转锉 第3部分：圆柱形球头旋转锉（C型）

Hardmetal burrs—Part 3: Cylindrical round-(ball-)nose burrs (style C)

(ISO 7755-3:1984, MOD)

2005-05-18 发布　　2005-12-01 实施

中华人民共和国国家质量监督检验检疫总局
中国国家标准化管理委员会　发布

前　言

GB/T 9217《硬质合金旋转锉》分为十二个部分：

——第1部分：通用技术条件；

——第2部分：圆柱形旋转锉(A型)；

——第3部分：圆柱形球头旋转锉(C型)；

——第4部分：圆球形旋转锉(D型)；

——第5部分：椭圆形旋转锉(E型)；

——第6部分：弧形圆头旋转锉(F型)；

——第7部分：弧形尖头旋转锉(G型)；

——第8部分：火炬形旋转锉(H型)；

——第9部分：60°和90°圆锥形旋转锉(J型和K型)；

——第10部分：锥形圆头旋转锉(L型)；

——第11部分：锥形尖头旋转锉(M型)；

——第12部分：倒锥形旋转锉(N型)。

本部分为GB/T 9217的第3部分，本部分修改采用ISO 7755-3:1984《硬质合金旋转锉　第3部分：圆柱形球头旋转锉(C型)》(英文版)。

本部分根据ISO 7755-3:1984重新起草。

由于我国工业的特殊需要，本部分在采用国际标准时进行了下列修改：

——规范性引用文件中，国际标准用我国对应的国家标准代替。

为便于使用，本部分还做了下列编辑性修改：

——删除了国际标准前言；

——用“本部分”代替“本国际标准”。

本部分代替GB/T 9207—1988《硬质合金圆柱形球头旋转锉》。

本部分与GB/T 9207—1988相比有下列技术差异：

——取消了原国家标准表中的旋转锉代号、切削部分直径的极限偏差、柄部直径与极限偏差、总长，这些内容在GB/T 9217.1中已作了规定；

——取消了原国家标准中的标记示例；

——取消了原国家标准中对技术条件引用的描述。

本部分由中国机械工业联合会提出。

本部分由全国刀具标准化技术委员会(SAC/TC 91)归口。

本部分主要起草单位：成都工具研究所。

本部分主要起草人：聂珂星、沈士昌。

本部分历次发布情况：

——GB/T 9207—1988。

硬质合金旋转锉
第3部分:圆柱形球头旋转锉(C型)

1 范围

本部分规定了圆柱形球头硬质合金旋转锉的主要尺寸,并用符号C表示。

切削直径的公差、螺旋槽方向和切削方向,圆柱形柄部的直径以及旋转锉的代号按GB/T 9217.1。

2 规范性引用文件

下列文件中的条款通过GB/T 9217的本部分的引用而成为本部分的条款。凡是注日期的引用文件,其随后所有的修改单(不包括勘误的内容)或修订版均不适用于本部分,然而,鼓励根据本部分达成协议的各方研究是否可使用这些文件的最新版本。凡是不注日期的引用文件,其最新版本适用于本部分。

GB/T 9217.1 硬质合金旋转锉 第1部分:通用技术条件(GB/T 9217.1—2005,ISO 7755-1:1984,MOD)

3 型式和尺寸

见图1和表1。

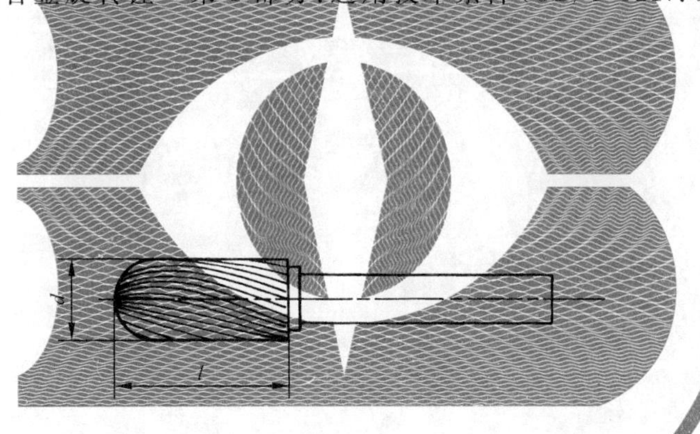

图1

表1

单位为毫米

d	l
2	10
3	13
4	13
6	16
8	20
10	20
12	25
16	25

ICS 25.100.20
J 41

中华人民共和国国家标准

GB/T 9217.4—2005
代替 GB/T 9208—1988

硬质合金旋转锉 第4部分:圆球形旋转锉(D型)

Hardmetal burrs—Part 4:Spherical burrs (style D)

(ISO 7755-4:1984,MOD)

2005-05-18 发布　　　　2005-12-01 实施

中华人民共和国国家质量监督检验检疫总局
中国国家标准化管理委员会　发布

前言

GB/T 9217《硬质合金旋转锉》分为十二个部分：

——第1部分：通用技术条件；

——第2部分：圆柱形旋转锉(A型)；

——第3部分：圆柱形球头旋转锉(C型)；

——第4部分：圆球形旋转锉(D型)；

——第5部分：椭圆形旋转锉(E型)；

——第6部分：弧形圆头旋转锉(F型)；

——第7部分：弧形尖头旋转锉(G型)；

——第8部分：火炬形旋转锉(H型)；

——第9部分：60°和90°圆锥形旋转锉(J型和K型)；

——第10部分：锥形圆头旋转锉(L型)；

——第11部分：锥形尖头旋转锉(M型)；

——第12部分：倒锥形旋转锉(N型)。

本部分为GB/T 9217的第4部分，本部分修改采用ISO 7755-4:1984《硬质合金旋转锉　第4部分：圆球形旋转锉(D型)》(英文版)。

本部分根据ISO 7755-4:1984重新起草。

由于我国工业的特殊需要，本部分在采用国际标准时进行了下列修改：

——规范性引用文件中，国际标准用我国对应的国家标准代替。

为便于使用，本部分还做了下列编辑性修改：

——删除了国际标准前言；

——用“本部分”代替“本国际标准”；

——用“.”代替国际标准中用作小数点的逗号“,”。

本部分代替GB/T 9208—1988《硬质合金圆球形旋转锉》。

本部分与GB/T 9208—1988相比有下列技术差异：

——取消了原国家标准表中的旋转锉代号、切削部分直径的极限偏差、柄部直径与极限偏差、总长，这些内容在GB/T 9217.1中已作了规定；

——取消了原国家标准中的标记示例；

——取消了原国家标准中对技术条件引用的描述。

本部分由中国机械工业联合会提出。

本部分由全国刀具标准化技术委员会(SAC/TC 91)归口。

本部分主要起草单位：成都工具研究所。

本部分主要起草人：聂珂星、沈士昌。

本部分历次发布情况：

——GB/T 9208—1988。

硬质合金旋转锉
第4部分:圆球形旋转锉(D型)

1 范围

本部分规定了圆球形硬质合金旋转锉的主要尺寸,并用符号D表示。

切削直径的公差、螺旋槽方向和切削方向,圆柱形柄部的直径以及旋转锉的代号按GB/T 9217.1。

2 规范性引用文件

下列文件中的条款通过GB/T 9217本部分的引用而成为本部分的条款。凡是注日期的引用文件,其随后所有的修改单(不包括勘误的内容)或修订版均不适用于本部分,然而,鼓励根据本部分达成协议的各方研究是否可使用这些文件的最新版本。凡是不注日期的引用文件,其最新版本适用于本部分。

GB/T 9217.1 硬质合金旋转锉 第1部分:通用技术条件(GB/T 9217.1—2005,ISO 7755-1:1984,MOD)

3 型式和尺寸

见图1和表1。

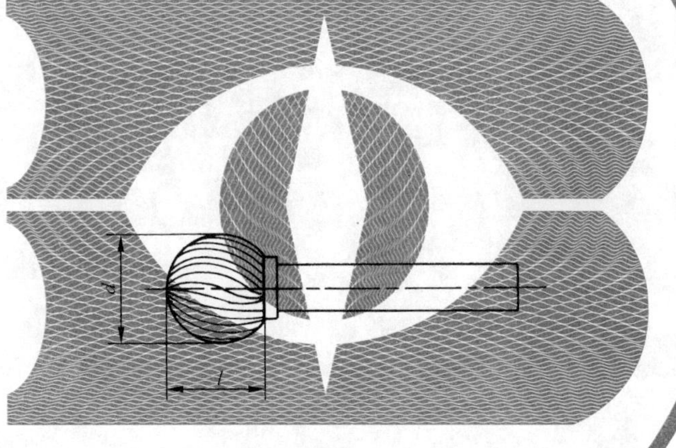

图1

表1

单位为毫米

d	l[a]
2	1.8
3	2.7
4	3.6
6	5.4
8	7.2
10	9.0
12	10.8
16	14.4

[a] l 的数值根据 $l=0.9d$ 来计算。

ICS 25.100.20
J 41

中华人民共和国国家标准

GB/T 9217.5—2005
代替 GB/T 9209—1988

硬质合金旋转锉 第5部分：椭圆形旋转锉(E型)

Hardmetal burrs—Part 5: Oval burrs (style E)

(ISO 7755-5:1984,MOD)

2005-05-18 发布 2005-12-01 实施

中华人民共和国国家质量监督检验检疫总局
中国国家标准化管理委员会 发布

前　言

GB/T 9217《硬质合金旋转锉》分为十二个部分：

——第1部分：通用技术条件；

——第2部分：圆柱形旋转锉(A型)；

——第3部分：圆柱形球头旋转锉(C型)；

——第4部分：圆球形旋转锉(D型)；

——第5部分：椭圆形旋转锉(E型)；

——第6部分：弧形圆头旋转锉(F型)；

——第7部分：弧形尖头旋转锉(G型)；

——第8部分：火炬形旋转锉(H型)；

——第9部分：60°和90°圆锥形旋转锉(J型和K型)；

——第10部分：锥形圆头旋转锉(L型)；

——第11部分：锥形尖头旋转锉(M型)；

——第12部分：倒锥形旋转锉(N型)。

本部分为GB/T 9217的第5部分，本部分修改采用ISO 7755-5:1984《硬质合金旋转锉　第5部分：椭圆形旋转锉(E型)》(英文版)。

本部分根据ISO 7755-5:1984重新起草。

由于我国工业的特殊需要，本部分在采用国际标准时进行了下列修改：

——规范性引用文件中，国际标准用我国对应的国家标准代替。

为便于使用，本部分还做了下列编辑性修改：

——删除了国际标准前言；

——用“本部分”代替“本国际标准”；

——用“.”代替国际标准中用作小数点的逗号“,”。

本部分代替GB/T 9209—1988《硬质合金椭圆形旋转锉》。

本部分与GB/T 9209—1988相比有下列技术差异：

——取消了原国家标准表中的旋转锉代号、切削部分直径的极限偏差、柄部直径与极限偏差、总长，这些内容在GB/T 9217.1中已作了规定；

——取消了原国家标准中的标记示例；

——取消了原国家标准中对技术条件引用的描述。

本部分由中国机械工业联合会提出。

本部分由全国刀具标准化技术委员会(SAC/TC 91)归口。

本部分主要起草单位：成都工具研究所。

本部分主要起草人：聂珂星、沈士昌。

本部分历次发布情况：

——GB/T 9209—1988。

硬质合金旋转锉
第5部分:椭圆形旋转锉(E型)

1 范围

本部分规定了椭圆形硬质合金旋转锉的主要尺寸,并用符号E表示。

切削直径的公差、螺旋槽方向和切削方向,圆柱形柄部的直径以及旋转锉的代号按GB/T 9217.1。

2 规范性引用文件

下列文件中的条款通过GB/T 9217本部分的引用而成为本部分的条款。凡是注日期的引用文件,其随后所有的修改单(不包括勘误的内容)或修订版均不适用于本部分,然而,鼓励根据本部分达成协议的各方研究是否可使用这些文件的最新版本。凡是不注日期的引用文件,其最新版本适用于本部分。

GB/T 9217.1 硬质合金旋转锉 第1部分:通用技术条件(GB/T 9217.1—2005,ISO 7755-1:1984,MOD)

3 型式和尺寸

见图1和表1。

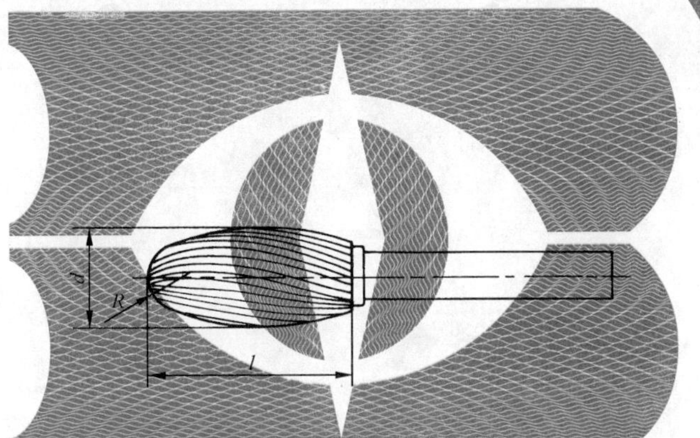

注:这种廓形由头部圆弧(R)和另一与其相切并延伸超过大径切点的圆弧构成的。

图1

表1

单位为毫米

d	l	R ≈
3	7	1.2
6	10	2.5
8	13	3.7
10	16	4
12	20	5
16	25	6.5

ICS 25.100.20
J 41

中华人民共和国国家标准

GB/T 9217.6—2005
代替 GB/T 9210—1988

硬质合金旋转锉　第6部分：弧形圆头旋转锉（F型）

Hardmetal burrs—Part 6：Arch round-(ball-)nose burrs (style F)

(ISO 7755-6：1984，MOD)

2005-05-18 发布　　2005-12-01 实施

中华人民共和国国家质量监督检验检疫总局
中国国家标准化管理委员会　发布

前　言

GB/T 9217《硬质合金旋转锉》分为十二个部分：

——第1部分：通用技术条件；

——第2部分：圆柱形旋转锉(A型)；

——第3部分：圆柱形球头旋转锉(C型)；

——第4部分：圆球形旋转锉(D型)；

——第5部分：椭圆形旋转锉(E型)；

——第6部分：弧形圆头旋转锉(F型)；

——第7部分：弧形尖头旋转锉(G型)；

——第8部分：火炬形旋转锉(H型)；

——第9部分：60°和90°圆锥形旋转锉(J型和K型)；

——第10部分：锥形圆头旋转锉(L型)；

——第11部分：锥形尖头旋转锉(M型)；

——第12部分：倒锥形旋转锉(N型)。

本部分为GB/T 9217的第6部分，本部分修改采用ISO 7755-6：1984《硬质合金旋转锉　第6部分：弧形圆头旋转锉(F型)》(英文版)。

本部分根据ISO 7755-6：1984重新起草。

由于我国工业的特殊需要，本部分在采用国际标准时进行了下列修改：

——规范性引用文件中，国际标准用我国对应的国家标准代替。

为便于使用，本部分还做了下列编辑性修改：

——删除了国际标准前言；

——用“本部分”代替“本国际标准”；

——用“.”代替国际标准中用作小数点的逗号“，”。

本部分代替GB/T 9210—1988《硬质合金弧形圆头旋转锉》。

本部分与GB/T 9210—1988相比有下列技术差异：

——取消了原国家标准表中的旋转锉代号、切削部分直径的极限偏差、柄部直径与极限偏差、总长，这些内容在GB/T 9217.1中已作了规定；

——取消了原国家标准中的标记示例；

——取消了原国家标准中对技术条件引用的描述。

本部分由中国机械工业联合会提出。

本部分由全国刀具标准化技术委员会(SAC/TC 91)归口。

本部分主要起草单位：成都工具研究所。

本部分主要起草人：聂珂星、沈士昌。

本部分历次发布情况：

——GB/T 9210—1988。

硬质合金旋转锉　第6部分：弧形圆头旋转锉(F型)

1　范围

本部分规定了弧形圆头硬质合金旋转锉的主要尺寸，并用符号F表示。

切削直径的公差、螺旋槽方向和切削方向，圆柱形柄部的直径以及旋转锉的代号按GB/T 9217.1。

2　规范性引用文件

下列文件中的条款通过GB/T 9217本部分的引用而成为本部分的条款。凡是注日期的引用文件，其随后所有的修改单(不包括勘误的内容)或修订版均不适用于本部分，然而，鼓励根据本部分达成协议的各方研究是否可使用这些文件的最新版本。凡是不注日期的引用文件，其最新版本适用于本部分。

GB/T 9217.1　硬质合金旋转锉　第1部分：通用技术条件(GB/T 9217.1—2005，ISO 7755-1：1984，MOD)

3　型式和尺寸

见图1和表1。

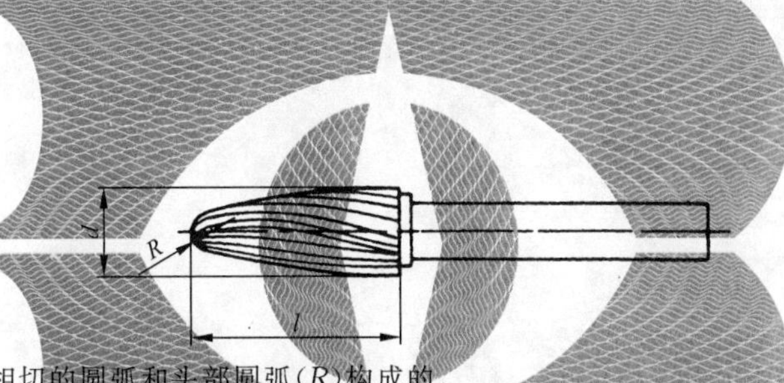

注：这种廓形由与大径相切的圆弧和头部圆弧(R)构成的。

图1

表1

单位为毫米

d	l	R≈
3	13[a]	0.8
6	18[a]	1.5
10	20	2.5
12	25	3.0

a　这种切削长度可包括圆柱形部分。

ICS 25.100.20
J 41

中华人民共和国国家标准

GB/T 9217.7—2005
代替 GB/T 9211—1988

硬质合金旋转锉 第7部分:弧形尖头旋转锉(G型)

Hardmetal burrs—Part 7: Arch pointed-nose burrs (style G)

(ISO 7755-7:1984,MOD)

2005-05-18 发布

2005-12-01 实施

中华人民共和国国家质量监督检验检疫总局
中国国家标准化管理委员会 发布

前　言

GB/T 9217《硬质合金旋转锉》分为十二个部分：

——第1部分：通用技术条件；

——第2部分：圆柱形旋转锉(A型)；

——第3部分：圆柱形球头旋转锉(C型)；

——第4部分：圆球形旋转锉(D型)；

——第5部分：椭圆形旋转锉(E型)；

——第6部分：弧形圆头旋转锉(F型)；

——第7部分：弧形尖头旋转锉(G型)；

——第8部分：火炬形旋转锉(H型)；

——第9部分：60°和90°圆锥形旋转锉(J型和K型)；

——第10部分：锥形圆头旋转锉(L型)；

——第11部分：锥形尖头旋转锉(M型)；

——第12部分：倒锥形旋转锉(N型)。

本部分为GB/T 9217的第7部分，本部分修改采用ISO 7755-7:1984《硬质合金旋转锉　第7部分：弧形尖头旋转锉(G型)》(英文版)。

本部分根据ISO 7755-7:1984重新起草。

由于我国工业的特殊需要，本部分在采用国际标准时进行了下列修改：

——规范性引用文件中，国际标准用我国对应的国家标准代替。

为便于使用，本部分还做了下列编辑性修改：

——删除了国际标准前言；

——用“本部分”代替“本国际标准”。

本部分代替GB/T 9211—1988《硬质合金弧形尖头旋转锉》。

本部分与GB/T 9211—1988相比有下列技术差异：

——取消了原国家标准表中的旋转锉代号、切削部分直径的极限偏差、柄部直径与极限偏差、总长，这些内容在GB/T 9217.1中已作了规定；

——取消了原国家标准中的标记示例；

——取消了原国家标准中对技术条件引用的描述。

本部分由中国机械工业联合会提出。

本部分由全国刀具标准化技术委员会(SAC/TC 91)归口。

本部分主要起草单位：成都工具研究所。

本部分主要起草人：聂珂星、沈士昌。

本部分历次发布情况：

——GB/T 9211—1988。

硬质合金旋转锉　第 7 部分：弧形尖头旋转锉（G 型）

1　范围

本部分规定了弧形尖头硬质合金旋转锉的主要尺寸，并用符号 G 表示。

切削直径的公差、螺旋槽方向和切削方向，圆柱形柄部的直径以及旋转锉的代号按 GB/T 9217.1。

2　规范性引用文件

下列文件中的条款通过 GB/T 9217 本部分的引用而成为本部分的条款。凡是注日期的引用文件，其随后所有的修改单（不包括勘误的内容）或修订版均不适用于本部分，然而，鼓励根据本部分达成协议的各方研究是否可使用这些文件的最新版本。凡是不注日期的引用文件，其最新版本适用于本部分。

GB/T 9217.1　硬质合金旋转锉　第 1 部分：通用技术条件（GB/T 9217.1—2005，ISO 7755-1：1984，MOD）

3　型式和尺寸

见图 1 和表 1。

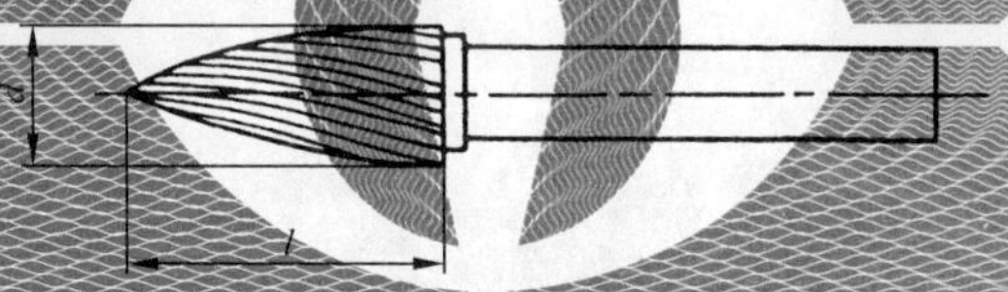

注：这种廓形由切于大径的圆弧构成。

图 1

表 1

单位为毫米

d	l
3	13[a]
6	18[a]
10	20
12	25
a　这种切削长度可包括圆柱形部分。	

ICS 25.100.20
J 41

中华人民共和国国家标准

GB/T 9217.8—2005
代替 GB/T 9212—1988

硬质合金旋转锉　第8部分：火炬形旋转锉(H型)

Hardmetal burrs—Part 8: Flame burrs (style H)

(ISO 7755-8:1984, MOD)

2005-05-18 发布　　2005-10-01 实施

中华人民共和国国家质量监督检验检疫总局
中国国家标准化管理委员会　发布

前　言

GB/T 9217《硬质合金旋转锉》分为十二个部分：

——第1部分：通用技术条件；

——第2部分：圆柱形旋转锉(A型)；

——第3部分：圆柱形球头旋转锉(C型)；

——第4部分：圆球形旋转锉(D型)；

——第5部分：椭圆形旋转锉(E型)；

——第6部分：弧形圆头旋转锉(F型)；

——第7部分：弧形尖头旋转锉(G型)；

——第8部分：火炬形旋转锉(H型)；

——第9部分：60°和90°圆锥形旋转锉(J型和K型)；

——第10部分：锥形圆头旋转锉(L型)；

——第11部分：锥形尖头旋转锉(M型)；

——第12部分：倒锥形旋转锉(N型)。

本部分为GB/T 9217的第8部分，本部分修改采用ISO 7755-8:1984《硬质合金旋转锉　第8部分：火炬形旋转锉(H型)》(英文版)。

本部分根据ISO 7755-8:1984重新起草。

由于我国工业的特殊需要，本部分在采用国际标准时进行了下列修改：

——规范性引用文件中，国际标准用我国对应的国家标准代替。

为便于使用，本部分还做了下列编辑性修改：

——删除了国际标准前言；

——用“本部分”代替“本国际标准”；

——用“.”代替国际标准中用作小数点的逗号“,”。

本部分代替GB/T 9212—1988《硬质合金火炬形旋转锉》。

本部分与GB/T 9212—1988相比有下列技术差异：

——取消了原国家标准表中的旋转锉代号、切削部分直径的极限偏差、柄部直径与极限偏差、总长，这些内容在GB/T 9217.1中已作了规定；

——取消了原国家标准中的标记示例；

——取消了原国家标准中对技术条件引用的描述。

本部分由中国机械工业联合会提出。

本部分由全国刀具标准化技术委员会(SAC/TC 91)归口。

本部分主要起草单位：成都工具研究所。

本部分主要起草人：聂珂星、沈士昌。

本部分历次发布情况：

——GB/T 9212—1988。

硬质合金旋转锉　第 8 部分：火炬形旋转锉(H 型)

1　范围

本部分规定了火炬形硬质合金旋转锉的主要尺寸，并用符号 H 表示。

切削直径的公差、螺旋槽方向和切削方向，圆柱形柄部的直径以及旋转锉的代号按 GB/T 9217.1。

2　规范性引用文件

下列文件中的条款通过 GB/T 9217 本部分的引用而成为本部分的条款。凡是注日期的引用文件，其随后所有的修改单(不包括勘误的内容)或修订版均不适用于本部分，然而，鼓励根据本部分达成协议的各方研究是否可使用这些文件的最新版本。凡是不注日期的引用文件，其最新版本适用于本部分。

GB/T 9217.1　硬质合金旋转锉　第 1 部分：通用技术条件(GB/T 9217.1—2005，ISO 7755-1：1984，MOD)

3　型式和尺寸

见图 1 和表 1。

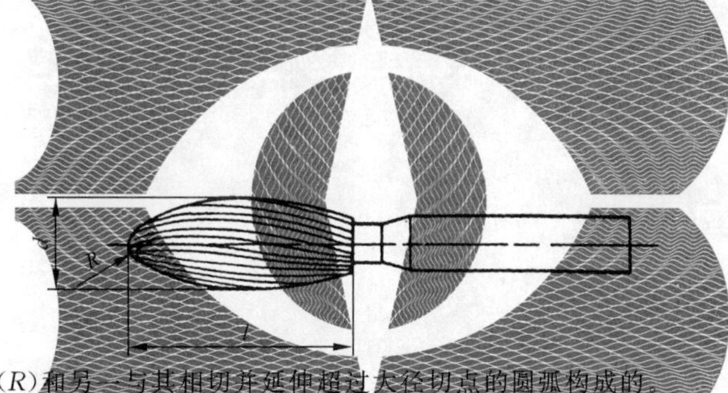

注：这种廓形由头部圆弧(R)和另一与其相切并延伸超过大径切点的圆弧构成的。

图 1

表 1　　单位为毫米

d	l	$R\approx$
3	13	0.8[a]
6	18	1.0[a]
8	20	1.5
10	25	2.0
12	32	2.5
16	36	2.5

a　这种旋转锉可制成平头或尖头的。

ICS 25.100.20
J 41

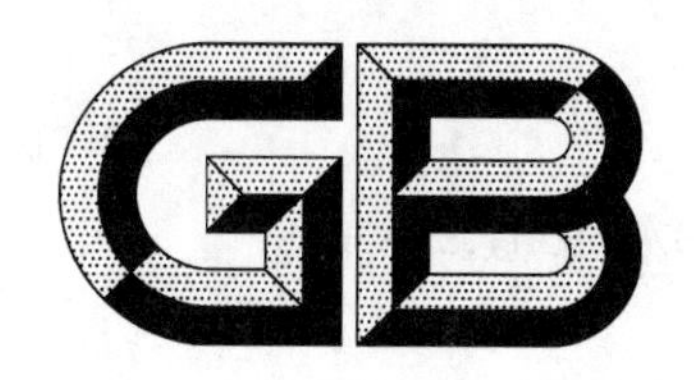

中华人民共和国国家标准

GB/T 9217.9—2005
代替 GB/T 9213—1988

硬质合金旋转锉　第9部分:60°和90°圆锥形旋转锉(J型和K型)

Hardmetal burrs—Part 9:60° and 90° cone burrs (styles J and K)

(ISO 7755-9:1984,MOD)

2005-05-18 发布　　2005-12-01 实施

中华人民共和国国家质量监督检验检疫总局
中国国家标准化管理委员会　发布

前 言

GB/T 9217《硬质合金旋转锉》分为十二个部分：

——第1部分：通用技术条件；

——第2部分：圆柱形旋转锉(A型)；

——第3部分：圆柱形球头旋转锉(C型)；

——第4部分：圆球形旋转锉(D型)；

——第5部分：椭圆形旋转锉(E型)；

——第6部分：弧形圆头旋转锉(F型)；

——第7部分：弧形尖头旋转锉(G型)；

——第8部分：火炬形旋转锉(H型)；

——第9部分：60°和90°圆锥形旋转锉(J型和K型)；

——第10部分：锥形圆头旋转锉(L型)；

——第11部分：锥形尖头旋转锉(M型)；

——第12部分：倒锥形旋转锉(N型)。

本部分为GB/T 9217的第9部分，本部分修改采用ISO 7755-9:1984《硬质合金旋转锉　第9部分：60°和90°圆锥形旋转锉(J型和K型)》(英文版)。

本部分根据ISO 7755-9:1984重新起草。

由于我国工业的特殊需要，本部分在采用国际标准时进行了下列修改：

——规范性引用文件中，国际标准用我国对应的国家标准代替。

为便于使用，本部分还做了下列编辑性修改：

——删除了国际标准前言；

——用“本部分”代替“本国际标准”；

——用“.”代替国际标准中用作小数点的逗号“,”。

本部分代替GB/T 9213—1988《硬质合金60°和90°圆锥形旋转锉》。

本部分与GB/T 9213—1988相比有下列技术差异：

——取消了原国家标准表中的旋转锉代号、切削部分直径的极限偏差、柄部直径与极限偏差、刀体长度及总长，这些内容在GB/T 9217.1中已作了规定；

——取消了原国家标准中的标记示例；

——增加了图1后面的注；

——取消了原国家标准中对技术条件引用的描述。

本部分由中国机械工业联合会提出。

本部分由全国刀具标准化技术委员会(SAC/TC 91)归口。

本部分主要起草单位：成都工具研究所。

本部分主要起草人：聂珂星、沈士昌。

本部分历次发布情况：

——GB/T 9213—1988。

硬质合金旋转锉　第9部分:60°和90°圆锥形旋转锉(J型和K型)

1　范围

本部分规定了60°和90°圆锥形硬质合金旋转锉的主要尺寸,并分别用符号J和K表示。

切削直径的公差、螺旋槽方向和切削方向,圆柱形柄部的直径以及旋转锉的代号在GB/T 9217.1中已作了规定。

2　规范性引用文件

下列文件中的条款通过GB/T 9217本部分的引用而成为本部分的条款。凡是注日期的引用文件,其随后所有的修改单(不包括勘误的内容)或修订版均不适用于本部分,然而,鼓励根据本部分达成协议的各方研究是否可使用这些文件的最新版本。凡是不注日期的引用文件,其最新版本适用于本部分。

GB/T 9217.1　硬质合金旋转锉　第1部分:通用技术条件(GB/T 9217.1—2005,ISO 7755-1:1984,MOD)

3　型式和尺寸

见图1和表1。

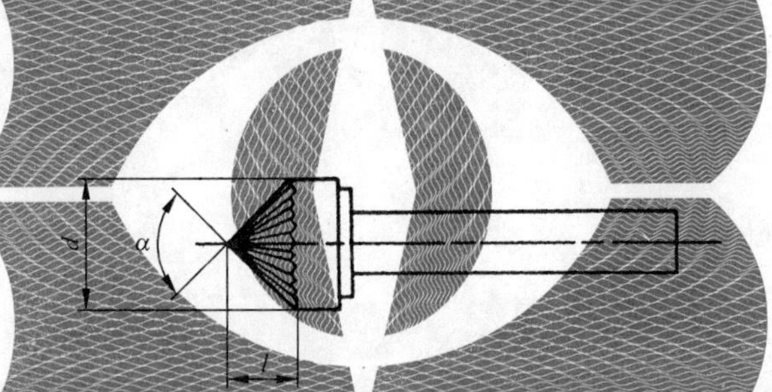

注:切削部分的长度 l 从削平部分量起(削平部分的大小由制造厂自行确定,但应尽可能的小)。

图1

表1　　单位为毫米

d	l[a]	
	α=60°	α=90°
3	2.6	1.5
6	5.2	3
10	8.7	5
12	10.4	6
16	13.8	8

[a] 计算值。

ICS 25.100.20
J 41

中华人民共和国国家标准

GB/T 9217.10—2005
代替 GB/T 9214—1988

硬质合金旋转锉　第10部分:锥形圆头旋转锉(L型)

Hardmetal burrs—Part 10:Conical round-(ball-)nose burrs (style L)

(ISO 7755-10:1984,MOD)

2005-05-18 发布　　2005-12-01 实施

中华人民共和国国家质量监督检验检疫总局
中国国家标准化管理委员会　发布

前　言

GB/T 9217《硬质合金旋转锉》分为十二个部分：

——第1部分：通用技术条件；

——第2部分：圆柱形旋转锉(A型)；

——第3部分：圆柱形球头旋转锉(C型)；

——第4部分：圆球形旋转锉(D型)；

——第5部分：椭圆形旋转锉(E型)；

——第6部分：弧形圆头旋转锉(F型)；

——第7部分：弧形尖头旋转锉(G型)；

——第8部分：火炬形旋转锉(H型)；

——第9部分：60°和90°圆锥形旋转锉(J型和K型)；

——第10部分：锥形圆头旋转锉(L型)；

——第11部分：锥形尖头旋转锉(M型)；

——第12部分：倒锥形旋转锉(N型)。

本部分为GB/T 9217的第10部分，本部分修改采用ISO 7755-10：1984《硬质合金旋转锉—第10部分：锥形圆头旋转锉(L型)》(英文版)。

本部分根据ISO 7755-10：1984重新起草。

由于我国工业的特殊需要，本部分在采用国际标准时进行了下列修改：

——规范性引用文件中，国际标准用我国对应的国家标准代替。

为便于使用，本部分还做了下列编辑性修改：

——删除了国际标准前言；

——用“本部分”代替“本国际标准”；

——用“.”代替国际标准中用作小数点的逗号“，”。

本部分代替GB/T 9214—1988《硬质合金锥形圆头旋转锉》。

本部分与GB/T 9214—1988相比有下列技术差异：

——取消了原国家标准表中的旋转锉代号、切削部分直径的极限偏差、柄部直径与极限偏差、总长，这些内容在GB/T 9217.1中已作了规定；

——取消了原国家标准中的标记示例；

——取消了原国家标准中对技术条件引用的描述。

本部分由中国机械工业联合会提出。

本部分由全国刀具标准化技术委员会(SAC/TC 91)归口。

本部分主要起草单位：成都工具研究所。

本部分主要起草人：聂珂星、沈士昌。

本部分历次发布情况：

——GB/T 9214—1988。

硬质合金旋转锉　第10部分:锥形圆头旋转锉(L型)

1　范围

本部分规定了锥形圆头硬质合金旋转锉的主要尺寸,并用符号L表示。

切削直径的公差、螺旋槽方向和切削方向,圆柱形柄部的直径以及旋转锉的代号按GB/T 9217.1。

2　规范性引用文件

下列文件中的条款通过GB/T 9217本部分的引用而成为本部分的条款。凡是注日期的引用文件,其随后所有的修改单(不包括勘误的内容)或修订版均不适用于本部分,然而,鼓励根据本部分达成协议的各方研究是否可使用这些文件的最新版本。凡是不注日期的引用文件,其最新版本适用于本部分。

GB/T 9217.1　硬质合金旋转锉　第1部分:通用技术条件(GB/T 9217.1—2005,ISO 7755-1:1984,MOD)

3　型式和尺寸

见图1和表1。

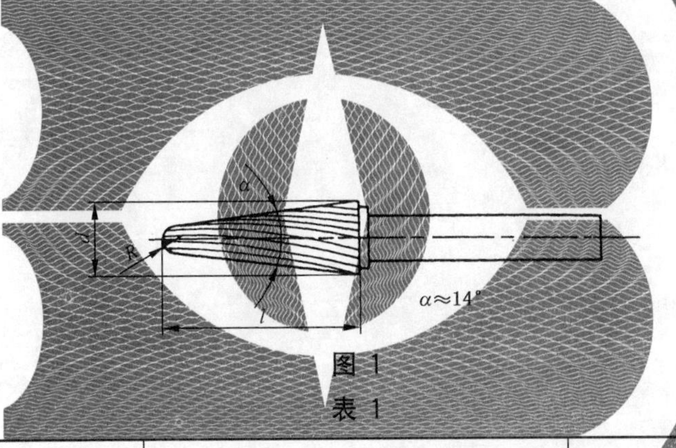

图1

表1

单位为毫米

d	l	$R\approx$
6	16	1.2
8	22	1.4
10	25	2.2
12	28	3.0
16	33	4.5

ICS 25.100.20
J 41

中华人民共和国国家标准

GB/T 9217.11—2005
代替 GB/T 9215—1988

硬质合金旋转锉　第11部分:锥形尖头旋转锉(M型)

Hardmetal burrs—Part 11: Conical pointed-nose burrs (style M)

(ISO 7755-11:1984,MOD)

2005-05-18 发布　　　　2005-12-01 实施

中华人民共和国国家质量监督检验检疫总局
中国国家标准化管理委员会　发布

前　言

GB/T 9217《硬质合金旋转锉》分为十二个部分：

——第1部分：通用技术条件；

——第2部分：圆柱形旋转锉(A型)；

——第3部分：圆柱形球头旋转锉(C型)；

——第4部分：圆球形旋转锉(D型)；

——第5部分：椭圆形旋转锉(E型)；

——第6部分：弧形圆头旋转锉(F型)；

——第7部分：弧形尖头旋转锉(G型)；

——第8部分：火炬形旋转锉(H型)；

——第9部分：60°和90°圆锥形旋转锉(J型和K型)；

——第10部分：锥形圆头旋转锉(L型)；

——第11部分：锥形尖头旋转锉(M型)；

——第12部分：倒锥形旋转锉(N型)。

本部分为GB/T 9217的第11部分，本部分修改采用ISO 7755-11:1984《硬质合金旋转锉　第11部分：锥形尖头旋转锉(M型)》(英文版)。

本部分根据ISO 7755-11:1984重新起草。

由于我国工业的特殊需要，本部分在采用国际标准时进行了下列修改：

——规范性引用文件中，国际标准用我国对应的国家标准代替。

为便于使用，本部分还做了下列编辑性修改：

——删除了国际标准前言；

——用“本部分”代替“本国际标准”。

本部分代替GB/T 9215—1988《硬质合金锥形尖头旋转锉》。

本部分与GB/T 9215—1988相比有下列技术差异：

——取消了原国家标准表中的旋转锉代号、切削部分直径的极限偏差、柄部直径与极限偏差、总长，这些内容在GB/T 9217.1中已作了规定；

——取消了原国家标准中的标记示例；

——增加了图1后面的注；

——取消了原国家标准中对技术条件引用的描述。

本部分由中国机械工业联合会提出。

本部分由全国刀具标准化技术委员会(SAC/TC 91)归口。

本部分主要起草单位：成都工具研究所。

本部分主要起草人：聂珂星、沈士昌。

本部分历次发布情况：

——GB/T 9215—1988。

硬质合金旋转锉　第11部分：锥形尖头旋转锉（M型）

1　范围

本部分规定了锥形尖头硬质合金旋转锉的主要尺寸，并用符号M表示。

切削直径的公差、螺旋槽方向和切削方向、圆柱形柄部的直径以及旋转锉的代号按GB/T 9217.1。

2　规范性引用文件

下列文件中的条款通过GB/T 9217本部分的引用而成为本部分的条款。凡是注日期的引用文件，其随后所有的修改单（不包括勘误的内容）或修订版均不适用于本部分，然而，鼓励根据本部分达成协议的各方研究是否可使用这些文件的最新版本。凡是不注日期的引用文件，其最新版本适用于本部分。

GB/T 9217.1　硬质合金旋转锉　第1部分：通用技术条件（GB/T 9217.1—2005，ISO 7755-1：1984，MOD）

3　型式和尺寸

见图1和表1。

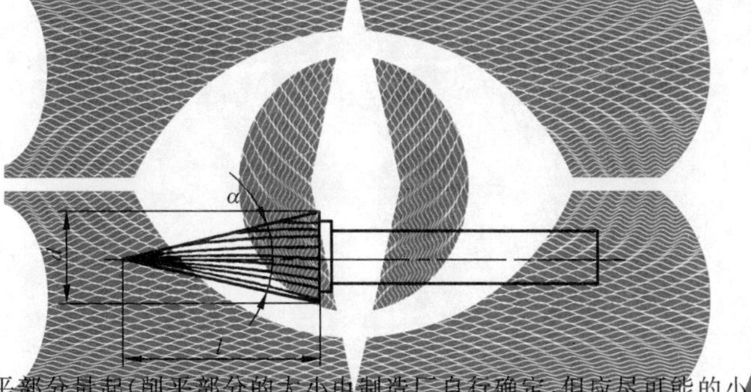

注：切削部分的长度从削平部分量起（削平部分的大小由制造厂自行确定，但应尽可能的小）。

图1

表1

单位为毫米

d	l	$\alpha\approx$
3	11	14°
6	18	14°
10	20	25°
12	25	25°
16	25	30°

ICS 25.100.20
J 41

中华人民共和国国家标准

GB/T 9217.12—2005
代替 GB/T 9216—1988

硬质合金旋转锉　第12部分:倒锥形旋转锉(N型)

Hardmetal burrs—Part 12: Inverted cone burrs (style N)

(ISO 7755-12:1984,MOD)

2005-05-18 发布　　2005-12-01 实施

中华人民共和国国家质量监督检验检疫总局
中国国家标准化管理委员会　发布

前　言

GB/T 9217《硬质合金旋转锉》分为十二个部分：

——第1部分：通用技术条件；

——第2部分：圆柱形旋转锉(A型)；

——第3部分：圆柱形球头旋转锉(C型)；

——第4部分：圆球形旋转锉(D型)；

——第5部分：椭圆形旋转锉(E型)；

——第6部分：弧形圆头旋转锉(F型)；

——第7部分：弧形尖头旋转锉(G型)；

——第8部分：火炬形旋转锉(H型)；

——第9部分：60°和90°圆锥形旋转锉(J型和K型)；

——第10部分：锥形圆头旋转锉(L型)；

——第11部分：锥形尖头旋转锉(M型)；

——第12部分：倒锥形旋转锉(N型)。

本部分为GB/T 9217的第12部分，本部分修改采用ISO 7755-12:1984《硬质合金旋转锉　第12部分：倒锥形旋转锉(N型)》(英文版)。

本部分根据ISO 7755-12:1984重新起草。

由于我国工业的特殊需要，本部分在采用国际标准时进行了下列修改：

——规范性引用文件中，国际标准用我国对应的国家标准代替。

为便于使用，本部分还做了下列编辑性修改：

——删除了国际标准前言；

——用“本部分”代替“本国际标准”。

本部分代替GB/T 9216—1988《硬质合金倒锥形旋转锉》。

本部分与GB/T 9216—1988相比有下列技术差异：

——取消了原国家标准表中的旋转锉代号、切削部分直径的极限偏差、柄部直径与极限偏差、总长，这些内容在GB/T 9217.1中已作了规定；

——取消了原国家标准中的标记示例；

——取消了原国家标准中对技术条件引用的描述。

本部分由中国机械工业联合会提出。

本部分由全国刀具标准化技术委员会(SAC/TC 91)归口。

本部分主要起草单位：成都工具研究所。

本部分主要起草人：聂珂星、沈士昌。

本部分历次发布情况：

——GB/T 9216—1988。

硬质合金旋转锉　第12部分：倒锥形旋转锉(N型)

1　范围

本部分规定了倒锥形硬质合金旋转锉的主要尺寸，并用符号N表示。

切削直径的公差、螺旋槽方向和切削方向、圆柱形柄部的直径以及旋转锉的代号按GB/T 9217.1。

2　规范性引用文件

下列文件中的条款通过GB/T 9217本部分的引用而成为本部分的条款。凡是注日期的引用文件，其随后所有的修改单(不包括勘误的内容)或修订版均不适用于本部分，然而，鼓励根据本部分达成协议的各方研究是否可使用这些文件的最新版本。凡是不注日期的引用文件，其最新版本适用于本部分。

GB/T 9217.1　硬质合金旋转锉　第1部分：通用技术条件(GB/T 9217.1—2005，ISO 7755-1：1984，MOD)

3　型式和尺寸

见图1和表1。

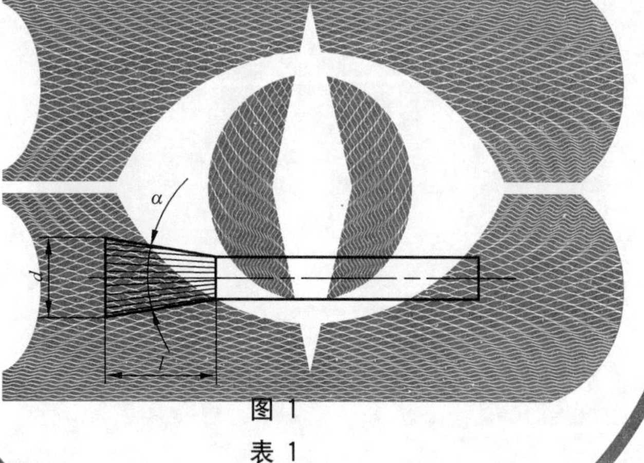

图1

表1　　单位为毫米

d	l		
	α=10°	α=20°	α=30°
3	7	—	—
6	7	—	—
12	—	13	13
16	—	16	13

ICS 25.100.20
J 41

中华人民共和国国家标准

GB/T 10948—2006
代替 GB/T 10948—1989,GB/T 10949—1989

硬质合金 T 型槽铣刀

T-slot cutters with carbide tips

2006-12-30 发布　　2007-06-01 实施

中华人民共和国国家质量监督检验检疫总局
中国国家标准化管理委员会　发布

前　言

本标准代替 GB/T 10948—1989《硬质合金直柄 T 型槽铣刀》、GB/T 10949—1989《硬质合金锥柄 T 型槽铣刀》。

本标准与 GB/T 10948—1989 和 GB/T 10949—1989 相比主要变化如下：

——将原 GB/T 10948—1989 和 GB/T 10949—1989 合并为一个标准；

——图 1、图 2 删除“10°螺旋角、γ_0、α_0、α_1、κ_r”的标注，删除 A—A 旋转、B—B 旋转视图；

——表 1、表 2 取消 γ_0、α_0、α_1、κ_r 齿数等参考尺寸；

——4.2.1，将原条款“铣刀刀片材料用 GB/T 2075 中规定的 K20～K30 硬质合金”改为“T 型槽铣刀刀片材料可按 GB/T 2075 选用”；

——4.2.2，柄部硬度由“不低于 25HRC”改为“不低于 30HRC”。

本标准由中国机械工业联合会提出。

本标准由全国刀具标准化技术委员会(SAC/TC 91)归口。

本标准起草单位：成都工具研究所、哈尔滨第一工具有限公司。

本标准主要起草人：夏千、王家喜、陈克天。

本标准所代替标准的历次版本发布情况为：

——GB/T 10948—1989；

——GB/T 10949—1989。

硬质合金 T 型槽铣刀

1 范围

本标准规定了硬质合金直柄和锥柄 T 型槽铣刀的型式和尺寸、技术要求、包装和标志的基本要求。

本标准适用于加工 GB/T 158 规定的基本尺寸为 12 mm～36 mm 的硬质合金直柄 T 型槽铣刀和基本尺寸为 12 mm～54 mm 的硬质合金锥柄 T 型槽铣刀。

2 规范性引用文件

下列文件中的条款通过本标准的引用而成为本标准的条款。凡是注日期的引用文件，其随后所有的修改单(不包括勘误的内容)或修订版均不适用于本标准，然而，鼓励根据本标准达成协议的各方研究是否可使用这些文件的最新版本。凡是不注日期的引用文件，其最新版本适用于本标准。

GB/T 158 机床工作台 T 型槽和相应螺栓(GB/T 158—1996,eqv ISO 299:1987)

GB/T 1443 机床和工具柄用自夹圆锥(GB/T 1443—1996,eqv ISO 296:1991)

GB/T 2075 切削加工用硬切削材料的用途 切屑形式大组和用途小组的分类代号(GB/T 2075—1998,idt ISO 513:1991)

GB/T 6131.1 铣刀直柄 第1部分:普通直柄的型式和尺寸(GB/T 6131.1—2006,ISO 3338-1:1996,IDT)

YS/T 79 硬质合金焊接刀片

3 型式和尺寸

3.1 直柄 T 型槽铣刀和锥柄 T 型槽铣刀的型式分别按图 1 和图 2 所示，尺寸分别由表 1 和表 2 给出。硬质合金刀片可按 YS/T 79 选用。

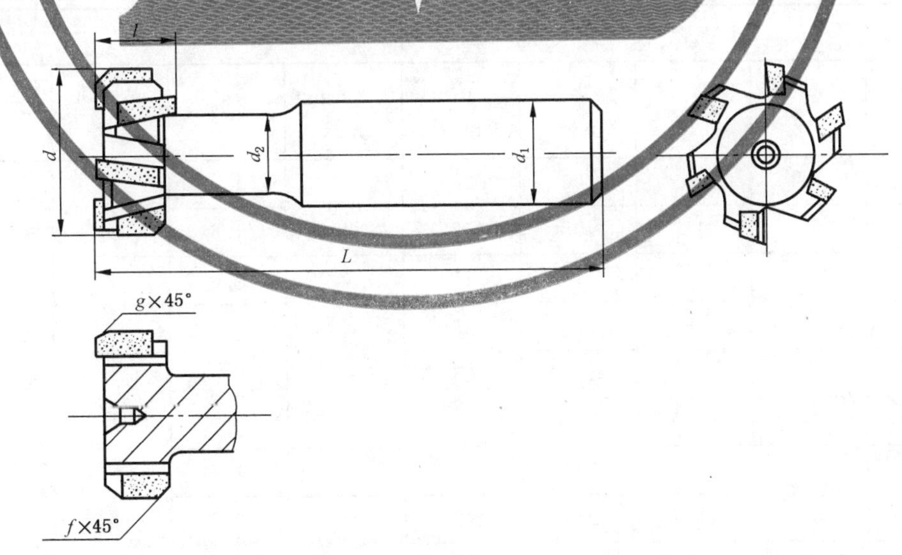

图 1

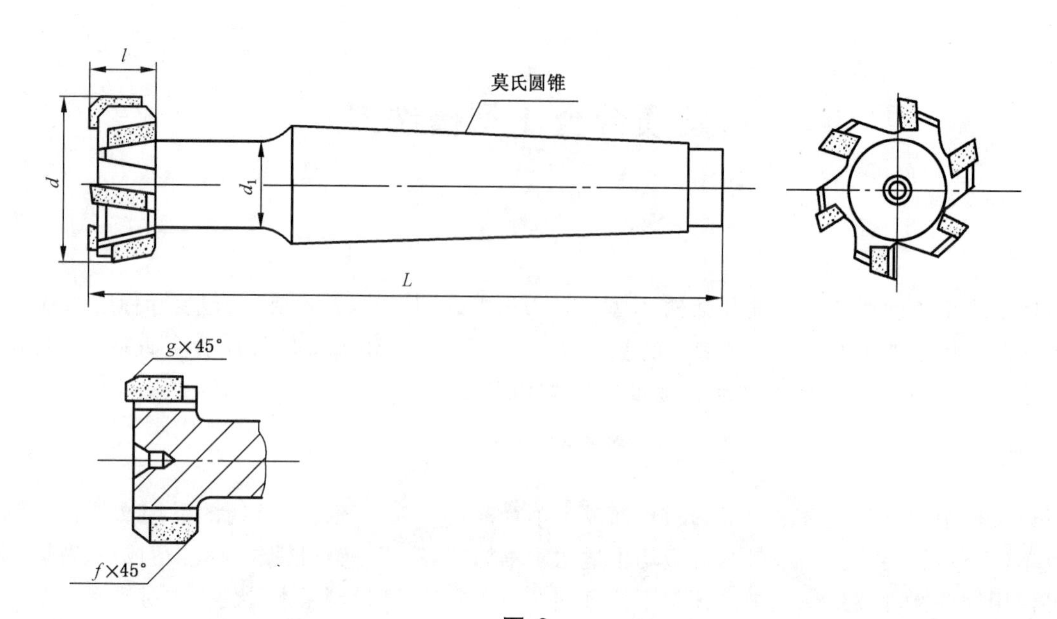

图 2

表 1

单位为毫米

T 型槽基本尺寸	d h12	l h12	L Js16	d_1 h8	d_2 max	f max	g max	硬质合金刀片型号 参考
12	21	9	74	12	10	0.6	1.0	A106
14	25	11	82	16	12		1.6	D208
18	32	14	90		15	1.0		D212
22	40	18	108	25	19		2.5	D214
28	50	22	124	32	25			D218A
36	60	28	139		30			D220

表 2

单位为毫米

T 型槽基本尺寸	d h12	l h12	L Js16	d_1 max	f max	g max	莫氏圆锥号	硬质合金刀片型号 参考
12	21	9	100	10	0.6	1.0	2	D106
14	25	11	105	12		1.6		D208
18	32	14	110	15	1.0	1.6	2	D212
22	40	18	140	19		2.5	3	D214
28	50	22	175	25			4	D218A
36	60	28	190	30				D220
42	72	35	230	36	1.6	4.0	5	D228A
48	85	40	240	42	2.0	6.0		D236
54	95	44	250	44				

3.2 标记示例

示例 1：T 型槽基本尺寸为 28 mm，刀片分类代号为 K30 的直柄 T 型槽铣刀为：

硬质合金直柄 T 型槽铣刀 28 K30 GB/T 10948—2006

示例 2：T 型槽基本尺寸为 28 mm，刀片分类代号为 K30 的锥柄 T 型槽铣刀为：

硬质合金锥柄 T 型槽铣刀　28　K30　GB/T 10949—2006

4　技术要求

4.1　尺寸和位置公差

4.1.1　直柄 T 型槽铣刀的柄部尺寸及其极限偏差按 GB/T 6131.1 的规定，锥柄 T 型槽铣刀的莫氏圆锥尺寸及其极限偏差按 GB/T 1443 的规定。

4.1.2　T 型槽铣刀的位置公差由表 3 中给出。

表 3

单位为毫米

项　目		公　差	
		$d \leqslant 40$	$d > 40$
圆周刃对柄部轴线的径向圆跳动	一转	0.04	0.05
	相邻齿	0.02	0.03
端刃对柄部轴线的端面圆跳动		0.04	0.05

4.2　材料和硬度

4.2.1　T 型槽铣刀刀片材料可按 GB/T 2075 选用。

4.2.2　刀体用 40Cr 或其他同等性能的钢材制造，其柄部硬度距尾端 2/3 长度上不低于 30HRC。

4.3　外观和表面粗糙度

4.3.1　刀片焊接应牢固，不得有裂纹、钝口和崩刃，T 型槽铣刀主要表面不得有磕碰、锈迹等影响使用性能的缺陷。

4.3.2　T 型槽铣刀表面粗糙度的上限值由表 4 中给出。

表 4

项　目	表面粗糙度
前面和后面	Rz3.2 μm
柄部外圆	Ra0.8 μm

5　标志和包装

5.1　标志

5.1.1　产品上应标志：

a)　制造厂或销售商商标；

b)　T 型槽基本尺寸；

c)　刀片的硬质合金牌号。

5.1.2　包装盒上应标志：

a)　制造厂或销售商名称、地址、商标；

b)　T 型槽铣刀的名称、T 型槽基本尺寸、标准编号；

c)　刀片硬质合金代号或牌号；

d)　件数；

e)　制造年月。

5.2　包装

T 型槽铣刀包装前应进行防锈处理。包装必须牢靠，防止运输过程中的损坏。

ICS 25.100.20
J 41

中华人民共和国国家标准

GB/T 14298—2008
代替 GB/T 14298—1993

可转位螺旋立铣刀

Helical end mills with indexable inserts

2008-06-03 发布　　2009-01-01 实施

中华人民共和国国家质量监督检验检疫总局
中国国家标准化管理委员会　发布

前　　言

本标准代替 GB/T 14298—1993《可转位螺旋立铣刀》。

本标准与 GB/T 14298—1993 相比主要变化如下：

——增加了“前言”；

——修改了“规范性引用文件”；

——增加了“自动换刀用 7：24 圆锥柄可转位螺旋立铣刀的型式与基本尺寸”；

——增加了“套式立铣刀的型式与基本尺寸”；

——扩大了基本尺寸的规格范围；

——原标准中的“技术要求”的内容改为“外观和表面粗糙度”、“公差”、“材料和硬度”；

——取消了“性能试验要求”；

——修改了“标志和包装”的要求。

本标准由中国机械工业联合会提出。

本标准由全国刀具标准化技术委员会(SAC/TC 91)归口。

本标准起草单位：太原工具厂。

本标准主要起草人：张金凤、任春风。

本标准所代替标准的历次版本发布情况为：

——GB/T 14298—1993。

可转位螺旋立铣刀

1 范围

本标准规定了削平直柄、莫氏锥柄、7∶24 锥柄可转位螺旋立铣刀和套式可转位螺旋立铣刀(以下简称立铣刀)的型式尺寸、外观和表面粗糙度、材料和硬度、标志和包装的基本要求。

本标准适用于直径为 ϕ32 mm～ϕ125 mm 可转位螺旋立铣刀。其刃部较长，由沿螺旋线方向排列的多片硬质合金可转位刀片相互交错搭接而成，适用于粗铣。

2 规范性引用文件

下列文件中的条款通过本标准的引用而成为本标准的条款。凡是注日期的引用文件，其随后所有的修改单(不包括勘误的内容)或修订版均不适用于本标准，然而，鼓励根据本标准达成协议的各方研究是否可使用这些文件的最新版本。凡是不注日期的引用文件，其最新版本适用于本标准。

GB/T 1443 机床和工具柄用自夹圆锥(GB/T 1443—1996,eqv ISO 296:1991)

GB/T 2075 切削加工用硬切削材料的分类和用途 大组和用途小组的分类代号(GB/T 2075—2007,ISO 513:2004,IDT)

GB/T 2080 带圆角沉孔固定的硬质合金可转位刀片尺寸(GB/T 2080—2007,ISO 6987:1998,IDT)

GB/T 3837 7∶24 手动换刀刀柄圆锥(GB/T 3837—2001,eqv ISO 297:1988)

GB/T 6131.2 铣刀直柄 第 2 部分：削平直柄的型式和尺寸(GB/T 6131.2—2006,ISO 3338-2:2000,MOD)

GB/T 10944.1 自动换刀用 7∶24 圆锥工具柄部 40、45 和 50 号柄 第 1 部分：尺寸及锥角公差(GB/T 10944.1—2006,ISO 7388-1,IDT)

GB/T 20329 端键传动的铣刀和铣刀刀杆上刀座的互换尺寸(GB/T 20329—2006,ISO 2780:1986,IDT)

3 型式尺寸

3.1 削平直柄立铣刀

3.1.1 基本尺寸按图 1 和表 1。

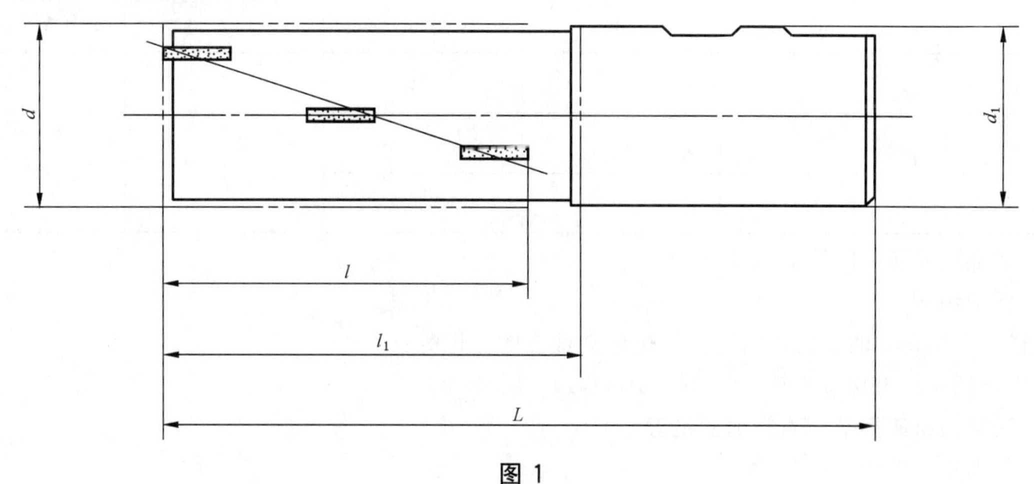

图 1

表 1

单位为毫米

<table>
<tr><th>d
js14</th><th>l
min</th><th>l_1
min</th><th>L
max</th><th>d_1
h6</th><th>有效齿数 Z
(参考值)</th></tr>
<tr><td>32</td><td>32</td><td>50</td><td>135</td><td>32</td><td>1～2</td></tr>
<tr><td>40</td><td>40</td><td>60</td><td>150</td><td>40</td><td rowspan="2">2～4</td></tr>
<tr><td>50</td><td>50</td><td>75</td><td>180</td><td>50</td></tr>
</table>

3.1.2 柄部尺寸按 GB/T 6131.2 的规定。

3.1.3 标记示例

直径 d=40 mm 的削平直柄可转位螺旋立铣刀的标记为：

削平直柄可转位螺旋立铣刀 40 GB/T 14298—2008

3.2 莫氏锥柄立铣刀

3.2.1 基本尺寸按图 2 和表 2。

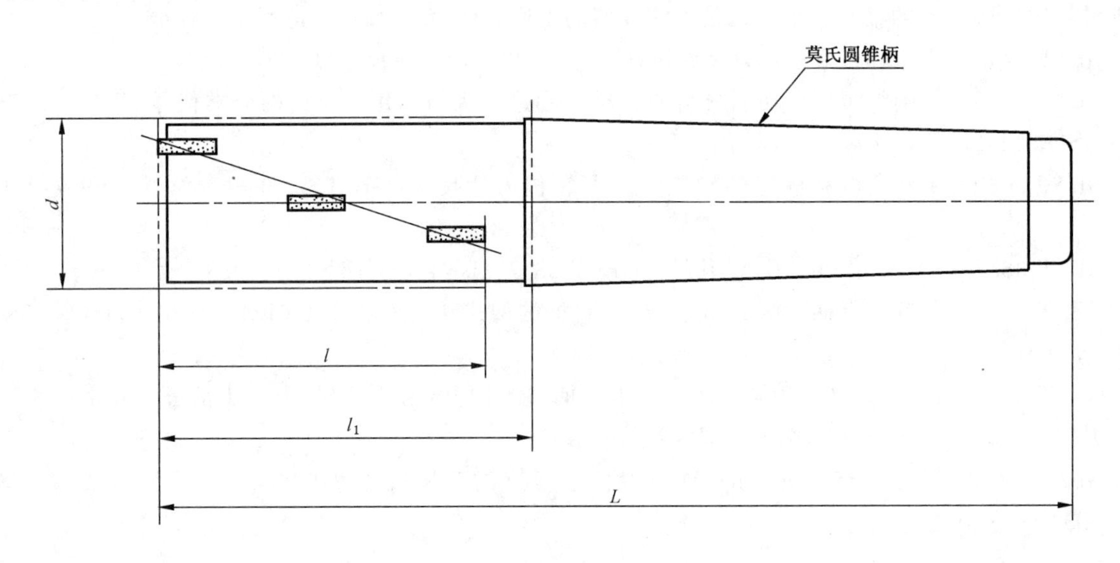

图 2

表 2

单位为毫米

<table>
<tr><th>d
js14</th><th>l
min</th><th>l_1
min</th><th>L
max</th><th>莫氏圆锥号</th><th>有效齿数 Z
(参考值)</th></tr>
<tr><td>32</td><td>32</td><td>45</td><td>165</td><td>4</td><td>1～2</td></tr>
<tr><td>40</td><td>40</td><td>60</td><td>210</td><td rowspan="2">5</td><td rowspan="2">2～4</td></tr>
<tr><td>50</td><td>50</td><td>75</td><td>230</td></tr>
</table>

3.2.2 柄部尺寸按 GB/T 1443 的规定。

3.2.3 标记示例

直径 d=40 mm 的莫氏锥柄可转位螺旋立铣刀的标记为：

莫氏锥柄可转位螺旋立铣刀 40 GB/T 14298—2008

3.3 手动换刀机床用 7：24 锥柄立铣刀

3.3.1 基本尺寸按图 3 和表 3。

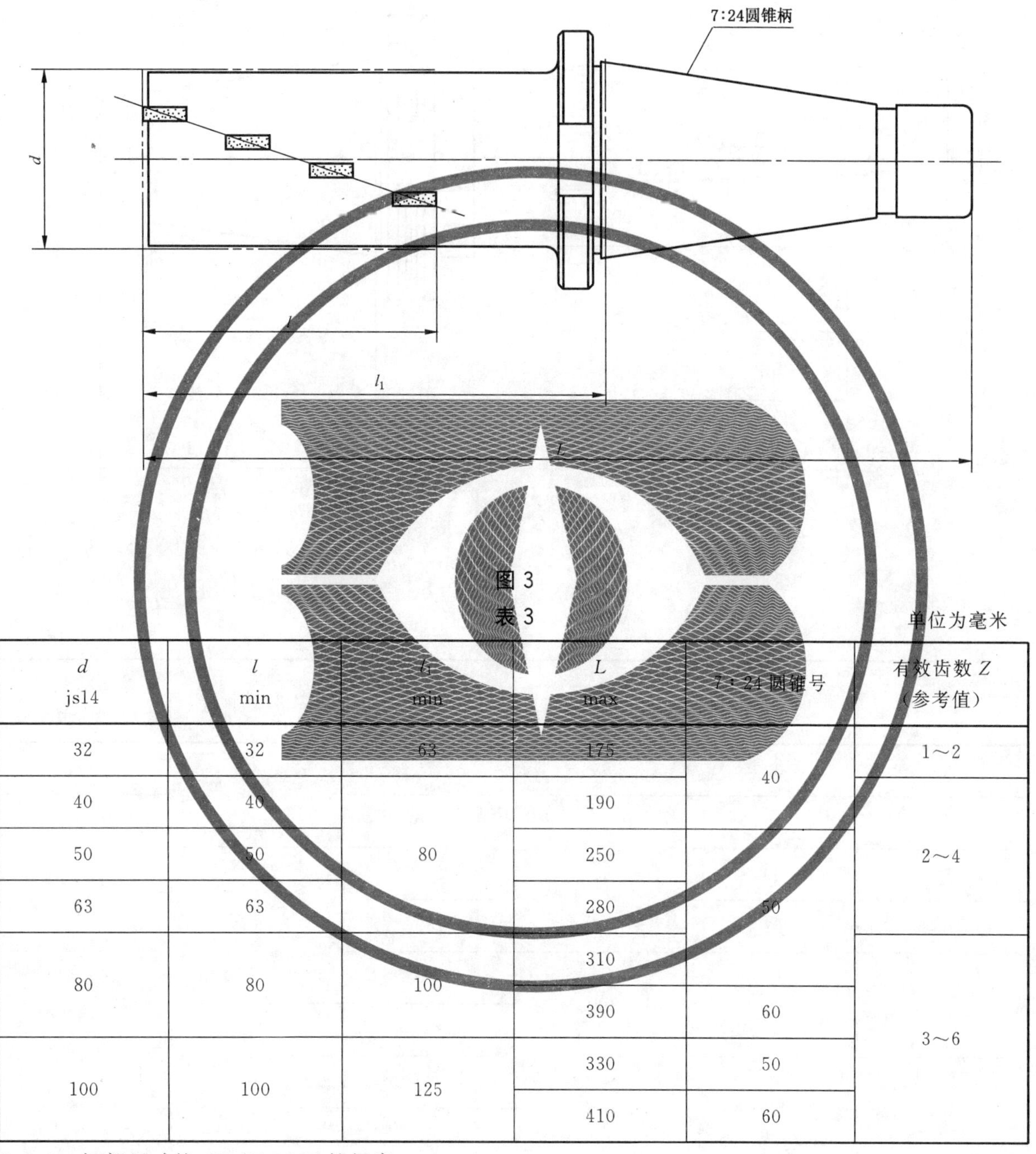

图 3

表 3

单位为毫米

<table>
<tr><th>d
js14</th><th>l
min</th><th>l_1
min</th><th>L
max</th><th>7：24 圆锥号</th><th>有效齿数 Z
（参考值）</th></tr>
<tr><td>32</td><td>32</td><td>63</td><td>175</td><td rowspan="2">40</td><td>1～2</td></tr>
<tr><td>40</td><td>40</td><td rowspan="3">80</td><td>190</td><td rowspan="3">2～4</td></tr>
<tr><td>50</td><td>50</td><td>250</td><td rowspan="3">50</td></tr>
<tr><td>63</td><td>63</td><td>280</td></tr>
<tr><td rowspan="2">80</td><td rowspan="2">80</td><td rowspan="2">100</td><td>310</td><td rowspan="4">3～6</td></tr>
<tr><td>390</td><td>60</td></tr>
<tr><td rowspan="2">100</td><td rowspan="2">100</td><td rowspan="2">125</td><td>330</td><td>50</td></tr>
<tr><td>410</td><td>60</td></tr>
</table>

3.3.2 柄部尺寸按 GB/T 3837 的规定。

3.3.3 标记示例

直径 d=80 mm，总长 L=310 mm 的手动换刀机床用 7：24 锥柄可转位螺旋立铣刀的标记为：

手动换刀 7：24 锥柄可转位螺旋立铣刀 80×310 GB/T 14298—2008

3.4 自动换刀机床用 7：24 锥柄立铣刀

3.4.1 基本尺寸按图 4 和表 4。

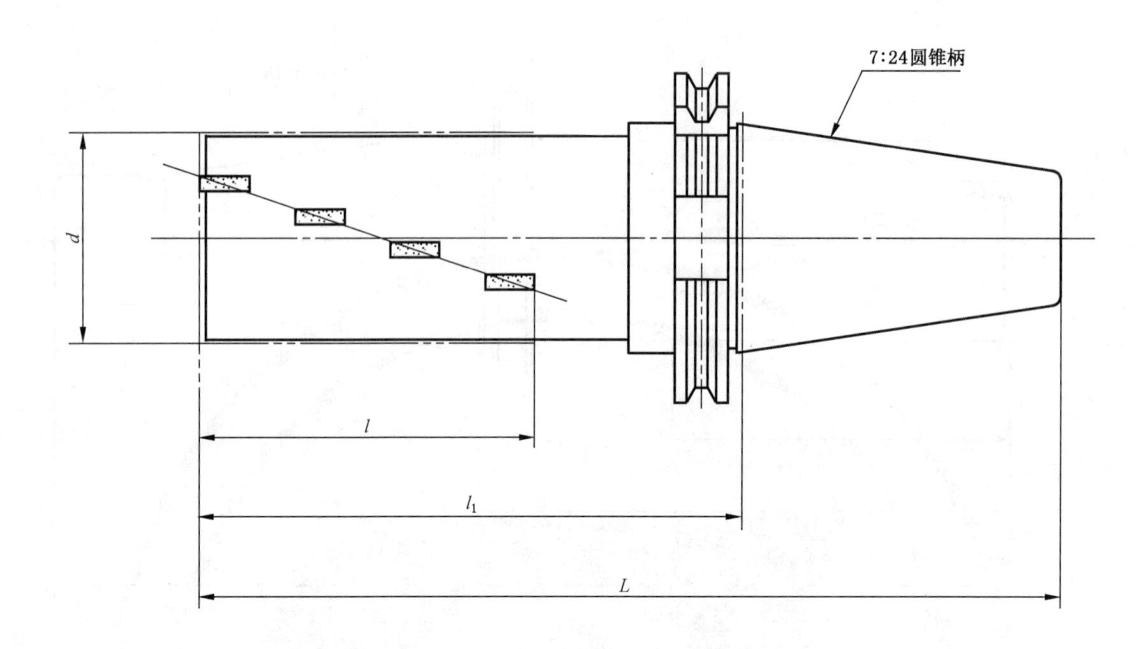

图 4

表 4

单位为毫米

d js14	l min	l_1 min	L max	7∶24 圆锥号	有效齿数 Z (参考值)
32	32	63	175	40	1～2
40	40	80	190		2～4
50	50		250	50	
63	63		280		
80	80	100	310		3～6
			390	60	
100	100	125	330	50	
			410	60	

3.4.2　柄部尺寸按 GB/T 10944.1 的规定。

3.4.3　标记示例

直径 d=80 mm，总长 L=310 mm 的自动换刀机床用 7∶24 锥柄可转位螺旋立铣刀的标记为：

自动换刀 7∶24 锥柄可转位螺旋立铣刀　80×310　GB/T 14298—2008

3.5　套式可转位螺旋立铣刀

3.5.1　基本尺寸按图 5 和表 5。

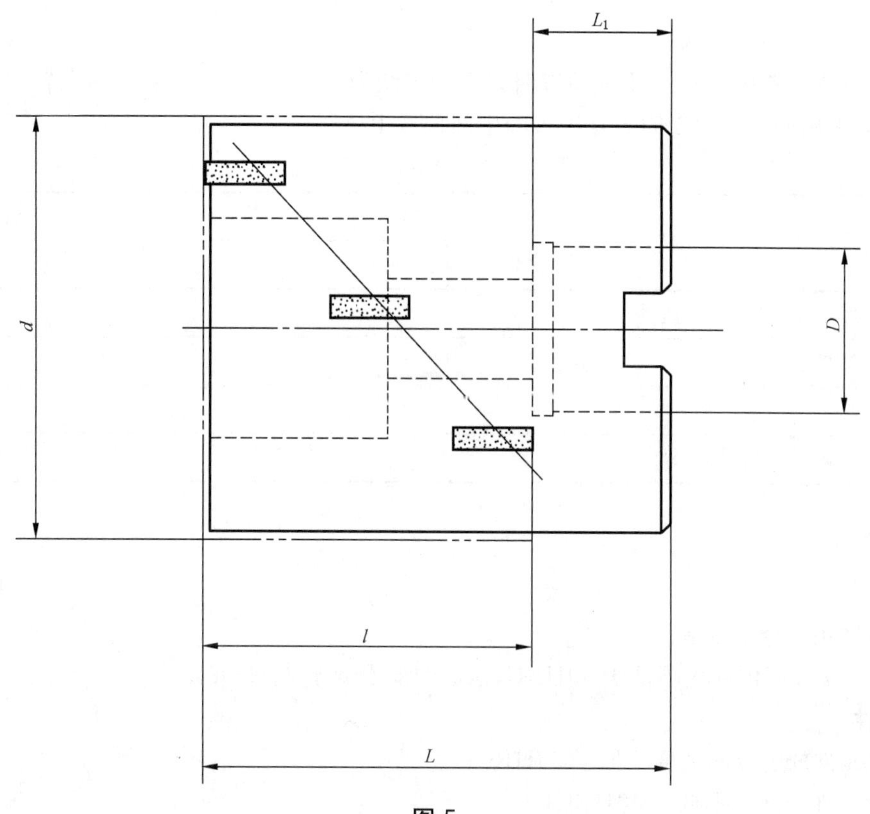

图 5

表 5

单位为毫米

d js14	l min	L_1 min	L max	D H6	有效齿数 Z （参考值）
50	40	18	70	22	2～4
63	45	25	80	27	
80	60	25	100	32	3～6
100	70	27	115	40	
125	80	42	130	50	4～8

3.5.2 端面键槽的尺寸和偏差按 GB/T 20329 的规定。

3.5.3 标记示例

直径 d=80 mm 的套式可转位螺旋立铣刀的标记为：

套式可转位螺旋立铣刀 80 GB/T 14298—2008

4 外观和表面粗糙度

4.1 立铣刀的刀片不得有裂纹、崩刃，其余零件表面不得有裂纹、刻痕、毛刺、锈迹等影响使用性能的缺陷。

4.2 立铣刀表面粗糙度的上限值按以下规定：

a) 刀柄外圆：Ra0.8 μm；

b) 内孔及端面：Ra0.8 μm。

4.3 立铣刀的各相应零件应具有互换性。

4.4 立铣刀刀片和各零件的定位、夹紧均应可靠。

5 公差

立铣刀的位置公差按表 6，要求在检查时以刀柄轴线为基准，套式立铣刀以内孔轴线为基准。检查刀刃跳动时，应采用同一刀片在同一切削刃的中间位置上进行。

表 6

单位为毫米

检 查 项 目	d（直径）	
	32～50	63～125
轴向位置相同的主切削刃径向圆跳动	0.04	
主切削刃径向全跳动	0.08	0.10
端刃端面圆跳动	0.03	0.04
套式立铣刀支承端面的端面圆跳动	0.02	

6 材料和硬度

6.1 刀体

立铣刀刀体用合金钢制造。

切削部分在 l 长度内硬度不低于 40HRC，柄部硬度不低于 45HRC。

6.2 其余元件

a） 定位元件的定位面硬度不低于 50HRC；

b） 夹紧元件的硬度不低于 40HRC；

c） 立铣刀所用刀片精度不低于 C 级，并应符合 GB/T 2075、GB/T 2080 的规定。

7 标志和包装

7.1 标志

7.1.1 立铣刀上应标志：制造厂商标、铣刀直径、刃部长度、制造年月。

7.1.2 立铣刀的包装盒上应标志：产品名称、标准号、立铣刀规格、制造厂名称和商标、刀片型号、件数、制造年月。

7.2 包装

立铣刀及其附件、备件在包装前应经防锈处理，包装必须牢固，并能防止运输过程中的损伤。

ICS 25.100.20
J 41

中华人民共和国国家标准

GB/T 14301—2008
代替 GB/T 14301—1993

整体硬质合金锯片铣刀

Solid carbide slitting cutters

2008-11-04 发布　　　　2009-04-01 实施

中华人民共和国国家质量监督检验检疫总局
中国国家标准化管理委员会　发布

前　言

本标准代替 GB/T 14301—1993《整体硬质合金锯片铣刀》。

本标准与 GB/T 14301—1993 相比主要变化如下：

——修改了原标准中的图 1，其基本尺寸外径用 d 表示，内孔用 D 表示；

——修改了原标准中的表 1(取消了基本尺寸 d、D、L 的极限偏差值和部分参考值 γ_0、α_0、D_1、h、γ、g、Q、$K_\gamma{}'$)；

——修改了原标准中的 3.2(在铣刀后加"的标记"三字)；

——修改了原标准中的 4.1(将外观要求中的污垢修改为：明显的空隙)；

——修改了原标准中的 4.2(将刀齿三侧面修改为：刀齿侧面)；

——修改了原标准中的 4.2(将内孔的表面粗糙度上限值 Ra1.25 μm 修改为：Ra 0.8 μm)；

——修改了原标准中的 4.5(在铣刀后增加："推荐"两字)；

——修改了原标准中的 6.1(将硬质合金用途分组代号修改为：铣刀材料的牌号或用途代号)；

——取消了原标准中的性能试验部分。

本标准的附录 A 为资料性附录。

本标准由中国机械工业联合会提出。

本标准全国刀具标准化技术委员会(SAC/TC 91)归口。

本标准起草单位：成都工具研究所。

本标准主要起草人：刘玉玲。

本标准所代替标准的历次版本发布情况为：

——GB/T 14301—1993。

整体硬质合金锯片铣刀

1 范围

本标准规定了整体硬质合金锯片铣刀的型式和尺寸、外观、表面粗糙度、位置公差、材料、硬度、标志和包装等基本要求。

本标准适用于直径 8 mm～125 mm 的整体硬质合金锯片铣刀(以下简称铣刀)。

2 规范性引用文件

下列文件中的条款通过本标准的引用而成为本标准的条款。凡是注日期的引用文件,其随后所有的修改单(不包括勘误的内容)或修订版均不适用于本标准,然而,鼓励根据本标准达成协议的各方研究是否可使用这些文件的最新版本。凡是不注日期的引用文件,其最新版本适用于本标准。

GB/T 2075 切削加工用硬切削材料的分类和用途 大组和用途小组的分类代号(GB/T 2075—2007,ISO 513:2004,IDT)

3 型式和尺寸

3.1 铣刀的型式和尺寸按图 1 和表 1。

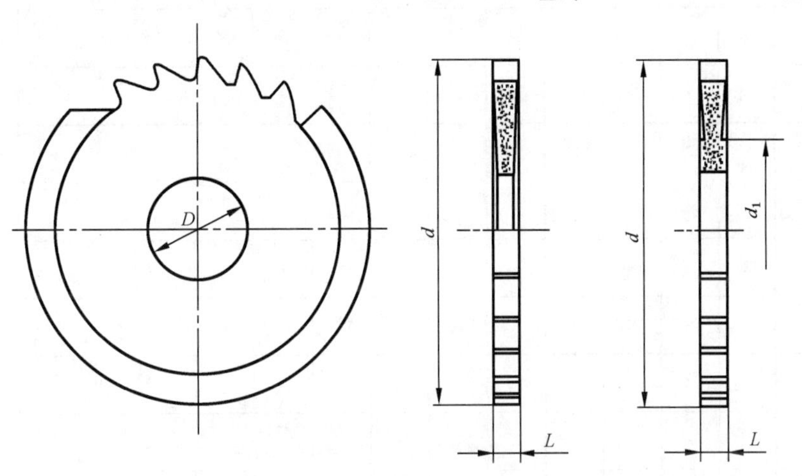

图 1 整体硬质合金锯片铣刀

表 1

单位为毫米

d js13	D H7	参考值 d_1	参考值 齿数	L js10 0.20	0.25	0.30	0.40	0.45	0.50	0.55	0.60	0.65	0.70	0.75	0.80	0.90	1.00	1.10	1.20	1.30	1.40	1.50	1.60	1.80	2.00	2.50	3.00	4.00	5.00
8	3	—	8	×	×	×	×	×	×	×	×	×	×	×	×	—	—	—	—	—	—	—	—	—	—	—	—	—	—
10	5	—	8	×	×	×	×	×	×	×	×	×	×	×	×	—	—	—	—	—	—	—	—	—	—	—	—	—	—
12	5	—	10	×	×	×	×	×	×	×	×	×	×	×	×	×	×	—	—	—	—	—	—	—	—	—	—	—	—
16	5	—	12	×	×	×	×	×	×	×	×	×	×	×	×	×	×	×	×	—	—	—	—	—	—	—	—	—	—
20	5	—	20	×	×	×	×	×	×	×	×	×	×	×	×	×	×	×	×	×	×	×	—	—	—	—	—	—	—
25	5	—	20	—	—	×	×	×	×	×	×	×	×	×	×	×	×	×	×	×	×	×	×	×	—	—	—	—	—
32	8	—	24	—	—	×	×	×	×	×	×	×	×	×	×	×	×	×	×	×	×	×	×	×	×	—	—	—	—
40	10	—	24	—	—	×	×	×	×	×	×	—	—	—	×	—	×	—	×	—	—	—	×	—	×	×	—	—	—
50	13	—	32	—	—	×	×	—	×	—	×	—	—	—	×	—	×	—	×	—	—	—	×	—	×	×	×	×	—
63	16	—	36	—	—	×	×	—	×	—	×	—	—	—	×	—	×	—	×	—	—	—	×	—	×	×	×	×	—
80	22	34	36	—	—	—	—	—	—	—	×	—	—	—	×	—	×	—	×	—	—	—	×	—	×	×	×	×	×
100	22	34	48	—	—	—	—	—	—	—	—	—	—	—	×	—	×	—	×	—	—	—	×	—	×	×	×	×	×
125	22	34	56	—	—	—	—	—	—	—	—	—	—	—	—	—	×	—	×	—	—	—	×	—	×	×	×	×	×

注：×表示有此规格。

3.2　标记示例：

铣刀外径 d=20 mm，厚度 L=0.75 mm 的整体硬质合金锯片铣刀的标记为：

整体硬质合金锯片铣刀　20×0.75　GB/T 14301—2008

4　技术要求

4.1　外观和表面粗糙度

4.1.1　铣刀不得有裂纹、分层剥落、崩刃、明显的空隙等影响使用性能的缺陷。

4.1.2　铣刀表面粗糙度的上限值：

——刀齿前面和后面：Rz 3.2 μm；

——刀齿侧面：Ra 0.63 μm；

——内孔：Ra 0.80 μm。

4.2　位置公差

铣刀的位置公差按表 2，检测方法参照附录 A。

表 2　　　　单位为毫米

项目		铣刀直径 d	
		~50	>50
切削刃对内孔轴线的径向圆跳动	相邻齿	0.020	
	一转	0.030	0.045
端面对内孔轴线的端面圆跳动(靠外圆处测量)		0.020	0.030

4.3　铣刀切削刃后面允许留有不大于 0.05 mm 的刃带。

4.4　铣刀推荐选用 GB/T 2075 中规定的 K10 硬质合金制造。

5　标志和包装

5.1　标志

5.1.1　铣刀产品上应标志：

——制造厂或销售商的商标；

——铣刀外径 d 和厚度 L；

——铣刀材料的牌号或用途代号。

5.1.2　包装盒上应标志：

——制造厂或销售商的名称、地址和商标；

——产品名称；

——标准编号；

——铣刀外径 d 和厚度 L；

——铣刀材料的牌号或用途代号；

——件数；

——制造年月。

5.2　包装

铣刀在包装前应清洗和干燥。包装应牢固，防止运输过程中损伤。

附　录　A
(资料性附录)
铣刀圆跳动的检测方法

A.1　铣刀圆跳动的检测方法按图 A.1。

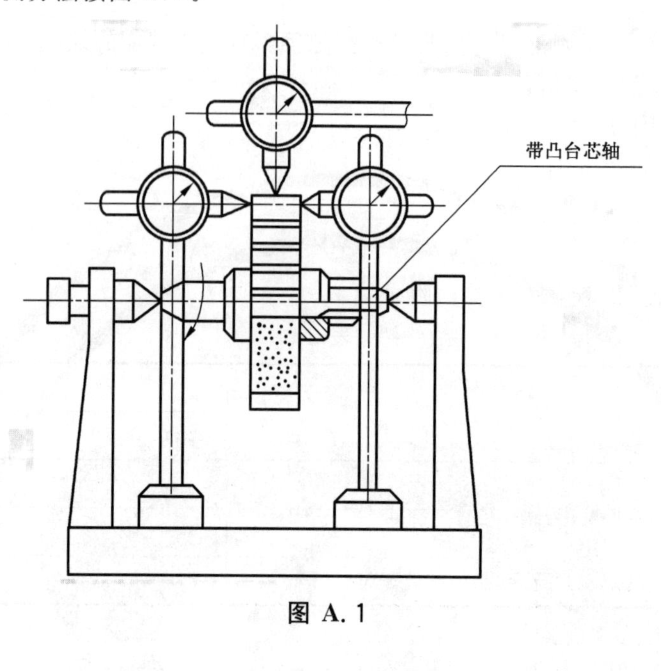

图 A.1

ICS 25.100.20
J 41

中华人民共和国国家标准

GB/T 14328—2008
代替 GB/T 14328.1～14328.4—1993

粗加工立铣刀

Roughing end mill

2008-06-03 发布　　2009-01-01 实施

中华人民共和国国家质量监督检验检疫总局
中国国家标准化管理委员会　发布

前 言

本标准是对GB/T 14328.1—1993《直柄粗加工立铣刀　型式与尺寸》,GB/T 14328.2—1993《削平型直柄粗加工立铣刀　型式与尺寸》,GB/T 14328.3—1993《莫氏锥柄粗加工立铣刀　型式与尺寸》,GB/T 14328.4—1993《粗加工立铣刀　技术条件》的合并修订。

本标准代替GB/T 14328.1—1993,GB/T 14328.2—1993,GB/T 14328.3—1993,GB/T 14328.4—1993。

本标准与GB/T 14328.1—1993相比主要变化如下:

——修改了规范性引用文件;

——将原来的表注删除,重新在3.1.1规定;

——标记示例做了一定的修改:

1) 粗加工立铣刀改为直柄粗加工立铣刀;

2) GB/T 14328.1改为GB/T 14328—2008;

3) 长系列的直柄粗加工立铣刀增加标记“长”。

本标准与GB/T 14328.2—1993相比主要变化如下:

——修改了规范性引用文件;

——将原来的表注删除,重新在3.2.1规定;

——标记示例做了一定的修改:

1) 粗加工立铣刀改为削平型直柄粗加工立铣刀;

2) GB/T 14328.2改为GB/T 14328—2008;

3) 长系列的削平型直柄粗加工立铣刀增加标记“长”。

本标准与GB/T 14328.3—1993相比主要变化如下:

——修改了规范性引用文件;

——将原来的表注删除,重新在3.3.1规定;

——标记示例做了一定的修改:

1) 粗加工立铣刀改为莫氏锥柄粗加工立铣刀;

2) GB/T 14328.3改为GB/T 14328—2008;

3) 长系列的莫氏锥柄粗加工立铣刀增加标记“长”。

本标准与GB/T 14328.4—1993相比主要变化如下:

——删除了性能试验;

——标志和包装做了编辑上的修改。

本标准由中国机械工业联合会提出。

本标准由全国刀具标准化技术委员会(SAC/TC 91)归口。

本标准起草单位:成都工具研究所。

本标准主要起草人:曾宇环。

本标准所代替标准的历次版本发布情况为:

——GB/T 14328.1—1993;

——GB/T 14328.2—1993;

——GB/T 14328.3—1993;

——GB/T 14328.4—1993。

粗加工立铣刀

1 范围

本标准规定了直柄粗加工立铣刀、削平型直柄粗加工立铣刀、莫氏锥柄粗加工立铣刀的型式与尺寸、标记示例、技术要求、标志和包装。

本标准适用于直径 6 mm～50 mm 的直柄粗加工立铣刀、直径 8 mm～63 mm 的削平型直柄粗加工立铣刀和直径 10 mm～80 mm 的莫氏锥柄粗加工立铣刀。

2 规范性引用文件

下列文件中的条款通过本标准的引用而成为本标准的条款。凡是注日期的引用文件，其随后所有的修改单(不包括勘误的内容)或修订版均不适用于本标准，然而，鼓励根据本标准达成协议的各方研究是否可使用这些文件的最新版本。凡是不注日期的引用文件，其最新版本适用于本标准。

GB/T 1443 机床和工具柄用自夹圆锥(GB/T 1443—1996,eqv ISO 296:1991)

GB/T 6131.1 铣刀直柄 第1部分:普通直柄的型式和尺寸(GB/T 6131.1—2006,ISO 3338-1:1996,IDT)

GB/T 6131.2 铣刀直柄 第2部分:削平直柄的型式和尺寸(GB/T 6131.2—2006,ISO 3338-2:2000,MOD)

3 型式与尺寸

3.1 直柄粗加工立铣刀

3.1.1 直柄粗加工立铣刀的型式和尺寸分别按图1和表1的规定。铣刀允许制成带颈部的，柄部尺寸和偏差按照 GB/T 6131.1 的规定。

A型

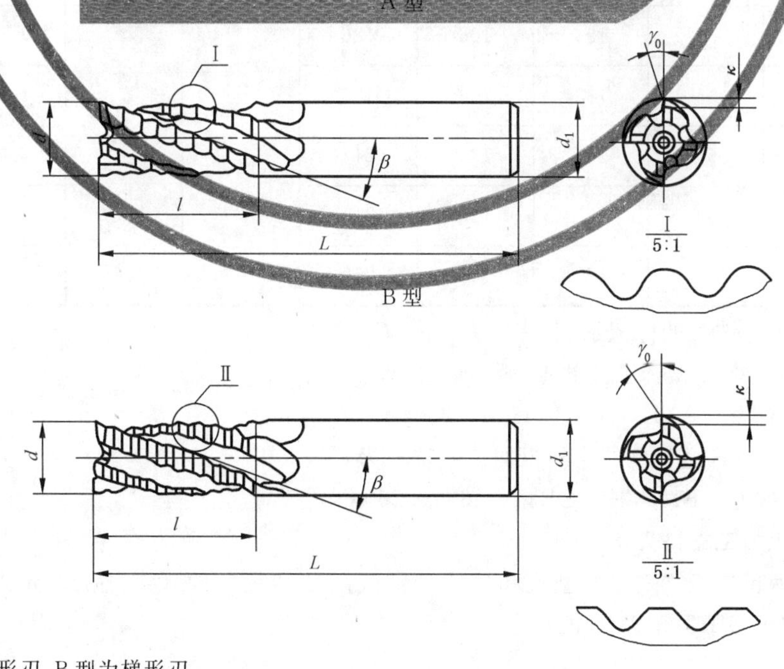

注：A 型为波形刃,B 型为梯形刃。

图 1

表 1

单位为毫米

<table>
<tr><th rowspan="3">d
js15</th><th rowspan="3">d_1
h8</th><th colspan="2">标 准 型</th><th colspan="2">长 型</th><th colspan="4">参 考</th></tr>
<tr><th>l
min</th><th>L
js16</th><th>l
min</th><th>L
js16</th><th>β</th><th>γ_0</th><th>κ</th><th>齿数</th></tr>
<tr></tr>
<tr><td>6</td><td>6</td><td>13</td><td>57</td><td>24</td><td>68</td><td rowspan="19">20°
～
35°</td><td rowspan="19">6°
～
16°</td><td>1.0</td><td rowspan="14">4</td></tr>
<tr><td>7</td><td>8</td><td>16</td><td>60</td><td>30</td><td>74</td><td>1.2</td></tr>
<tr><td>8</td><td>8</td><td>19</td><td>63</td><td>38</td><td>82</td><td>1.4</td></tr>
<tr><td>9</td><td>10</td><td>19</td><td>69</td><td>38</td><td>88</td><td>1.5</td></tr>
<tr><td>10</td><td>10</td><td>22</td><td>72</td><td>45</td><td>95</td><td>1.5～2.0</td></tr>
<tr><td>11</td><td>12</td><td>22</td><td>79</td><td>45</td><td>102</td><td>1.5～2.0</td></tr>
<tr><td>12</td><td>12</td><td>26</td><td>83</td><td>53</td><td>110</td><td>2.0</td></tr>
<tr><td>14</td><td>12</td><td>26</td><td>83</td><td>53</td><td>110</td><td>2.0～2.5</td></tr>
<tr><td>16</td><td>16</td><td>32</td><td>92</td><td>63</td><td>123</td><td>2.5～3.0</td></tr>
<tr><td>18</td><td>16</td><td>32</td><td>92</td><td>63</td><td>123</td><td>3.0</td></tr>
<tr><td>20</td><td>20</td><td>38</td><td>104</td><td>75</td><td>141</td><td>3.0～3.5</td></tr>
<tr><td>22</td><td>20</td><td>38</td><td>104</td><td>75</td><td>141</td><td>3.5～4.0</td></tr>
<tr><td>25</td><td>25</td><td>45</td><td>121</td><td>90</td><td>166</td><td>4.0～4.5</td></tr>
<tr><td>28</td><td>25</td><td>45</td><td>121</td><td>90</td><td>166</td><td>3.0～3.5</td></tr>
<tr><td>32</td><td>32</td><td>53</td><td>133</td><td>106</td><td>186</td><td>3.5～4.0</td><td rowspan="5">6</td></tr>
<tr><td>36</td><td>32</td><td>53</td><td>133</td><td>106</td><td>186</td><td>4.0～4.5</td></tr>
<tr><td>40</td><td>40</td><td>63</td><td>155</td><td>125</td><td>217</td><td>4.0～4.5</td></tr>
<tr><td>45</td><td>40</td><td>63</td><td>155</td><td>125</td><td>217</td><td>4.5～5.0</td></tr>
<tr><td>50</td><td>50</td><td>75</td><td>177</td><td>150</td><td>252</td><td>5.5～6.0</td></tr>
</table>

3.1.2 直柄粗加工立铣刀的标记示例

外径 d=10 mm 的 A 型标准型的直柄粗加工立铣刀为：

直柄粗加工立铣刀 A10 GB/T 14328—2008

外径 d=10mm 的 B 型长型的直柄粗加工立铣刀为：

直柄粗加工立铣刀 B10 长 GB/T 14328—2008

3.2 削平型直柄粗加工立铣刀

3.2.1 削平型直柄粗加工立铣刀的型式和尺寸分别按图 2 和表 2 的规定。铣刀允许制成带颈部的，柄部尺寸和偏差按照 GB/T 6131.2 的规定。

A 型

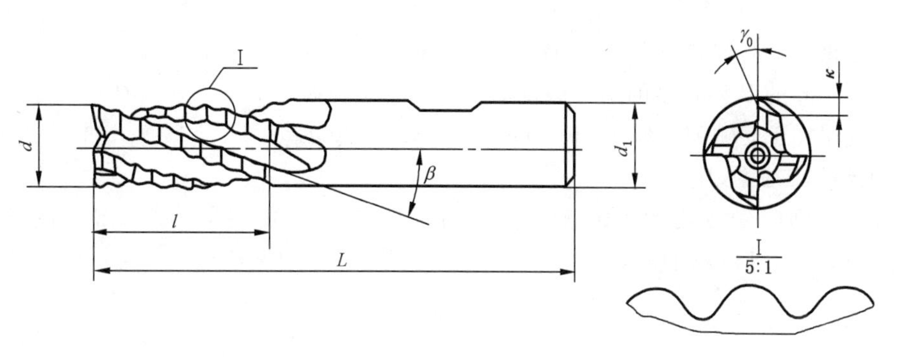

B 型

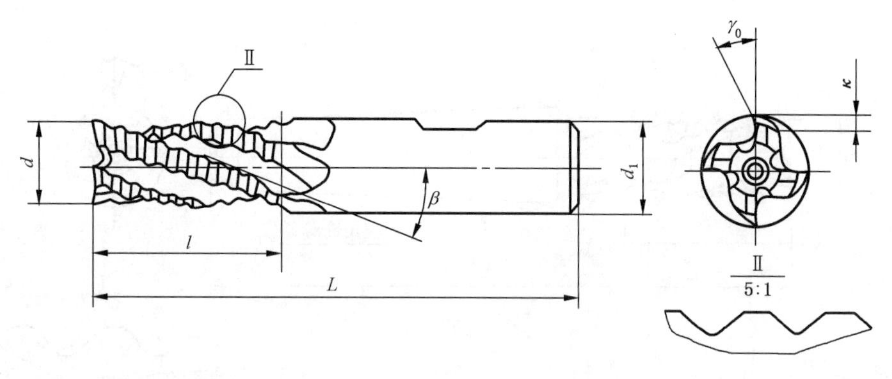

注：A 型为波形刃，B 型为梯形刃。

图 2

表 2

单位为毫米

d js15	d_1 h6	标准型		长型		参考			
		l min	L js16	l min	L js16	β	γ_0	κ	齿数
8	10	19	69	38	88	20°～35°	6°～16°	1.0～1.5	4
9	10	19	69	38	88			1.5	
10	10	22	72	45	95			1.5～2.0	
11	12	22	79	45	102			1.5～2.0	
12	12	26	83	53	110			2.0	
14	12	26	83	53	110			2.0～2.5	
16	16	32	92	63	123			2.5～3.0	
18	16	32	92	63	123			3.0	
20	20	38	104	75	141			3.0～3.5	
22	20	38	104	75	141			3.5～4.0	
25	25	45	121	90	166			4.0～4.5	
28	25	45	121	90	166			3.0～3.5	
32	32	53	133	106	186			3.5～4.0	6
36	32	53	133	106	186			4.0～4.5	
40	40	63	155	125	217			4.0～4.5	
45	40	63	155	125	217			4.5～5.0	
50	50	75	177	150	252			5.5～6.0	
56	50	75	177	150	252			4.5～5.0	8
63	63	90	202	180	292			5.0～5.5	

3.2.2　削平型直柄粗加工立铣刀的标记示例

外径 d=10 mm 的 A 型标准型的削平型直柄粗加工立铣刀为：

削平型直柄粗加工立铣刀　A10　GB/T 14328—2008

外径 d=10 mm 的 B 型长型的削平型直柄粗加工立铣刀为：

削平型直柄粗加工立铣刀　B10　长　GB/T 14328—2008

3.3　莫氏锥柄粗加工立铣刀

3.3.1　莫氏锥柄粗加工立铣刀的型式和尺寸分别按图 3 和表 3 的规定。铣刀允许制成带颈部的，莫氏锥柄尺寸按照 GB/T 1443 的规定。

A 型

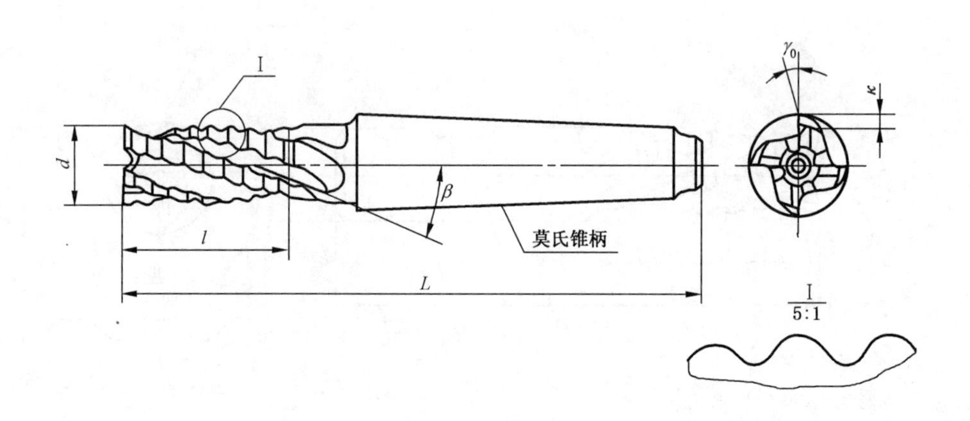

B 型

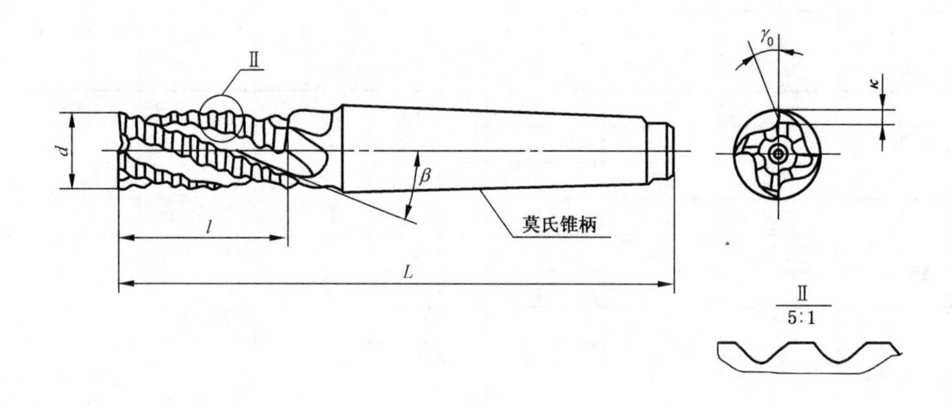

注：A 型为波形刃，B 型为梯形刃。

图 3

表 3

单位为毫米

d js15	标准型		长型		莫氏锥柄号	参考			
	l min	L js16	l min	L js16		β	γ_0	κ	齿数
10	22	92	45	115	1	20°~35°	6°~16°	1.5~2.0	4
11	22	92	45	115				1.5~2.0	
12	26	96	53	123				2.0	
14	26	111	53	138	2			2.0~2.5	
16	32	117	63	148				2.5~3.0	
18	32	117	63	148				3.0	
20	38	123	75	160				3.0~3.5	
22	38	140	75	177	3			3.5~4.0	
25	45	147	90	192				4.0~4.5	
28	45	147	90	192				3.0~3.5	
32	53	155	106	208				3.5~4.0	6
32	53	178	106	231	4			3.5~4.0	
36	53	155	106	208	3			4.0~4.5	
36	53	178	106	231	4			4.0~4.5	
40	63	188	125	250				4.0~4.5	
40	63	221	125	283	5			4.0~4.5	
45	63	188	125	250	4			4.5~5.0	
45	63	221	125	283	5			4.5~5.0	
50	75	200	150	275	4			5.5~6.0	
50	75	233	150	308	5			5.6~6.0	
56	75	200	150	275	4			4.5~5.0	8
56	75	233	150	308	5			4.5~5.0	
63	90	248	180	338				5.0~5.5	
71	90	248	180	338				5.5~6.0	
80	106	320	212	426	6			6.0~6.5	

3.3.2 莫氏锥柄粗加工立铣刀的标记示例

外径 d=32 mm 的 A 型标准型 4 号莫氏锥柄粗加工立铣刀为：

莫氏锥柄粗加工立铣刀　A32　MT4　GB/T 14328—2008

外径 d=32 mm 的 B 型长型 3 号莫氏锥柄粗加工立铣刀为：

莫氏锥柄粗加工立铣刀　B32　长　MT3　GB/T 14328—2008

4 技术要求

4.1 铣刀切削刃应锋利，表面不得有裂纹、崩刃、锈迹及磨削烧伤等影响使用性能的缺陷，焊接铣刀在焊缝处不应有砂眼和未焊透现象。

4.2 铣刀表面粗糙度的最大允许值按表4规定。

表4

单位为微米

项　目	表面粗糙度
刀齿前面	Rz6.30
刀齿后面	Rz6.30
直柄外圆	Ra1.25
削平柄和莫氏锥柄外圆	Ra0.63

4.3 铣刀在刃部长度上允许有正锥度或倒锥度，其值不得大于表5的规定。

表5

单位为毫米

切削刃长度	≤80	>80～120	>120
正锥度	0.05	0.06	0.07
倒锥度	0.10	0.12	0.16

4.4 铣刀的位置公差按表6的规定。

表6

单位为毫米

外径 d	圆周刃对柄部轴线的径向圆跳动		端刃对柄部轴线的端面圆跳动
	标准型	长型	
6～18	0.050	0.070	0.050
>18～30	0.065	0.080	0.060
>30～80	0.075	0.090	0.070

4.5 铣刀切削部分用W6Mo5Cr4V2或同等性能的其他普通高速钢制造，也可用高性能高速钢制造。焊接柄部用45钢，65Mn钢或同等性能的其他合金钢制造。

4.6 硬度

4.6.1 铣刀切削部分为：

普通高速钢：不低于63HRC；

高性能高速钢：不低于65HRC。

4.6.2 铣刀柄部为：

普通直柄和莫氏锥柄不低于30HRC；

削平型直柄不低于50HRC。

4.7 铣刀允许进行表面强化处理。

5 标志和包装

5.1 标志

5.1.1 铣刀上应标志：

a） 制造厂或销售商商标；

b） 铣刀切削部分直径和材料（普通高速钢标“HSS”，高性能高速钢标“HSS-E”）。

5.1.2 铣刀的包装盒上应标志：

a） 制造厂或销售商名称、地址和商标；

b） 本标准标记示例；

c） 材料牌号或代号；

d） 件数；

e） 制造年月。

5.2 包装

铣刀在包装前应经防锈处理，包装必须牢固，并能防止运输过程中的损伤。

ICS 25.100.20
J 41

中华人民共和国国家标准

GB/T 14330—2008
代替 GB/T 14330—1993

硬质合金机夹三面刃铣刀

Machanically clamped carbide side milling cutters

2008-11-04 发布　　　　2009-04-01 实施

中华人民共和国国家质量监督检验检疫总局
中国国家标准化管理委员会　发布

前　言

本标准代替 GB/T 14330—1993《硬质合金机夹三面刃铣刀》。

本标准与 GB/T 14330—1993 相比主要变化如下：

——修改了原标准中表 1(取消了基本尺寸 d、D、L 的极限偏差值和部分参考值 γ、λ_s)；

——修改了原标准中的 3.4(将刀片分组代号修改为：刀片用途代号)；

——修改了原标准中的 4.2(将刀体内孔表面和两支承端面的表面粗糙度上限值 Ra 1.25 μm 修改为：Ra 0.8 μm)；

——修改了原标准中的 4.4(将夹紧件用 45 号钢，其硬度不低于 HRC40 修改为：夹紧件硬度不低于 40HRC)；

——取消了原标准中的性能试验部分。

本标准的附录 A 为资料性附录。

本标准由中国机械工业联合会提出。

本标准由全国刀具标准化技术委员会(SAC/TC 91)归口。

本标准起草单位：成都工具研究所。

本标准主要起草人：刘玉玲。

本标准所代替标准的历次版本发布情况为：

——GB/T 14330—1993。

硬质合金机夹三面刃铣刀

1 范围

本标准规定了硬质合金机夹三面刃铣刀的型式和尺寸、外观、表面粗糙度、位置公差、材料和硬度、标志和包装等基本要求。

本标准适用于直径 63 mm～160 mm、宽度 6 mm～12 mm 硬质合金机夹三面刃铣刀(以下简称铣刀)。

2 规范性引用文件

下列文件中的条款通过本标准的引用而成为本标准的条款。凡是注日期的引用文件,其随后所有的修改单(不包括勘误的内容)或修订版均不适用于本标准,然而,鼓励根据本标准达成协议的各方研究是否可使用这些文件的最新版本。凡是不注日期的引用文件,其最新版本适用于本标准。

GB/T 2075 切削加工用硬切削材料的分类和用途 大组和用途小组的分类代号(GB/T 2075—2007,ISO 513:2004,IDT)

GB/T 6119.2 三面刃铣刀技术条件

GB/T 6132 铣刀和铣刀刀杆的互换尺寸(GB/T 6132—2006,ISO 240:1994,IDT)

3 型式和尺寸

3.1 硬质合金机夹三面刃铣刀的型式和尺寸按图 1 和表 1。

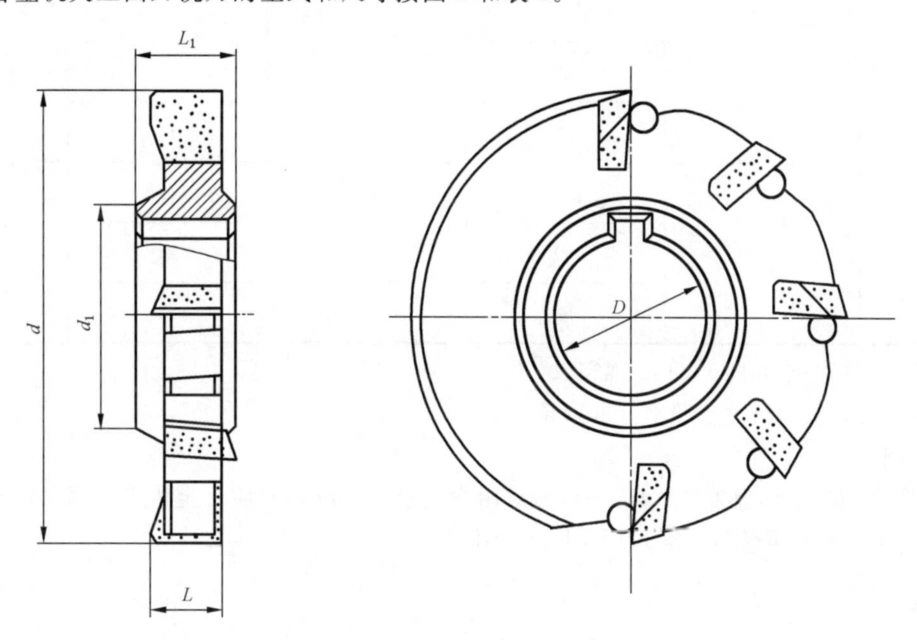

图 1 硬质合金机夹三面刃铣刀

表 1

单位为毫米

d js16	D H7	L k11	参考值		
			d_1	L_1	齿数
63	22	6	33	8	8
		8		10	
		10		12	
		12		14	
80	27	6	40	8	10
		8		10	
		10		12	
		12		14	
100	32	6	50	8	12
		8		10	
		10		12	
		12		14	
125	40	8	65	10	14
		10		12	
		12		14	
160	40	8	—	10	18
		10		12	
		12		14	

3.2 键槽尺寸和偏差按 GB/T 6132 规定。

3.3 铣刀刀片的型式和尺寸参照本标准附录 A。

3.4 标记示例：

铣刀外径 d=80 mm，宽度 L=10 mm，刀片用途代号为 P30 的硬质合金机夹三面刃铣刀为：

硬质合金机夹三面刃铣刀 80×10 P30 GB/T 14330—2008

4 技术要求

4.1 外观和表面粗糙度

4.1.1 铣刀刀片不得有裂纹、崩刃，其余零件不得有裂纹、刻痕和锈迹等影响使用性能的缺陷。

4.1.2 铣刀表面粗糙度的上限值：

——刀体内孔表面和两支承端面：Ra 0.8 μm；

——刀片前面和后面：Ra 0.63 μm。

4.2 位置公差

铣刀的位置公差按表 2。

表 2

单位为毫米

项目		铣刀直径 d		
		～80	>80～125	>125
主切削刃对内孔轴线的径向圆跳动	相邻齿	0.03	0.04	
	一转	0.05	0.06	
端刃对内孔轴线的端面圆跳动		0.03	0.04	0.05
支承端面对内孔轴线的端面圆跳动		0.02		
注：圆跳动的检测方法按 GB/T 6119.2 附录 A 的规定。				

4.3 材料和硬度

4.3.1 铣刀刀体材料为合金结构钢，其硬度不低于 40 HRC。

4.3.2 夹紧件硬度不低于 40 HRC。

4.3.3 铣刀刀片材料按 GB/T 2075 推荐选用 P30、K20 硬质合金。

5 标志和包装

5.1 标志

5.1.1 铣刀产品上应标志：

——制造厂或销售商的商标；

——铣刀外径 d 和宽度 L；

——刀片材料(硬质合金牌号或用途代号)。

5.1.2 包装盒上应标志：

——制造厂或销售商的名称、地址和商标；

——产品名称；

——标准编号；

——铣刀外径 d 和宽度 L；

——刀片材料(硬质合金牌号或用途代号)；

——件数；

——制造年月。

5.2 包装

铣刀在包装前应经防锈处理。包装应牢固，防止运输过程中损伤。

附　录　A
（资料性附录）
铣刀刀片的型式尺寸

单位为毫米

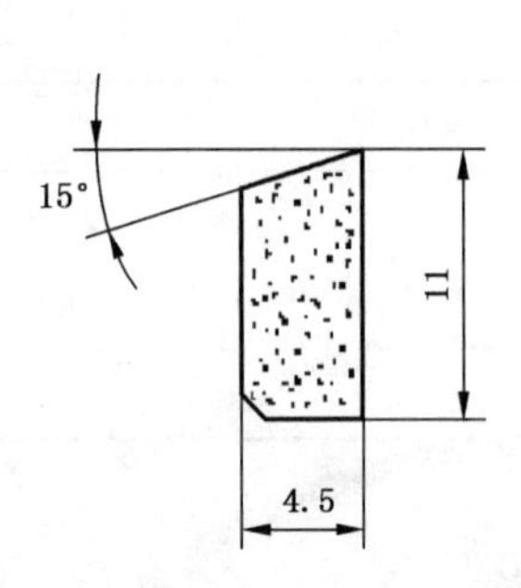

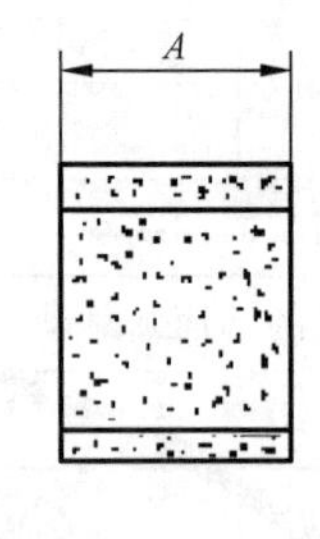

图 A.1

表 A.1　　单位为毫米

铣刀宽度	A
6	5.0
8	6.8
10	8.8
12	10.8

ICS 25.100.20
J 41

中华人民共和国国家标准

GB/T 16456.1—2008
代替 GB/T 16456.1—1996

硬质合金螺旋齿立铣刀 第1部分：直柄立铣刀 型式和尺寸

End mills with brazed helical hardmetal tips—Part 1：Dimensions of end mills with parallel shank

(ISO 10145-1：1993，MOD)

2008-06-03 发布　　2009-01-01 实施

中华人民共和国国家质量监督检验检疫总局
中国国家标准化管理委员会　发布

前　言

GB/T 16456《硬质合金螺旋齿立铣刀》分为四个部分：

——第1部分：直柄立铣刀　型式和尺寸；

——第2部分：7:24锥柄立铣刀　型式和尺寸；

——第3部分：莫氏锥柄立铣刀　型式和尺寸；

——第4部分：技术条件。

本部分为GB/T 16456的第1部分。

本部分修改采用ISO 10145-1:1993《焊接硬质合金螺旋齿立铣刀　第1部分：直柄立铣刀　尺寸》(英文版)。

本部分根据ISO 10145-1:1993重新起草。

本部分与ISO 10145-1:1993相比有下列技术差异和编辑性修改：

——规范性引用文件中的国际标准用我国国家标准替代；

——取消了国际标准的前言；

——“本国际标准”改为“本标准”；

——增加了符号一章；

——增加了标记示例。

本部分是对GB/T 16456.1—1996《硬质合金螺旋齿立铣刀　第1部分：直柄立铣刀　型式和尺寸》的修订。

本部分与GB/T 16456.1—1996相比主要变化如下：

——修改了规范性引用文件。

本部分由中国机械工业联合会提出。

本部分由全国刀具标准化技术委员会(SAC/TC 91)归口。

本部分起草单位：河南一工工具有限公司、成都工具研究所。

本部分主要起草人：赵建敏、沈士昌、孔春艳、潘爱国、樊英杰、王焯林、丁连智、于会义。

本部分所代替标准的历次版本发布情况为：

——GB/T 16456.1—1996。

硬质合金螺旋齿立铣刀
第1部分:直柄立铣刀　型式和尺寸

1　范围

GB/T 16456 的本部分规定了普通直柄和削平直柄的硬质合金螺旋齿立铣刀的型式和尺寸。

本部分适用于 ϕ12 mm～ϕ40 mm 的普通直柄和削平直柄的硬质合金螺旋齿立铣刀。

2　规范性引用文件

下列文件中的条款通过 GB/T 16456 的本部分的引用而成为本部分的条款。凡是注日期的引用文件,其随后所有的修改单(不包括勘误的内容)或修订版均不适用于本部分,然而,鼓励根据本部分达成协议的各方研究是否可使用这些文件的最新版本。凡是不注日期的引用文件,其最新版本使用于本部分。

GB/T 6131.1　铣刀直柄　第1部分:普通直柄的型式和尺寸(GB/T 6131.1—2006,ISO 3338-1:1996,IDT)

GB/T 6131.2　铣刀直柄　第2部分:削平直柄的型式和尺寸(GB/T 6131.2—2006,ISO 3338-1:2000,MOD)

3　符号

d——立铣刀直径;

d_1——立铣刀柄部直径;

l——立铣刀刃部长度;

L——立铣刀总长。

4　型式和尺寸

4.1　立铣刀的型式和尺寸按图1和表1;柄部尺寸和偏差分别按 GB/T 6131.1 和 GB/T 6131.2 的规定。

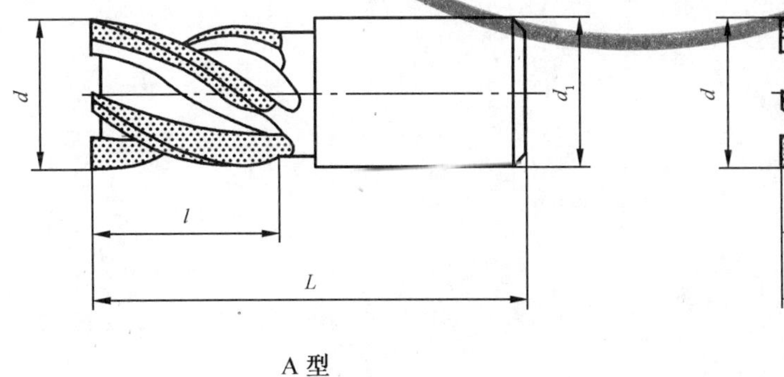

A型

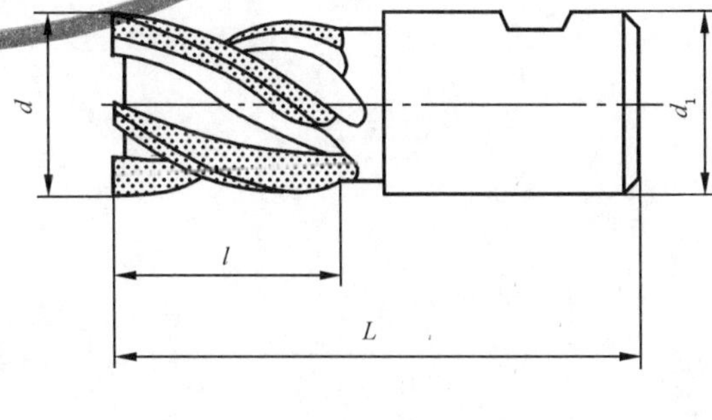

B型

图1

表 1

单位为毫米

d k12	l		d_1	L $^{+2}_{0}$
	基本尺寸	极限偏差		
12	20	$^{+2}_{0}$	12	75
	25			80
16	25		16	88
	32			95
20	32		20	97
	40			105
25	40	$^{+3}_{0}$	25	111
	50			121
32	40		32	120
	50			130
40	50		40	140
	63			153

4.2 标记示例

直径 d=32 mm，总长 L=120 mm 的 A 型立铣刀：

硬质合金螺旋齿直柄立铣刀 A 32×120 GB/T 16456.1—2008。

ICS 25.100.20
J 41

中华人民共和国国家标准

GB/T 16456.2—2008
代替 GB/T 16456.2—1996

硬质合金螺旋齿立铣刀 第2部分:7∶24锥柄立铣刀 型式和尺寸

End mills with brazed helical tips—
Part 2:Dimensions of end mills with 7∶24 taper shank

(ISO 10145-2:1993,MOD)

2008-06-03 发布 | 2009-01-01 实施

中华人民共和国国家质量监督检验检疫总局
中国国家标准化管理委员会 发布

前言

GB/T 16456《硬质合金螺旋齿立铣刀》分为四个部分：

——第1部分：直柄立铣刀 型式和尺寸；

——第2部分：7∶24锥柄立铣刀 型式和尺寸；

——第3部分：莫氏锥柄立铣刀 型式和尺寸；

——第4部分：技术条件。

本部分为GB/T 16456的第2部分。

本部分修改采用ISO 10145-2：1993《焊接硬质合金螺旋齿立铣刀 第2部分：7∶24锥柄立铣刀 尺寸》(英文版)。

本部分根据ISO 10145-2：1993重新起草。

本部分与ISO 10145-2：1993相比有下列技术差异和编辑性的修改：

——规范性引用文件中的国际标准用我国国家标准替代；

——取消了国际标准的前言；

——“本国际标准”改为“本标准”；

——增加了符号一章；

——增加了标记示例。

本部分是对GB/T 16456.2—1996《硬质合金螺旋齿立铣刀 第2部分：7∶24锥柄立铣刀 型式和尺寸》的修订。

本部分与GB/T 16456.2—1996相比主要变化如下：

——修改了规范性引用文件。

本部分由中国机械工业联合会提出。

本部分由全国刀具标准化技术委员会(SAC/TC 91)归口。

本部分起草单位：河南一工工具有限公司、成都工具研究所。

本部分主要起草人：赵建敏、沈士昌、孔春艳、潘爱国、樊英杰、王焯林、丁连智、王振宇、于会义。

本部分所代替标准的历次版本发布情况为：

——GB/T 16456.2—1996。

硬质合金螺旋齿立铣刀
第2部分:7∶24锥柄立铣刀
型式和尺寸

1 范围

GB/T 16456的本部分规定了硬质合金螺旋齿7∶24锥柄立铣刀的型式和尺寸。

本部分适用于ϕ32 mm～ϕ63 mm硬质合金螺旋齿7∶24锥柄立铣刀。

2 规范性引用文件

下列文件中的条款通过GB/T 16456的本部分的引用而成为本部分的条款。凡是注日期的引用文件,其随后所有的修改单(不包括勘误的内容)或修订版均不适用于本部分,然而,鼓励根据本部分达成协议的各方研究是否可使用这些文件的最新版本。凡是不注日期的引用文件,其最新版本使用于本部分。

GB/T 3837 7∶24手动换刀刀柄圆锥

GB/T 10944.1 自动换刀用7∶24圆锥工具柄部 40、45和50号柄 第1部分:尺寸及锥角公差(GB/T 10944.1—2006,ISO 7388-1:1983,MOD)

3 符号

d——立铣刀直径;

l_1——立铣刀伸出长度;

l——立铣刀刃部长度;

L——立铣刀总长。

4 型式和尺寸

4.1 硬质合金螺旋齿7∶24锥柄立铣刀的型式和尺寸按图1和表1,A型立铣刀的柄部尺寸和偏差按GB/T 3837的规定,B型立铣刀的柄部尺寸和偏差按GB/T 10944.1的规定。

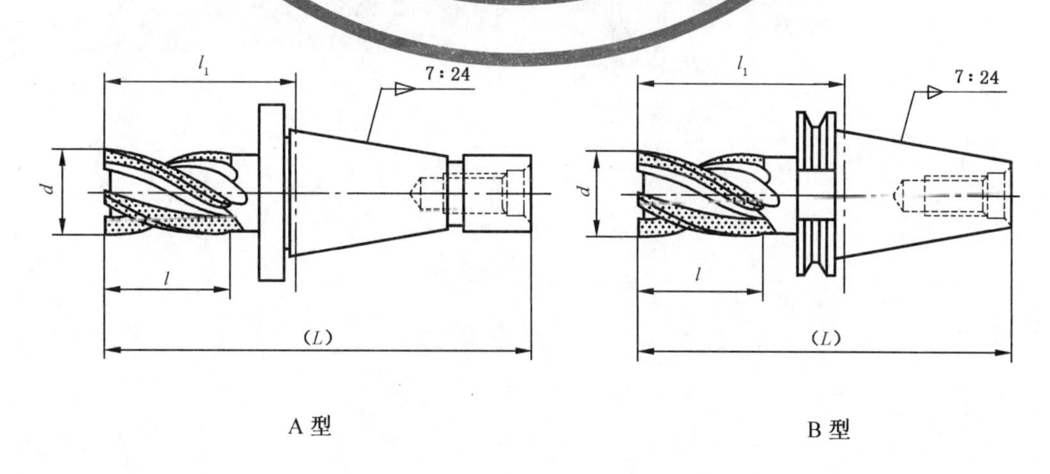

图1

表 1

单位为毫米

d k12	l $^{+3}_{0}$	A型				B型			
		40号圆锥		50号圆锥		40号圆锥		50号圆锥	
		l_1 $^{+3}_{0}$	L	l_1 $^{+3}_{0}$	L	l_1 $^{+3}_{0}$	L	l_1 $^{+3}_{0}$	L
32	40	84	177.4	—	—	91	159.4	—	—
	50	94	187.4	—	—	101	169.4	—	—
40	50	94	187.4	103	229.8	101	169.4	107	208.75
	63	107	200.4	116	242.8	114	182.4	120	221.75
50	50	94	187.4	103	229.8	101	169.4	107	208.75
	80	124	217.4	133	259.8	131	199.4	137	238.75
63	63	—	—	116	242.8	—	—	120	221.75
	100	—	—	153	179.8	—	—	157	258.75

4.2 标记示例

直径 d=40 mm，总长 L=187.4 mm 的 A 型立铣刀：

硬质合金螺旋齿 7：24 锥柄立铣刀 A 40×187.4 GB/T 16456.2—2008。

ICS 25.100.20
J 41

中华人民共和国国家标准

GB/T 16456.3—2008
代替 GB/T 16456.3—1996

硬质合金螺旋齿立铣刀 第3部分：莫氏锥柄立铣刀 型式和尺寸

End mills with brazed helical hardmetal tips—
Part 3: Dimensions of end mills with morse typer shank

2008-06-03 发布　　2009-01-01 实施

中华人民共和国国家质量监督检验检疫总局
中国国家标准化管理委员会　发布

前　言

GB/T 16456《硬质合金螺旋齿立铣刀》分为四个部分：

——第1部分：直柄立铣刀　型式和尺寸；

——第2部分：7∶24锥柄立铣刀　型式和尺寸；

——第3部分：莫氏锥柄立铣刀　型式和尺寸；

——第4部分：技术条件。

本部分为GB/T 16456的第3部分。

本部分是对GB/T 16456.3—1996《硬质合金螺旋齿立铣刀　第3部分：莫氏锥柄立铣刀　型式和尺寸》的修订。

本部分与GB/T 16456.3—1996相比主要变化如下：

——修改了规范性引用文件。

本部分由中国机械工业联合会提出。

本部分由全国刀具标准化技术委员会(SAC/TC 91)归口。

本部分起草单位：河南一工工具有限公司、成都工具研究所。

本部分主要起草人：赵建敏、沈士昌、孔春艳、潘爱国、樊英杰、王焯林、丁连智、于会义。

本部分所代替标准的历次版本发布情况为：

——GB/T 16456.3—1996。

硬质合金螺旋齿立铣刀
第3部分：莫氏锥柄立铣刀
型式和尺寸

1 范围

GB/T 16456 的本部分规定了硬质合金螺旋齿莫氏锥柄立铣刀的型式和尺寸。

本部分适用于 ϕ16 mm～ϕ63 mm 硬质合金螺旋齿莫氏锥柄立铣刀。

2 规范性引用文件

下列文件中的条款通过 GB/T 16456 的本部分的引用而成为本部分的条款。凡是注日期的引用文件，其随后所有的修改单(不包括勘误的内容)或修订版均不适用于本部分，然而，鼓励根据本部分达成协议的各方研究是否可使用这些文件的最新版本。凡是不注日期的引用文件，其最新版本使用于本部分。

GB/T 1443 机床和工具柄用自夹圆锥(GB/T 1443—1996，eqv ISO 296：1991)

3 符号

d——立铣刀直径；

l——立铣刀刃部长度；

L——立铣刀总长。

4 型式和尺寸

4.1 硬质合金螺旋齿莫氏锥柄立铣刀的型式和尺寸按图 1 和表 1，莫氏圆锥柄的尺寸和偏差按 GB/T 1443 的规定。

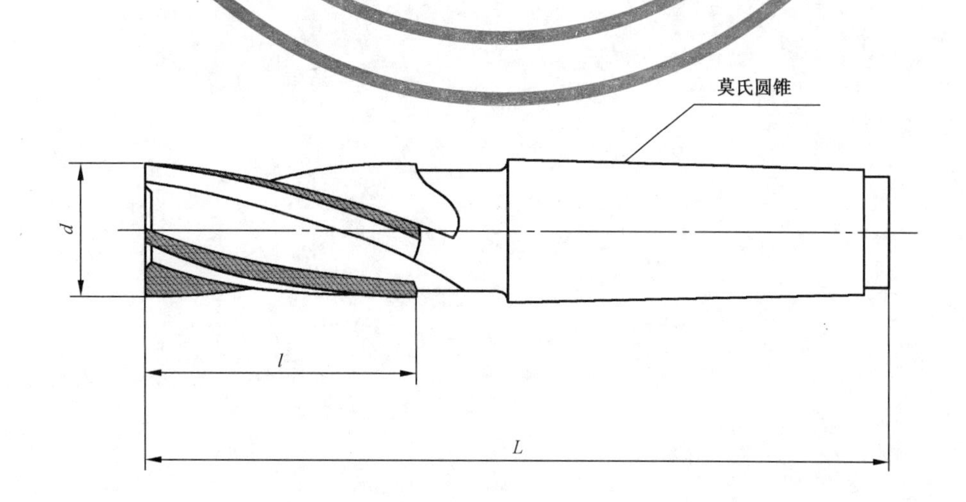

图 1

表 1

单位为毫米

d k12	l_{0}^{+2}	L_{0}^{+2}	莫氏圆锥号
16	25	110	2
	32	117	
20	32	117	2
	40	125	
		142	3
25	40	142	3
	50	152	
32	40	165	4
	50	175	
40	50	181	4
	63	194	
50	63	194	4
	80	238	5
63	63	221	5
	100	258	

4.2 标记示例

直径 d=20 mm，总长 L=125 mm 的立铣刀：

硬质合金螺旋齿莫氏锥柄立铣刀 20×125 GB/T 16456.3—2008。

ICS 25.100.20
J 41

中华人民共和国国家标准

GB/T 16456.4—2008
代替 GB/T 16456.4—1996

硬质合金螺旋齿立铣刀 第4部分:技术条件

End mills with brazed helical hardmetal tips—Part 4:Technical specifications

2008-06-03 发布 2009-01-01 实施

中华人民共和国国家质量监督检验检疫总局
中国国家标准化管理委员会 发布

前　言

GB/T 16456《硬质合金螺旋齿立铣刀》分为四个部分：

——第1部分：直柄立铣刀　型式和尺寸；

——第2部分：7∶24锥柄立铣刀　型式和尺寸；

——第3部分：莫氏锥柄立铣刀　型式和尺寸；

——第4部分：技术条件。

本部分为GB/T 16456的第4部分。

本部分是对GB/T 16456.4—1996《硬质合金螺旋齿立铣刀　第4部分：技术条件》的修订。

本部分与GB/T 16456.4—1996相比主要变化如下：

——修改了规范性引用文件；

——取消了GB/T 16456.4—1996中的性能试验部分；

——补充了对硬质合金刀片材料要求；

——增加了焊接质量；

——增加了硬质合金螺旋刀片对接要求；

——修改了普通直柄、莫氏圆锥柄的硬度值；

——取消了外观和表面粗糙度中焊接的要求，将此项内容调整到焊接质量中。

本部分由中国机械工业联合会提出。

本部分由全国刀具标准化技术委员会(SAC/TC 91)归口。

本部分起草单位：河南一工工具有限公司、成都工具研究所。

本部分主要起草人：赵建敏、沈士昌、孔春艳、潘爱国、樊英杰、王焯林、丁连智、张洪民、于会义。

本部分所代替标准的历次版本发布情况为：

——GB/T 16456.4—1996。

硬质合金螺旋齿立铣刀
第4部分：技术条件

1 范围

GB/T 16456的本部分规定了硬质合金螺旋齿立铣刀的尺寸、材料和硬度、外观和表面粗糙度、标志和包装的技术要求。

本部分适用于按GB/T 16456.1、GB/T 16456.2和GB/T 16456.3生产的硬质合金螺旋齿立铣刀。

2 规范性引用文件

下列文件中的条款通过GB/T 16456的本部分的引用而成为本部分的条款。凡是注日期的引用文件，其随后所有的修改单(不包括勘误的内容)或修订版均不适用于本部分，然而，鼓励根据本部分达成协议的各方研究是否可使用这些文件的最新版本。凡是不注日期的引用文件，其最新版本适用于本部分。

GB/T 2075 切削加工用硬切削材料的分类和用途 大组和用途小组的分类代号(GB/T 2075—2007,ISO 513:2004,IDT)

GB/T 6118—1996 立铣刀 技术条件

GB/T 16456.1 硬质合金螺旋齿立铣刀 第1部分：直柄立铣刀 型式和尺寸(GB/T 16456.1—2008,ISO 10145-1:1993,MOD)

GB/T 16456.2 硬质合金螺旋齿立铣刀 第2部分：7：24锥柄立铣刀 型式和尺寸(GB/T 16456.2—2008,ISO 10145-2:1993,MOD)

GB/T 16456.3 硬质合金螺旋齿立铣刀 第3部分：莫氏锥柄立铣刀 型式和尺寸

3 符号

d——立铣刀直径。

4 尺寸

4.1 立铣刀形状和位置公差按表1的规定。

表1

单位为毫米

d	圆周刃对柄部轴线的径向圆跳动		端刃对柄部轴线的端面圆跳动	工作部分圆柱度
	一周	相邻(≥4齿)		
≤25	0.020	0.016	0.020	0.010
＞25	0.032		0.040	
注：圆跳动的检测方法按GB/T 6118—1996附录A的规定。				

5 材料和硬度

5.1 材料

5.1.1 硬质合金螺旋刀片

按GB/T 2075分类分组的规定，选用代号为P20～P30，K20～K30的硬质合金螺旋刀片。

硬质合金螺旋刀片在焊接前表面应进行研磨、喷砂或其他方法的表面处理。

硬质合金螺旋刀片不得有起皮、鼓泡、分层、裂纹等缺陷。

5.1.2 刀体用40Cr、9SiCr或同等以上性能的合金钢制造。

5.2 硬度

柄部硬度距尾端三分之二长度上为：

——普通直柄、莫氏锥柄：不低于35HRC；

——削平直柄：不低于50HRC；

——7：24锥柄：不低于53HRC。

6 外观和表面粗糙度

6.1 立铣刀的切削刃应锋利，不应有崩刃、钝口、裂纹等影响使用性能的缺陷，非工作部分的锐边应倒钝。

6.2 立铣刀的表面粗糙度的上限值按下列规定：

——前面和后面：$Rz3.2\ \mu m$；

——柄部外圆：$Ra0.4\ \mu m$。

7 焊接质量

7.1 焊接立铣刀的刀片应牢靠，不应有气孔、未焊透或焊料堆积等影响使用性能的缺陷。

7.2 $d \leqslant \phi 18$ mm，切削刃长度≥40 mm；$\phi 18$ mm<$d \leqslant \phi 30$ mm，切削刃长度≥60 mm；$d > \phi 30$ mm，切削刃长度≥80 mm，可进行硬质合金螺旋刀片对接，对接的焊缝应相互错开。

8 标志和包装

8.1 标志

8.1.1 产品上应标志：

a) 制造厂或销售商的商标；

b) 立铣刀的直径；

c) 刀片的硬质合金牌号或代号。

8.1.2 包装盒上应标志：

a) 制造厂或销售商的名称、地址和商标；

b) 立铣刀的标记；

c) 刀片的硬质合金牌号或代号；

d) 件数；

e) 制造年月。

8.2 包装

立铣刀在包装前应经防锈处理。包装必须牢靠，并能防止运输过程中的损伤。

ICS 25.100.20
J 41

中华人民共和国国家标准

GB/T 16770.1—2008
代替 GB/T 16770.1—1997

整体硬质合金直柄立铣刀 第1部分:型式与尺寸

Solid hardmetal end mills with parallel shank—Part 1:Dimensions

(ISO 10911:1994,Solid hardmetal end mills with parallel shank—Dimensions,MOD)

2008-06-03 发布　　　　2009-01-01 实施

中华人民共和国国家质量监督检验检疫总局
中国国家标准化管理委员会　发布

前　言

GB/T 16770《整体硬质合金直柄立铣刀》分为两个部分：

——第1部分：型式与尺寸；

——第2部分：技术条件。

本部分为GB/T 16770的第1部分。

本部分修改采用ISO 10911:1994《整体硬质合金直柄立铣刀　尺寸》。

本部分根据ISO 10911:1994重新起草。

本部分与ISO 10911:1994相比有下列技术差异：

——修改了前言；

——增加了柄部直径 d_2 的公差；

——修改了注及标记。

本部分是对GB/T 16770.1—1997《整体硬质合金直柄立铣刀　第1部分：型式和尺寸》的修订。

本部分与GB/T 16770.1—1997相比主要变化如下：

——修改了规范性引用文件；

——增加了柄部直径 d_2 的公差；

——修改了注及标记。

本部分由中国机械工业联合会提出。

本部分由全国刀具标准化技术委员会(SAC/TC 91)归口。

本部分起草单位：上海工具厂有限公司。

本部分主要起草人：张红、励政伟。

本部分所代替标准的历次版本发布情况为：

——GB/T 16770.1—1997。

整体硬质合金直柄立铣刀
第1部分:型式与尺寸

1 范围

GB/T 16770 的本部分规定了整体硬质合金直柄立铣刀(以下简称立铣刀)的型式与尺寸。

本部分适用于直径 1 mm～20 mm 的立铣刀。

2 规范性引用文件

下列文件中的条款通过 GB/T 16770 的本部分的引用而成为本部分的条款。凡是注日期的引用文件,其随后所有的修改单(不包括勘误的内容)或修订版均不适用于本部分,然而,鼓励根据本部分达成协议的各方研究是否可使用这些文件的最新版本。凡是不注日期的引用文件,其最新版本适用于本部分。

GB/T 6131.1 铣刀直柄 第1部分:普通直柄型式和尺寸(GB/T 6131.1—2006,ISO 3338-1:1996,IDT)

GB/T 6131.2 铣刀直柄 第2部分:削平直柄型式和尺寸(GB/T 6131.2—2006,ISO 3338-2:2000,MOD)

3 型式与尺寸

3.1 立铣刀的型式与尺寸按图1中所示和表1中给出,柄部尺寸和偏差按 GB/T 6131.1 的规定。

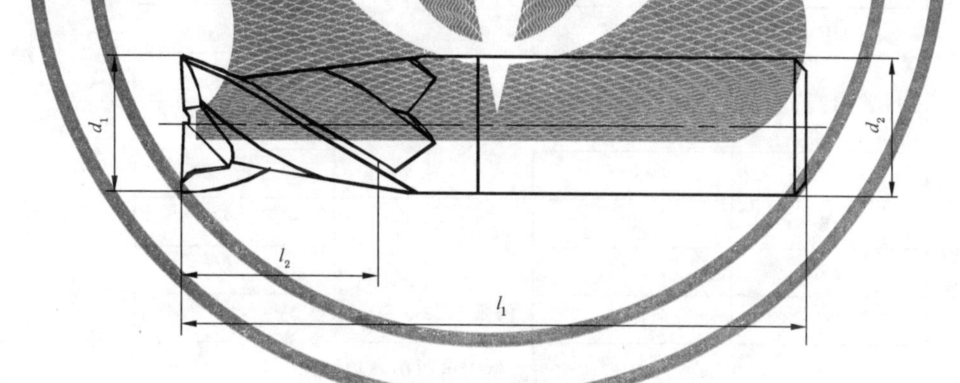

图 1

表 1

单位为毫米

直径 d_1 h10	柄部直径 d_2 h6	总长 l_1 基本尺寸	总长 l_1 极限偏差	刃长 l_2 基本尺寸	刃长 l_2 极限偏差
1.0	3	38	$^{+2}_{0}$	3	$^{+1}_{0}$
	4	43			
1.5	3	38		4	
	4	43			

表 1（续）

单位为毫米

直　径 d_1 h10	柄部直径 d_2 h6	总长 l_1		刃长 l_2	
		基本尺寸	极限偏差	基本尺寸	极限偏差
2.0	3	38	$^{+2}_{0}$	7	$^{+1}_{0}$
	4	43			
2.5	3	38		8	
	4	57			
3.0	3	38		8	
	6	57			
3.5	4	43		10	
	6	57			
4.0	4	43		11	$^{+1.5}_{0}$
	6	57			
5.0	5	47		13	
	6	57			
6.0	6	57		13	
7.0	8	63		16	
8.0	8	63		19	
9.0	10	72		19	
10.0	10	72		22	
12.0	12	76		22	
		83		26	$^{+2}_{0}$
14.0	14	83		26	
16.0	16	89	$^{+3}_{0}$	32	
18.0	18	92		32	
20.0	20	101		38	

注 1：2 齿立铣刀中心刃切削(加工键槽)。3 齿或多齿立铣刀可以中心刃切削。

注 2：表内尺寸可按 GB/T 6131.2 做成削平直柄立铣刀。

3.2　标记示例

直径 d_1=5 mm，总长 l_1=47 mm 的直柄立铣刀。

整体硬质合金直柄立铣刀 5×47　GB/T 16770.1—2008

直径 d_1=5 mm，总长 l_1=57 mm 的削平直柄立铣刀。

整体硬质合金直柄立铣刀 5×57 削平柄　GB/T 16770.1—2008

注：中心刃切削的立铣刀应在规格前注明“端刃过中心”。

ICS 25.100.20
J 41

中华人民共和国国家标准

GB/T 16770.2—2008
代替 GB/T 16770.2—1997

整体硬质合金直柄立铣刀 第2部分:技术条件

Solid hardmetal end mills with parallel shank—Part 2:Technical specifications

2008-06-03 发布　　2009-01-01 实施

中华人民共和国国家质量监督检验检疫总局
中国国家标准化管理委员会　发布

前言

GB/T 16770《整体硬质合金直柄立铣刀》分为两个部分：

——第1部分：型式与尺寸；

——第2部分：技术条件。

本部分为 GB/T 16770 的第2部分。

本部分是对 GB/T 16770.2—1997《整体硬质合金直柄立铣刀　第2部分：技术规范》的修订。

本部分与 GB/T 16770.2—1997 相比主要变化如下：

——将技术规范改为技术条件；

——修改了规范性引用文件；

——工作部分圆柱度改为工作部分倒锥度；

——材料选用代号不作详细规定；

——对外观要求作了部分修改；

——取消了性能试验。

本部分由中国机械工业联合会提出。

本部分由全国刀具标准化技术委员会(SAC/TC 91)归口。

本部分起草单位：上海工具厂有限公司。

本部分主要起草人：张红、励政伟。

本部分所代替标准的历次版本发布情况为：

——GB/T 16770.2—1997。

整体硬质合金直柄立铣刀
第2部分:技术条件

1 范围

GB/T 16770的本部分规定了整体硬质合金直柄立铣刀(以下简称立铣刀)的尺寸、材料、外观和表面粗糙度、标志和包装的技术条件。

本部分适用于直径1 mm～20 mm的直柄立铣刀。

2 规范性引用文件

下列文件中的条款通过GB/T 16770的本部分的引用而成为本部分的条款。凡是注日期的引用文件,其随后所有的修改单(不包括勘误的内容)或修订版均不适用于本部分,然而,鼓励根据本部分达成协议的各方研究是否可使用这些文件的最新版本。凡是不注日期的引用文件,其最新版本适用于本部分。

GB/T 2075 切削加工用硬切削材料的分类和用途 大组和用途小组的分类代号(GB/T 2075—2007,ISO 513:2004,IDT)

GB/T 6118—1996 立铣刀 技术条件

3 尺寸

立铣刀的形状和位置公差按表1规定。

表1

单位为毫米

<table>
<tr><td colspan="3">圆周刃对柄部轴线的径向圆跳动</td><td rowspan="2">端刃对柄部轴线的端面圆跳动</td><td rowspan="2">工作部分倒锥度</td></tr>
<tr><td>d_1</td><td>一转</td><td>相邻</td></tr>
<tr><td>～6</td><td>0.012</td><td>0.006</td><td rowspan="3">0.020</td><td>0.010</td></tr>
<tr><td>＞6～12</td><td rowspan="2">0.020</td><td rowspan="2">0.010</td><td>0.011</td></tr>
<tr><td>＞12～20</td><td>0.015</td></tr>
<tr><td colspan="5">注:圆跳动的检测方法按GB/T 6118—1996附录A的规定。</td></tr>
</table>

4 材料

硬质合金材料按GB/T 2075选用。

5 外观和表面粗糙度

5.1 立铣刀切削刃应锋利,不应有崩刃,微裂纹等影响使用性能的缺陷。

5.2 立铣刀的表面粗糙度的上限值按下列规定:

——刀齿的前面和后面:Rz3.2 μm;

——柄部外圆:Ra0.4 μm。

6 标志和包装

6.1 标志

6.1.1 产品上应标志(柄部直径 $d_2 \leqslant 4$ mm 可以不标志):

a) 制造厂或销售商商标;

b) 立铣刀直径;

c) 硬质合金牌号或代号。

6.1.2 包装盒上应标志:

a) 制造厂或销售商名称、地址和商标;

b) 立铣刀标记;

c) 硬质合金牌号或代号;

d) 件数;

e) 制造年月。

注:如包装盒太小,可在合格证、说明书等包装内的文件上标志部分内容。

6.2 包装

立铣刀包装必须牢固,防止运输过程中的损伤。

ICS 25.100.30
J 41

中华人民共和国国家标准

GB/T 20331—2006

直柄机用1:50锥度销子铰刀

Machine taper 1:50 pin reamers with parallel shanks

(ISO 3466:1975,Machine taper pin reamers with parallel shanks,MOD)

2006-07-20 发布　　2007-01-01 实施

中华人民共和国国家质量监督检验检疫总局
中国国家标准化管理委员会　发布

前　言

本标准修改采用ISO 3466:1975《直柄机用锥度销子铰刀》(英文版)。

本标准根据ISO 3466:1975重新起草。

本标准与ISO 3466:1975相比有下列技术性差异和编辑性修改:

——删除了国际标准前言;

——用"."代替用作小数点的逗号",";

——"本国际标准"改为"本标准";

——规范性引用文件列项中,ISO 4203用我国标准GB/T 1442代替,增加了我国标准GB/T 4248,删除了ISO/R286、ISO 2339、ISO 3465和ISO 3466;

——增加了d的极限偏差;

——增加了技术要求;

——增加了标记示例;

——删除了国际标准的d_1、t、Y_1尺寸。

本标准由中国机械工业联合会提出。

本标准由全国刀具标准化技术委员会归口。

本标准主要起草单位:成都工具研究所。

本标准主要起草人:邓智光、聂珂星、曾宇环。

直柄机用 1∶50 锥度销子铰刀

1 范围

本标准规定了直柄机用 1∶50 锥度销子铰刀的型式和尺寸，技术要求。

本标准适用于直径为 2 mm～12 mm 的直柄机用 1∶50 锥度销子铰刀。

除另有说明，这种铰刀都制成右切削的。

容屑槽可以制成直槽或左螺旋槽，由制造厂自行决定。

2 规范性引用文件

下列文件中的条款通过本标准的引用而成为本标准的条款。凡是注日期的引用文件，其随后所有的修改单(不包括勘误的内容)或修订版均不适用于本标准，然而，鼓励根据本标准达成协议的各方研究是否可使用这些文件的最新版本。凡是不注日期的引用文件，其最新版本适用于本标准。

GB/T 1442　直柄工具用传动扁尾及套筒　尺寸(GB/T 1442—2004，ISO 4203:1978，MOD)

GB/T 4248　手用 1∶50 锥度销子铰刀　技术条件

3 传动扁尾

直柄机用 1∶50 锥度销子铰刀，需用传动扁尾时，其尺寸按 GB/T 1442 的规定。

4 型式和尺寸

4.1 直柄机用 1∶50 锥度销子铰刀型式和尺寸按图 1 和表 1 所示。

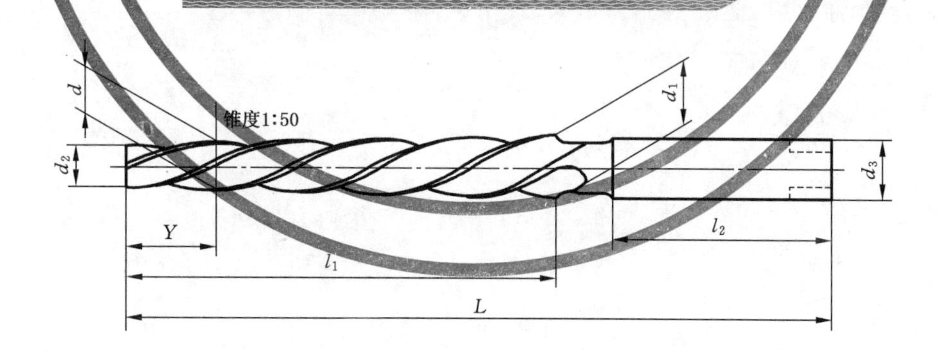

图 1　直柄机用 1∶50 锥度销子铰刀型式

表 1 直柄机用 1∶50 锥度销子铰刀尺寸

单位为毫米

d h8	y	d_1	d_2	l_1	d_3 h9	l_2	L
2	5	2.86	1.9	48	3.15	29	86
2.5		3.36	2.4				
3		4.06	2.9	58	4.0	32	100
4		5.26	3.9	68	5.0	34	112
5		6.36	4.9	73	6.3	38	122
6		8.00	5.9	105	8.0	42	160
8		10.80	7.9	145	10.0	46	207
10		13.40	9.9	175	12.5	50	245
12	10	16.00	11.8	210	16.0	58	290

4.2 标记示例

直径 d=10 mm，刃长 l_1=175 mm，直柄机用 1∶50 锥度销子铰刀的标记为：

直柄机用 1∶50 锥度销子铰刀 10×175 GB/T 20331—2006

5 技术要求

5.1 铰刀用 W6Mo5Cr4V2 或其他同等性能的高速钢制造。焊接铰刀柄部用 45 钢或其他同等性能的钢材制造。

5.2 铰刀柄部外圆表面粗糙度为 Ra0.4 μm。

5.3 其余按 GB/T 4248 的规定。

ICS 25.100.30
J 41

中华人民共和国国家标准

GB/T 20332—2006

锥柄机用1∶50锥度销子铰刀

Machine taper 1∶50 pin reamers witn Morse taper shanks

(ISO 3467:1975,Machine taper pin reamers with Morse taper shanks,MOD)

2006-07-20 发布　　　　2007-01-01 实施

中华人民共和国国家质量监督检验检疫总局
中国国家标准化管理委员会　发布

前　言

本标准修改采用 ISO 3467:1975《莫氏锥柄机用锥度销子铰刀》(英文版)。

本标准根据 ISO 3467:1975 重新起草。

本标准与 ISO 3467:1975 相比有下列技术性差异和编辑性修改:

——删除了国际标准前言;

——用“.”代替用作小数点的逗号“,”;

——“本国际标准”改为“本标准”;

——规范性引用文件列项中,ISO 296 用我国标准 GB/T 1443 代替,增加了我国标准 GB/T 4248,删除了 ISO/R 286、ISO 2339、ISO 3465 和 ISO 3466;

——增加了 d 的极限偏差;

——增加了技术要求;

——增加了标记示例;

——删除了国际标准的 d_1、t、Y_1 尺寸。

本标准由中国机械工业联合会提出。

本标准由全国刀具标准化技术委员会归口。

本标准主要起草单位:成都工具研究所。

本标准主要起草人:邓智光、聂珂星、曾宇环。

锥柄机用 1∶50 锥度销子铰刀

1 范围

本标准规定了锥柄机用 1∶50 锥度销子铰刀的型式和尺寸,技术要求。

本标准适用于直径为 5 mm～50 mm 的锥柄机用 1∶50 锥度销子铰刀。

除另有说明,这种铰刀都制成右切削的。

容屑槽可以制成直槽或左螺旋槽,由制造厂自行决定。

2 规范性引用文件

下列文件中的条款通过本标准的引用而成为本标准的条款。凡是注日期的引用文件,其随后所有的修改单(不包括勘误的内容)或修订版均不适用于本标准,然而,鼓励根据本标准达成协议的各方研究是否可使用这些文件的最新版本。凡是不注日期的引用文件,其最新版本适用于本标准。

GB/T 1443 机床和工具柄用自夹圆锥(GB/T 1443—1996,eqv ISO 296:1991)

GB/T 4248 手用 1∶50 锥度销子铰刀 技术条件

3 莫氏锥柄

莫氏锥柄的尺寸和偏差按 GB/T 1443 的规定。

4 型式和尺寸

4.1 锥柄机用 1∶50 锥度销子铰刀型式和尺寸按图 1 和表 1 所示。

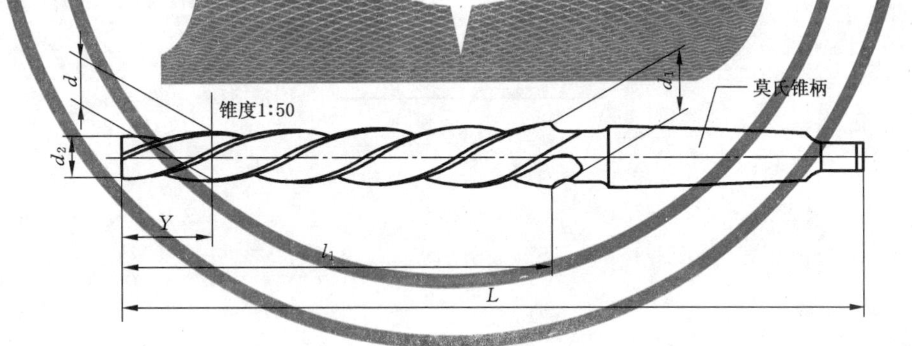

图 1 锥柄机用 1∶50 锥度销子铰刀型式

表 1　锥柄机用 1∶50 锥度销子铰刀尺寸

单位为毫米

<table>
<tr><th>d
h8</th><th>y</th><th>d₁</th><th>d₂</th><th>l₁</th><th>L</th><th>莫氏锥柄号</th></tr>
<tr><td>5</td><td rowspan="4">5</td><td>6.36</td><td>4.9</td><td>73</td><td>155</td><td rowspan="4">1</td></tr>
<tr><td>6</td><td>8.00</td><td>5.9</td><td>105</td><td>187</td></tr>
<tr><td>8</td><td>10.80</td><td>7.9</td><td>145</td><td>227</td></tr>
<tr><td>10</td><td>13.40</td><td>9.9</td><td>175</td><td>257</td></tr>
<tr><td>12</td><td rowspan="3">10</td><td>16.00</td><td>11.8</td><td>210</td><td>315</td><td rowspan="2">2</td></tr>
<tr><td>16</td><td>20.40</td><td>15.8</td><td>230</td><td>335</td></tr>
<tr><td>20</td><td>24.80</td><td>19.8</td><td>250</td><td>377</td><td rowspan="2">3</td></tr>
<tr><td>25</td><td rowspan="4">15</td><td>30.70</td><td>24.7</td><td>300</td><td>427</td></tr>
<tr><td>30</td><td>36.10</td><td>29.7</td><td>320</td><td>475</td><td rowspan="2">4</td></tr>
<tr><td>40</td><td>46.50</td><td>39.7</td><td>340</td><td>495</td></tr>
<tr><td>50</td><td>56.90</td><td>49.7</td><td>360</td><td>550</td><td>5</td></tr>
</table>

4.2　标记示例

直径 d=10 mm，刃长 l_1=175 mm，锥柄机用 1∶50 锥度销子铰刀的标记为：

锥柄机用 1∶50 锥度销子铰刀　10×175　GB/T 20332—2006

5　技术要求

5.1　铰刀用 W6Mo5Cr4V2 或其他同等性能的高速钢制造。焊接铰刀柄部用 45 钢或其他同等性能的钢材制造。

5.2　铰刀柄部外圆表面粗糙度为 Ra0.4 μm。

5.3　其余按 GB/T 4248 的规定。

ICS 25.100.20
J 41

中华人民共和国国家标准

GB/T 20337—2006/ISO 2940-2:1974

装在7:24锥柄心轴上的
镶齿套式面铣刀

Milling cutters mounted on centring arbors having a 7:24 taper—Insered tooth cutters

(ISO 2940-2:1974,IDT)

2006-07-20 发布　　　　2007-01-01 实施

中华人民共和国国家质量监督检验检疫总局
中国国家标准化管理委员会　发布

前　　言

本标准等同采用ISO 2940-2:1974《装在7∶24锥柄心轴上的镶齿套式面铣刀》(英文版)。包括其修改件ISO 2940-2:1974/ERRATUM(1977年版)。

本标准等同翻译ISO 2940-2:1974。

为便于使用,本标准做了下列编辑性修改:

——“本国际标准”一词改为“本标准”;

——删除国际标准的前言;

——用小数点“.”代替作为小数点的逗号“,”;

——用采用国际标准的我国标准代替对应的国际标准。

本标准由中国机械工业联合会提出。

本标准由全国刀具标准化技术委员会归口。

本标准起草单位:成都工具研究所。

本标准主要起草人:曾宇环、沈士昌。

装在7:24锥柄心轴上的镶齿套式面铣刀

1 范围

本标准适用于装在7:24锥柄心轴上的镶齿套式面铣刀。这种铣刀镶高速钢刀齿或镶钎焊硬质合金刀片的刀齿。

本标准包括:

——第一种,用心轴定位的“专用安装式”铣刀,它只适用于某种确定的7:24锥度主轴端部;

——第二种,用心轴定位的“两用安装式”铣刀,它适用于7:24锥度的50号和60号主轴端部。

“专用安装式”铣刀刀体外径或公称切削直径 D 从160 mm至630 mm,用于7:24锥度,40、45、50、55或60号主轴端部;“两用安装式”铣刀刀体外径 D 在315 mm至630 mm之间,用于7:24锥度的50号或60号主轴端部。

定心心轴尺寸和紧固配合尺寸在ISO 2940-1:1974中列出。

2 规范性引用文件

下列文件中的条款通过本标准的引用而成为本标准的条款。凡是注日期的引用文件,其随后所有的修改单(不包括勘误的内容)或修订版均不适用于本标准,然而,鼓励根据本标准达成协议的各方研究是否可使用这些文件的最新版本。凡是不注日期的引用文件,其最新版本适用于本标准。

GB/T 1182—1996 形状与位置公差 通则、定义、符号和图样表示法(eqv ISO 1101:1996)

ISO 2940-1:1974 装在7/24锥柄定心刀杆上的铣刀—配合尺寸—定心刀杆

3 专用安装式铣刀

见图1、表1。

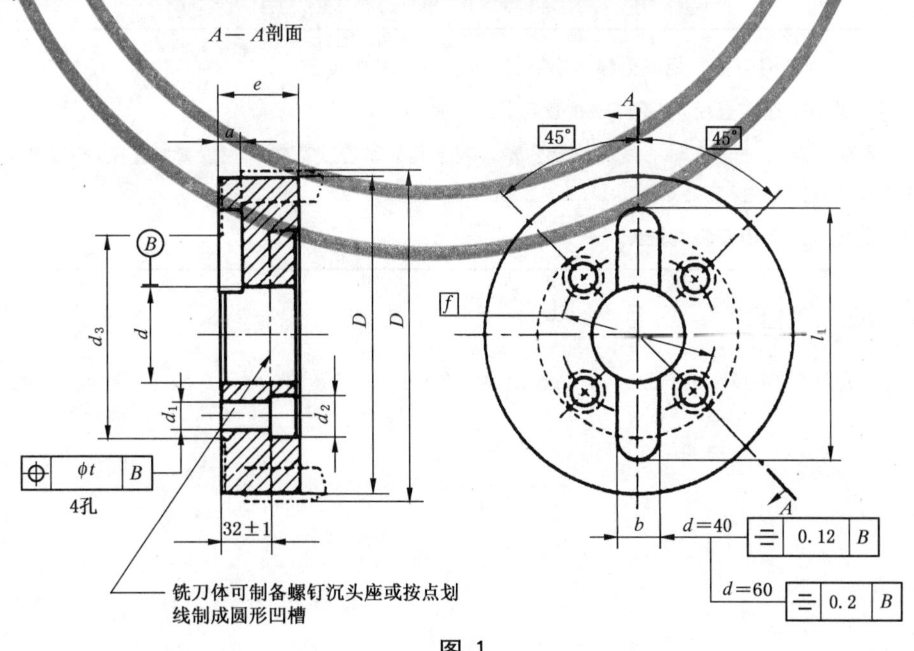

图1

表 1

单位为毫米

铣刀直径 D[a]	d H7	e 最小	f	d_1	t[c]	d_2	b H12	a $^{+0.5}_{0}$	l_1 最小	d_3[b]	主轴柄号
160	40	46	66.7	14	0.3	20	16.1	9	105	90	40
200											
200	40	46	80.0	14	0.3	20	19.3	11	123	105	45
250											
315											
400											
200	60	52	101.6	18	0.4	26	25.7	14	155	130	50
250											
315[d]											
400[d]											
500[d]											
250	60	60	120.6	22	0.4	34	25.7	14	180	155	55
315											
400											
500											
630											
315[d]	60	60	177.8	22	0.4	34	25.7	14	245	225	60
400[d]											
500[d]											
630											

[a] 公称直径 D 可为铣刀刀体外径或公称切削直径，按制造厂习惯而定。

[b] 铣刀体背面的间隙连同直径 d_3 不作硬性规定。

[c] 尺寸 t 代表直径为 d_1 的各孔轴心线的位置公差。四个孔的轴心线都应该在以 t 为直径，并以规定正确位置为轴线的圆柱体范围之内(参见 GB/T 1182—1996)。

[d] 这些直径优先采用两用安装式铣刀。

4 两用安装式铣刀(见图 2)

两用安装式铣刀直径 D=315 mm，400 mm 和 500 mm，安装在 7∶24 的 50 号或 60 号主轴端部。

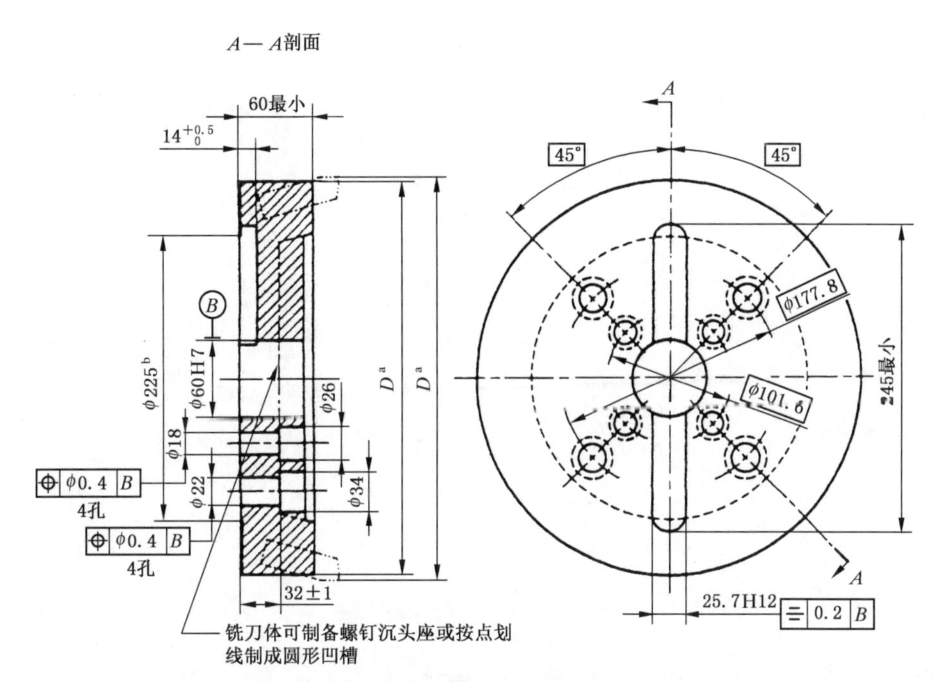

[a] 公称直径 D 可为铣刀刀体外径或公称切削直径，按制造厂习惯而定。

[b] 铣刀体背面的间隙连同直径 225 mm 不作硬性规定。

图 2

ICS 25.100.20
J 41

中华人民共和国国家标准

GB/T 20773—2006

模具铣刀

Die singking end mills

2006-12-30 发布　　　　2007-06-01 实施

中华人民共和国国家质量监督检验检疫总局
中国国家标准化管理委员会　发布

前言

本标准由中国机械工业联合会提出。

本标准由全国刀具标准化技术委员会(SAC/TC 91)归口。

本标准起草单位:常熟量具刃具厂、江苏出入境检验检疫局、常州出入境检验检疫局。

本标准主要起草人:李宪国、李良、岳小平。

模 具 铣 刀

1 范围

本标准规定了以下模具铣刀的型式、尺寸和技术要求：

a) 普通直柄和削平型直柄圆柱形球头立铣刀；

b) 莫氏锥柄圆柱形球头立铣刀；

c) 普通直柄圆锥形立铣刀、圆锥形球头立铣刀和削平型直柄圆锥形立铣刀、圆锥形球头立铣刀；

d) 莫氏锥柄圆锥形立铣刀、莫氏锥柄圆锥形球头立铣刀。

本标准适用于以下模具铣刀：

a) 球头直径 4 mm～63 mm 的普通直柄圆柱形球头立铣刀和柄部直径大于等于 6 mm 的削平型直柄圆柱形球头立铣刀；

b) 球头直径 16 mm～63 mm 的莫氏锥柄圆柱形球头立铣刀；

c) 小头直径 2.5 mm～20 mm，半锥角 3°～10°的普通直柄圆锥形立铣刀、圆锥形球头立铣刀和削平型直柄圆锥形立铣刀、圆锥形球头立铣刀；

d) 小头直径 16 mm～40 mm，半锥角 3°～10°的莫氏锥柄圆锥形立铣刀、莫氏锥柄圆锥形球头立铣刀。

2 规范性引用文件

下列文件中的条款通过本标准的引用而成为本标准的条款。凡是注日期的引用文件，其随后所有的修改单(不包括勘误的内容)或修订版均不适用于本标准，然而，鼓励根据本标准达成协议的各方研究是否可使用这些文件的最新版本。凡是不注日期的引用文件，其最新版本适用于本标准。

GB/T 1443 机床和工具柄用自夹圆锥(GB/T 1443—1996，eqv ISO 296:1991)

GB/T 4133 莫氏圆锥的强制传动型式及尺寸(GB/T 4133—1984，eqv ISO 5413:1976)

GB/T 6118 立铣刀 技术条件

GB/T 6131.1 铣刀直柄 第1部分：普通直柄的型式和尺寸(GB/T 6131.1—2006，ISO 3338-1:1996，IDT)

GB/T 6131.2 铣刀直柄 第2部分：削平直柄的型式和尺寸(GB/T 6131.2—2006，ISO 3338-2:2000，MOD)

3 型式和尺寸

3.1 直柄圆柱形球头立铣刀的型式和尺寸

3.1.1 直柄圆柱形球头立铣刀按其柄部型式不同分为两种型式，见图1、图2所示，尺寸由表1中给出。柄部尺寸与偏差按 GB/T 6131.1、GB/T 6131.2 的规定。

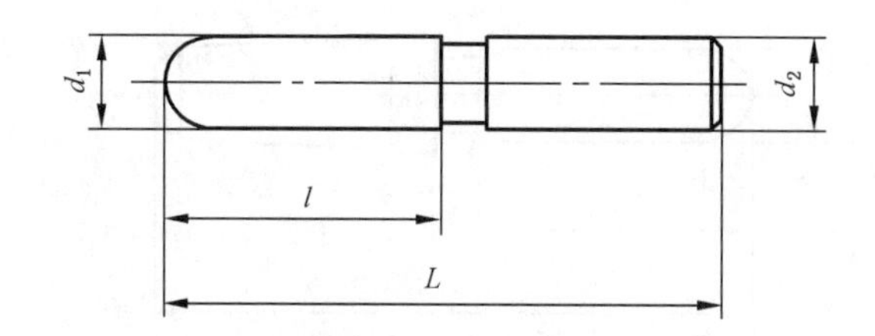

图 1 普通直柄圆柱形球头立铣刀

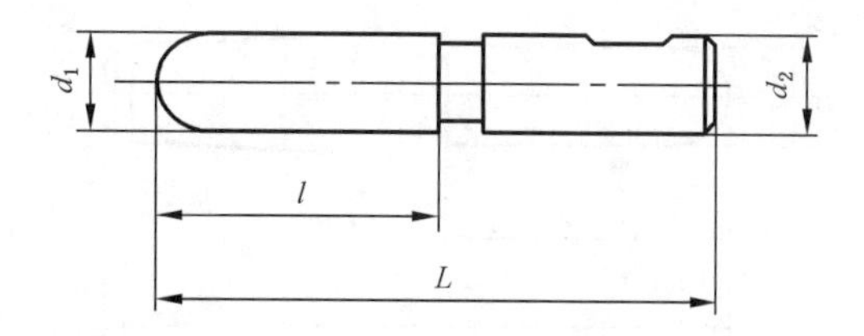

图 2 削平型直柄圆柱形球头立铣刀

表 1

单位为毫米

<table>
<tr><td rowspan="2">d_1
js12</td><td rowspan="2">d_2</td><td colspan="2">l
js16</td><td colspan="2">L
js16</td></tr>
<tr><td>标准型</td><td>长型</td><td>标准型</td><td>长型</td></tr>
<tr><td>4</td><td>4</td><td>11</td><td>19</td><td>43</td><td>51</td></tr>
<tr><td>5</td><td>5</td><td rowspan="2">13</td><td rowspan="2">24</td><td>47</td><td>58</td></tr>
<tr><td>6</td><td>6</td><td>57</td><td>68</td></tr>
<tr><td>8</td><td>8</td><td>19</td><td>38</td><td>63</td><td>82</td></tr>
<tr><td>10</td><td>10</td><td>22</td><td>45</td><td>72</td><td>95</td></tr>
<tr><td>12</td><td>12</td><td>26</td><td>53</td><td>83</td><td>110</td></tr>
<tr><td>16</td><td>16</td><td>32</td><td>63</td><td>92</td><td>123</td></tr>
<tr><td>20</td><td>20</td><td>38</td><td>75</td><td>104</td><td>141</td></tr>
<tr><td>25</td><td>25</td><td>45</td><td>90</td><td>121</td><td>166</td></tr>
<tr><td>32</td><td>32</td><td>53</td><td>106</td><td>133</td><td>186</td></tr>
<tr><td>40</td><td>40</td><td>63</td><td>125</td><td>155</td><td>217</td></tr>
<tr><td>50</td><td rowspan="2">50</td><td>75</td><td>150</td><td>177</td><td>252</td></tr>
<tr><td>63</td><td>90</td><td>180</td><td>192</td><td>282</td></tr>
<tr><td colspan="6">注 1：d_2 的公差：普通直柄 h8，削平型直柄 h6。
注 2：削平型直柄的柄部直径大于等于 6 mm。</td></tr>
</table>

3.1.2 标记示例

示例 1：球头直径 d_1＝16 mm 的普通直柄圆柱形球头立铣刀（标准型）的标记为：

直柄球头立铣刀 16 GB/T 20773—2006

示例 2：球头直径 d_1＝16 mm 的普通直柄圆柱形球头立铣刀（长型）的标记为：

直柄球头立铣刀 16 长 GB/T 20773—2006

示例 3：球头直径 d_1＝16 mm 的削平型直柄圆柱形球头立铣刀（标准型）的标记为：

削平直柄球头立铣刀 16 GB/T 20773—2006

示例 4：球头直径 d_1＝16 mm 的削平型直柄圆柱形球头立铣刀（长型）的标记为：

削平直柄球头立铣刀 16 长 GB/T 20773—2006

3.2 莫氏锥柄圆柱形球头立铣刀的型式和尺寸

3.2.1 莫氏锥柄圆柱形球头立铣刀按其柄部型式不同分为Ⅰ型和Ⅱ型两种型式，见图 3 所示，尺寸由表 2 中给出。柄部尺寸与偏差按 GB/T 1443、GB/T 4133 的规定。

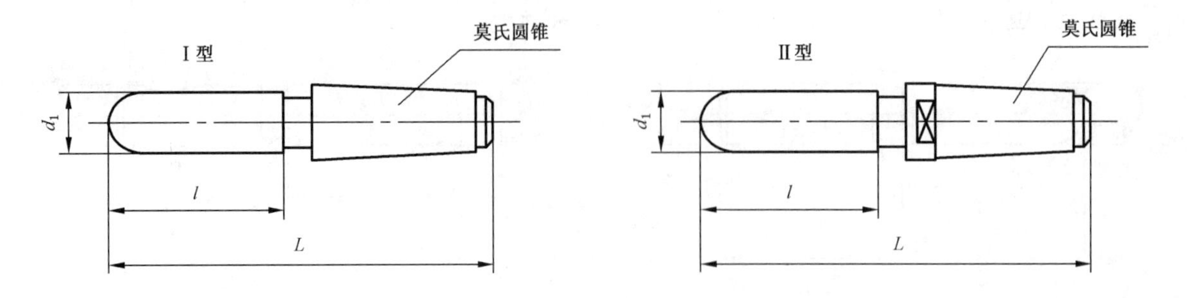

图 3 莫氏锥柄圆柱形球头立铣刀

表 2

单位为毫米

d_1 js12	l js16		L js16				莫氏圆锥号
	标准型	长型	标准型		长型		
			Ⅰ	Ⅱ	Ⅰ	Ⅱ	
16	32	63	117	—	148	—	2
20	38	75	123	—	160	—	
25	45	90	147	—	192	—	3
32	53	106	155	—	208	—	
			178	201	231	254	4
40	63	125	188	211	250	273	
			221	249	283	311	5
50	75	150	200	223	275	298	4
			233	261	308	336	5
63	90	180	248	276	338	366	

3.2.2 标记示例

示例 1:球头直径 $d_1=32$ mm,总长 $L=155$ mm 的Ⅰ型莫氏锥柄圆柱形球头立铣刀(标准型)的标记为:

锥柄球头立铣刀 32×155 GB/T 20773—2006

示例 2:球头直径 $d_1=32$ mm,总长 $L=201$ mm 的Ⅱ型莫氏锥柄圆柱形球头立铣刀(标准型)的标记为:

锥柄球头立铣刀 Ⅱ 32×201 GB/T 20773—2006

示例 3:球头直径 $d_1=40$ mm,总长 $L=250$ mm 的Ⅰ型莫氏锥柄圆柱形球头立铣刀(长型)的标记为:

锥柄球头立铣刀 40×250 长 GB/T 20773—2006

示例 4:球头直径 $d_1=40$ mm,总长 $L=273$ mm 的Ⅱ型莫氏锥柄圆柱形球头立铣刀(长型)的标记为:

锥柄球头立铣刀 Ⅱ 40×273 长 GB/T 20773—2006

3.3 直柄圆锥形立铣刀、圆锥形球头立铣刀的型式和尺寸

3.3.1 直柄圆锥形立铣刀按其刃部与柄部型式不同分为四种型式,见图 4～图 7 所示,尺寸由表 3 中给出。柄部尺寸与偏差按 GB/T 6131.1、GB/T 6131.2 的规定。

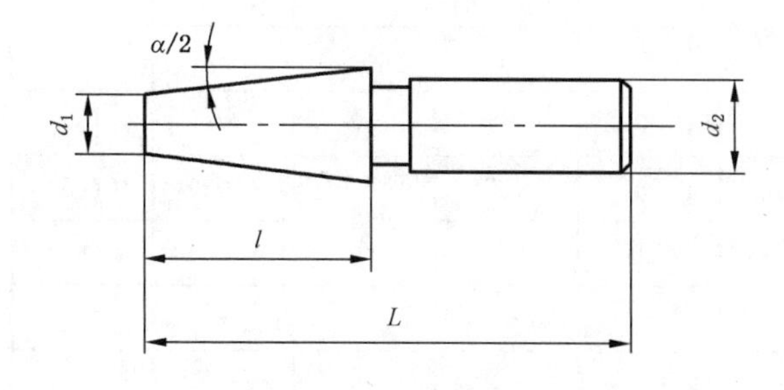

图 4 普通直柄圆锥形立铣刀

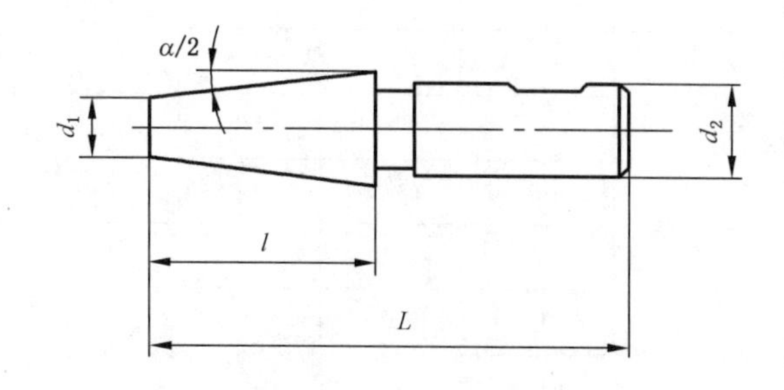

图 5 削平型直柄圆锥形立铣刀

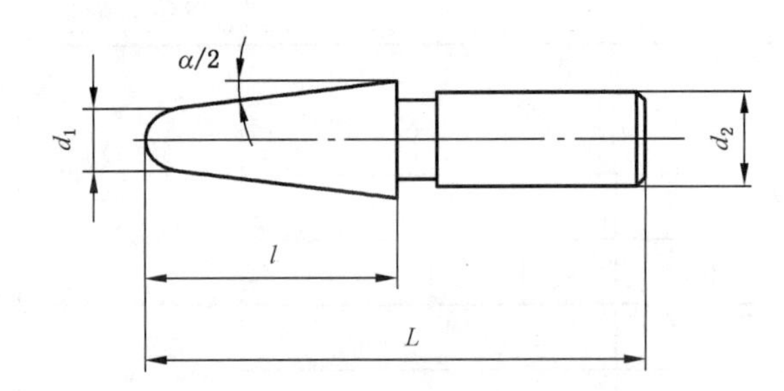

图 6　普通直柄圆锥形球头立铣刀

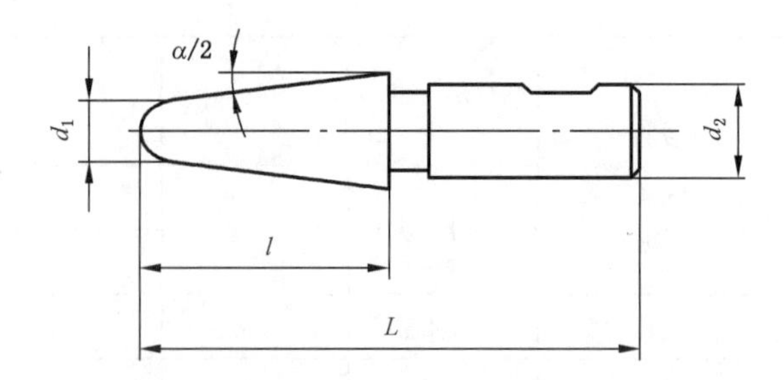

图 7　削平型直柄圆锥形球头立铣刀

表 3

单位为毫米

<table>
<tr><th rowspan="2">$\alpha/2$</th><th rowspan="2">d_1
k12</th><th colspan="3">短　型</th><th colspan="3">标准型</th><th colspan="3">长　型</th></tr>
<tr><th>d_2</th><th>l
js16</th><th>L
js16</th><th>d_2</th><th>l
js16</th><th>L
js16</th><th>d_2</th><th>l
js16</th><th>L
js16</th></tr>
<tr><td rowspan="6">3°
(2°52′)</td><td>6</td><td>(10)</td><td>(40)</td><td>(95)</td><td>10</td><td>63</td><td>115</td><td>—</td><td>—</td><td>—</td></tr>
<tr><td>8</td><td>12</td><td>45</td><td>105</td><td>(16)</td><td>(80)</td><td>(138)</td><td>—</td><td>—</td><td>—</td></tr>
<tr><td>(10)</td><td rowspan="2">16</td><td rowspan="2">50</td><td rowspan="2">109</td><td>16</td><td rowspan="2">80</td><td rowspan="2">140</td><td>—</td><td>—</td><td>—</td></tr>
<tr><td>12</td><td>20</td><td>25</td><td>130</td><td>200</td></tr>
<tr><td>16</td><td>20</td><td>56</td><td>120</td><td rowspan="2">25</td><td>90</td><td>160</td><td>32</td><td>160</td><td>235</td></tr>
<tr><td>20</td><td>25</td><td>63</td><td>135</td><td>100</td><td>170</td><td>—</td><td>—</td><td>—</td></tr>
<tr><td rowspan="8">5°
(5°43′)</td><td>(2.5)</td><td rowspan="2">10</td><td>37.5</td><td>85</td><td>—</td><td>—</td><td>—</td><td>—</td><td>—</td><td>—</td></tr>
<tr><td>4</td><td rowspan="2">40</td><td>90</td><td rowspan="2">16</td><td rowspan="2">63</td><td rowspan="2">125</td><td>20</td><td>90</td><td>150</td></tr>
<tr><td>6</td><td>12</td><td>95</td><td rowspan="2">25</td><td rowspan="2">100</td><td rowspan="2">170</td></tr>
<tr><td>8</td><td>16</td><td rowspan="3">45</td><td>103</td><td>20</td><td rowspan="3">71</td><td>135</td></tr>
<tr><td>(10)</td><td rowspan="2">20</td><td rowspan="2">106</td><td rowspan="2">25</td><td rowspan="2">140</td><td rowspan="3">32</td><td rowspan="3">125</td><td rowspan="3">200</td></tr>
<tr><td>12</td></tr>
<tr><td>16</td><td>25</td><td>50</td><td>120</td><td rowspan="2">32</td><td>80</td><td>155</td></tr>
<tr><td>20</td><td>32</td><td>63</td><td>140</td><td>100</td><td>175</td><td>(32)</td><td>(160)</td><td>(235)</td></tr>
<tr><td rowspan="5">7°
(7°07′)</td><td>4</td><td>—</td><td>—</td><td>—</td><td>16</td><td>50</td><td>109</td><td>—</td><td>—</td><td>—</td></tr>
<tr><td>6</td><td>—</td><td>—</td><td>—</td><td rowspan="2">20</td><td rowspan="2">56</td><td rowspan="2">120</td><td>25</td><td>90</td><td>160</td></tr>
<tr><td>8</td><td>—</td><td>—</td><td>—</td><td rowspan="3">32</td><td>100</td><td>175</td></tr>
<tr><td>(10)</td><td>—</td><td>—</td><td>—</td><td rowspan="2">25</td><td rowspan="2">63</td><td rowspan="2">135</td><td rowspan="2">112</td><td rowspan="2">185</td></tr>
<tr><td>12</td><td>—</td><td>—</td><td>—</td></tr>
<tr><td rowspan="6">10°
(9°28′)</td><td>(2.5)</td><td>12</td><td>31.5</td><td>85</td><td>—</td><td>—</td><td>—</td><td>—</td><td>—</td><td>—</td></tr>
<tr><td>4</td><td>16</td><td>36</td><td>93</td><td>20</td><td>56</td><td>120</td><td>32</td><td>90</td><td>165</td></tr>
<tr><td>6</td><td>20</td><td>42</td><td>106</td><td>25</td><td>63</td><td>135</td><td rowspan="2">(32)</td><td>(102)</td><td>(175)</td></tr>
<tr><td>8</td><td>25</td><td>50</td><td>120</td><td>32</td><td>71</td><td>145</td><td>(112)</td><td>(185)</td></tr>
<tr><td>(10)</td><td rowspan="2">32</td><td rowspan="2">63</td><td rowspan="2">135</td><td>—</td><td>—</td><td>—</td><td>—</td><td>—</td><td>—</td></tr>
<tr><td>(12)</td><td>—</td><td>—</td><td>—</td><td>—</td><td>—</td><td>—</td></tr>
</table>

表 3(续)　　单位为毫米

$\alpha/2$	d_1 k12	短　型			标准型			长　型		
		d_2	l js16	L js16	d_2	l js16	L js16	d_2	l js16	L js16

注 1：d_2 的公差：普通直柄 h8，削平型直柄 h6。

注 2：括号内的尺寸尽量不用。

注 3：2°52′、5°43′、7°07′、9°28′是锥度 1∶20、1∶10、1∶8、1∶6 换算而得。

3.3.2　标记示例

示例 1：刃部小头直径 d_1=12 mm，半锥角 $\alpha/2$ 为 3°的普通直柄圆锥形立铣刀(短型)的标记为：

直柄锥形立铣刀　12-3°　短　GB/T 20773—2006

示例 2：刃部小头直径 d_1=12 mm，半锥角 $\alpha/2$ 为 3°的削平型直柄圆锥形立铣刀(短型)的标记为：

削平直柄锥形立铣刀 12-3°　短　GB/T 20773—2006

示例 3：刃部小头直径 d_1=12 mm，半锥角 $\alpha/2$ 为 3°的普通直柄圆锥形立铣刀(标准型)的标记为：

直柄锥形立铣刀　12-3°　GB/T 20773—2006

示例 4：刃部小头直径 d_1=12 mm，半锥角 $\alpha/2$ 为 3°的削平型直柄圆锥形立铣刀(标准型)的标记为：

削平直柄锥形立铣刀　12-3°　GB/T 20773—2006

示例 5：刃部小头直径 d_1=12 mm，半锥角 $\alpha/2$ 为 3°的普通直柄圆锥形立铣刀(长型)的标记为：

直柄锥形立铣刀　12-3°　长　GB/T 20773—2006

示例 6：刃部小头直径 d_1=12 mm，半锥角 $\alpha/2$ 为 3°的削平型直柄圆锥形立铣刀(长型)的标记为：

削平直柄锥形立铣刀　12-3°　长　GB/T 20773—2006

锥形球头立铣刀的标记方法与锥形立铣刀类似，只将描述段改为×××锥形球头立铣刀。如：直柄锥形立球头铣刀

3.4　莫氏锥柄圆锥形立铣刀

3.4.1　莫氏锥柄圆锥形立铣刀按其刃部和柄部型式不同分为四种型式，见图 8、图 9 所示，尺寸由表 4 中给出。柄部尺寸与偏差按 GB/T 1443、GB/T 4133 的规定。

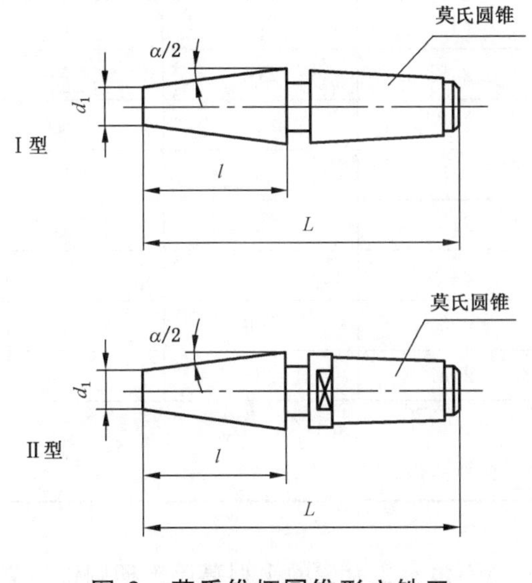

图 8　莫氏锥柄圆锥形立铣刀

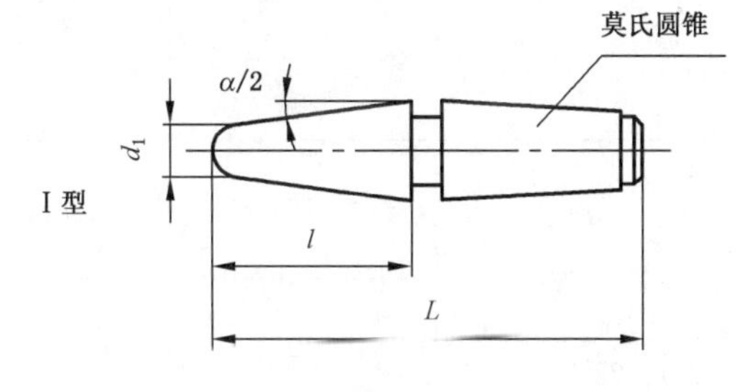

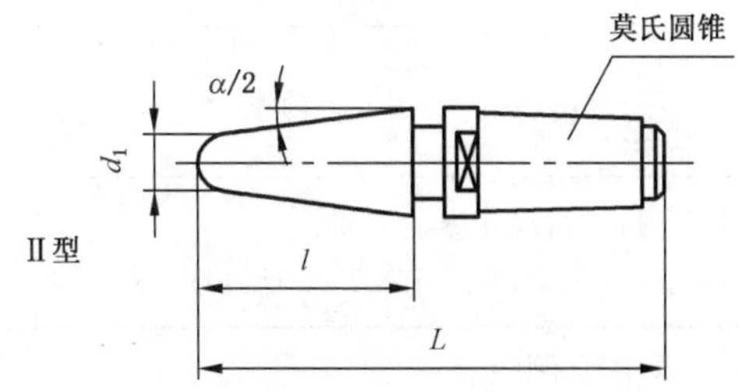

图 9　莫氏锥柄圆锥形球头立铣刀

表 4

单位为毫米

$\alpha/2$	d_1 k12	l js16	L js16		莫氏圆锥号
			Ⅰ	Ⅱ	
3° (2°52′)	16	90	192	—	3
	20	100	202	—	
			225	248	4
	25	112	214	—	3
			237	260	4
	32	125	250	273	
			283	311	5
	40	140	265	288	4
			298	326	5
5° (5°43′)	16	80	182	—	3
			205	228	4
	20	100	202	—	3
			225	248	4
	25	112	237	260	
			270	298	5
	32	125	250	273	4
			283	311	5
7° (7°07′)	16	71	173	—	3
			196	219	4
	20	80	205	228	
			238	266	—
	25	90	215	238	4
			248	276	5
10° (9°28′)	16	80	205	228	4
			238	266	5
	20	90	215	238	4
			248	276	5
	25	100	225	248	4
			258	286	5

注 1：括号内尺寸尽量不用。

注 2：2°52′、5°43′、7°07′、9°28′是锥度 1∶20、1∶10、1∶8、1∶6 换算而得。

3.4.2 标记示例

示例 1：刃部小头直径 $d_1=20$ mm，总长 $L=202$ mm，半锥角 $\alpha/2$ 为 3°的Ⅰ型莫氏锥柄圆锥形立铣刀的标记为：

锥柄锥形立铣刀　20×202-3°　GB/T 20773—2006

示例 2：刃部小头直径 d_1＝20 mm，总长 L＝248 mm，半锥角 $\alpha/2$ 为 3°的Ⅱ型莫氏锥柄圆锥形立铣刀的标记为：

锥柄锥形立铣刀　Ⅱ　20×248-3°　GB/T 20773—2006

示例 3：球头直径 d_1＝20 mm，总长 L＝202 mm，半锥角 $\alpha/2$ 为 3°的Ⅰ型莫氏锥柄圆锥形球头立铣刀的标记为：

锥柄锥形球头立铣刀　20×202-3°　GB/T 20773—2006

示例 4：球头直径 d_1＝20 mm，总长 L＝248 mm，半锥角 $\alpha/2$ 为 3°的Ⅱ型莫氏锥柄圆锥形球头立铣刀的标记为：

锥柄锥形球头立铣刀　Ⅱ　20×248-3°　GB/T 20773—2006

4　技术要求

4.1　模具铣刀表面不应有裂纹，切削刃应锋利，不应有崩刃、钝口以及退火等影响使用性能的缺陷。焊接柄部铣刀在焊缝处不应有砂眼和未焊透现象。

4.2　铣刀表面粗糙度按下列规定：

a)　刀齿前面和后面：Rz 6.3 μm；

b)　普通直柄柄部外圆：Ra 1.25 μm；

c)　削平型直柄和锥柄柄部外圆：Ra 0.63 μm。

4.3　圆周刃与球头应圆滑连接。

4.4　形状和位置公差按表 5 所示。

表 5

单位为毫米

项　　目	公差			
	短型、标准型		长型	
	$d_1\leqslant16$	$d_1>16$	$d_1\leqslant16$	$d_1>16$
圆周刃对柄部轴线的径向圆跳动	0.032	0.04	0.04	0.05
球头刃对柄部轴线的球面斜向圆跳动	0.04		0.05	
圆周刃对柄部轴线的斜向圆跳动(圆锥铣刀)	0.032	0.04	0.04	0.05
端刃对柄部轴线的端面圆跳动	0.03		0.04	
圆柱形球头立铣刀外径倒锥度	0.02		0.03	
注：铣刀圆跳动的检测方法按 GB/T 6118。				

4.5　铣刀工作部分用 W6Mo5Cr4V2 或其他同等性能的高速钢制造。

4.6　硬度

4.6.1　$d_1\leqslant6$ mm 的圆柱形球头立铣刀的工作部分硬度为：62 HRC～65 HRC，其余铣刀的工作部分硬度为 63 HRC～66 HRC。

4.6.2　铣刀柄部为：普通直柄和莫氏锥柄≥30 HRC；削平直柄≥50 HRC。

5　标志和包装

5.1　标志

5.1.1　铣刀上应标志：

——制造厂或销售商商标；

——铣刀小头直径；

——半锥角 $\alpha/2$(仅指锥形铣刀)；

——材料牌号或代号。

注：柄部直径≤5 mm 的铣刀允许不标志制造厂商标。

5.1.2 铣刀的包装盒上应标志：

——制造厂或销售商名称、地址和商标；

——铣刀标记；

——齿数；

——材料；

——件数；

——制造年月。

5.2 包装

铣刀在包装前应经防锈处理；成包的铣刀应防止损伤。

ICS 25.100.30
J 41

中华人民共和国国家标准

GB/T 20774—2006

手用 1∶50 锥度销子铰刀

Hand taper 1∶50 pin reamers

(ISO 3465:1975,Hand taper pin reamers,MOD)

2006-12-30 发布 2007-06-01 实施

中华人民共和国国家质量监督检验检疫总局
中国国家标准化管理委员会 发布

前　言

本标准修改采用 ISO 3465:1975《手用锥度销子铰刀》(英文版)。

本标准根据 ISO 3465:1975 重新起草。

本标准与 ISO 3465:1975 相比有下列技术性差异和编辑性修改:

——删除国际标准前言;

——用“.”代替用作小数点的逗号“,”;

——“本国际标准”改为“本标准”;

——规范性引用文件列项中,ISO 237 用 GB/T 4267 代替,增加 GB/T 4248,删除 ISO/R 286、ISO 2339、ISO 3466 和 ISO 3467;

——增加 d 的极限偏差;

——增加直径 $d \leqslant 6$ mm 的铰刀可制成反顶尖;

——增加标记示例;

——增加技术条件;

——增加短刃型销子铰刀的尺寸;

——删除国际标准的 d_1、t、Y_1 尺寸。

本标准由中国机械工业联合会提出。

本标准由全国刀具标准化技术委员会(SAC/TC 91)归口。

本标准起草单位:成都工具研究所。

本标准主要起草人:邓智光、聂珂星、曾宇环。

手用 1∶50 锥度销子铰刀

1 范围

本标准规定了手用 1∶50 锥度销子铰刀的型式和尺寸。

本标准适用于直径为 0.6 mm～50 mm 的手用 1∶50 锥度销子铰刀。

2 规范性引用文件

下列文件中的条款通过本标准的引用而成为本标准的条款。凡是注日期的引用文件，其随后所有的修改单(不包括勘误的内容)或修订版均不适用于本标准，然而，鼓励根据本标准达成协议的各方研究是否可使用这些文件的最新版本。凡是不注日期的引用文件，其最新版本适用于本标准。

GB/T 4248　手用 1∶50 锥度销子铰刀　技术条件

GB/T 4267　直柄回转工具　柄部直径和传动方头的尺寸(GB/T 4267—2004，ISO 237：1975，IDT)

3 传动方头

手用 1∶50 锥度铰刀的传动方头尺寸按 GB/T 4267，并和其柄部直径相适应。

4 型式和尺寸

4.1　手用 1∶50 锥度销子铰刀型式和尺寸按图 1 和表 1 所示。

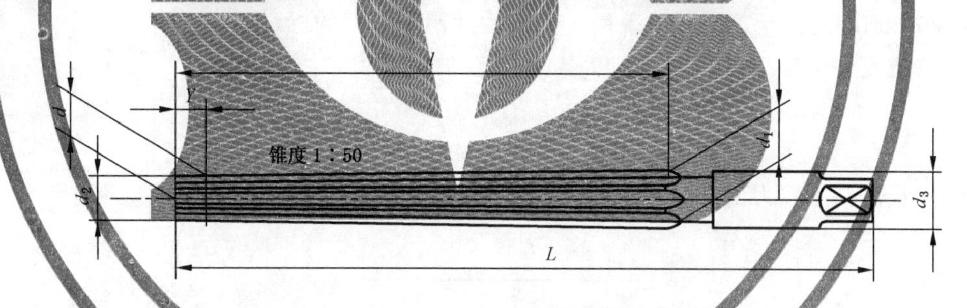

图 1　手用 1∶50 锥度销子铰刀型式

表 1　手用 1∶50 锥度销子铰刀尺寸

单位为毫米

d h8	Y	d_1 短刃型	d_1 普通型	d_2	l 短刃型	l 普通型	d_3 h11	L 短刃型	L 普通型
0.6	5	0.70	0.90	0.5	10	20	3.15	35	38
0.8		0.94	1.18	0.7	12	24			42
1.0		1.22	1.46	0.9	16	28		40	46
1.2		1.50	1.74	1.1	20	32		45	50
1.5		1.90	2.14	1.4	25	37		50	57
2.0		2.54	2.86	1.9	32	48		60	68
2.5		3.12	3.36	2.4	36			65	
3.0		3.70	4.06	2.9	40	58	4.0		80

表 1(续)

单位为毫米

<table>
<tr><th rowspan="2">d
h8</th><th rowspan="2">Y</th><th colspan="2">dd_1</th><th rowspan="2">d_2</th><th colspan="2">l</th><th rowspan="2">d_3
h11</th><th colspan="2">L</th></tr>
<tr><th>短刃型</th><th>普通型</th><th>短刃型</th><th>普通型</th><th>短刃型</th><th>普通型</th></tr>
<tr><td>4.0</td><td rowspan="5">5</td><td>4.90</td><td>5.26</td><td>3.9</td><td>50</td><td>68</td><td>5.0</td><td>75</td><td>93</td></tr>
<tr><td>5.0</td><td>6.10</td><td>6.36</td><td>4.9</td><td>60</td><td>73</td><td>6.3</td><td>85</td><td>100</td></tr>
<tr><td>6.0</td><td>7.30</td><td>8.00</td><td>5.9</td><td>70</td><td>105</td><td>8.0</td><td>95</td><td>135</td></tr>
<tr><td>8.0</td><td>9.80</td><td>10.80</td><td>7.9</td><td>95</td><td>145</td><td>10.0</td><td>125</td><td>180</td></tr>
<tr><td>10.0</td><td>12.30</td><td>13.40</td><td>9.9</td><td>120</td><td>175</td><td>12.5</td><td>155</td><td>215</td></tr>
<tr><td>12.0</td><td rowspan="3">10</td><td>14.60</td><td>16.00</td><td>11.8</td><td>140</td><td>210</td><td>14.0</td><td>180</td><td>255</td></tr>
<tr><td>16.0</td><td>19.00</td><td>20.40</td><td>15.8</td><td>160</td><td>230</td><td>18.0</td><td>200</td><td>280</td></tr>
<tr><td>20.0</td><td>23.40</td><td>24.80</td><td>19.8</td><td>180</td><td>250</td><td>22.4</td><td>225</td><td>310</td></tr>
<tr><td>25.0</td><td rowspan="4">15</td><td>28.50</td><td>30.70</td><td>24.7</td><td rowspan="2">190</td><td>300</td><td>28.0</td><td>245</td><td>370</td></tr>
<tr><td>30.0</td><td>33.50</td><td>36.10</td><td>29.7</td><td>320</td><td>31.5</td><td>250</td><td>400</td></tr>
<tr><td>40.0</td><td>44.00</td><td>46.50</td><td>39.7</td><td>215</td><td>340</td><td>40.0</td><td>285</td><td>430</td></tr>
<tr><td>50.0</td><td>54.10</td><td>56.90</td><td>49.7</td><td>220</td><td>360</td><td>50.0</td><td>300</td><td>460</td></tr>
</table>

注 1：除另有说明外，这种铰刀都制成右切削的。

注 2：容屑槽可以制成直槽或左螺旋槽，由制造厂自行决定。

注 3：直径 $d \leqslant 6$ mm 的铰刀可制成反顶尖。

4.2 标记示例

直径 $d=20$ mm，刃长 $l=250$ mm，手用 1∶50 锥度销子铰刀的标记为：

手用 1∶50 锥度销子铰刀 20×250 GB/T 20774—2006

5 技术要求

手用 1∶50 锥度销子铰刀的技术要求按 GB/T 4248 的规定。

ICS 20.100.40
J 41

中华人民共和国国家标准

GB/T 21954.1—2008

金属切割带锯条 第1部分:术语

Metal cutting band saw blades—Part 1:Terms

(ISO 4875-1:2006,Metal-cutting band saw blades—Part 1:Vocabulary,MOD)

2008-06-03 发布　　　　2009-01-01 实施

中华人民共和国国家质量监督检验检疫总局
中国国家标准化管理委员会
发布

前　言

GB/T 21954《金属切割带锯条》分为两个部分：

——第1部分：术语；

——第2部分：特性和尺寸。

本部分为GB/T 21954的第1部分。本部分修改采用ISO 4875-1:2006 (E/F)《金属切割带锯条 第1部分：词汇》(英文版)，与ISO 4875-1:2006(E/F)的主要差异如下：

——按照汉语习惯对一些编排格式进行了修改；

——将一些适用于国际标准的表述改为适用于我国标准的表述；

——删除ISO前言，增加前言；

——增加规范性引用文件；

——取消了齿面角(face angle)术语定义。

本部分由中国机械工业联合会提出。

本部分由全国刀具标准化技术委员会(SAC/TC 91)归口。

本部分起草单位：湖南泰嘉新材料技术有限公司(湖南机床厂)。

本部分主要起草人：吴松涛、谢文忠、陈建兴、刘刚、叶钧。

金属切割带锯条
第1部分：术语

1 范围

GB/T 21954 的本部分规定了金属切割带锯条的术语，同时列出了术语的英文对应词。与金属切削有关的术语见 GB/T 12204。

本部分适用于金属切割带锯条。

2 规范性引用文件

下列文件中的条款通过 GB/T 21954 的本部分的引用而成为本部分的条款。凡是注日期的引用文件，其随后所有的修改单(不包括勘误的内容)或修订版均不适用于本部分，然而，鼓励根据本部分达成协议的各方研究是否可使用这些文件的最新版本。凡是不注日期的引用文件，其最新版本适用于本部分。

GB/T 12204　金属切削　基本术语(GB/T 12204—1990，neq ISO 3002-1：1982)

3 术语和定义

3.1 带锯条要素

3.1.1

带锯条　band saw blade

用一边开齿的连续钢带制成的环形刀具(见图1)。

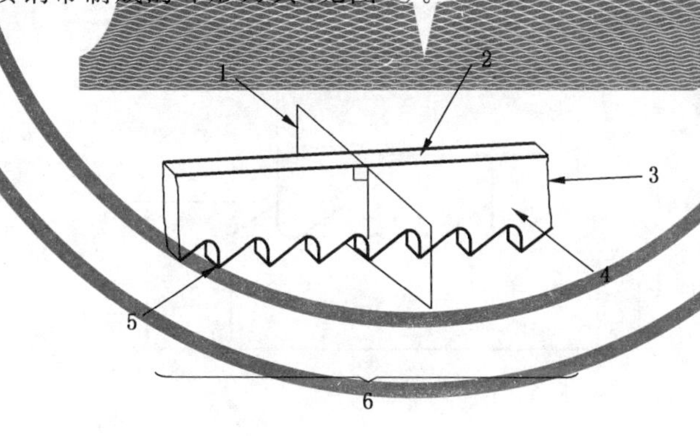

1——基面(3.2.10)；
2——背边(3.1.5)；
3——锯条体(3.1.2)；
4——侧面(3.1.6)；
5——锯齿(3.1.3)；
6——开齿边(3.1.4)。

图1　带锯条要素

3.1.2

锯条体　body

带锯条上介于锯齿槽底部和背边之间的部分(见图1和图2)。

3.1.3

锯齿　teeth

横跨带锯条厚度用以形成切削刃的齿(见图 1)。

3.1.4

开齿边　toothed edge

开出锯齿的一条纵向边(见图 1)。

3.1.5

背边　back edge

平行于开齿边的纵向边(见图 1)。

3.1.6

侧面　side

开齿边和背边之间的平面(见图 1 和图 5)。

3.1.7

宽度　width

齿尖和背边之间的距离(见图 2)。

3.1.8

厚度　thickness

锯条体两侧面之间的距离(见图 5)。

3.2　齿部特征

3.2.1　齿距和单位长度齿数

3.2.1.1

齿距　pitch

相邻两齿顶之间的距离,以毫米计(见图 2)。

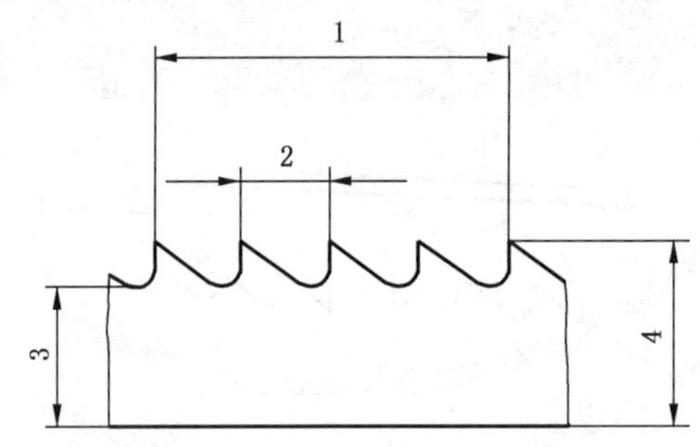

1——单位长度齿数(3.2.1.2);

2——齿距(3.2.1.1);

3——锯条体(3.1.2);

4——宽度(3.1.7)。

图 2　齿距和单位长度齿数

3.2.1.2

单位长度齿数　teeth per unit length

每 25.4 mm 长度内的完整齿数(见图 2)。

注:齿距和单位长度齿数互为商数。

3.2.1.3

变齿距　variable pitch

一组不同齿距的锯齿循环,用每 25.4 mm 单位长度最大齿距的齿数和最小齿距的齿数的组合表示。

例如：6/10 变齿距：即最大齿距是每单位长度 6 齿，最小齿距是每单位长度 10 齿。

3.2.2

切削刃　cutting edge

用以进行切削的前面边缘，它由前面和后面相交而成（见图 3）。

3.2.3

齿高　height

从齿顶到齿槽最低部位的距离（见图 3）。

3.2.4

前面　face

切屑在上面流过的锯齿表面（见图 3）。

3.2.5

后面　flank

与工件上已加工表面相对的锯齿表面，一直延伸到齿底圆弧（见图 3）。

3.2.6

齿槽　gullet

以锯齿前面、齿底圆弧和后面为界的容屑空间（见图 3）。

3.2.7

齿底圆弧半径　root radius

连接锯齿前面和其前一锯齿后面的圆弧半径（见图 3）。

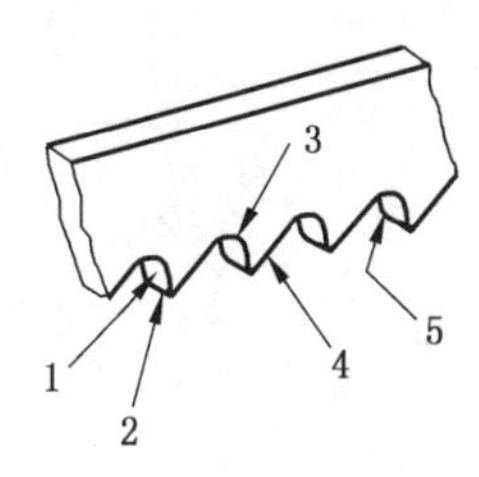

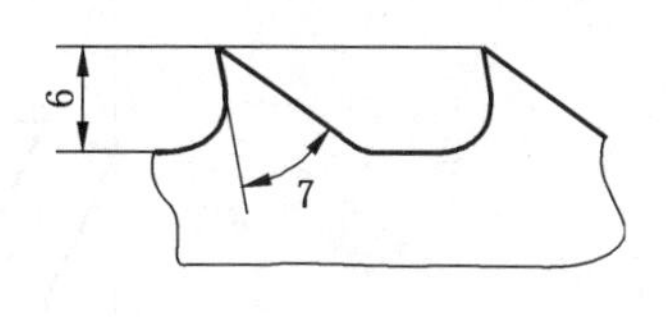

1——前面（3.2.4）；

2——切削刃（3.2.2）；

3——齿底圆弧半径（3.2.7）；

4——后面（3.2.5）；

5——齿槽（3.2.6）；

6——齿高（3.2.3）；

7——楔角（3.2.8）。

图 3　其他特性

3.2.8

楔角　wedge angle

未分齿时锯齿的前面和后面之间的夹角（见图 3）。

3.2.9

前角　rake

未分齿时锯齿的前面和基面之间的夹角（见图 4）。

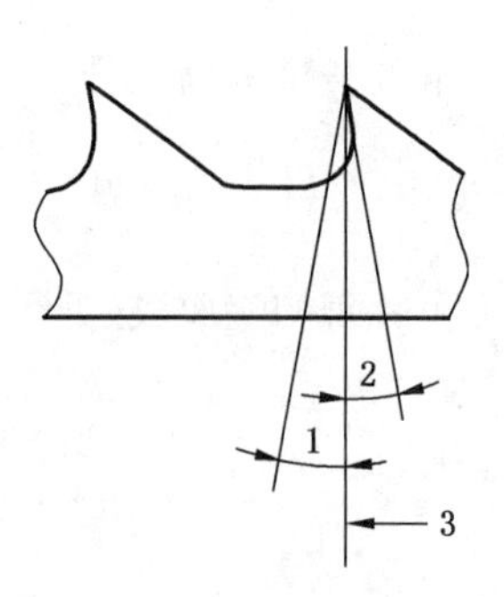

1——负前角；

2——正前角；

3——基面(3.2.10)。

图 4 前角示例

3.2.10

基面 reference plane

通过切削刃上的选定点并垂直于背边的平面(见图 1 和图 4)。

3.3 分齿量和总分齿量

3.3.1

分齿量 tooth set

为形成切削间隙使锯齿向侧面的凸出量(见图 5)。

3.3.2

总分齿量 overall set

考虑到每一侧的分齿量,在两个相对锯齿之间的带锯条总厚度,这一厚度决定切削总宽度(见图 5)。

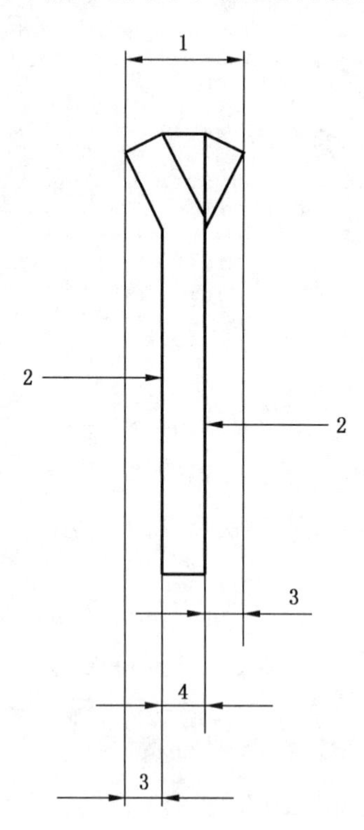

1——总分齿量(3.3.2)；

2——侧面(3.1.6)；

3——分齿量(3.3.1)；

4——厚度(3.1.8)。

图 5 分齿量和总分齿量

3.4 齿形

齿形根据制造和使用而变化，这里定义基本齿形。

3.4.1

正常齿 regular tooth

标准齿 standard tooth

零度前角和全圆弧槽的锯齿(见图6)。

注：这种形式的锯齿可制成交替、斜向、波形或成组分齿。

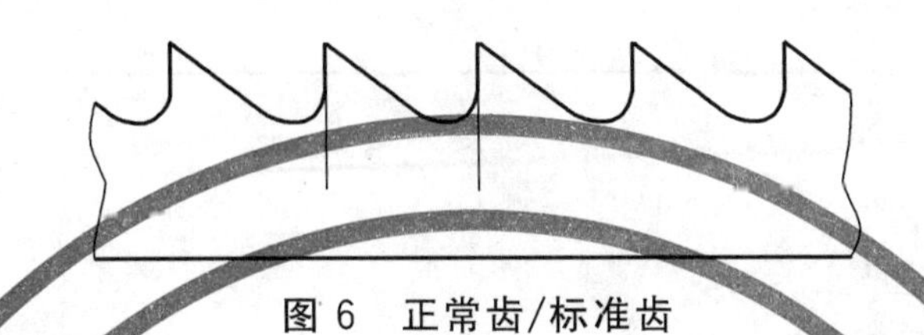

图6 正常齿/标准齿

3.4.2

跳齿 skip tooth

锯齿的形状基本上是正常齿，但切除每一相间齿(见图7)。

注：这样获得的大齿距齿槽较长而齿高不太大，故不损失带锯条强度。

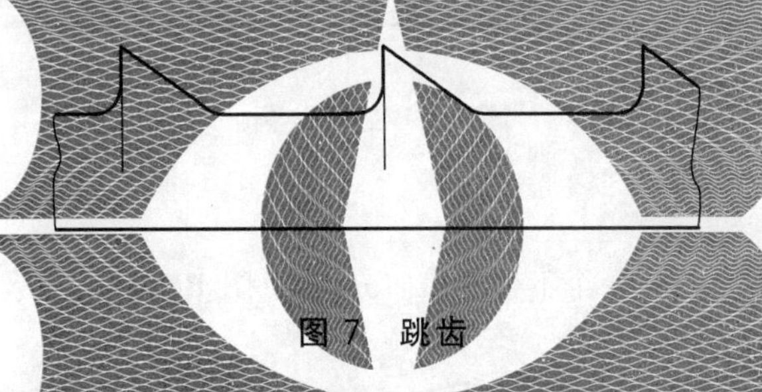

图7 跳齿

3.4.3

正前角齿 positive tooth

锯齿齿形与正常齿相似，但具有正前角(见图8)。

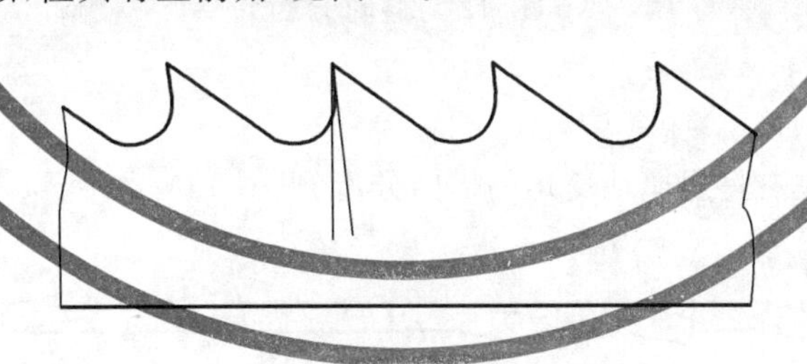

图8 正前角齿

3.4.4

正前角跳齿 positive skip tooth

锯齿齿形与跳齿相似，但具有正前角(见图9)。

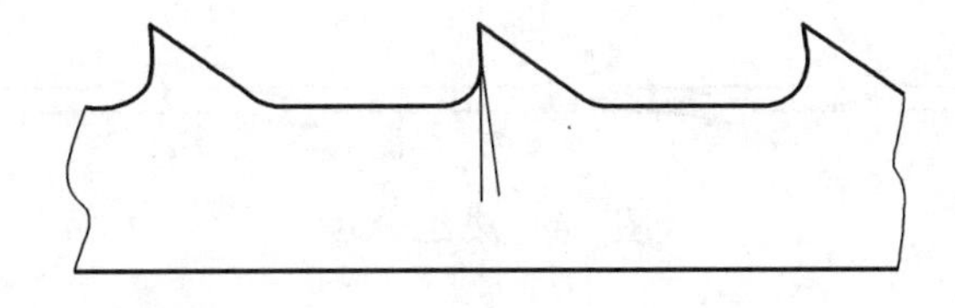

图9 正前角跳齿

3.4.5

变齿距齿　variable pitch tooth

具有一组不同齿距的正常齿或正前角齿(见图10)。

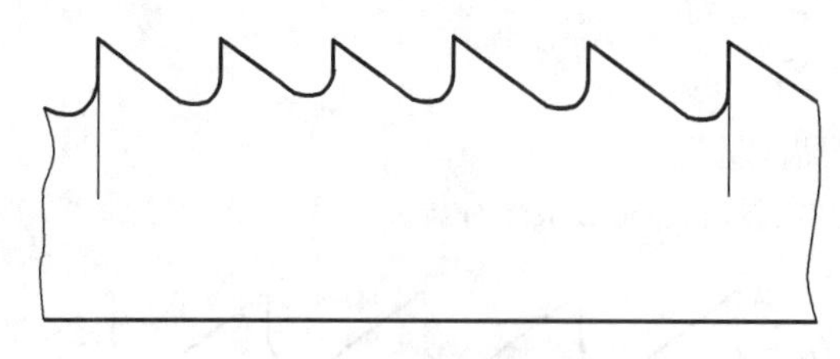

图10　变齿距齿

3.5　分齿形式

3.5.1

交替分齿　alternate set

逐个锯齿交替向左右分的横向分齿(见图11)。

注：用于切割金属(黑色金属)的带锯条,不常采用这种分齿形式。

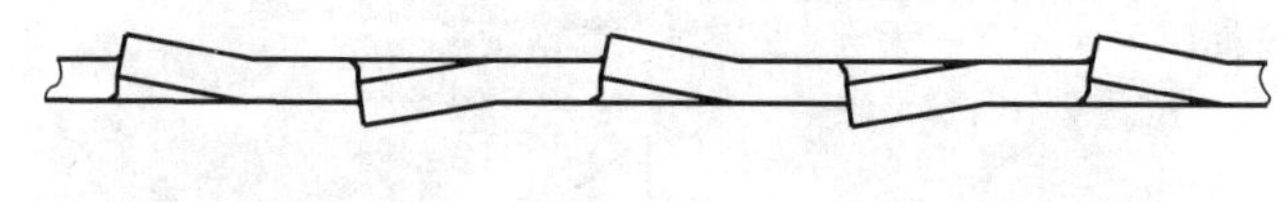

图11　交替分齿

3.5.2

斜向分齿　raker set

逐个锯齿一个向左,一个向右,一个不分的横向分齿(见图12)。

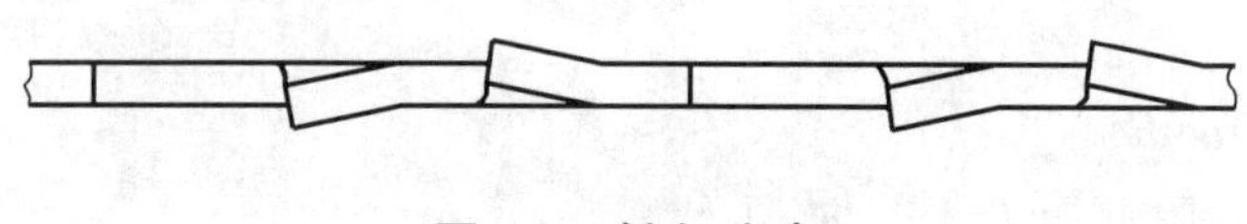

图12　斜向分齿

3.5.3

波形分齿　wavy set

成组锯齿的分齿量向左右呈规律地变化的横向分齿(见图13)。

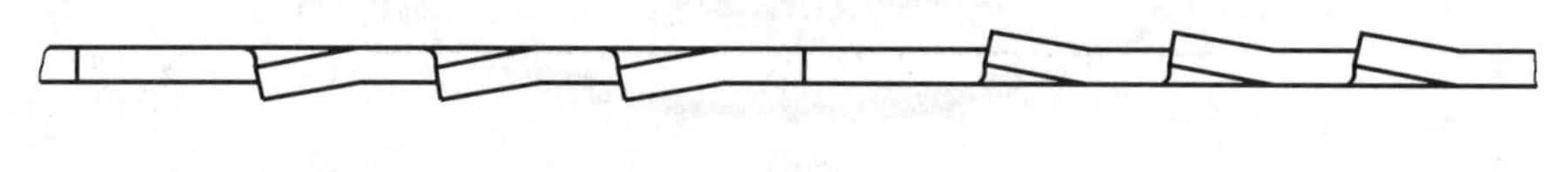

图13　波形分齿

3.5.4

成组分齿　grouping set

至少有一个不分齿的齿,其后几齿向左右分齿而成组设置的横向分齿(见图14)。

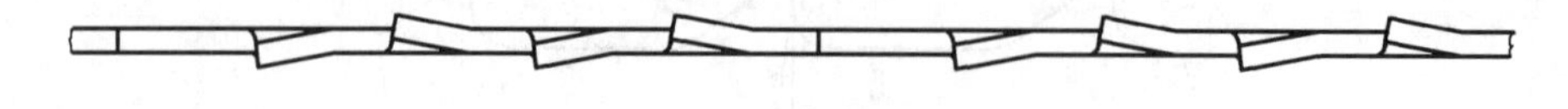

图14　成组分齿

中 文 索 引

B

背边……3.1.5
变齿距……3.2.1.3
变齿距齿……3.4.5
标准齿……3.4.1
波形分齿……3.5.3

C

侧面……3.1.6
成组分齿……3.5.4
齿槽……3.2.6
齿底圆弧半径……3.2.7
齿高……3.2.3
齿距……3.2.1.1

D

带锯条……3.1.1
单位长度齿数……3.2.1.2

F

分齿量……3.3.1

H

厚度……3.1.8
后面……3.2.5

J

基面……3.2.10
交替分齿……3.5.1
锯齿……3.1.3
锯条体……3.1.2

K

开齿边……3.1.4
宽度……3.1.7

Q

前角……3.2.9
前面……3.2.4

切削刃………………………………………………………………………………………… 3.2.2

T

跳齿………………………………………………………………………………………… 3.4.2

X

楔角………………………………………………………………………………………… 3.2.8
斜向分齿…………………………………………………………………………………… 3.5.2

Z

正常齿……………………………………………………………………………………… 3.4.1
正前角齿…………………………………………………………………………………… 3.4.3
正前角跳齿………………………………………………………………………………… 3.4.4
总分齿量…………………………………………………………………………………… 3.3.2

英 文 索 引

A

alternate set …… 3.5.1

B

back edge …… 3.1.5
band saw blade …… 3.1.1
body …… 3.1.2

C

cutting edge …… 3.2.2

F

face …… 3.2.4
flank …… 3.2.5

G

grouping set …… 3.5.4
gullet …… 3.2.6

H

height …… 3.2.3

O

overall set …… 3.3.2

P

pitch …… 3.2.1.1
positive skip tooth …… 3.4.4
positive tooth …… 3.4.3

R

rake …… 3.2.9
raker set …… 3.5.2
reference plane …… 3.2.10
regular tooth …… 3.4.1
root radius …… 3.2.7

S

side …… 3.1.6

skip tooth ········· 3.4.2
standard tooth ········· 3.4.1

T

teeth ········· 3.1.3
teeth per unit length ········· 3.2.1.2
thickness ········· 3.1.8
tooth set ········· 3.3.1
toothed edge ········· 3.1.4

V

variable pitch ········· 3.2.1.3
variable pitch tooth ········· 3.4.5

W

wavy set ········· 3.5.3
wedge angle ········· 3.2.8
width ········· 3.1.7

ICS 25.100.40
J 41

中华人民共和国国家标准

GB/T 21954.2—2008

金属切割带锯条 第2部分：特性和尺寸

**Metal cutting band saw blades—
Part 2：Characteristics and dimensions**

(ISO 4875-2：2006，MOD)

2008-06-03 发布　　2009-01-01 实施

中华人民共和国国家质量监督检验检疫总局
中国国家标准化管理委员会　发布

前　言

GB/T 21954《金属切割带锯条》分为两个部分：

——第1部分：术语；

——第2部分：特性和尺寸。

本部分为GB/T 21954的第2部分。本部分修改采用ISO 4875-2:2006(E)《金属切割带锯条　第2部分：特性和尺寸》(英文版)，与ISO 4875-2:2006(E)的主要差异如下：

——按照汉语习惯对一些编排格式进行了修改；

——将一些适用于国际标准的表述改为适用于我国标准的表述；

——删除ISO前言，增加前言；

——规范性引用文件中的国际标准用我国国家标准替代，并增加相应国家标准；

——将“3　术语和定义”改为“3　带锯条类型”；

——将“3.4　composite steel band saw blade (复合钢带锯条)”意译成“硬质合金带锯条”；

——将“4.1　Usual section(通常截面)”意译成“基本截面”；

——在表5“等齿距”中，增加“每25.4 mm长度1齿”的规格；

——在表6“变齿距”中，将齿距“4～9”、“3～9”mm，修改为齿距“4～2.5”、“3～2”mm。同时增加“每25.4 mm长度1～1.5齿”的变齿距规格和增加表注；

——将“4.5　Flatness(平直度)” 术语改为“横向直线度”术语；

——增加附录A；

——本部分的附录A为资料性附录。

本部分由中国机械工业联合会提出。

本部分由全国刀具标准化技术委员会(SAC/TC 91)归口。

本部分起草单位：湖南泰嘉新材料技术有限公司(湖南机床厂)。

本部分主要起草人：吴松涛、谢文忠、陈建兴、刘刚、叶钧。

金属切割带锯条
第2部分:特性和尺寸

1 范围

GB/T 21954的本部分规定了各类型金属切割带锯条的特性和基本尺寸。

本部分适用于金属切割带锯条。

2 规范性引用文件

下列文件中的条款通过GB/T 21954的本部分的引用而成为本部分的条款。凡是注日期的引用文件,其随后所有的修改单(不包括勘误的内容)或修订版均不适用于本部分,然而,鼓励根据本部分达成协议的各方研究是否可使用这些文件的最新版本。凡是不注日期的引用文件,其最新版本适用于本部分。

GB/T 230.1 金属洛氏硬度试验 第1部分:试验方法(A、B、C、D、E、F、G、H、K、N、T标尺)(GB/T 230.1—2004,ISO 6508-1:1999,MOD)

GB/T 4340.1 金属维氏硬度试验 第1部分:试验方法(GB/T 4340.1—1999,eqv ISO 6507-1:1997)

JB/T 6050 钢铁热处理零件硬度检验通则

3 带锯条类型

3.1

碳素钢带锯条

由含碳量高于1.0%,低于1.5%的低合金钢制成的带锯条,其锰、硅、铬的总含量不应低于0.5%。

3.2

双金属带锯条

由不同于锯条体的材料制成锯齿的带锯条。

3.3

摩擦带锯条

由抗疲劳钢制成的,并由摩擦产生的热进行切割的带锯条。

3.4

硬质合金带锯条

切削刃口的材料采用硬质合金,锯条体的材料一般采用合金钢的带锯条。

4 基本尺寸

4.1 基本截面

基本截面由带锯条的宽度和厚度构成。

4.1.1 碳素钢带锯条(见表1)

表1 碳素钢带锯条基本截面

单位为毫米

宽度	3	5	6	8	10	13	16	20	25
厚度	0.65						0.8		0.9

4.1.2 双金属带锯条(见表 2)

表 2 双金属带锯条基本截面

单位为毫米

宽 度	6	10	13	20	27	34	41	54	67	80
厚 度	0.9		0.65	0.9		1.1	1.3	1.6		

4.1.3 摩擦带锯条(见表 3)

表 3 摩擦带锯条基本截面

单位为毫米

宽 度	16	20	25	32
厚 度	0.8		0.9	1.1

4.1.4 硬质合金带锯条(见表 4)

表 4 硬质合金带锯条基本截面

单位为毫米

宽 度	20	27	34	41	54	67	80
厚 度	0.8	0.9	1.1	1.3	1.6		

4.2 长度

金属切割带锯条的长度由机床使用的规格所决定，一般应在订货时说明。

4.3 齿距和单位长度齿数

4.3.1 等齿距(见表 5)

表 5 等齿距

单位为毫米

齿 距	1	1.4	1.8	2.5	3.15	4	6.3	8	12.5	20	25.4	34
每 25.4 mm 长度齿数	24	18	14	10	8	6	4	3	2	1.25	1	0.75

4.3.2 变齿距(见表 6)

表 6 变齿距

单位为毫米

齿 距	34～20	25.4～17	17～13	12～8	8～6	6～4	5～3	4～2.5	3～2	2.5～1.8
每 25.4 mm 长度齿数	0.75～1.25	1～1.5	1.5～2	2～3	3～4	4～6	5～8	6～10	8～12	10～14
注：根据用户需求，各制造厂可在变齿距的齿距上有所变化。										

4.4 分齿量

总分齿量由制造厂自行决定。

带锯条每侧的分齿量应相等，其偏差应限制在±0.05 mm 以内。

4.5 横向直线度

横向直线度公差为 2 μm/mm。

横向直线度误差见图 1。

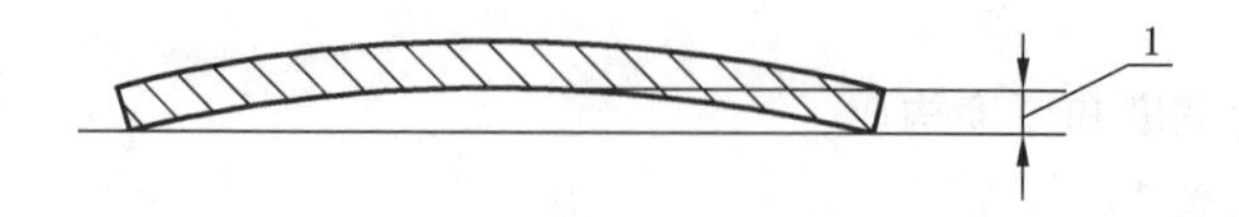

1——横向直线度误差。

图 1

5 基本要求

5.1 碳素钢带锯条

按 GB/T 230.1 和 JB/T 6050 检测，其齿部硬度应不得低于 62 HRC(766 HV)。

按 GB/T 4340.1 和 JB/T 6050 检测，其背部硬度应不得低于 268 HV (27 HRC)。

5.2 双金属带锯条

按 GB/T 230.1 和 JB/T 6050 检测，其齿部硬度应不得低于 62 HRC(766 HV)。

按 GB/T 4340.1 和 JB/T 6050 检测，其背部硬度在热处理后应不得低于 436 HV(45 HRC)。

5.3 摩擦带锯条

锯齿的主要作用是通过摩擦产生所需要的热量并吸入空气以维持燃烧，实现切割。摩擦带锯条通常在超过 40 m/s 速度下工作，机床应有必要的防护装置。

6 标志

6.1 带锯条标志

带锯条产品或包装盒上一般应作如下标志：

——制造厂商标；

——带锯条类型；

——基本截面；

——每 25.4 mm 长度齿数；

——齿形；

——标准号。

6.2 标志示例

基本截面为 41 mm×1.3 mm(宽度×厚度)，跳齿，每 25.4 mm 长度齿数为 3 齿的双金属带锯条，其标志为：

制造厂商标　双金属带锯条　41×1.3-跳齿-3　GB/T 21954.2—2008

附 录 A
（资料性附录）
硬 度

A.1 硬度测试

带锯条的硬度测试，可按下述试验方法进行：

a） 维氏硬度试验；

b） 表面洛氏硬度 15-N 试验；

c） 显微硬度试验。

由上述试验方法所得的任何读数都应换算成 HRC 的当量硬度。

A.2 硬度换算表

硬度换算见表 A.1。

表 A.1 硬度换算表

HV	HRC	15-N
268	27	72.4
436	45	82.9
766	62	91.4
856	65	92.2
889	66	
923	67	
959	68	
997	69	
1 037	70	
注：所列硬度仅供参考。		

ICS 25.100.40
J 41

中华人民共和国国家标准

GB/T 25369—2010

金属切割双金属带锯条技术条件

Metal cutting-bimetal band saw blades—Technical specifications

2010-11-10 发布　　2011-03-01 实施

中华人民共和国国家质量监督检验检疫总局
中国国家标准化管理委员会 发布

前　言

本标准的附录 A 是规范性附录。

本标准由中国机械工业联合会提出。

本标准由全国刀具标准化技术委员会(SAC/TC 91)归口。

本标准起草单位:湖南泰嘉新材料科技股份有限公司(湖南机床厂)。

本标准主要起草人:谢文忠、吴松涛、李辉、刘刚。

金属切割双金属带锯条
技术条件

1 范围

本标准规定了金属切割双金属带锯条的术语和定义、技术要求、标志和包装。

本标准适用于宽度尺寸为 6 mm～80 mm，齿部材料为高速钢或高性能高速钢，锯条体的材料是低合金弹簧钢的金属切割双金属带锯条(以下简称带锯条)。

2 规范性引用文件

下列文件中的条款通过本标准的引用而成为本标准的条款。凡是注日期的引用文件，其随后所有的修改单(不包括勘误的内容)或修订版均不适用于本标准，然而，鼓励根据本标准达成协议的各方研究是否可使用这些文件的最新版本。凡是不注日期的引用文件，其最新版本适用于本标准。

GB/T 230.1—2004 金属洛氏硬度试验 第1部分：试验方法(A,B,C,D,E,F,G,H,K,N,T 标尺)(ISO 6508-1:1999,MOD)

GB/T 4340.1—1999 金属维氏硬度试验 第1部分：试验方法(eqv ISO 6507-1:1997)

GB/T 21954.1—2008 金属切割带锯条 第1部分：术语(ISO 4875-1:2006,MOD)

GB/T 21954.2—2008 金属切割带锯条 第2部分：特性和尺寸(ISO 4875-2:2006,MOD)

JB/T 4318.3 卧式带锯床 第3部分：精度检验

JB/T 6050 钢铁热处理零件硬度测试通则

3 术语和定义

GB/T 21954.1 确立的以及下列术语和定义适用于本标准。

3.1

基本截面 usual section

基本截面由带锯条的宽度和厚度构成，用“宽度×厚度”表示。

3.2

刀弯 straightness

带锯条无约束地置于平板上，背部(或齿部)纵向(长度方向)较大曲率的弯曲，见图1。

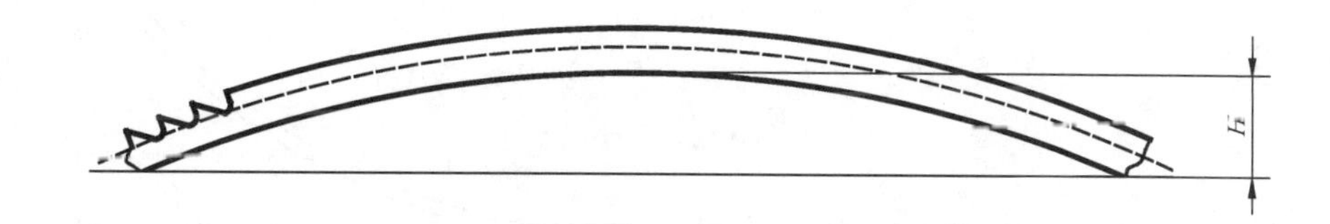

H——刀弯值。

图1

3.3

蛇(形)弯 snake

带锯条无约束地置于平板上，在较长的长度上背部(或齿部)连续出现纵向弯曲的渐变，见图2。

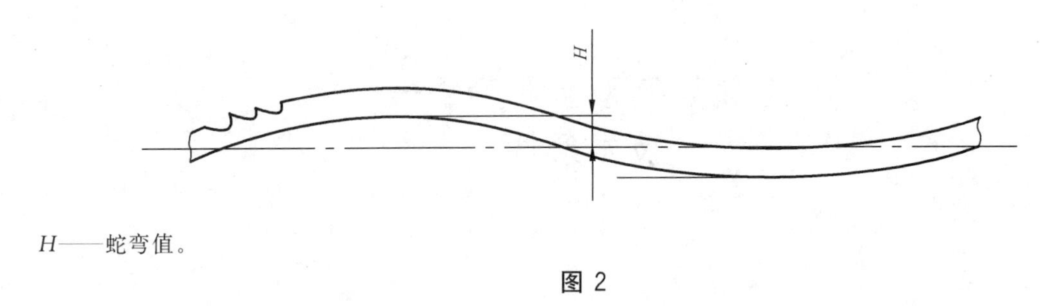

H——蛇弯值。

图 2

3.4

折弯　kink

带锯条无约束地置于无磁力的平板上，较短长度上侧面的弯曲，见图 3。

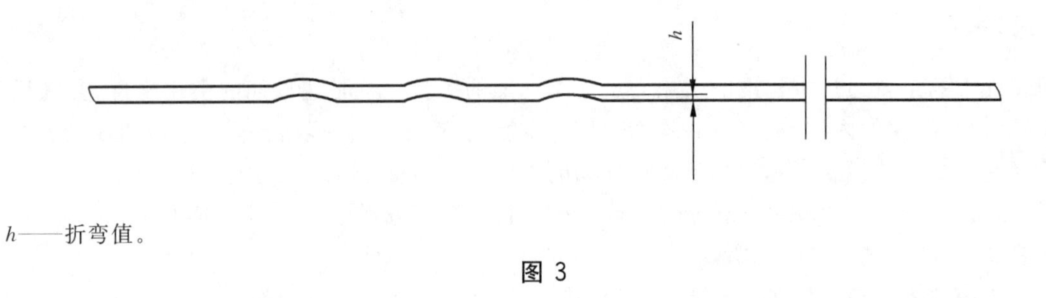

h——折弯值。

图 3

3.5

扭曲　twist

带锯条无约束地置于无磁力的平板上，其自由端头侧面与平板间的夹角，见图 4。

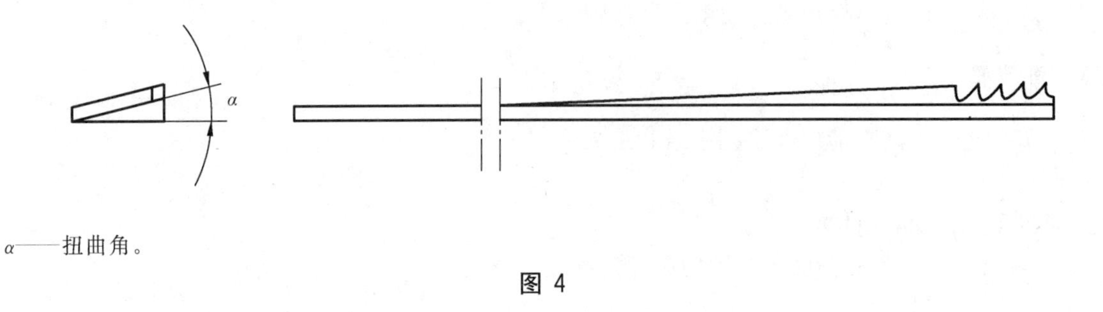

α——扭曲角。

图 4

3.6

料头翘曲(尾翘)　coil set

带锯条无约束地置于无磁力的平板上，其自由端头到平板的垂直距离，见图 5。

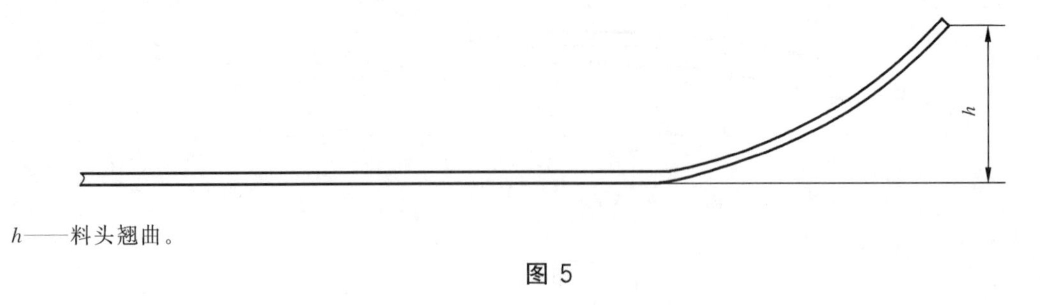

h——料头翘曲。

图 5

3.7

根带　bandsaw welded loop

根据顾客需要和供货协议，将一定长度的带锯条成品焊接成环状而形成的产品。

4 技术要求

4.1 基本截面

4.1.1 带锯条宽度及其偏差应符合表1的规定。

表1 带锯条宽度及其偏差

单位为毫米

宽度尺寸	6	10	13	20	27	34	41	54	67	80
偏差	0 −0.4			0 −0.5					0 −0.6	

4.1.2 带锯条厚度及其偏差应符合表2的规定。

表2 带锯条厚度及其偏差

单位为毫米

厚度尺寸	0.65	0.9	1.1	1.3	1.6
偏差	+0.02 −0.03	+0.02 −0.06			

4.2 外观质量

4.2.1 带锯条表面不应有裂纹、锈蚀、划痕及磕碰。

4.2.2 焊接处应牢固，不应有错位及凹凸不平，不应有虚焊、气孔、夹渣、脱焊等缺陷。

4.2.3 齿形规则，锯齿应无钝口、崩刃、缺齿、毛刺等影响使用的缺陷。

4.2.4 标志应正确、完整和清晰。

4.3 分齿量

4.3.1 带锯条每侧的分齿量应相等，其偏差为±0.05 mm。

4.3.2 总分齿量的偏差为±0.10 mm。

4.4 硬度

4.4.1 按GB/T 230.1—2004和JB/T 6050检测，齿部硬度应不低于62 HRC(766 HV)。

4.4.2 按GB/T 4340.1—1999和JB/T 6050检测，锯条体经过热处理后硬度应不低于436 HV(45 HRC)。

4.5 表面粗糙度

带锯条表面粗糙度应符合表3的规定。

表3 带锯条表面粗糙度

单位为微米

带锯条表面	表面粗糙度
锯齿前面、后面	*Ra*3.2
锯条体表面	*Ra*1.6

4.6 形位公差

4.6.1 带锯条的横向直线度公差为2 μm/mm。

4.6.2 带锯条的刀弯应符合“在任意6 000 mm的测量长度上不大于25 mm”的要求。

4.6.3 带锯条的蛇(形)弯应符合“在任意1 500 mm的测量长度上不大于3 mm”的要求。

4.6.4 带锯条的折弯应符合“在任意300 mm的测量长度上不大于1 mm，且在任意6 000 mm的测量长度上不多于5个弯曲处(所有折弯应在公差范围内)”的要求。

4.6.5 带锯条的扭曲应符合“在6 000 mm的测量长度上不大于30°”的要求。

4.6.6 带锯条的料头翘曲应符合表4的规定。

表4 带锯条料头翘曲

单位为毫米

宽度尺寸	6	10	13	20	27	34	41	54	67	80
料头翘曲	≤45			≤38			≤30			

4.7 挠性试验

带锯条应按附录 A 中 A.1 的方法进行挠性试验,试验后不应出现塑性变形或裂纹。

4.8 根带

4.8.1 焊接根带应采用已检验合格的带锯条。

4.8.2 根带焊接后,包括对接焊口部位的纵向直线度应符合"在任意 450 mm 的测量长度上不大于 0.40 mm"的要求,且只允许齿部凹下。

4.8.3 对接焊口横向错位不应大于 0.12 mm。按锯齿锯削方向,只允许前高后低。

4.8.4 经打磨抛光后的焊接区的厚度不应小于原厚度的 95%。

4.8.5 焊接打磨后形成的锯齿齿距不应大于相邻锯齿齿距,且不应小于相邻锯齿齿距的 75%。

4.8.6 焊缝区经回火后的硬度不应大于锯条体硬度,且不应小于锯条体硬度的 90%。

4.8.7 打磨抛光均不应损伤齿尖。

4.8.8 根带焊接后应按附录 A 中 A.2 的方法进行对接焊口挠性试验,试验后焊缝区不应出现塑性变形或裂纹。

5 标志和包装

5.1 标志

5.1.1 包装盒(箱)上应标志:

——制造厂的名称、地址和商标;

——带锯条类型或其代号;

——带锯条齿部材料牌号;

——带锯条基本截面;

——每 25.4 mm 长度齿数;

——齿形;

——锯齿前角参数;

——执行标准号;

——带锯条长度;

——包装盒(箱)体积与重量;

——防潮标志。

5.1.2 带锯条产品上应标志:

——制造厂商标;

——带锯条类型或其代号;

——基本截面;

——齿形;

——每 25.4 mm 长度齿数。

5.1.3 在将标志意义明确地告诉顾客的基础上,制造厂可在标志上增添其他带锯条信息。

5.1.4 带锯条的齿形按下列方法表示:

——正常齿或标准齿 Rt;

——跳齿 St;

——正前角齿 Pt;

——正前角跳齿 Ps;

——变齿距齿 Vp。

5.2 包装

5.2.1 带锯条及根带在包装前应作防锈处理。

5.2.2 带锯条及根带包装应采取保护措施，防止齿尖在运输中损伤。

5.2.3 带锯条及根带包装应牢固可靠。

附　录　A
（规范性附录）
带锯条挠性试验

A.1　带锯条挠性试验

A.1.1　试验方法

将带锯条的样本弯曲围绕试验棒半个圆周(见图 A.1),然后释放。

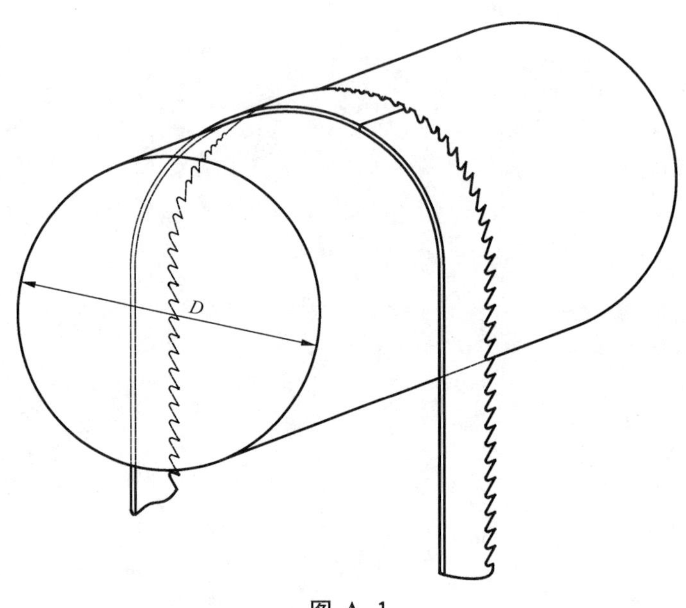

图 A.1

A.1.2　试验棒直径

试验棒直径见表 A.1。

表 A.1　带锯条挠性试验的试验棒直径　　单位为毫米

带锯条宽度	<54	≥54
试验棒直径 D	100	150

A.2　带锯条根带对接焊口挠性试验

A.2.1　试验方法

将焊接后根带样本的对接焊口部位弯曲围绕试验棒半个圆周(见图 A.1),然后释放。其次数不少于 3 次。

A.2.2　试验棒直径

试验棒直径见表 A.2。

表 A.2　带锯条根带对接焊口挠性试验的试验棒直径　　单位为毫米

带锯条宽度	≤27	34	41	≥54
试验棒直径 D	150	180	210	300

ICS 25.100.20
J 41

中华人民共和国国家标准

GB/T 25665—2010

整体硬切削材料直柄圆弧立铣刀　尺寸

Solid end mills with corner radii and cylindrical shanks made of hard cutting materials—Dimensions

(ISO 22037:2007,MOD)

2010-12-23 发布　　2011-07-01 实施

中华人民共和国国家质量监督检验检疫总局
中国国家标准化管理委员会　发布

前　言

本标准修改采用 ISO 22037:2007《整体硬切削材料直柄圆弧立铣刀　尺寸》(英文版)。

本标准与 ISO 22037:2007 相比有下列差异：

——删除了国际标准的前言；

——本国际标准改为本标准；

——规范性引用文件中的国际标准用我国国家标准替代；

——用小数点‘.’代替作为小数点的逗号‘,’；

——表 3 中半径 $r=0.3$ 系列根据国内实际情况修改为 0.4,相关数据亦做相应修改。

本标准由中国机械工业联合会提出。

本标准由全国刀具标准化技术委员会(SAC/TC 91)归口。

本标准起草单位:成都工具研究所。

本标准主要起草人：曾宇环、沈士昌。

整体硬切削材料直柄圆弧立铣刀　尺寸

1　范围

本标准规定了材料按 GB/T 2075—2007 的整体硬切削材料直柄圆弧立铣刀的尺寸。

本标准适用于整体硬切削材料直柄圆弧立铣刀。

2　规范性引用文件

下列文件中的条款通过本标准的引用而成为本标准的条款。凡是注日期的引用文件，其随后所有的修改单（不包括勘误的内容）或修订版均不适用于本标准，然而，鼓励根据本标准达成协议的各方研究是否可使用这些文件的最新版本。凡是不注日期的引用文件，其最新版本适用于本标准。

GB/T 1800.2—2009　产品几何技术规范（GPS）　极限与配合　第 2 部分：标准公差等级和孔、轴极限偏差表（ISO 286-2:1988，MOD）

GB/T 2075—2007　切削加工用硬切削材料的分类和用途　大组和用途小组的分类代号（ISO 513-2004，IDT）

3　圆弧立铣刀的型式

圆弧立铣刀分为两种型式：

——型式 1：短型圆弧立铣刀，见图 1 和表 1；

——型式 2：长型圆弧立铣刀，见图 2 和表 2；

注：两种型式的圆弧立铣刀均可设计成带颈或不带颈。颈部尺寸（颈部直径）d_3 在图 1 和图 2 中表示。

4　尺寸

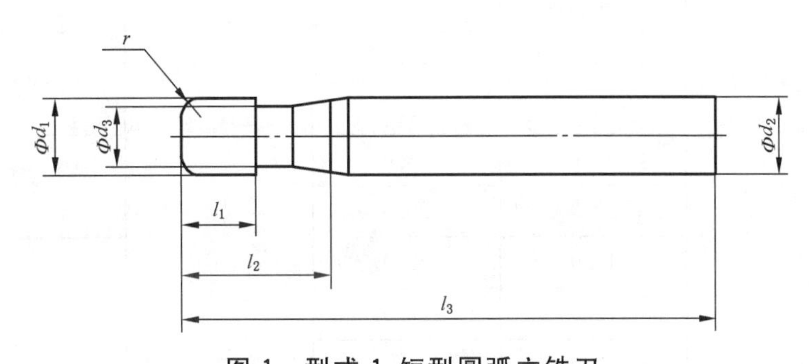

图 1　型式 1：短型圆弧立铣刀

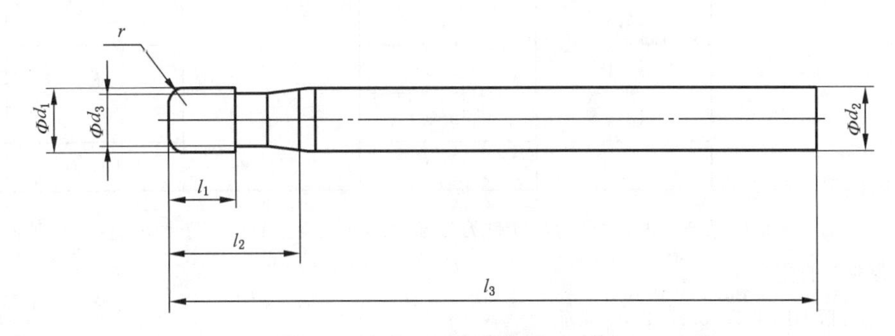

图 2　型式 2：长型圆弧立铣刀

表 1　短型圆弧立铣刀

单位为毫米

切削直径 d_1	圆弧半径 r^{d}	切削刃长 l_1 最小值	悬伸长度 l_2[a] 最小值	颈部直径 d_3[b]	总长 l_3 $^{+2}_{0}$	柄部直径 d_2[c] h6
0.5	—	0.5	1.0	—	38.0	3.0
0.6		0.6	1.2			
0.8		0.8	1.6			
1.0		1.0	2.0		43.0	4.0
1.2		1.2	2.4			
1.4		1.4	2.8			
1.5		1.5	3.0			
1.6		1.6	3.2			
1.8		1.8	3.6			
2.0		2.0	4.0		57.0	6.0
2.5		2.5	5.0			
3.0		3.0	6.0			
3.5		3.5	7.0			
4.0		4.0	8.0			
4.5		4.5	9.0			
5.0		5.0	10.0			
5.5		5.5	11.0			
6.0		6.0	12.0			
7.0		7.0	14.0		63.0	8.0
8.0		8.0	16.0			
9.0		9.0	18.0		72.0	10.0
10.0		10.0	20.0			
11.0		11.0	22.0		83.0	12.0
12.0		12.0	24.0			
13.0		13.0	26.0			14.0
14.0		14.0	28.0			
16.0		16.0	32.0		92.0	16.0
18.0		18.0	36.0			18.0
20.0		20.0	40.0		104.0	20.0

a　l_2 是平行于轴线测量的悬伸长度，大小为从立铣刀端部到颈部锥面上直径等于切削直径 d_1 处的距离。

b　尺寸由制造厂自定。

c　d_2 的公差按照 GB/T 1800.2—2009 规定。

d　见表 3。

表 2　长型圆弧立铣刀

单位为毫米

切削直径 d_1	圆弧半径 r[d]	切削刃长 l_1 最小值	悬伸长度 l_2[a] 最小值	颈部直径 d_3[b]	总长 l_3 $^{+2}_{0}$	柄部直径 d_2[c] h6
0.5	—	0.5	1.0	—	50.0	3.0
0.6		0.6	1.2			
0.8		0.8	1.6			
1.0		1.0	2.0		60.0	4.0
1.2		1.2	2.4			
1.4		1.4	2.8			
1.5		1.5	3.0			
1.6		1.6	3.2			
1.8		1.8	3.6			
2.0		2.0	4.0		80.0	6.0
2.5		2.5	5.0			
3.0		3.0	6.0			
3.5		3.5	7.0			
4.0		4.0	8.0			
4.5		4.5	9.0			
5.0		5.0	10.0			
5.5		5.5	11.0			
6.0		6.0	12.0			
6.0		6.0	12.0		100.0	8.0
7.0		7.0	14.0			
8.0		8.0	16.0			
8.0		8.0	16.0			10.0
9.0		9.0	18.0			
10.0		10.0	20.0			
10.0		10.0	20.0		120.0	12.0
11.0		10.0	22.0			
12.0		12.0	24.0			
13.0		13.0	26.0			14.0
14.0		14.0	28.0			
13.0		13.0	26.0		140.0	16.0
14.0		14.0	28.0			
16.0		16.0	32.0			
18.0		18.0	36.0		160.0	18.0
18.0		18.0	36.0			20.0
20.0		20.0	40.0			

[a] l_2 是平行于轴线测量的悬伸长度，大小为从立铣刀端部到颈部锥面上直径等于切削直径 d_1 处的距离。

[b] 尺寸由制造厂自定。

[c] d_2 的公差按照 GB/T 1800.2—2009 规定。

[d] 见表 3。

表 3 短型和长型立铣刀圆弧半径

单位为毫米

直径	圆弧半径 r ±0.010										
	0.1	0.2	0.4	0.5	1	1.5	2	3	4	5	6
0.5	+										
0.6	+	+									
0.8	+	+									
1.0	+	+									
1.2	+	+	+								
1.4	+	+	+	+							
1.5	+	+	+	+							
1.6	+	+	+	+							
1.8	+	+	+	+							
2.0	+	+	+	+							
2.5		+	+	+							
3.0		+	+	+	+						
3.5		+	+	+	+						
4.0		+	+	+	+						
4.5			+	+	+						
5.0			+	+	+						
5.5			+	+	+	+					
6.0			+	+	+	+					
7.0				+	+	+	+				
8.0				+	+	+	+				
9.0				+	+	+	+				
10.0				+	+	+	+				
11.0					+	+	+	+			
12.0					+	+	+	+	+		
13.0					+	+	+	+	+		
14.0					+	+	+	+	+		
16.0					+	+	+	+	+	+	+
18.0					+	+	+	+	+	+	+
20.0					+	+	+	+	+	+	+

说明：

+	第一选择：已被该标准包括的半径
	空白区域，第二选择：未被该标准包括的半径
	阴影区域：不推荐的半径

ICS 25.100.20
J 41

中华人民共和国国家标准

GB/T 25670—2010

硬质合金斜齿立铣刀

End mills with brazed angular hard metal tips

2010-12-23 发布　　2011-07-01 实施

中华人民共和国国家质量监督检验检疫总局
中国国家标准化管理委员会　发布

前　言

本标准由中国机械工业联合会提出。

本标准由全国刀具标准化技术委员会(SAC/TC 91)归口。

本标准主要起草单位:河南一工工具有限公司、北京京城工业物流有限公司。

本标准主要起草人:赵建敏、孔春艳、樊英杰、王晓曼。

硬质合金斜齿立铣刀

1 范围

本标准规定了硬质合金斜齿直柄立铣刀和硬质合金斜齿锥柄立铣刀(以下均简称"立铣刀")的型式和尺寸、形状和位置公差、材料和硬度、外观和表面粗糙度、焊接质量、标志和包装的技术要求。

本标准适用于直径 ϕ10 mm～ϕ28 mm 的硬质合金斜齿直柄立铣刀和直径 ϕ14 mm～ϕ50 mm 的硬质合金斜齿锥柄立铣刀。

2 规范性引用文件

下列文件中的条款通过本标准的引用而成为本标准的条款，凡是注日期的引用文件，其随后所有的修改单(不包括勘误的内容)或修订版均不适用于本标准，然而，鼓励根据本标准达成协议的各方研究是否可使用这些文件的最新版本。凡是不注日期的引用文件，其最新版本适用于本标准。

GB/T 1443 机床和工具柄用自夹圆锥(GB/T 1443—1996,eqv ISO 296:1991)

GB/T 2075 切削加工用硬切削材料的分类和用途 大组和用途小组的分类代号(GB/T 2075—2007,ISO 513:2004,IDT)

GB/T 6131.1 铣刀直柄 第1部分:普通直柄的型式和尺寸(GB/T 6131.1—2006,ISO 3338-1:1996,IDT)

GB/T 6131.2 铣刀直柄 第2部分:削平直柄的型式和尺寸(GB/T 6131.2—2006,ISO 3338-2:2000,MOD)

YS/T 79 硬质合金焊接刀片

3 符号

d 立铣刀直径

d_1 立铣刀柄部直径

l 立铣刀刃部长度

L 立铣刀总长

θ 角度

α 后角

β 斜角

4 型式和尺寸

4.1 直柄立铣刀的型式和尺寸按图1和表1，柄部尺寸和偏差分别按 GB/T 6131.1 和 GB/T 6131.2 的规定，硬质合金型号按 YS/T 79 的规定。斜角 β 一般为 3°，在不同场合，可根据加工对象或用户需要确定。

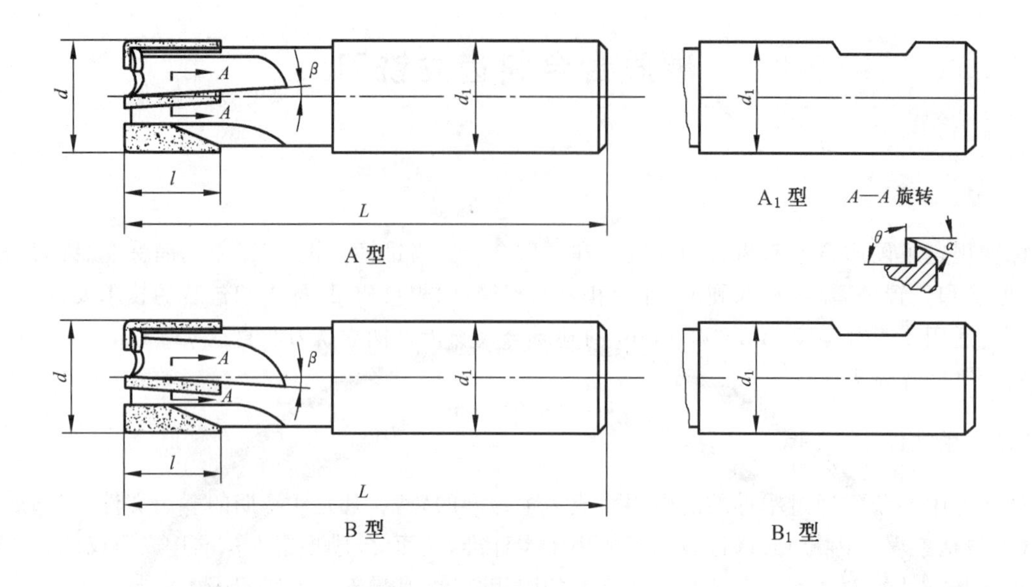

图 1

表 1

单位为毫米

d js14	L js16	d_1[a]	参考值				
			硬质合金刀片型号	l	α (°)	θ (°)	齿数
10	75	10	E515	13.5	12°	95°	3
11	80	12					
12							
14			E315				
16	85	16					
18	90		E320	18.0			
20		20					4
22							
25	100	25					
28							

a 普通柄公差为 h8,削平柄公差为 h6。

4.2 锥柄立铣刀的型式和尺寸按图 2 和表 2,柄部尺寸和偏差按 GB/T 1443 的规定,硬质合金型号按 YS/T 79 的规定。斜角 β 一般为 3°,在不同场合,可根据加工对象或用户需要确定。

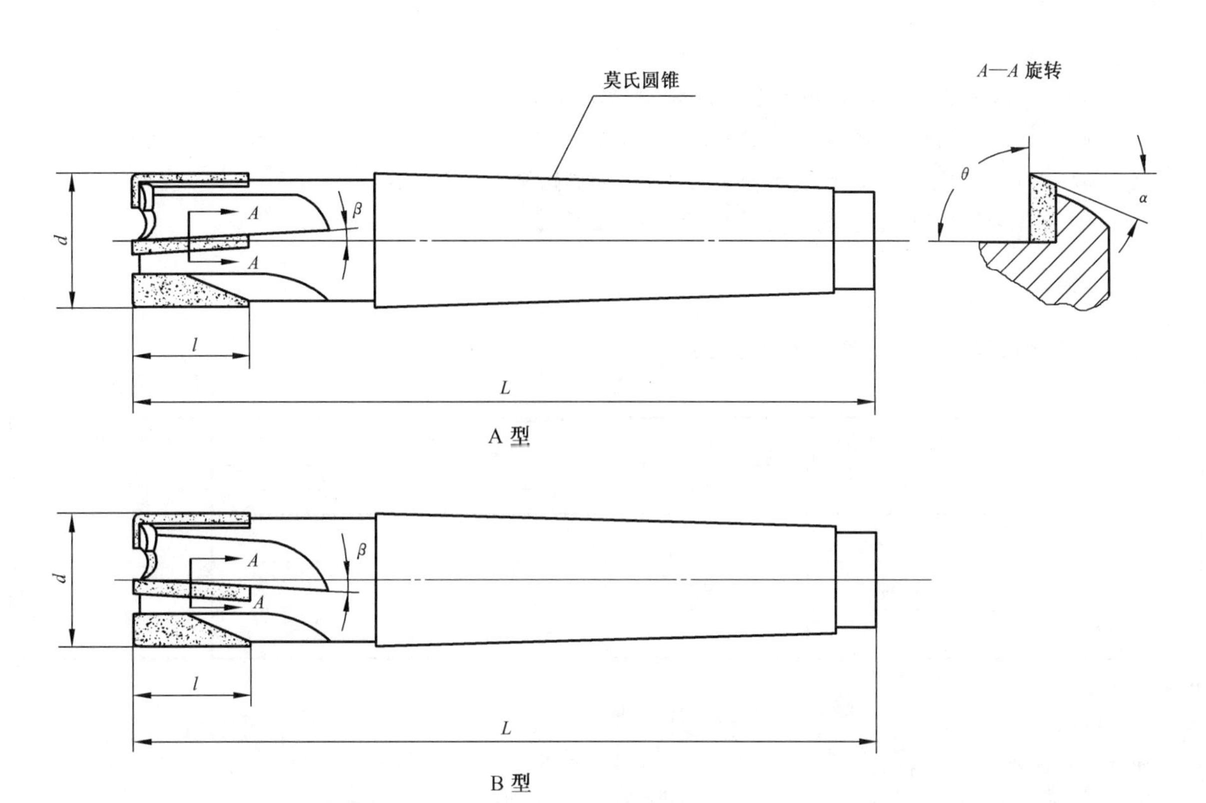

A 型

B 型

图 2

表 2

单位为毫米

<table>
<tr><th rowspan="2">d
js14</th><th rowspan="2">L
js16</th><th rowspan="2">莫氏
圆锥号</th><th colspan="5">参 考 值</th></tr>
<tr><th>硬质合金
刀片型号</th><th>l</th><th>α
(°)</th><th>θ
(°)</th><th>齿数</th></tr>
<tr><td>14</td><td rowspan="2">105</td><td rowspan="3">2</td><td rowspan="2">E315</td><td rowspan="2">13.5</td><td rowspan="15">12°</td><td rowspan="3">95°</td><td rowspan="3">3</td></tr>
<tr><td>16</td></tr>
<tr><td>18</td><td>110</td><td rowspan="5">E320</td><td rowspan="5">18.0</td></tr>
<tr><td>20</td><td rowspan="3">130</td><td rowspan="3">3</td><td rowspan="6">90°</td><td rowspan="6">4</td></tr>
<tr><td>22</td></tr>
<tr><td>25</td></tr>
<tr><td>28</td><td>155</td><td rowspan="6">4</td></tr>
<tr><td>30</td><td rowspan="4">160</td><td rowspan="4">E325</td><td rowspan="4">23.0</td></tr>
<tr><td>32</td></tr>
<tr><td>36</td><td rowspan="6">70°</td><td rowspan="6">6</td></tr>
<tr><td>40</td></tr>
<tr><td rowspan="2">45</td><td>170</td><td rowspan="4">E330</td><td rowspan="4">28.0</td></tr>
<tr><td>195</td><td>5</td></tr>
<tr><td rowspan="2">50</td><td>170</td><td>4</td></tr>
<tr><td>195</td><td>5</td></tr>
</table>

4.3 标记示例

直径d=20 mm 的焊有 P30 硬质合金刀片，A 型斜齿直柄立铣刀：

硬质合金斜齿直柄立铣刀　A20　P30　GB/T 25670—2010。

直径 d=20 mm 的焊有 P30 硬质合金刀片，A 型斜齿锥柄立铣刀：

硬质合金斜齿锥柄立铣刀　A20　P30　GB/T 25670—2010。

5 技术要求

5.1 立铣刀形状和位置公差按表 3 的规定。

表 3

单位为毫米

d	圆周刃对柄部轴线的径向圆跳动		端刃对柄部轴线的端面圆跳动		工作部分外径锥度公差
	一转	相邻齿	一转	相邻齿	
$\leqslant 18$	0.032	—	0.030	—	0.02
$18<d\leqslant 28$	0.040	0.020	0.040	0.020	
>28	0.050	0.025			

5.2 材料和硬度

5.2.1 材料

5.2.1.1 硬质合金刀片材料

按 GB/T 2075 分类分组的规定，加工钢时为 P20～P30；加工铸铁时为 K20～K30。

硬质合金刀片在焊接前表面应进行研磨、喷砂或其他方法的表面处理。

硬质合金刀片不得有起皮、鼓泡、分层、裂纹等缺陷。

5.2.1.2 刀体用 40Cr 或同等以上性能的合金钢制造。

5.2.2 硬度

柄部硬度为：

——普通直柄、莫氏锥柄：不低于 35 HRC；

——削平直柄：不低于 50 HRC。

5.3 外观和表面粗糙度

5.3.1 立铣刀的切削刃应锋利，不应有崩刃、钝口、裂纹等影响使用性能的缺陷；非工作部分的锐边应倒钝，表面不得有磕伤、锈迹等影响使用性能的缺陷。

5.3.2 立铣刀的表面粗糙度的上限值按下列规定：

——前面和后面：$Rz3.2\ \mu m$；

——柄部外圆：$Ra0.8\ \mu m$。

5.4 焊接质量

5.4.1 立铣刀的刀片焊接应牢靠，不应有气孔、未焊透或焊料堆积等影响使用性能的缺陷。

6 标志和包装

6.1 标志

6.1.1 产品上应标志：

a) 制造厂或销售商的商标；

b) 立铣刀的直径；

c) 刀片的硬质合金牌号或代号。

6.1.2 包装盒上应标志：

a) 制造厂或销售商的名称、地址和商标；

b） 立铣刀的标记；

c） 刀片的硬质合金牌号或代号；

d） 件数；

e） 制造年月。

6.2 **包装**

立铣刀在包装前应经防锈处理。包装应牢靠，并能防止运输过程中的损伤。

ICS 25.100.30
J 41

中华人民共和国国家标准

GB/T 25673—2010

可调节手用铰刀

Adjustable hand reamer

2010-12-23 发布　　2011-07-01 实施

中华人民共和国国家质量监督检验检疫总局
中国国家标准化管理委员会　发布

前　言

本标准由中国机械工业联合会提出。

本标准由全国刀具标准化技术委员会(SAC/TC 91)归口。

本标准主要起草单位:河南一工工具有限公司、成都工具研究所。

本标准主要起草人:赵建敏、孔春艳、闫悦剑。

可调节手用铰刀

1 范围

本标准规定了可调节手用铰刀的型式和尺寸、形状和位置公差、外观和表面粗糙度、材料和硬度、标志和包装的技术要求。

本标准适用于装可移动刀片,能调节直径的可调节手用铰刀。

2 规范性引用文件

下列文件中的条款通过本标准的引用而成为本标准的条款。凡是注日期的引用文件,其随后所有的修改单(不包括勘误的内容)或修订版均不适用于本标准,然而,鼓励根据本标准达成协议的各方研究是否可使用这些文件的最新版本。凡是不注日期的引用文件,其最新版本适用于本标准。

GB/T 4267 直柄回转工具 柄部直径和传动方头的尺寸(GB/T 4267—2004,ISO 237:1975,IDT)

3 型式和尺寸

3.1 可调节手用铰刀分普通型和带导向套型两种型式。

3.2 普通型铰刀的型式和尺寸按图1和表1规定。

3.3 带导向套型铰刀的型式和尺寸按图2和表2规定。

3.4 柄部方头的偏差按 GB/T 4267 的规定。

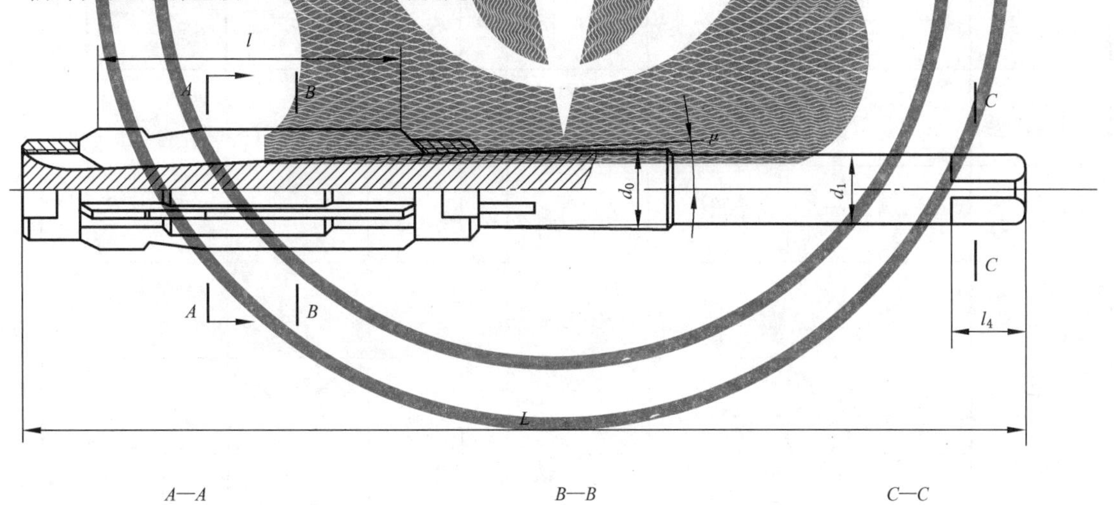

A—A

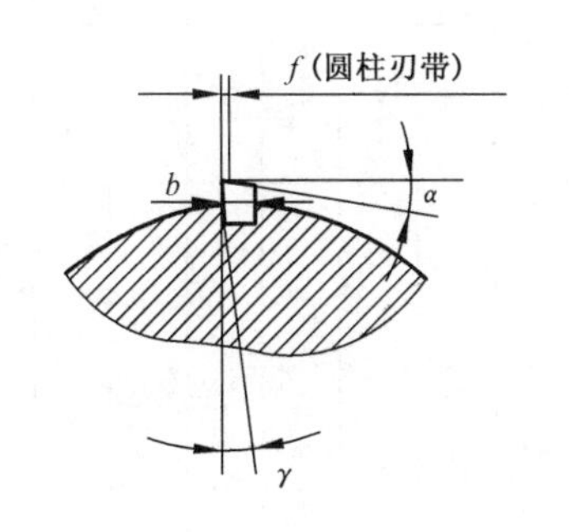

B—B

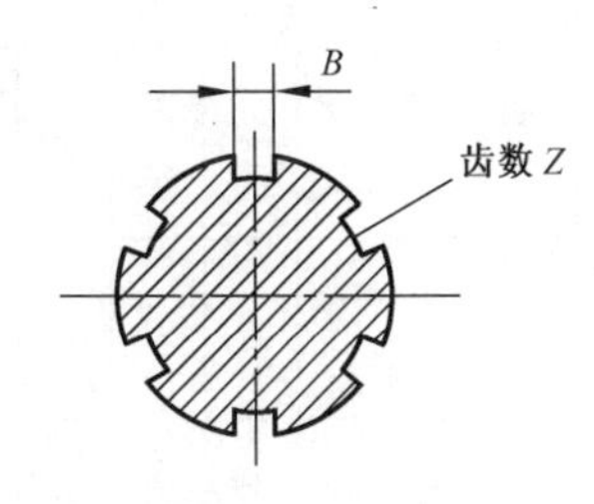

C—C

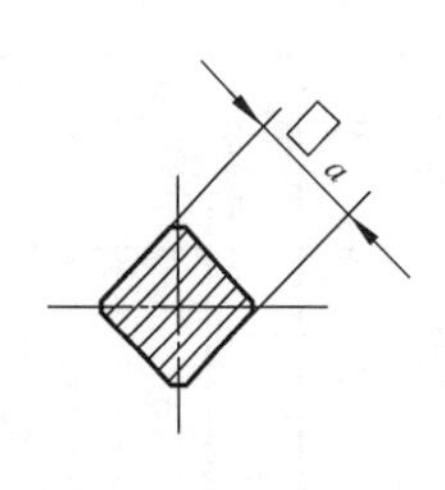

图 1

表 1

单位为毫米

铰刀调节范围	L		B(H9)		b(h9)		d_1	d_0	a	l_4	参考值					
	基本尺寸	极限偏差	基本尺寸	极限偏差	基本尺寸	极限偏差					l	μ	γ	α	f	Z 齿数
≥6.5～7.0	85	0 −2.2	1.0	+0.025 0	1.0	0 −0.025	4	M5×0.5	3.15	6	35	1°30′	−1°～4°	14°	0.05～0.15	5
>7.0～7.75	90															
>7.75～8.5	100		1.15		1.15		4.8	M6×0.75	4	7	38			12°		
>8.5～9.25	105														0.1～0.2	
>9.25～10	115		1.3		1.3		5.6	M7×0.75	4.5			2°				6
>10～10.75	125	0 −2.5														
>10.75～11.75	130						6.3	M8×1	5	8					0.1～0.25	
>11.75～12.75	135		1.6		1.6		7.1	M9×1	5.6		44					
>12.75～13.75	145										48					
>13.75～15.25	150						8	M10×1	6.3	9	52			10°		
>15.25～17	165		1.8		1.8		9	M11×1	7.1	10	55					
>17～19	170		2.0		2.0		10	M12×1.25	8	11	60					
>19～21	180						11.2	M14×1.5	9	12						
>21～23	195	0 −2.9	2.5		2.5		14	M16×1.5	11.2	14	65	2°30′			0.1～0.3	
>23～26	215							M18×1.5			72					
>26～29.5	240		3.0		3.0		18	M20×1.5	14	18	80					
>29.5～33.5	270	0 −3.2	3.5	+0.03 0	3.5	0 −0.03	19.8	M22×1.5	16	20	85				0.15～0.4	
>33.5～38	310							M24×2			95					
>38～44	350	0 −3.6	4.0		4.0		25	M30×2	20	24	105	3°				
>44～54	400		4.5		4.5		31.5	M36×2	25	28	120	3°30′				

表 1（续）

单位为毫米

铰刀调节范围	L		B(H9)		b(h9)		d_1	d_0	a	l_4	参考值					
	基本尺寸	极限偏差	基本尺寸	极限偏差	基本尺寸	极限偏差					l	μ	γ	α	f	Z 齿数
＞54～63	460	0 −4.0	4.5	+0.03 0	4.5	0 −0.03	40	M45×2	31.5	34	120	5°	−1°～4°	8°	0.2～0.4	6
＞63～84	510	0 −4.4	5.0		5.0		50	M55×2	40	42	135					
＞84～100	570		6.0		6.0		63	M70×2	50	51	140					6 或 8

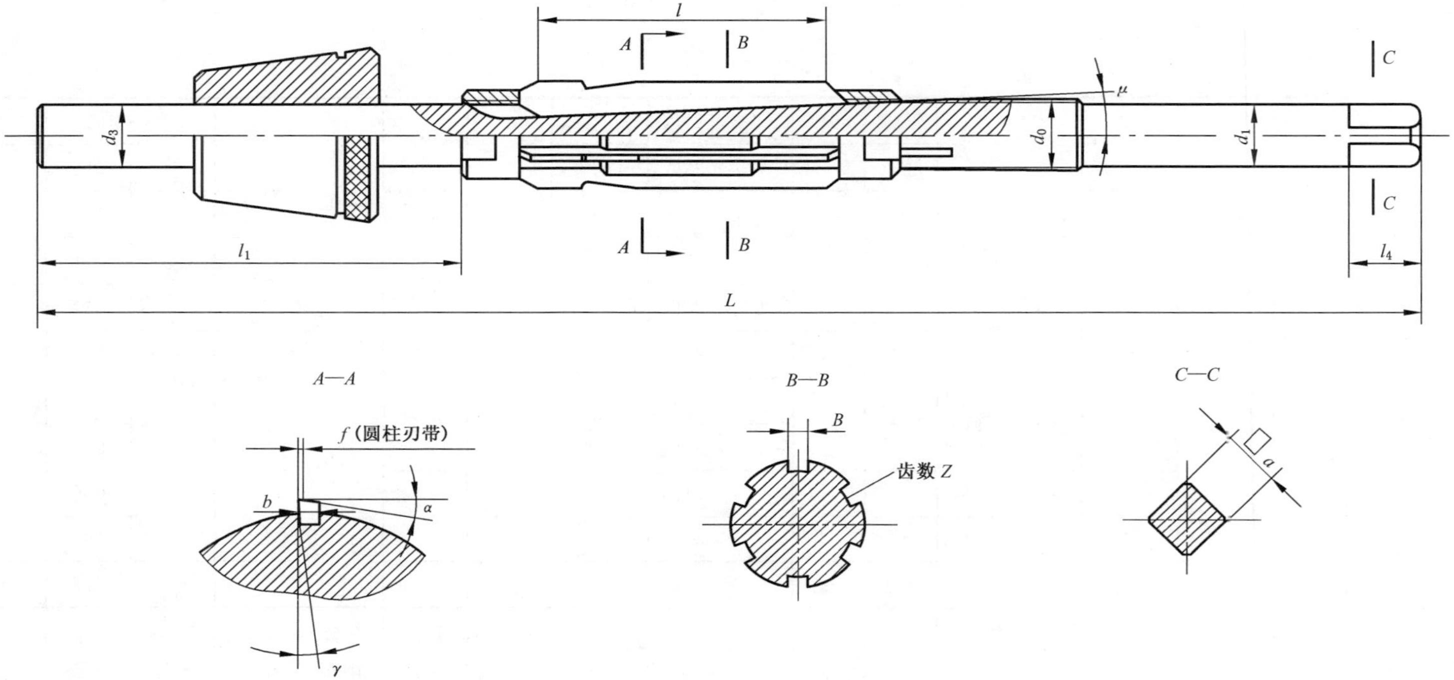

图 2

表 2

单位为毫米

铰刀调节范围	L		B(H9)		b(h9)		d_1	d_0	d_3	a	l_4	参考值						
	基本尺寸	极限偏差	基本尺寸	极限偏差	基本尺寸	极限偏差						l	μ	γ	α	f	l_1	Z 齿数
>15.27～17	245	0 −2.9	1.8	+0.025 0	1.8	0 −0.025	9	M11×1	9	7.1	10	55	2°	−1°～4°	10°	0.1～0.25	80	6
>17～19	260	0 −3.2	2.0		2.0		10	M12×1.25	10	8	11	60					90	
>19～21	300						11.2	M14×1.5	11.2	9	12						95	
>21～23	340	0 −3.6	2.5		2.5		14	M16×1.5	14	11.2	14	65	2°30′			0.1～0.3	105	
>23～26	370							M18×1.5				72					115	
>26～29.5	400		3.0		3.0		18	M20×1.5	18	14	18	80					125	
>29.5～33.5	420	0 −4.0	3.5	+0.03 0	3.5	0 −0.03	20	M22×1.5	20	16	20	85				0.15～0.4	130	
>33.5～38	440							M24×2				95						
>38～44	490		4.0		4.0		25	M30×2	25	20	24	105	3°				140	
>44～54	540	0 −4.4	4.5		4.5		31.5	M36×2	31.5	25	28	120	3°30′					
>54～68	550						40	M45×2	40	31.5	34		5°		8°	0.2～0.4		

3.5 标记示例

直径调节范围为15.25 mm～17 mm的普通型可调节手用铰刀的标记为：

可调节手用铰刀　15.25～17　GB/T 25673—2010

直径调节范围为19 mm～21 mm的带导向套型可调节手用铰刀的标记为：

可调节手用铰刀　19～21-DX　GB/T 25673—2010

4 技术要求

4.1 铰刀的形状和位置公差

4.1.1 铰刀校准部分在调节范围内任一位置上圆度不得大于：

——直径≤15.25 mm　　0.03 mm；

——直径＞15.25～26 mm　　0.04 mm；

——直径＞26～100 mm　　0.05 mm。

4.1.2 带导向套型铰刀在调节范围内其切削部分和导向柱对公共轴线的径向圆跳动不应大于表3的规定：

表3　　单位为毫米

铰刀直径 D	公差	
	切削部分	导向柱
<54	0.05	0.03
≥54	0.06	0.04

4.1.3 铰刀在调节范围内校准部分直径均应有倒锥度。

4.2 外观和表面粗糙度

4.2.1 铰刀表面不得有裂纹、刻痕、锈迹以及磨削烧伤等影响使用性能的表面缺陷。

4.2.2 铰刀的表面粗糙度的上限值按下列规定：

——前面和后面：　　Rz3.2 μm；

——圆柱刃带表面：　　Ra0.63 μm；

——导向柱外圆表面：　　Ra1.25 μm。

4.3 铰刀上刀片及各零件材料和硬度

4.3.1 材料

刀片用W6Mo5Cr4V2或其他同等性能的高速钢制造，也允许用9SiCr或其他同等性能的合金工具钢制造；刀体用45钢或同等以上性能的钢材制造；螺母和导向套用45钢或同等以上性能的钢材制造。

4.3.2 硬度

合金工具钢刀片的硬度为：62 HRC～65 HRC，高速钢刀片的硬度为：63 HRC～66 HRC；

铰刀刀体硬度不低于250 HB；

柄部方头的硬度为30 HRC～45 HRC；

螺母和导向套的硬度不低于40 HRC。

5 标志和包装

5.1 标志

5.1.1 产品上应标志：

——制造厂或销售商的商标；

——铰刀直径调节范围；

——刀片代号(高速钢标HSS)，合金钢制造的刀片可不标。

5.1.2 包装盒上应标志：

——制造厂或销售商的名称、地址和商标；

——铰刀的标记；

——刀片代号或牌号；

——件数；

——制造年月。

5.2 包装

铰刀在包装前应经防锈处理，包装应牢固，防止运输过程中损伤。

ICS 25.100.20
J 41

中华人民共和国国家标准

GB/T 25674—2010

螺 钉 槽 铣 刀

Screw slotting saws

2010-12-23 发布　　2011-07-01 实施

中华人民共和国国家质量监督检验检疫总局
中国国家标准化管理委员会　发布

前　言

本标准由中国机械工业联合会提出。

本标准由全国刀具标准化技术委员会(SAC/TC 91)归口。

本标准主要起草单位:嘉兴亿爱思梯工具有限公司、成都工具研究所。

本标准主要起草人:陈尔容、邓智光。

螺 钉 槽 铣 刀

1 范围

本标准规定了直径为 40 mm～75 mm 粗齿和细齿螺钉槽铣刀的型式、尺寸、技术要求、标志和包装的基本要求。

本标准适用于按 GB/T 3103.1 加工螺栓、螺钉、螺柱和螺母一字槽的螺钉槽铣刀。

2 规范性引用文件

下列文件中的条款通过本标准的引用而成为本标准的条款。凡是注日期的引用文件，其随后所有的修改单(不包括勘误的内容)或修订版均不适用于本标准，然而，鼓励根据本标准达成协议的各方研究是否可使用这些文件的最新版本。凡是不注日期的引用文件，其最新版本适用于本标准。

GB/T 3103.1 紧固件公差 螺栓、螺钉、螺柱和螺母(GB/T 3103.1—2002，ISO 4759-1:2000，IDT)

GB/T 6121 锯片铣刀 技术条件

3 符号

d 螺钉槽铣刀外圆直径

D 螺钉槽铣刀内孔直径

L 螺钉槽铣刀厚度

4 型式和尺寸

4.1 螺钉槽铣刀的型式按图 1，尺寸按表 1 的规定。

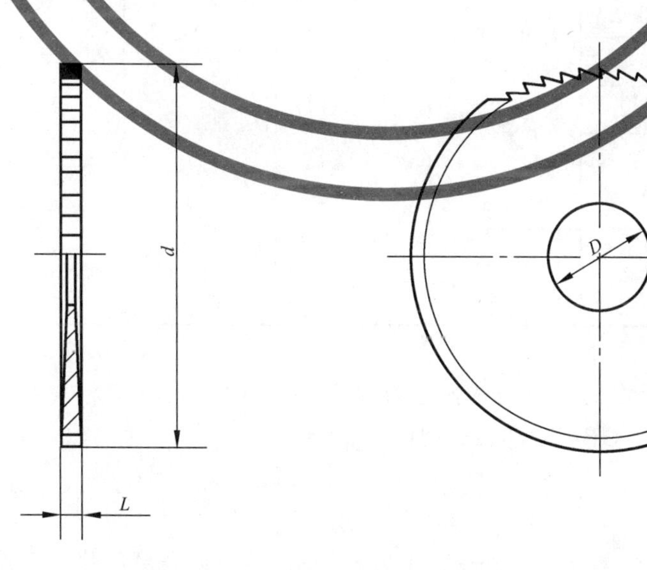

图 1

表 1 螺钉槽铣刀尺寸

单位为毫米

<table>
<tr><th colspan="2">d</th><th colspan="2">L</th><th colspan="2">D</th><th colspan="2">齿数(参考)</th></tr>
<tr><th>基本尺寸</th><th>极限偏差
js16</th><th>基本尺寸</th><th>极限偏差</th><th>基本尺寸</th><th>极限偏差
H7</th><th>粗齿</th><th>细齿</th></tr>
<tr><td rowspan="7">40</td><td rowspan="7">±0.80</td><td>0.25</td><td rowspan="12">$^{+0.15}_{+0.11}$</td><td rowspan="7">13</td><td rowspan="16">$^{+0.018}_{0}$</td><td rowspan="7">72</td><td rowspan="7">90</td></tr>
<tr><td>0.3</td></tr>
<tr><td>0.4</td></tr>
<tr><td>0.5</td></tr>
<tr><td>0.6</td></tr>
<tr><td>0.8</td></tr>
<tr><td>1.0</td></tr>
<tr><td rowspan="9">60</td><td rowspan="19">±0.95</td><td>0.4</td><td rowspan="9">16</td><td rowspan="19">60</td><td rowspan="19">72</td></tr>
<tr><td>0.5</td></tr>
<tr><td>0.6</td></tr>
<tr><td>0.8</td></tr>
<tr><td>1.0</td></tr>
<tr><td>1.2</td><td rowspan="4">$^{+0.22}_{+0.15}$</td></tr>
<tr><td>1.6</td></tr>
<tr><td>2.0</td></tr>
<tr><td>2.5</td></tr>
<tr><td rowspan="10">75</td><td>0.6</td><td rowspan="3">$^{+0.15}_{+0.11}$</td><td rowspan="10">22</td><td rowspan="10">$^{+0.021}_{0}$</td></tr>
<tr><td>0.8</td></tr>
<tr><td>1.0</td></tr>
<tr><td>1.2</td><td rowspan="5">$^{+0.22}_{+0.15}$</td></tr>
<tr><td>1.6</td></tr>
<tr><td>2.0</td></tr>
<tr><td>2.5</td></tr>
<tr><td>3.0</td></tr>
<tr><td>4.0</td><td rowspan="2">$^{+0.28}_{+0.19}$</td></tr>
<tr><td>5.0</td></tr>
</table>

4.2 标记示例

d=75 mm,L=1.6 mm,齿数 60 的螺钉槽铣刀为:

螺钉槽铣刀 75×1.6×60 GB/T 25674—2010

5 技术要求

5.1 螺钉槽铣刀表面不得有裂纹,切削刃应锋利,不应有崩刃,钝口以及磨削烧伤等影响使用性能的缺陷。

5.2 螺钉槽铣刀表面粗糙度的最大允许值按下列规定。

——前面：Rz10 μm；

——内孔表面：Ra1.25 μm；

——两侧隙面：Ra1.25 μm。

5.3 螺钉槽铣刀的位置公差按表 2 规定。

表 2 螺钉槽铣刀的位置公差

单位为毫米

d	圆周刃对内孔轴线的径向圆跳动		侧隙面对内孔轴线的端面圆跳动				
			L				
	一转	相邻	0.25～0.5	0.6～1.0	1.2～2.0	2.5～4.0	5.0
40	0.08	0.06	0.12	0.10	—	—	
60 75	0.10	0.08	0.16	0.12	0.10	0.08	0.06
注：圆跳动检测方法与锯片铣刀检测方法相同，按 GB/T 6121 的规定。							

5.4 螺钉槽铣刀用 W6Mo5Cr4V2 或其他同等性能的普通高速钢制造，其硬度为：

$L \leqslant 1$ mm 时，62 HRC～65 HRC；

$L > 1$ mm 时，63 HRC～66 HRC。

6 标志和包装

6.1 标志

6.1.1 螺钉槽铣刀上应标志：

a) 制造厂商标；

b) 螺钉槽铣刀的外圆直径、厚度和齿数；

c) 材料代号(HSS)。

6.1.2 包装盒上应标志：

a) 制造厂或销售商的名称、商标和地址；

b) 螺钉槽铣刀的标记；

c) 材料牌号或代号；

d) 件数；

e) 制造年月。

6.2 包装

螺钉槽铣刀在包装前应经防锈处理，包装应牢固，并能防止运输过程中的损伤。

ICS 25.100.20
J 41

中华人民共和国国家标准

GB/T 25992—2010/ISO 15917:2007

整体硬质合金和陶瓷直柄球头立铣刀 尺寸

Solid ball-nosed end mills with cylindrical shanks made of carbide and ceramic materials—Dimensions

(ISO 15917:2007,IDT)

2011-01-10 发布　　2011-07-01 实施

中华人民共和国国家质量监督检验检疫总局
中 国 国 家 标 准 化 管 理 委 员 会　发 布

前　言

本标准等同采用ISO 15917:2007《整体硬质合金和陶瓷直柄球头立铣刀　尺寸》(英文版)。

本标准等同翻译ISO 15917:2007。

为便于使用,本标准作了下列编辑性修改:

——删除了国际标准前言;

——用“.”代替用作小数点的逗号“,”。

本标准由中国机械工业联合会提出。

本标准由全国刀具标准化技术委员会(SAC/TC 91)归口。

本标准起草单位:成都工具研究所。

本标准主要起草人:沈士昌、曾宇环、孙小燕。

整体硬质合金和陶瓷直柄球头立铣刀
尺寸

1 范围

本标准规定了整体硬质合金和陶瓷直柄球头立铣刀的型式和尺寸，硬质合金和陶瓷材料按 GB/T 2075 的规定。

2 规范性引用文件

下列文件中的条款通过本标准的引用而成为本标准的条款。凡是注日期的引用文件，其随后所有的修改单(不包括勘误的内容)或修订版均不适用于本标准，然而，鼓励根据本标准达成协议的各方研究是否可使用这些文件的最新版本。凡是不注日期的引用文件，其最新版本适用于本标准。

GB/T 1800.2 产品几何技术规范(GPS) 极限与配合 第2部分：标准公差等级和孔、轴极限偏差表(GB/T 1800.2—2009，ISO 286-2:1988，ISO System of limits and fits—Part 2：Tables of standard tolerance grades and limit deviations for holes and shafts，MOD)

GB/T 2075 切削加工用硬切削材料的分类和用途 大组和用途小组的分类代号(GB/T 2075—2007，ISO 513:2004，IDT)

3 整体球头立铣刀的型式

整体硬质合金和陶瓷球头立铣刀有以下两种型式：

——型式1，短型整体球头立铣刀，按图1和表1；

——型式2，长型整体球头立铣刀，按图2和表2。

注：两种型式的立铣刀都可以加工成带颈或不带颈的，颈部直径 d_3 见图1和图2。

4 尺寸

短型整体球头立铣刀见图1和表1；长型整体球头立铣刀见图2和表2。

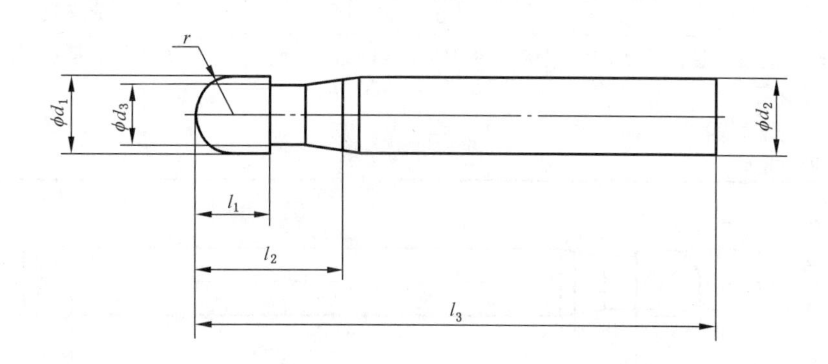

图1 型式1——短型整体球头立铣刀

表 1　型式 1——短型整体球头立铣刀

单位为毫米

切削直径 d_1^b	圆弧半径 $r=d_1/2^b$	切削刃长度 l_1 最小值	悬伸长度 l_2^a 最小值	颈部直径 d_3^d	总长度 l_3 $^{+2}_{0}$	柄部直径 d_2^c h6
0.2	空列	0.2	0.4	空列	38.0	3.0
0.3		0.3	0.6			
0.4		0.4	0.8			
0.5		0.5	1.0			
0.6		0.6	1.2			
0.8		0.8	1.6			
1.0		1.0	2.0		43.0	4.0
1.2		1.2	2.4			
1.4		1.4	2.8			
1.5		1.5	3.0			
1.6		1.6	3.2			
1.8		1.8	3.6			
2.0		2.0	4.0		57.0	6.0
2.5		2.5	5.0			
3.0		3.0	6.0			
3.5		3.5	7.0			
4.0		4.0	8.0			
4.5		4.5	9.0			
5.0		5.0	10.0			
5.5		5.5	11.0			
6.0		6.0	12.0			
7.0		7.0	14.0		63.0	8.0
8.0		8.0	16.0			
9.0		9.0	18.0		72.0	10.0
10.0		10.0	20.0			
11.0		11.0	22.0		83.0	12.0
12.0		12.0	24.0			
13.0		13.0	26.0			14.0
14.0		14.0	28.0			
16.0		16.0	32.0		92.0	16.0
18.0		18.0	36.0			18.0
20.0		20.0	40.0		104.0	20.0

a l_2 是平行于轴线测量的悬伸长度，大小为从立铣刀端部到颈部锥面上直径等于切削直径 d_1 处的距离。

b 公差由生产商自定。

c d_2 的公差按 GB/T 1800.2。

d 尺寸由生产商自定。

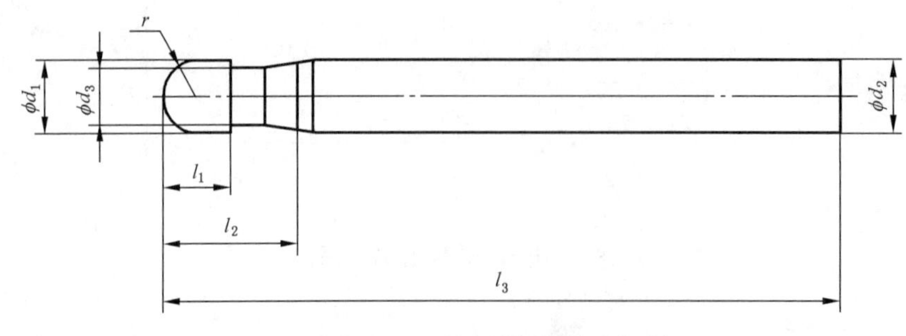

图 2　型式 2——长型整体球头立铣刀

表 2 型式 2——长型整体球头立铣刀 单位为毫米

<table>
<tr><th>切削直径
d_1^{b}</th><th>圆弧半径
$r=d_1/2^{b}$</th><th>切削刃长度
l_1
最小值</th><th>悬伸长度
l_2^{a}
最小值</th><th>颈部直径
d_3^{d}</th><th>总长度
l_3
$^{+2}_{0}$</th><th>柄部直径
d_2^{c}
h6</th></tr>
<tr><td>0.2</td><td rowspan="38">空列</td><td>0.2</td><td>0.4</td><td rowspan="38">空列</td><td rowspan="6">50.0</td><td rowspan="6">3.0</td></tr>
<tr><td>0.3</td><td>0.3</td><td>0.6</td></tr>
<tr><td>0.4</td><td>0.4</td><td>0.8</td></tr>
<tr><td>0.5</td><td>0.5</td><td>1.0</td></tr>
<tr><td>0.6</td><td>0.6</td><td>1.2</td></tr>
<tr><td>0.8</td><td>0.8</td><td>1.6</td></tr>
<tr><td>1.0</td><td>1.0</td><td>2.0</td><td rowspan="6">60.0</td><td rowspan="6">4.0</td></tr>
<tr><td>1.2</td><td>1.2</td><td>2.4</td></tr>
<tr><td>1.4</td><td>1.4</td><td>2.8</td></tr>
<tr><td>1.5</td><td>1.5</td><td>3.0</td></tr>
<tr><td>1.6</td><td>1.6</td><td>3.2</td></tr>
<tr><td>1.8</td><td>1.8</td><td>3.6</td></tr>
<tr><td>2.0</td><td>2.0</td><td>4.0</td><td rowspan="9">80.0</td><td rowspan="9">6.0</td></tr>
<tr><td>2.5</td><td>2.5</td><td>5.0</td></tr>
<tr><td>3.0</td><td>3.0</td><td>6.0</td></tr>
<tr><td>3.5</td><td>3.5</td><td>7.0</td></tr>
<tr><td>4.0</td><td>4.0</td><td>8.0</td></tr>
<tr><td>4.5</td><td>4.5</td><td>9.0</td></tr>
<tr><td>5.0</td><td>5.0</td><td>10.0</td></tr>
<tr><td>5.5</td><td>5.5</td><td>11.0</td></tr>
<tr><td>6.0</td><td>6.0</td><td>12.0</td></tr>
<tr><td>6.0</td><td>6.0</td><td>12.0</td><td rowspan="6">100.0</td><td rowspan="3">8.0</td></tr>
<tr><td>7.0</td><td>7.0</td><td>14.0</td></tr>
<tr><td>8.0</td><td>8.0</td><td>16.0</td></tr>
<tr><td>8.0</td><td>8.0</td><td>16.0</td><td rowspan="3">10.0</td></tr>
<tr><td>9.0</td><td>9.0</td><td>18.0</td></tr>
<tr><td>10.0</td><td>10.0</td><td>20.0</td></tr>
<tr><td>10.0</td><td>10.0</td><td>20.0</td><td rowspan="5">120.0</td><td rowspan="3">12.0</td></tr>
<tr><td>11.0</td><td>11.0</td><td>22.0</td></tr>
<tr><td>12.0</td><td>12.0</td><td>24.0</td></tr>
<tr><td>13.0</td><td>13.0</td><td>26.0</td><td rowspan="2">14.0</td></tr>
<tr><td>14.0</td><td>14.0</td><td>28.0</td></tr>
<tr><td>13.0</td><td>13.0</td><td>26.0</td><td rowspan="3">140.0</td><td rowspan="3">16.0</td></tr>
<tr><td>14.0</td><td>14.0</td><td>28.0</td></tr>
<tr><td>16.0</td><td>16.0</td><td>32.0</td></tr>
<tr><td>18.0</td><td>18.0</td><td>36.0</td><td rowspan="3">160.0</td><td>18.0</td></tr>
<tr><td>18.0</td><td>18.0</td><td>36.0</td><td rowspan="2">20.0</td></tr>
<tr><td>20.0</td><td>20.0</td><td>40.0</td></tr>
</table>

a l_2 是平行于轴线测量的悬伸长度，大小为从立铣刀端部到径部锥面上直径等于切削直径 d_1 处的距离。

b 公差由生产商自定。

c d_2 的公差按 GB/T 1800.2。

d 尺寸由生产商自定。

ICS 25.100.30
J 41
备案号：19088—2006

中华人民共和国机械行业标准

JB/T 7426—2006
代替 JB/T 7426—1994

硬质合金可调节浮动铰刀

Adjustable floating reamers with carbide tips

2006-10-14 发布　　2007-04-01 实施

中华人民共和国国家发展和改革委员会 发布

前　言

本标准代替 JB/T 7426—1994《硬质合金可调节浮动铰刀》。

本标准与 JB/T 7426—1994 相比，主要变化如下：

——增加了直径 20mm～30mm 浮动铰刀的基本尺寸；

——删除了性能试验的章节。

本标准由中国机械工业联合会提出。

本标准由全国刀具标准化技术委员会（SAC/TC91）归口。

本标准负责起草单位：无锡新锡量量刃具有限公司。

本标准主要起草人：惠明根、季明。

本标准所代替标准的历次版本发布情况：

——JB/T 7426—1994。

硬质合金可调节浮动铰刀

1 范围

本标准规定了硬质合金可调节浮动铰刀（以下简称浮动铰刀）的型式、尺寸、技术要求、标志和包装的基本要求。

本标准适用于直径20mm～230mm、加工公差等级IT6～7级精度圆柱孔的浮动铰刀。

2 规范性引用文件

下列文件中的条款通过本标准的引用而成为本标准的条款。凡是注日期的引用文件，其随后所有的修改（不包括勘误的内容）或修订版均不适用于本标准，然而，鼓励根据本标准达成协议的各方研究是否可使用这些文件的最新版本。凡是不注日期的引用文件，其最新版本适用于本标准。

GB/T 2075 切削加工用硬切削材料的用途 切屑形式大组和用途小组的分类代号（GB/T 2075—1998，idt ISO 513：1991）

3 型式和尺寸

3.1 型式

硬质合金可调节浮动铰刀的型式有A型、B型、AC型和BC型四种（见图1）。

A型——用于加工通孔铸铁件；

B型——用于加工盲孔铸铁件；

AC型——用于加工通孔钢件；

BC型——用于加工盲孔钢件。

3.2 尺寸

尺寸按图1和表1的规定，括号的浮动铰刀规格尽量不采用。

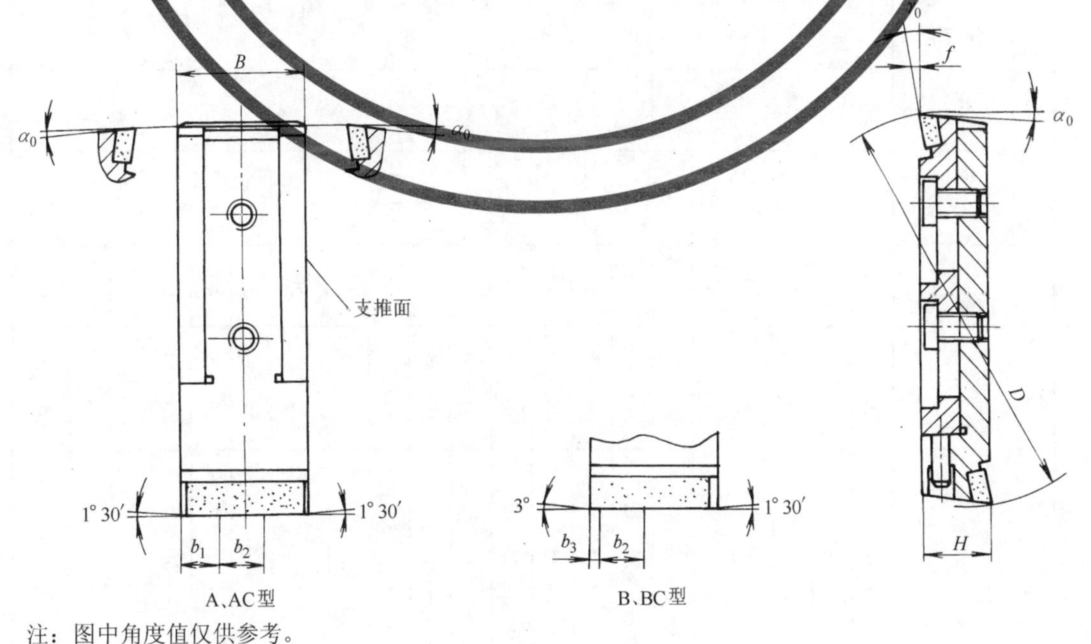

注：图中角度值仅供参考。

图 1

表 1

mm

铰刀代号	调节范围	D		B		H		参考							
		基本尺寸	极限偏差	基本尺寸	极限偏差	基本尺寸	极限偏差	b_1	b_2	b_3	硬质合金刀片尺寸（长×宽×厚）	γ_0		α_0	f
												A、B型	AC、BC型		
20～22-20×8	20～22	20	0 −0.52	20	−0.007 −0.028	8	−0.005 −0.020	7	6	1.5	18×2.5×2.0	0°	15°	0°～4°	0.10～0.15
22～24-20×8	22～24	22													
24～27-20×8	24～27	24													
27～30-20×8	27～30	27									18×3.0×2.0				
30～33-20×8	30～33	30											12°		
33～36-20×8	33～36	33	0 −0.62												
36～40-25×12	36～40	36		25		12	−0.006 −0.024	9.5			23×5.0×3.0		15°		
40～45-25×12	40～45	40													
45～50-25×12	45～50	45											12°		
50～55-25×12	50～55	50													
55～60-25×12	55～60	55	0 −0.74										10°		
（60～65-25×12）	60～65	60													
（65～70-25×12）	65～70	65													
（70～80-25×12）	70～80	70													
（50～55-30×16）	50～55	50	0 −0.62	30		16		11	8	1.8	28×8.0×4.0		15°		
（55～60-30×16）	55～60	55	0 −0.74										12°		
60～65-30×16	60～65	60													
65～70-30×16	65～70	65													
70～80-30×16	70～80	70													
80～90-30×16	80～90	80													
90～100-30×16	90～100	90	0 −0.87												

表 1（续）

铰刀代号	调节范围	D 基本尺寸	D 极限偏差	B 基本尺寸	B 极限偏差	H 基本尺寸	H 极限偏差	b_1	b_2	b_3	参考 硬质合金刀片尺寸（长×宽×厚）	参考 γ_0 A、B型	参考 γ_0 AC、BC型	参考 α_0	参考 f
100～110–30×16	100～110	100	0 −0.87	30	−0.007 −0.028	16	−0.006 −0.024	11	8	1.8	28×8.0×4.0	0°	6°	0°～4°	0.10～0.15
110～120–30×16	110～120	110													
120～135–30×16	120～135	120													
135～150–30×16	135～150	135	0 −1.00												
（80～90–35×20）	80～90	80	0 −0.74	35	−0.009 −0.034	20	−0.007 −0.028	13	9	2	33×10×5.0		12°		
（90～100–35×20）	90～100	90	0 −0.87										10°		
（100～110–35×20）	100～110	100													
（110～120–35×20）	110～120	110													
（120～135–35×20）	120～135	120											6°		
（135～150–35×20）	135～150	135	0 −1.00												
150～170–35×20	150～170	150													
170～190–35×20	170～190	170													
（190～210–35×20）	190～210	190	0 −1.15												
（210～230–35×20）	210～230	210													
（150～170–40×25）	150～170	150	0 −1.00	40		25		15	10		38×14×5.0				
（170～190–40×25）	170～190	170													
190～210–40×25	190～210	190	0 −1.15										4°		
210～230–40×25	210～230	210													

3.3 标记示例

调节范围 100mm～110mm、刀体宽度 B＝30mm、刀体厚度 H＝16mm、A 型硬质合金可调节浮动铰刀的标记为：

硬质合金可调节浮动铰刀 100～110－30×16 A JB/T 7426—2006

4 技术要求

4.1 浮动铰刀刀片不得有裂纹，切削刃不得有崩刃，浮动铰刀表面不得有刻痕、锈迹等影响使用性能的缺陷。

4.2 浮动铰刀表面粗糙度数值应不大于表 2 的规定。

表 2

μm

检 查 表 面	切削部分前面	切削部分后面	校准刃刃带	校准部分后面	刀体四平面
表面粗糙度参数	R_z	R_z	R_z	R_z	R_a
表面粗糙度数值	1.6	1.6	0.8	1.6	0.8

4.3 浮动铰刀的位置公差按表 3 的规定。

表 3

mm

铰 刀 直 径 D	20～60	>60～230
刀体宽度（B）两平面的平行度	0.010	0.012
刀体厚度（H）两平面的平行度		
刀体厚度（H）两平面对支推面的垂直度	0.010	
两切削刃和校准刃交点至支推面的距离差	0.25	
两校准刃对支推面的垂直度	0.004	

4.4 浮动铰刀刀片材料按 GB/T 2075 标准选用。

4.5 浮动铰刀刀体用 45 钢、40Cr 或同等以上性能的材料制造。

4.6 浮动铰刀刀体硬度不低于 30HRC。其检查部位在调节方向上距浮动铰刀刃口 2.5 倍刀片宽度以外。

5 标志和包装

5.1 标志

5.1.1 浮动铰刀上应标志：

a）制造厂或销售商商标；

b）调节范围；

c）型式；

d）刀片的硬质合金牌号或代号。

注：c）、d）允许标志一项。

5.1.2 浮动铰刀包装盒上应标志：

a）制造厂或销售商名称、地址和商标；

b）产品名称；

c）标准编号；

d）调节范围；

e）型式；

f）刀片的硬质合金牌号或代号；

g）件数；

h）制造年月。

注：e)、f）允许标志一项。

5.2 包装

浮动铰刀包装前应经防锈处理。包装必须牢固，并能防止运输过程中的损伤。

ICS 25.100.20
J 41
备案号：28687—2010

中华人民共和国机械行业标准

JB/T 7953—2010
代替 JB/T 7953—1999

镶齿三面刃铣刀

Inserted blade side milling cutters

2010-02-11 发布　　2010-07-01 实施

中华人民共和国工业和信息化部 发布

前言

本标准代替JB/T 7953—1999《镶齿三面刃铣刀》。

本标准与JB/T 7953—1999相比，仅作了编辑性修改，其他技术内容未改动。

本标准由中国机械工业联合会提出。

本标准由全国刀具标准化技术委员会（SAC/TC91）归口。

本标准起草单位：成都工具研究所。

本标准主要起草人：夏千。

本标准所代替标准的历次版本发布情况为：

——JB/T 7953—1995；

——JB/T 7953—1999。

镶齿三面刃铣刀

1 范围

本标准规定了镶齿三面刃铣刀的型式和尺寸、技术要求、标志和包装的基本要求。

本标准适用于直径 80 mm～315 mm 的镶齿三面刃铣刀。

2 规范性引用文件

下列文件中的条款通过本标准的引用而成为本标准的条款。凡是注日期的引用文件，其随后所有的修改单（不包括勘误的内容）或修订版均不适用于本标准，然而，鼓励根据本标准达成协议的各方研究是否可使用这些文件的最新版本。凡是不注日期的引用文件，其最新版本适用于本标准。

GB/T 6119.2　三面刃铣刀　技术条件

GB/T 6132　铣刀和铣刀刀杆的互换尺寸（GB/T 6132—2006，ISO 240：1994，IDT）

JB/T 7955　镶齿三面刃铣刀和套式面铣刀用高速钢刀齿

3 型式和尺寸

3.1　镶齿三面刃铣刀的型式按图 1 所示，尺寸由表 1 给出。键槽的尺寸和极限偏差按 GB/T 6132 的规定。刀齿的尺寸和极限偏差按 JB/T 7955 的规定。

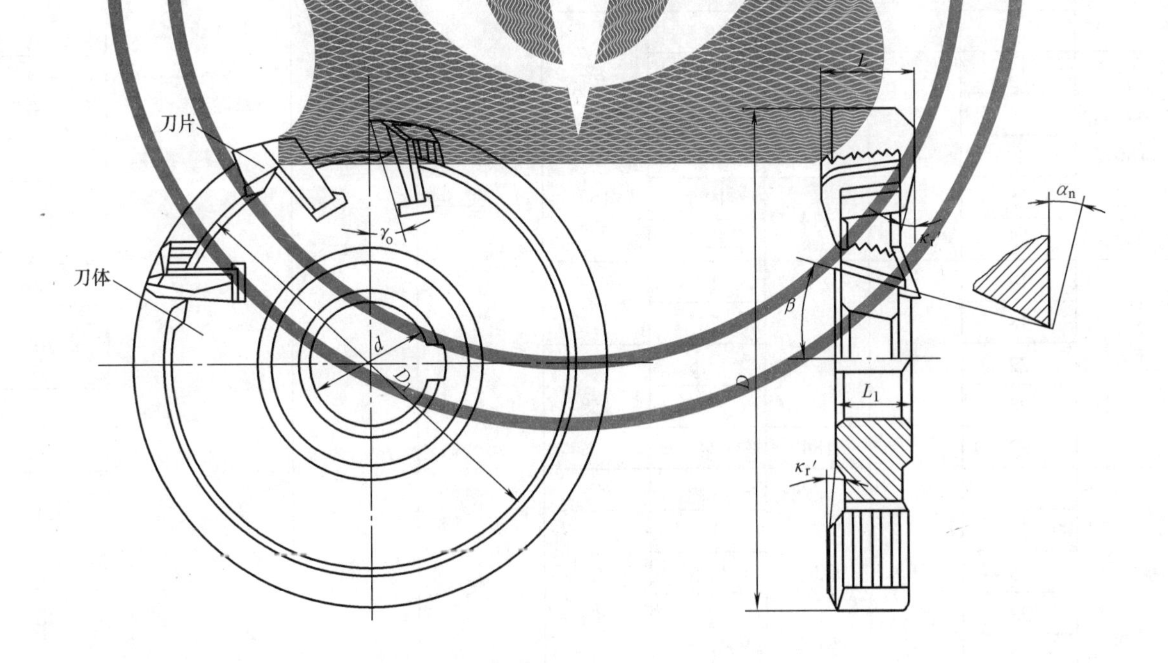

图 1

3.2　标记示例：

外径 $D = 200$ mm，厚度 $L = 18$ mm 的镶齿三面刃铣刀的标记为：

镶齿三面刃铣刀　200×18　JB/T 7953—2010

表 1

单位：mm

D js16	L H12	d H7	D_1	L_1	参考尺寸 β	γ_o	α_n	κ_r'	齿数
80	12	22	71	8.5	8°	15°	10°	0～30′	10
	14			11					
	16			13					
	18			14.5					
	20			15	15°				
100	12	27	91	8.5	8°				12
	14			11					
	16			13					
	18			14.5					
	20		86	15	15°				10
	22			17					
	25			19.5					
125	12	32	114	9	8°				14
	14			11					
	16			13					
	18			14.5					
	20		111	15	15°				12
	22			17					
	25			19.5	8°				
160	14	40	146	11					18
	16			13					
	20			15	15°				
	25		144	19.5					16
	28			22.5					
200	14	50	186	10	8°				22
	18			13					20
	22			15.5	15°				
	28			22.5					18
	32		184	24					
250	16		236	11	8°				24
	20			14	15°				
	25			19.5					22
	28			22.5					
	32			24					
315	20		301	14					26
	25			19					24
	32			24					
	36		297	27					
	40			28.5					

4 技术要求

4.1 位置公差

镶齿三面刃铣刀位置公差由表 2 给出，圆跳动的检测方法按 GB/T 6119.2 的规定。

表 2

单位：mm

<table>
<tr><th colspan="2" rowspan="2">项　　目</th><th colspan="3">公　　差</th></tr>
<tr><th>D≤100</th><th>100<D≤160</th><th>160<D≤315</th></tr>
<tr><td rowspan="2">圆周刃对内孔轴线的径向圆跳动</td><td>一转</td><td>0.08</td><td>0.10</td><td>0.12</td></tr>
<tr><td>相邻齿</td><td>0.04</td><td>0.05</td><td>0.06</td></tr>
<tr><td rowspan="2">端刃对内孔轴线的端面圆跳动</td><td>一转</td><td>0.04</td><td>0.05</td><td>0.06</td></tr>
<tr><td>相邻齿</td><td>0.025</td><td colspan="2">0.035</td></tr>
</table>

4.2 材料和硬度

4.2.1 铣刀刀齿用 W6Mo5Cr4V2 或其他同等性能的高速钢制造， 硬度为 63 HRC～66 HRC。

4.2.2 铣刀刀体用 40 Cr 或其他同等性能的钢材制造，硬度不低于 30 HRC。

4.3 外观和表面粗糙度

4.3.1 镶齿三面刃铣刀不应有裂纹，切削刃应锋利，不应有钝口、崩刃以及磨削烧伤等影响使用性能的缺陷。

4.3.2 镶齿三面刃铣刀表面粗糙度的上限值由表 3 中给出。

表 3

单位：μm

项　　目	表面粗糙度
前面和后面	*Rz* 6.3
内孔表面	*Ra* 1.25
刀齿两侧隙面和两支承端面	*Ra* 1.25

5 标志和包装

5.1 标志

5.1.1 产品上应标志：

a）制造厂或销售商商标；

b）外径和厚度；

c）刀齿材料代号或牌号。

5.1.2 包装盒上应标志：

a）制造厂或销售商名称、地址、商标；

b）产品名称、外径和厚度、标准编号；

c）刀齿材料代号或牌号；

d）件数；

e）制造年月。

5.2 包装

镶齿三面刃铣刀包装前应进行防锈处理。包装必须牢靠，防止运输过程中的损伤。

ICS 25.100.20
J 41
备案号：40717—2013

中华人民共和国机械行业标准

JB/T 7954—2013
代替 JB/T 7954—1999

镶齿套式面铣刀

Inserted tooth milling cutters

2013-04-25 发布　　2013-09-01 实施

中华人民共和国工业和信息化部 发布

前　言

本标准按照GB/T 1.1—2009给出的规则起草。

本标准代替JB/T 7954—1999《镶齿套式面铣刀》，与JB/T 7954—1999相比主要技术变化如下：

——增加了英文标题；

——删除了引用标准，增加了规范性引用文件；

——对表1进行了编辑性修改；

——4.2中铣刀前面和后面表面粗糙度由*Rz*6.3 μm改为*Ra*0.8 μm。

本标准由中国机械工业联合会提出。

本标准由全国刀具标准化技术委员会（SAC/TC91）归口。

本标准起草单位：成都工具研究所有限公司、温岭市温西工量刃具科技服务中心有限公司。

本标准主要起草人：曾宇环、蔡培阳。

本标准所代替标准的历次版本发布情况为：

——JB/T 7954—1995，JB/T 7954—1999。

镶齿套式面铣刀

1 范围

本标准规定了镶齿套式面铣刀（以下简称铣刀）的型式和尺寸、技术要求及标志、包装的基本要求。

本标准适用于直径 80 mm～250 mm 的镶齿套式面铣刀。

2 规范性引用文件

下列文件对于本文件的应用是必不可少的。凡是注日期的引用文件，仅注日期的版本适用于本文件。凡是不注日期的引用文件，其最新版本（包括所有的修改单）适用于本文件。

GB/T 1114.2—1998 套式立铣刀 第 2 部分：技术条件

GB/T 6132 铣刀和铣刀刀杆的互换尺寸

JB/T 7955 镶齿三面刃铣刀和套式面铣刀用高速钢刀齿

3 型式和尺寸

3.1 铣刀的型式和尺寸按图 1 和表 1。

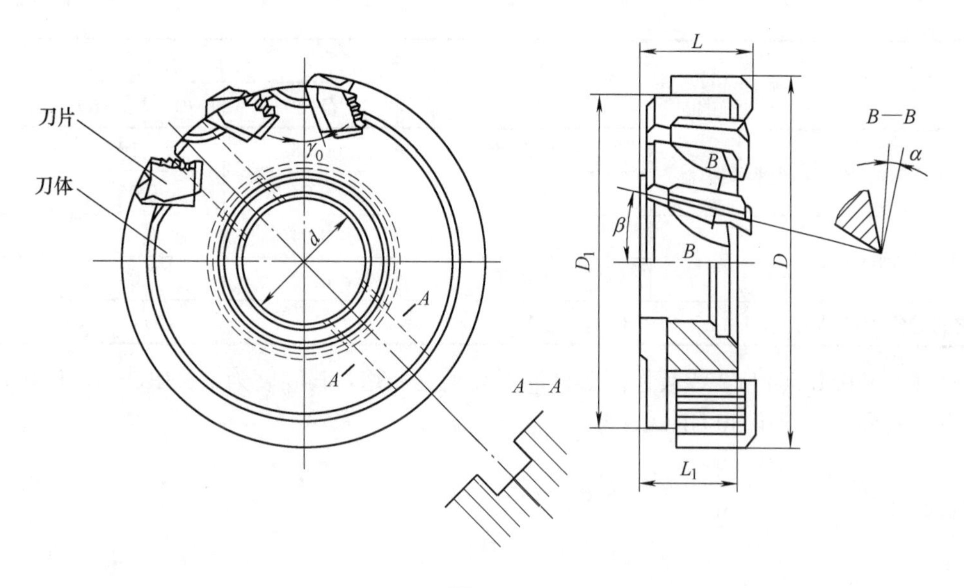

图 1

表 1

单位为毫米

<table>
<tr><td>D
js16</td><td>L
js16</td><td>d
H7</td><td rowspan="2">D_1</td><td rowspan="2">L_1</td><td colspan="4">参 考</td></tr>
<tr><td></td><td></td><td></td><td>β</td><td>γ_0</td><td>α_0</td><td>齿数</td></tr>
<tr><td>80</td><td>36</td><td>27</td><td>70</td><td>30</td><td rowspan="3">10°</td><td rowspan="3">15°</td><td rowspan="3">12°</td><td rowspan="2">10</td></tr>
<tr><td>100</td><td rowspan="2">40</td><td>32</td><td>90</td><td rowspan="2">34</td></tr>
<tr><td>125</td><td>40</td><td>115</td><td>14</td></tr>
</table>

表 1（续）

D js16	L js16	d H7	D_1	L_1	参考			
					β	γ_0	α_0	齿数
160	45	50	150	37	10°	15°	12°	16
200			186					20
250			236					26
按用户要求也可制成左切削的铣刀，刀片的尺寸和偏差按 JB/T 7955，端面键槽的尺寸和偏差按 GB/T 6132。								

3.2 标记示例：

外径 D=200 mm 的镶齿套式面铣刀标记为：

镶齿套式面铣刀 200 JB/T 7954—2013。

4 技术要求

4.1 铣刀表面不应有裂纹，切削刃应锋利；不应有崩刃、钝口以及磨退火等影响使用性能的缺陷。

4.2 铣刀表面粗糙度值按下列规定：

a）前面和后面：*Ra*0.8 μm；

b）内孔表面：*Ra*1.25 μm；

c）两支承端面：*Ra*1.25 μm。

4.3 位置公差按表 2 的规定。

表 2

单位为毫米

项目		公差		
		D=80	80＜D≤160	D＞160
圆周刃对内孔轴线的径向圆跳动	一转	0.08	0.10	0.12
	相邻齿	0.04	0.05	0.06
端刃对内孔轴线的端面圆跳动	一转	0.04	0.05	0.06
	相邻齿	0.02	0.03	0.03
圆跳动的检测方法见 GB/T 1114.2—1998 中附录 A。				

4.4 铣刀刀齿用 W6Mo5Cr4V2 或其他同等性能的高速钢制造，其硬度为 63 HRC～66 HRC。铣刀刀体用 40Cr 制造。其硬度不低于 30 HRC。

5 标志和包装

5.1 标志

5.1.1 铣刀上应标志：

a）制造厂或销售商商标；

b）外径和厚度；

c）材料代号或牌号。

5.1.2 铣刀的包装盒上应标志：

a）制造厂或销售商的名称地址和商标；

b）铣刀的标记；

c）刀齿材料；

d）件数；

e）制造年月。

5.2 包装

铣刀在包装前应经防锈处理。包装必须牢靠，并能防止运输过程中的损伤。

ICS 25.100.20
J 41
备案号：28688—2010

中华人民共和国机械行业标准

JB/T 7955—2010
代替 JB/T 7955—1999

镶齿三面刃铣刀和套式面铣刀用高速钢刀齿

Hss wedge type serrated for side and face milling cutters

2010-02-11 发布

2010-07-01 实施

中华人民共和国工业和信息化部 发布

前　言

本标准代替JB/T 7955—1999《镶齿三面刃铣刀和套式面铣刀用高速钢刀齿》。

本标准与JB/T 7955—1999相比，主要变化如下：

——图1：改画0.32(最小）尺寸线的箭头位置，增加槽底的虚线部分。

本标准由中国机械工业联合会提出。

本标准由全国刀具标准化技术委员会（SAC/TC91）归口。

本标准起草单位：成都工具研究所。

本标准主要起草人：夏千。

本标准所代替标准的历次版本发布情况为：

——JB/T 7955—1995；

——JB/T 7955—1999。

镶齿三面刃铣刀和套式面铣刀用
高速钢刀齿

1 范围

本标准规定了镶齿三面刃铣刀和套式面铣刀用高速钢刀齿的型式和尺寸、技术要求、标志和包装的基本要求。

本标准适用于按JB/T 7953和JB/T 7954生产的镶齿三面刃铣刀和镶齿套式面铣刀用高速钢刀齿(以下简称铣刀刀齿)。

2 规范性引用文件

下列文件中的条款通过本标准的引用而成为本标准的条款。凡是注日期的引用文件，其随后所有的修改单(不包括勘误的内容)或修订版均不适用于本标准，然而，鼓励根据本标准达成协议的各方研究是否可使用这些文件的最新版本。凡是不注日期的引用文件，其最新版本适用于本标准。

JB/T 7953　镶齿三面刃铣刀

JB/T 7954　镶齿套式面铣刀

3 型式和尺寸

3.1 铣刀刀齿的型式按图1所示，尺寸由表1给出。

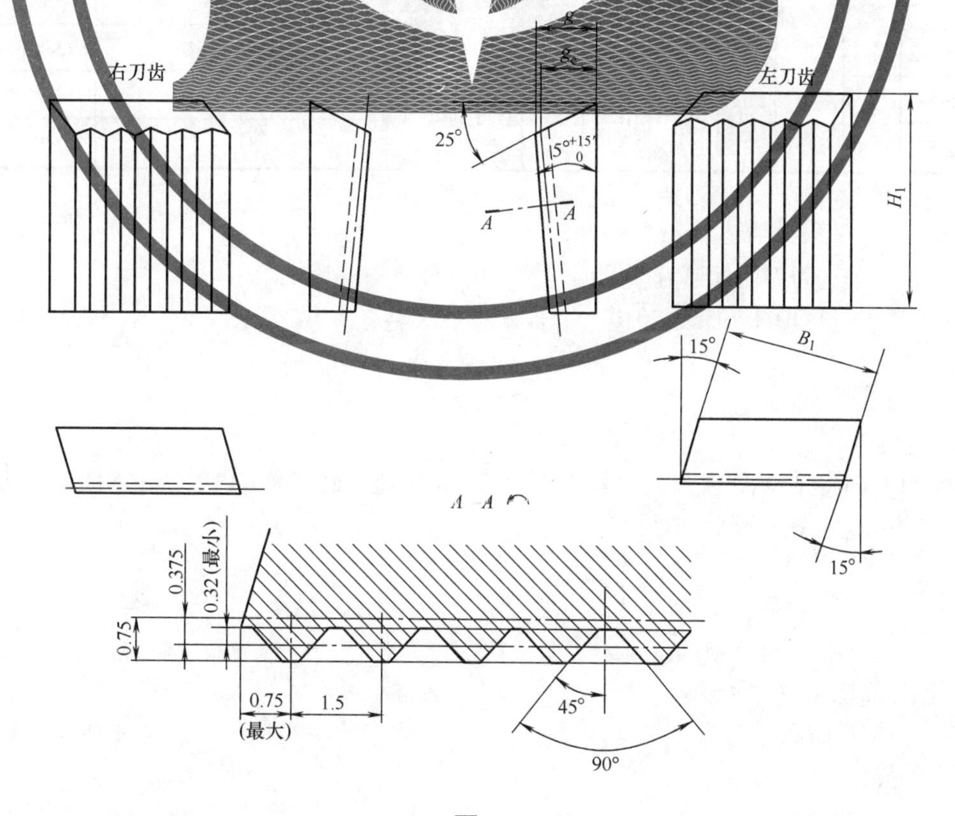

图 1

表 1

单位：mm

<table>
<tr><th colspan="2">刀齿代号</th><th colspan="8">刀 齿 尺 寸</th><th colspan="3">刀齿用途</th></tr>
<tr><th rowspan="2">右刀齿</th><th rowspan="2">左刀齿</th><th colspan="2">H_1</th><th colspan="2">B_1</th><th colspan="2">g</th><th colspan="2">g_c</th><th colspan="2">三面刃铣刀</th><th rowspan="2">套式面铣刀外径</th></tr>
<tr><th>基本尺寸</th><th>极限偏差</th><th>基本尺寸</th><th>极限偏差</th><th>基本尺寸</th><th>极限偏差</th><th>基本尺寸</th><th>极限偏差</th><th>外 径</th><th>宽度</th></tr>
<tr><td>1-10-1</td><td>1-10-2</td><td rowspan="5">16.8</td><td rowspan="15">±0.2</td><td>10</td><td rowspan="15">±0.3</td><td rowspan="2">5.26</td><td rowspan="15">0
−0.1</td><td rowspan="2">4.94</td><td rowspan="15">0
−0.07</td><td rowspan="4">80，100</td><td>12</td><td rowspan="8">—</td></tr>
<tr><td>1-13-1</td><td>1-13-2</td><td>13</td><td>14</td></tr>
<tr><td>1-15-1</td><td>1-15-2</td><td>15</td><td rowspan="3">5.23</td><td rowspan="3">4.91</td><td>16，18</td></tr>
<tr><td>1-18.5-1</td><td>1-18.5-2</td><td>18.5</td><td>20，22</td></tr>
<tr><td>1-22.5-1</td><td>1-22.5-2</td><td>22.5</td><td>100</td><td>25</td></tr>
<tr><td>2-11-1</td><td>2-11-2</td><td rowspan="3">23.8</td><td>11</td><td rowspan="2">6.87</td><td rowspan="2">6.55</td><td>125</td><td>12</td></tr>
<tr><td>2-13-1</td><td>2-13-2</td><td>13</td><td>125，160，200</td><td>14</td></tr>
<tr><td>2-15-1</td><td>2-15-2</td><td>15</td><td>6.84</td><td>6.52</td><td>125，160</td><td>16，18</td></tr>
<tr><td>3-15-1</td><td>3-15-2</td><td rowspan="5">28.3</td><td>15</td><td>8.27</td><td>7.95</td><td>160，200，250</td><td>16，18</td><td>80</td></tr>
<tr><td>3-18.5-1</td><td>3-18.5-2</td><td>18.5</td><td rowspan="4">8.22</td><td rowspan="4">7.92</td><td>125，160，200，250，315</td><td>20，22</td><td>100</td></tr>
<tr><td>3-22.5-1</td><td>3-22.5-2</td><td>22.5</td><td rowspan="2">160，200，
250，315</td><td>25</td><td>125</td></tr>
<tr><td>3-26.5-1</td><td>3-26.5-2</td><td>26.5
28.5</td><td>28，32</td><td rowspan="2">—</td></tr>
<tr><td>3-28.5-1</td><td>3-28.5-2</td><td>28.5</td><td>250，315</td><td>32，36</td></tr>
<tr><td>4-25.5-1</td><td>4-25.5-2</td><td rowspan="2">33.8</td><td>25.5</td><td rowspan="2">10.72</td><td rowspan="2">10.40</td><td>—</td><td>—</td><td>160，200</td></tr>
<tr><td>4-32.5-1</td><td>4-32.5-2</td><td>32.5</td><td>315</td><td>40</td><td>250</td></tr>
</table>

3.2 标记示例：

代号为 1-10-1 的铣刀刀齿标记为：

铣刀刀齿　1-10-1　JB/T 7955—2010

4 技术要求

4.1 材料和硬度：

铣刀刀齿用 W6Mo5Cr4V2 或其他同等性能的高速钢制造，硬度为 63 HRC～66 HRC。

4.2 铣刀刀齿的刃磨应在装配后进行。

5 标志和包装

5.1 标志

5.1.1 产品上应标志：

a）制造厂或销售商商标；

b）刀齿代号；

c）材料代号或牌号。

5.1.2　包装盒上应标志：

a）制造厂或销售商名称、地址、商标；

b）产品名称、刀齿代号、标准编号；

c）材料代号或牌号；

d）件数；

e）制造年月。

5.2　包装

铣刀刀齿包装前应进行防锈处理。包装必须牢靠，并能防止运输过程中的损伤。

ICS 25.100.30
J 41
备案号：40718—2013

中华人民共和国机械行业标准

JB/T 9991—2013
代替 JB/T 9991—1999

电镀金刚石铰刀

Reamer of plating diamond

2013-04-25 发布　　2013-09-01 实施

中华人民共和国工业和信息化部 发布

前　言

本标准按照GB/T 1.1—2009给出的规则起草。

本标准代替JB/T 9991—1999《电镀金刚石铰刀》，与JB/T 9991—1999相比主要技术变化如下：

——增加了英文标题；

——删除了引用标准，增加了规范性引用文件；

——对表1进行了编辑性修改；

——删除了切削试验及精度要求。

本标准由中国机械工业联合会提出。

本标准由全国刀具标准化技术委员会（SAC/TC91）归口。

本标准起草单位：成都工具研究所有限公司、常州沃肯传动科技有限公司。

本标准主要起草人：曾宇环、邹春英。

本标准所代替标准的历次版本发布情况为：

——ZB J41 007—1988；

——JB/T 9991—1999。

电镀金刚石铰刀

1 范围

本标准规定了电镀金刚石铰刀的型式和尺寸、技术要求等基本要求。

本标准适用于精度等级为1级～4级，铸铁精密通孔加工用电镀金刚石铰刀。

2 规范性引用文件

下列文件对于本文件的应用是必不可少的。凡是注日期的引用文件，仅注日期的版本适用于本文件。凡是不注日期的引用文件，其最新版本（包括所有的修改单）适用于本文件。

GB/T 6409.2　超硬磨料制品　金刚石或立方氮化硼磨具　形状和尺寸

3 型式和尺寸

3.1　电镀金刚石铰刀的型式如图1所示，尺寸在表1中给出。

电镀金刚石铰刀的型式代号意义：

JG——固定式；

JK——可调式；

A型——直槽；

B型——螺旋槽。

电镀金刚石铰刀的精度等级分为：

1级——粗铰刀；

2级——半精铰刀；

3级——精铰刀；

4级——超精铰刀。

3.2　标记示例：

固定式，*d*=16 mm，A型粗铰刀，被加工孔长为100 mm电镀金刚石铰刀的标记为：

电镀金刚石铰刀　JG-A　1-16-100　JB/T 9991—2013。

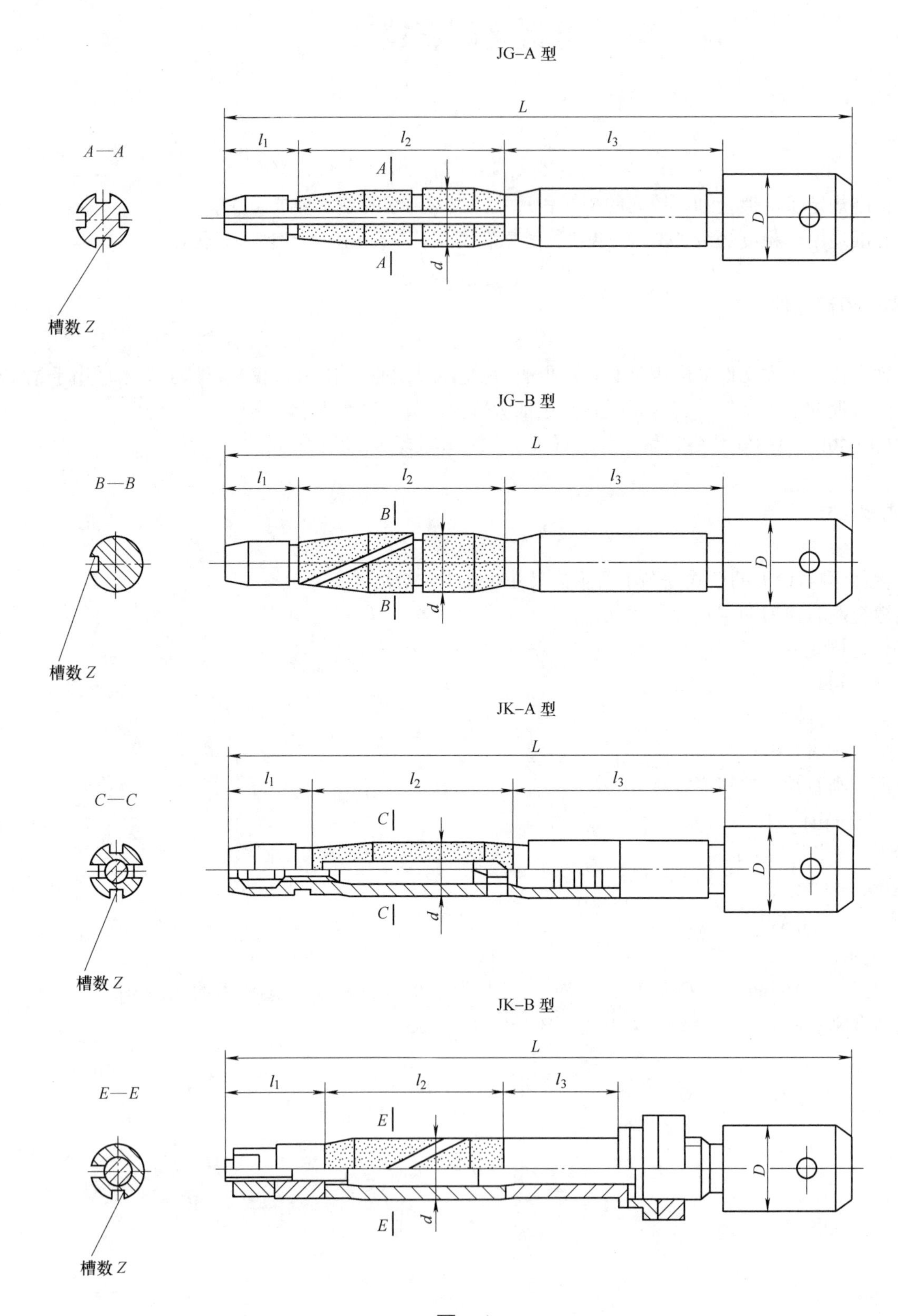

图 1

表 1

单位为毫米

直径 d	被加工孔长	型式与尺寸																
		l_1			l_2			l_3			L			D h8			Z	
		JG-A（B）	JK-A	JK-B	JG-A（B）	JK-A	JK-B	JG-A（B）	JK-A	JK-B	JG-A（B）	JK-A	JK-B	JG-A（B）	JK-A	JK-B	JG-A	JG-B
≥ϕ6～ϕ8	<50	15	—		40	—		50	—		130	—		ϕ12	—		4	1
	<70				55			70			170							
>ϕ8～ϕ10	<50	15	15		40			50			135		175	ϕ15	ϕ15			
	<70		—		55	—		70	—		170	—			—			
>ϕ10～ϕ12	<50	15	15		40			50			135		175	ϕ15	ϕ15			
	<100				70			100			220		260					
	<150		15	—	90		—	150		—	290		—		ϕ15	—		
>ϕ12～ϕ14	<50	20			50			50			155		195	ϕ18				
	<100				80			100			235		270					
	<150				100			150			305		345					
>ϕ14～ϕ18	<50	25			50			50			165		200	ϕ18				
	<100				90			100			255		295					
	<150				120			150			335		375					2
>ϕ18～ϕ22	<50	30	40		50			50			180	190	230	ϕ26				3
	<100				90			100			270	280	320					
	<150				120			150			350	360	400					
	<200				140			200			420	430	470					
>ϕ22～ϕ26	<50	50			50			50			180		220	ϕ30				
	<100				90			100			270		310					
	<150				120			150			350		390					
	<200				140			200			420		460					
	<250				160			250			490		530					
>ϕ26～ϕ30	<50				50			50			180		220				6	

表 1（续）

直径 d	被加工孔长	型式与尺寸																
		l_1			l_2			l_3			L			D（h8）			Z	
		JG-A（B）	JK-A	JK-B	JG-A（B）	JK-A	JK-B	JG-A（B）	JK-A	JK-B	JG-A（B）	JK-A	JK-B	JG-A（B）	JK-A	JK-B	JG-A	JG-B
>ϕ26～ϕ30	<100	50			90			100			270		310	ϕ 30			6	3
	<150				120			150			350		390					
	<200				140			200			420		460					
>ϕ30～ϕ35	<50				50			50			180		220					
	<100				90			100			270		310					
	<150				120			150			350		390					
	<200				140			200			420		460					
	<250				160			250			490		530					
>ϕ35～ϕ40	<50				50			60			190		230					
	<100				90			110			280		320					
	<150				120			160			360		400					
	<200				140			210			430		470					
>ϕ40～ϕ45	<50	50			60			60			200		240					
	<100				100			110			290		330					
	<150				140			160			380		420					
	<200				150			210			440		480					
	<250				170			260			510		550					
>ϕ45～ϕ50	<50	60			70			70			230		270				8	
	<100				100			120			310		350					
	<150				140			170			400		440					
	<200				150			220			460		500					
	<250				170			260			530		570					
JK-A、JK-B 可调量为 0.1 mm，即从–0.03 mm 调至 0.07 mm。																		

4 技术要求

4.1 材料及硬度

磨料-人造金刚石 JR_2；

JG-A（B）刀体为 40Cr，热处理硬度 38 HRC～42 HRC；

JK-A 刀套为 40Cr，热处理硬度 35 HRC～40 HRC；

JK-B 刀套为 HT300。

4.2 精度要求

前后导向外圆的圆度公差为 0.005 mm，圆柱度公差为 0.005 mm/100 mm。

前导向外圆表面粗糙度值 *Ra*0.63 μm，后导向外圆表面粗糙度值 *Ra*0.16 μm。

刀柄与前后导向部分的同轴度公差为 0.015 mm。

4.3 其他要求

镀层结合力、金刚石粘结牢度、金刚石颗粒分布均匀性及外观等质量检查按 GB/T 6409.2 的规定。

5 标志和包装

5.1 标志

5.1.1 铰刀上应标志：

a）制造厂或销售商的商标；

b）铰刀基本直径、型式及精度等级。

5.1.2 包装盒上应标志：

a）制造厂或销售商名称、地址和商标；

b）铰刀标记；

c）件数；

d）制造年月。

5.2 包装

铰刀在包装前应经防锈处理。包装必须牢靠，并能防止运输过程中的损伤。

ICS 25.100.20
J 41
备案号：49759—2015

中 华 人 民 共 和 国 机 械 行 业 标 准

JB/T 10231.3—2015
代替 JB/T 10231.3—2001

刀具产品检测方法　第3部分：立铣刀

Tool inspection methods—Part 3: End mills

2015-04-30 发布　　　　2015-10-01 实施

中华人民共和国工业和信息化部 发布

前　言

JB/T 10231《刀具产品检测方法》分为27个部分：

——第1部分：通则；

——第2部分：麻花钻；

——第3部分：立铣刀；

——第4部分：丝锥；

——第5部分：齿轮滚刀；

——第6部分：插齿刀；

——第7部分：圆拉刀；

——第8部分：板牙；

——第9部分：铰刀；

——第10部分：锪钻；

——第11部分：扩孔钻；

——第12部分：三面刃铣刀；

——第13部分：锯片铣刀；

——第14部分：键槽铣刀；

——第15部分：可转位三面刃铣刀；

——第16部分：可转位面铣刀；

——第17部分：可转位立铣刀；

——第18部分：可转位车刀；

——第19部分：键槽拉刀；

——第20部分：矩形花键拉刀；

——第21部分：旋转和旋转冲击式硬质合金建工钻；

——第22部分：搓丝板；

——第23部分：滚丝轮；

——第24部分：机用锯条；

——第25部分：金属切削带锯条；

——第26部分：高速钢车刀条；

——第27部分：中心钻。

本部分为JB/T 10231的第3部分。

本部分按照GB/T 1.1—2009给出的规则起草。

本部分代替JB/T 10231.3—2001《刀具产品检测方法　第3部分：立铣刀》，与JB/T 10231.3—2001相比主要技术变化如下：

——修改了前言；

——修改了规范性引用文件；

——4.3中对工作部分圆跳动的检测方法的表述做了一些补充；

——4.3中增加了表1钢球直径的选用；

——修改了图1和图2；

——增加了图3和公式（1）。

本部分由中国机械工业联合会提出。

本部分由全国刀具标准化技术委员会（SAC/TC91）归口。

本部分起草单位：成都成量工具集团有限公司、成都工具研究所有限公司、常熟量具刃具厂。

本部分主要起草人：黄华新、沈士昌、戴建平。

本部分所代替标准的历次发布情况为：

——JB/T 10231.3—2001。

刀具产品检测方法　第3部分：立铣刀

1　范围

JB/T 10231的本部分规定了各种立铣刀成品检测时的检测方法和检测器具，本部分规定的方法并不是唯一的。

本部分适用于按GB/T 6117.1～6117.3、GB/T 6118的规定生产的立铣刀的检测。

2　规范性引用文件

下列文件对于本文件的应用是必不可少的。凡是注日期的引用文件，仅注日期的版本适用于本文件。凡是不注日期的引用文件，其最新版本（包括所有的修改单）适用于本文件。

JB/T 10231.1—2015　刀具产品检测方法　第1部分：通则

3　检测依据

相关标准和产品图样。

4　检测方法和检测器具

4.1　外观的检测

外观的检测按JB/T 10231.1—2015中第4章的规定。

4.2　表面粗糙度的检测

表面粗糙度的检测按JB/T 10231.1—2015中第5章的规定。

4.3　工作部分圆跳动的检测

4.3.1　检测方法

圆周刃对柄部轴线的径向圆跳动的检测如图1和图2所示。将立铣刀水平放置于V形架上，柄部端面通过一钢球顶靠一定位块，将指示表测头垂直触靠在距立铣刀端部5 mm内的周刃上，旋转立铣刀1周～2周，依次读取各切削刃上的指示表读数，取最大值与最小值之差为立铣刀圆周刃对柄部轴线的径向圆跳动量，最大相邻齿差值为立铣刀圆周刃对柄部轴线的径向相邻齿圆跳动量。

端刃对柄部轴线的端面圆跳动的检测如图1和图2所示。将立铣刀水平放置于V形架上，柄部端面通过一钢球顶靠一定位块，将指示表测头垂直触靠在距外圆2 mm内的端刃上，旋转铣刀1周～2周，依次读取各切削刃上的指示表读数，取最大值与最小值之差为立铣刀端刃对柄部轴线的轴向圆跳动量。

4.3.2　检测器具

指示表、检验平板、磁性表座、V形架、定位块、钢球（钢球直径的选用按表1的规定）。

表 1　钢球直径的选用

单位为毫米

立铣刀中心孔	1.00	1.60	2.00	2.50	3.15	4.00	6.30	10.00
选用钢球直径	1.5	2.0	3.0	4.0	5.0	6.0	10.0	15.0

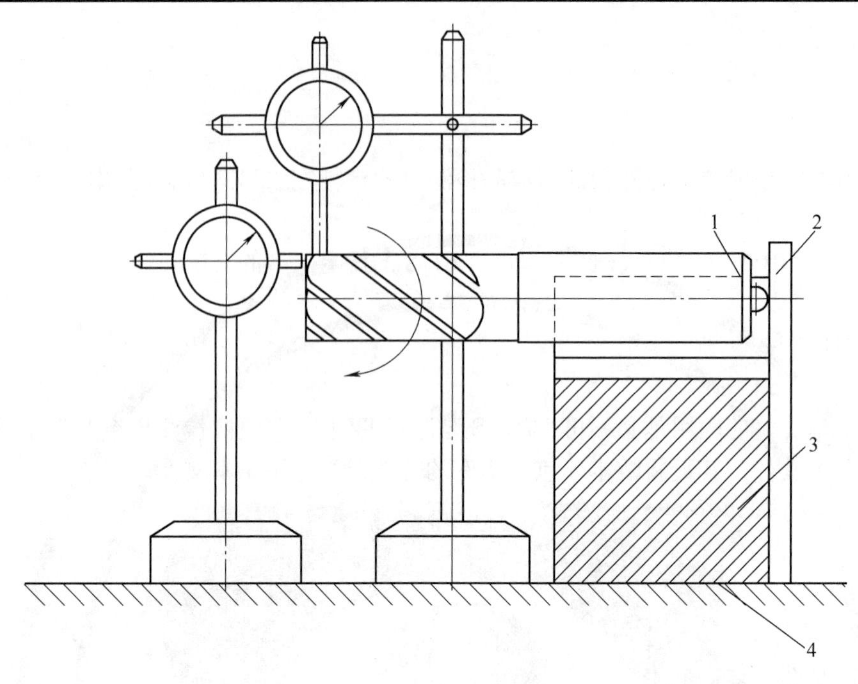

说明：

1——钢球；　　3——V 形架；

2——定位块；　4——检验平板。

图 1　直柄立铣刀圆跳动检测方法

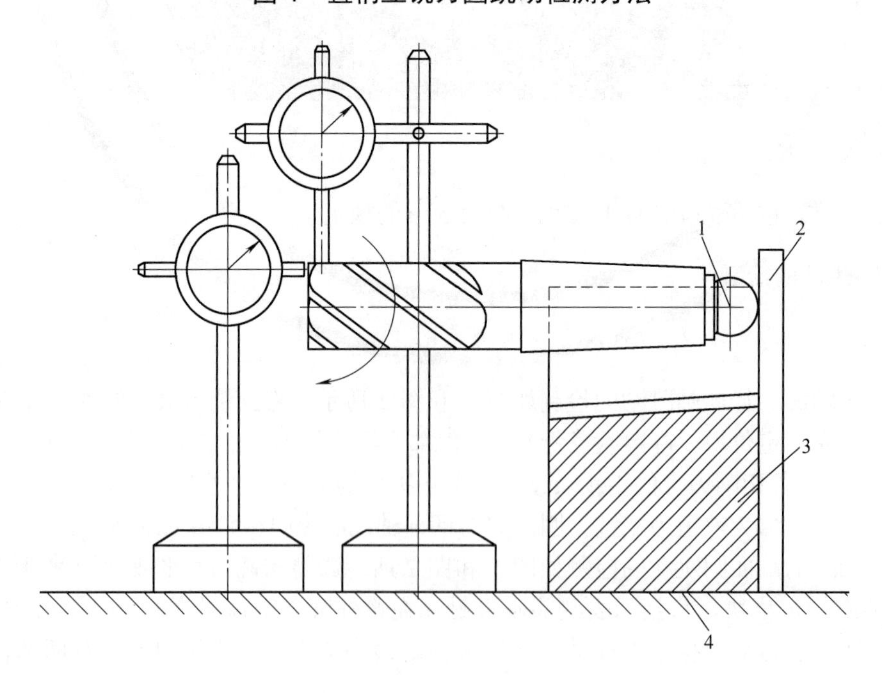

说明：

1——钢球；　　3——V 形架；

2——定位块；　4——检验平板。

图 2　锥柄立铣刀圆跳动检测方法

4.4 工作部分直径及直径锥度的检测

4.4.1 检测方法

工作部分直径的检测按 JB/T 10231.1—2015 中 12.1.2 的规定。

工作部分直径锥度用工作部分直径差表示（见图 3），测量 3 点直径，*A* 点在靠近立铣刀刀尖处，*C* 点在距刃带收尾 5 mm 处，*B* 点在 *A*、*C* 点中间，分别取 *A*、*B* 两点读数差的绝对值和 *A*、*C* 两点读数差的绝对值。直径小于 16 mm 的铣刀允许只测 *A*、*C* 两点。锥度数值按 100 mm 长度差计算，见公式（1）。*AB* 间、*AC* 间的锥度值都应满足要求。

$$锥度值=\frac{d_A-d_C(或d_B)}{L_{AC}(或L_{AB})\times 100} \quad (1)$$

式中：

d_A、d_B、d_C——*A*、*B*、*C* 点的直径；

L_{AC}、L_{AB}——*A*、*C* 点和 *A*、*B* 点间的距离。

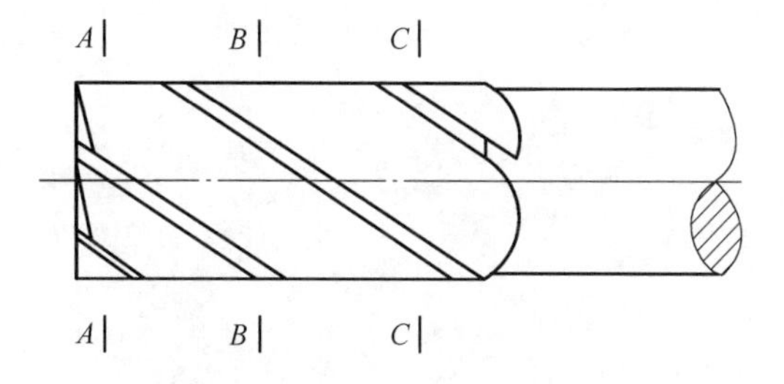

图 3 工作部分直径锥度的检测

4.4.2 检测器具

外径千分尺、三沟千分尺、五沟千分尺。

4.5 柄部的检测

4.5.1 直柄立铣刀柄部直径的检测按 JB/T 10231.1—2015 中 12.1.3 的规定。

4.5.2 锥柄立铣刀锥柄的检测按 JB/T 10231.1—2015 中第 6 章和第 7 章的规定。

4.6 总长和工作部分长度的检测

总长和工作部分长度的检测按 JB/T 10231.1—2015 中 12.1.1 的规定。

4.7 材料硬度的检测

材料硬度的检测按 JB/T 10231.1—2015 中第 13 章的规定。

4.8 标志的检测

检测方法：目测。

4.9 包装的检测

检测方法：目测。

ICS 25.100.30
J 41
备案号：11756—2003

中华人民共和国机械行业标准

JB/T 10231.9—2002

刀具产品检测方法 第9部分：铰刀

Tool inspaction methods Part 9: Reamers

2002-07-16 发布　　2002-12-01 实施

中华人民共和国国家经济贸易委员会 发布

前　言

本标准由中国机械工业联合会提出。

本标准由全国刀具标准化技术委员会归口。

本标准负责起草单位：河南第一工具厂、河南机电高等专科学校。

本标准主要起草人：赵建敏。

刀具产品检测方法
第 9 部分：铰刀

1 范围

本部分规定了各种铰刀成品检测时使用的检测方法和检测器具，这些方法并非是唯一的。

本部分适用于按GB/T 1131～GB/T 1135、GB/T 4243～GB/T 4248、JB/T 7956.1～JB/T 7956.3、GB/T 1139～GB/T 1140、GB/T 4250～GB/T 4253、GB/T 4255生产的铰刀的检测。

2 规范性引用文件

下列文件中的条款通过JB/T 10231的本部分的引用而成为本部分的条款。凡是注日期的引用文件，其随后所有的修改单（不包括勘误的内容）或修订版均不适用于本部分，然而，鼓励根据本部分达成协议的各方研究是否可使用这些文件的最新版本。凡是不注日期的引用文件，其最新版本适用于本部分。

GB/T 1131—1984　手用铰刀（neq ISO 236-1：1976）
GB/T 1132—1984　直柄机用铰刀（neq ISO 521：1975）
GB/T 1133—1984　锥柄机用铰刀（neq ISO 521：1975）
GB/T 1134—1984　带刃倾角锥柄机用铰刀
GB/T 1135—1984　套式机用铰刀（neq ISO 2402：1972）
GB/T 1139—1984　直柄莫氏圆锥和公制圆锥铰刀（neq ISO 2250：1972）
GB/T 1140—1984　锥柄莫氏圆锥和公制圆锥铰刀（neq ISO 2250：1972）
GB/T 4243—1984　锥柄长刃机用铰刀（neq ISO 236-2：1976）
GB/T 4244—1984　带刃倾角直柄机用铰刀
GB/T 4245—1984　机用铰刀技术条件
GB/T 4246—1984　铰刀专用公差（neq ISO 522：1975）
GB/T 4247—1984　锥柄机用桥梁铰刀（neq ISO 2238：1972）
GB/T 4248—1984　手用1：50锥度销子铰刀技术条件
GB/T 4250—1984　圆锥铰刀技术条件
GB/T 4251—1984　硬质合金直柄机用铰刀
GB/T 4252—1984　硬质合金锥柄机用铰刀
GB/T 4253—1984　硬质合金铰刀技术条件
GB/T 4255—1984　套式铰刀和套式扩孔钻用芯轴（neq ISO 2402：1972）
JB/T 5563—1991　金属切削机床　圆锥表面涂色法检验及评定
JB/T 7956.1—1999　1：50锥度销子铰刀　第1部分：手用铰刀
JB/T 7956.2—1999　1：50锥度销子铰刀　第2部分：手用长刃铰刀（neq ISO 3465：1975）
JB/T 7956.3—1999　1：50锥度销子铰刀　第3部分：锥柄机用铰刀（neq ISO 3467：1975）
JB/T 10231.1—2001　刀具产品检测方法　第1部分：通则

3 检测依据

相关的产品标准和图样。

4 外观

按JB/T 10231.1—2001第4章的规定。

5 表面粗糙度

按JB/T 10231.1—2001第5章的规定。

6 铰刀直径及直径倒锥

6.1 检测部位

6.1.1 直径检测部位

校准部分起始处。

6.1.2 直径倒锥检测部位

校准部分起始处和末尾处直径。

6.2 检测方法

6.2.1 偶数齿直径

方法一：用杠杆千分尺、4等量块检测

根据铰刀直径选择量块尺寸，校对量具零位，然后进行比较测量，在校准部分起始处按每对齿逐一检测，测量时应使量具在铰刀的轴向平面内稍加摆动，直至指针出现反值为止。注意示值方向，并记下示值，此时量块尺寸与指针示值的代数和即为铰刀实测尺寸。

按上述方法测量铰刀校准部分起始处直径和末尾处直径，其直径差即为倒锥。

方法二：用数显千分尺检测

校对量具零位，在校准部分起始处，按每对齿逐一检测。校准起始处与末尾处的直径差，即为倒锥。

方法三：用万能工具显微镜检测

采用影像法，调整仪器，用米字线中心虚线对校准部分起始处直径上的成180°的两个刀齿分别压线，横向两次压线读数之差，即为铰刀实测直径。

校准部分起始处与末尾处的直径差即为倒锥。

注：有争议时，可采用方法三检测。

6.2.2 奇数齿直径

按JB/T 10231.1—2001第10章的规定。

6.3 检测器具

杠杆千分尺、4等量块、万能工具显微镜、分度值为0.001mm数显千分尺，分度值0.001mm或0.01mm V形砧千分尺。

7 铰刀位置公差

7.1 检测部位

切削部分和校准部分圆跳动在校准部分起始处两侧之圆锥部分和圆柱部分测量，柄部的圆跳动在柄部中间位置测量。

7.2 检测方法

见图1，将铰刀放置在顶尖架上，用顶尖顶住（套式铰刀套装在锥度芯轴上），使指示表的测头垂直接触被检部分，旋转铰刀一转，读出指示表最大和最小值之差值。

7.3 检测器具

分度值为0.01mm的指示表或0.001mm的指示表、跳动检查仪、磁力表架。

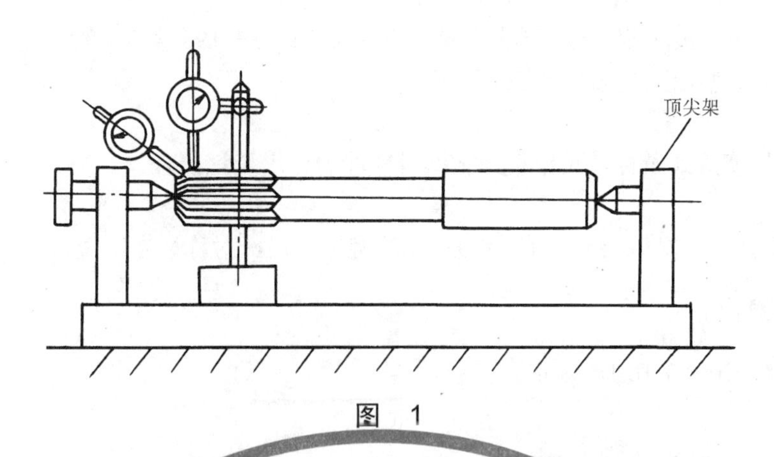

图 1

8 前角、后角

8.1 检测部位

铰刀校准部分起始处的刀刃前面和后面。

8.2 检测方法

8.2.1 前角

见图2，使角度尺的支承尺的工作面支靠在被测刀齿相邻的齿顶处，调整量具使前角直尺的工作面与被测刀齿前刀面接触，并使后角直尺工作面与被测刀齿齿顶接触，即可读出前角数值。

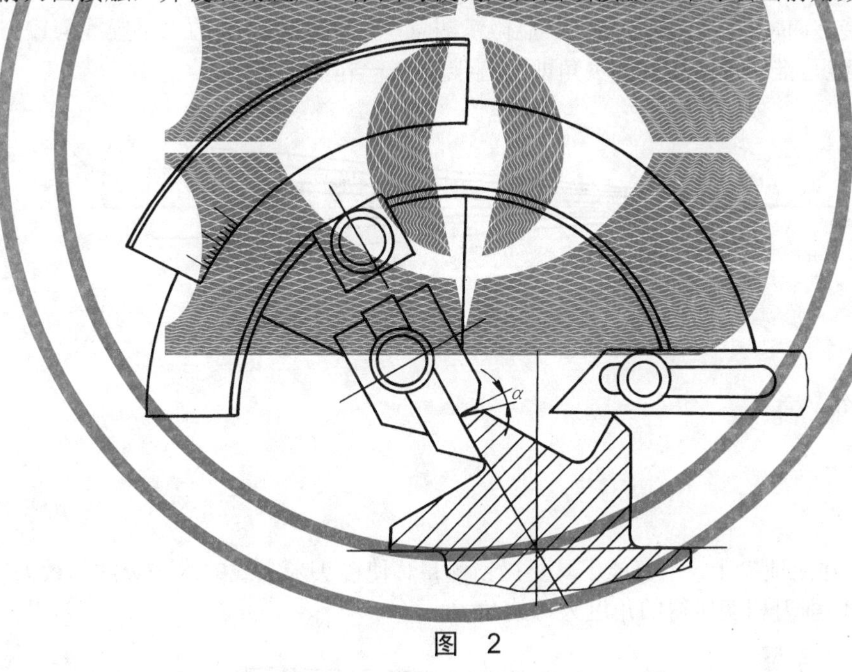

图 2

8.2.2 后角

见图2，使角度尺支承直尺的工作面支靠在被测刀齿相邻齿的齿顶上，调整量具使后角直尺的工作面与被测刀齿后刀面接触，即可读出后角数值。

注：对不易采用多刃角度尺检测的铰刀或有争议时，可采用万能工具显微镜检测。

8.3 检测器具

多刃角度尺或万能工具显微镜。

9 套式铰刀锥孔和端面键槽

9.1 检测方法

9.1.1 锥孔直径及锥度

锥孔直径（d_1）用带极限刻线锥度塞规检查，按GB/T 4255—1984第3章的规定。

1：30锥度孔用涂色法检验按JB/T 5563的规定。

9.1.2 端面键槽

端面键槽宽度用塞规式游标卡尺检查，键槽对称性用专用量规检查。

9.2 检测器具

1：30锥度塞规、宽度塞规或分度值为0.02mm的游标卡尺、对称性专用量规。

10 直柄铰刀柄部直径

按JB/T 10231.1—2001中10.1的规定。

11 莫氏锥柄

按JB/T 10231.1—2001第6章的规定。

12 总长度和工作部分长度

按JB/T 10231.1—2001中10.1的规定。

13 铰刀锥度

13.1 检测方法

见图3，铰刀装在两顶尖上，用万能工具显微镜测量，使镜头米字线的水平虚线与铰刀锥面母线相切，测量出铰刀轴线与锥面母线之间的夹角即为圆锥角的一半（$\alpha/2$）。

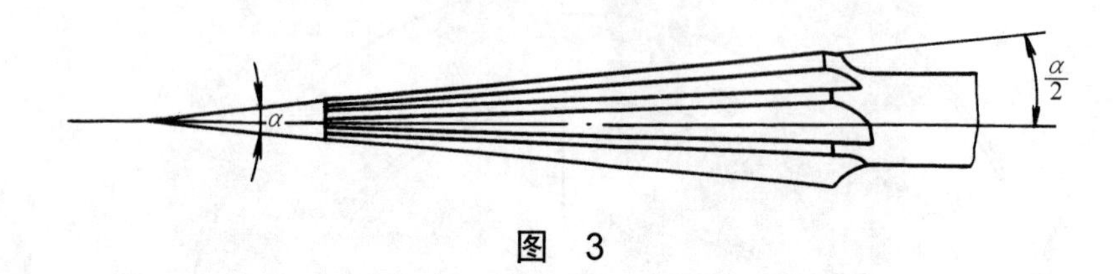

图 3

13.2 检测器具

万能工具显微镜。

14 铰刀螺旋角

14.1 检测方法

见图4，铰刀装在两顶尖上，用万能工具显微镜测量，使镜头米字线的水平虚线与铰刀的轴线重合，然后转动米字线与切削刃相切所得的角度为螺旋角β。

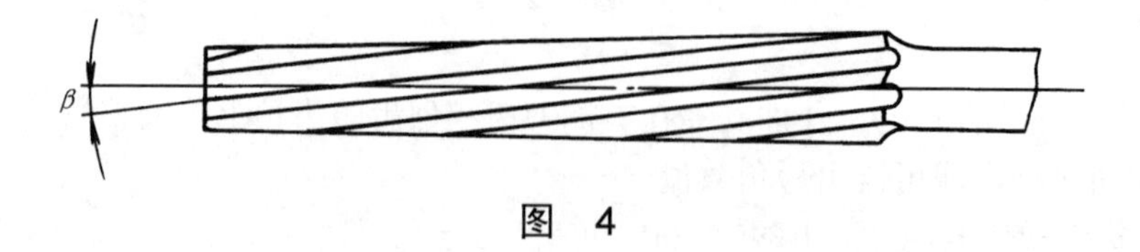

图 4

14.2 检测器具

万能工具显微镜。

15 硬质合金铰刀刀片

按JB/T 10231.1—2001第10章的规定。

16 手用铰刀方头尺寸（a）及对称度

16.1 检测方法

方法一：用套规测量

首先用千分尺或游标卡尺测量方头a的实际尺寸，应符合产品标准规定，然后用套规（通规）检测，以方头全部进入套规为合格。

方法二：用指示表测量

首先用千分尺或游标卡尺测量方头a的实际尺寸，应符合产品标准规定，然后将铰刀装在跳动检查仪的顶尖上，打表测量出两组平面的对称度应不超过产品标准规定，见图5。

注：有争议时，可采用方法二检测。

16.2 检测器具

分度值为0.01mm的千分尺、0.02mm游标卡尺、跳动检查仪、套规、分度值为0.01mm的指示表及表架。

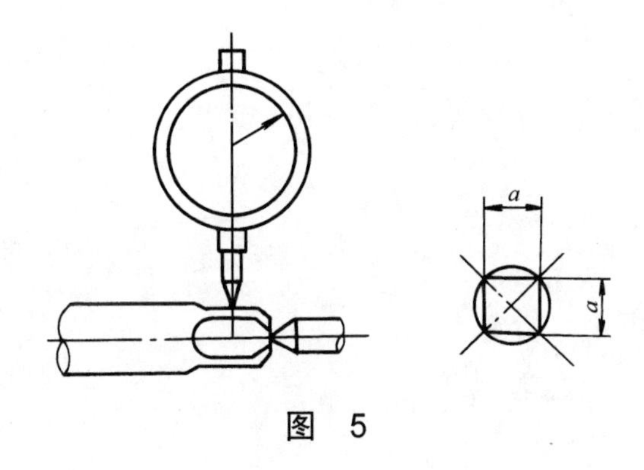

图 5

17 铰刀硬度

按JB/T 10231.1—2001第11章的规定。

18 标志包装

按JB/T 10231.1—2001第13章、第14章的规定。

ICS 25.100.20
J 41
备案号：11759—2003

中华人民共和国机械行业标准

JB/T 10231.12—2002

刀具产品检测方法 第12部分：三面刃铣刀

Tool inspaction methods Part 12: Side and face milling cutters

2002-07-16 发布　　2002-12-01 实施

中华人民共和国国家经济贸易委员会 发布

前　言

本标准由中国机械工业联合会提出。

本标准由全国刀具标准化技术委员会归口。

本标准由北京工具厂负责起草。

本标准主要起草人：昝立伟。

刀具产品检测方法
第12部分：三面刃铣刀

1 范围

本部分规定了各种三面刃铣刀成品检测时的检测方法和使用的检测器具，这种方法不是唯一的。

本部分适用于按GB/T 6119生产的三面刃铣刀及按JB/T 7953生产的镶齿三面刃铣刀的检测。

2 规范性引用文件

下列文件中的条款通过JB/T 10231的本部分的引用而成为本部分的条款。凡是注日期的引用文件，其随后所有的修改单（不包括勘误的内容）或修订版均不适用于本部分，然而，鼓励根据本部分达成协议的各方研究是否可使用这些文件的最新版本。凡是不注日期的引用文件，其最新版本适用于本部分。

GB/T 6119.1—1996 三面刃铣刀 型式和尺寸（eqv ISO 2587：1972）

GB/T 6119.2—1996 三面刃铣刀 技术条件

JB/T 7953—1999 镶齿三面刃铣刀

JB/T 10231.1—2001 刀具产品检测方法 第1部分：通则

3 检测依据

相关的产品标准及图样。

4 外观

按JB/T 10231.1—2001第4章的规定。

5 表面粗糙度

按JB/T 10231.1—2001第5章的规定。

6 圆跳动

6.1 检测部位

径向圆跳动的检测部位：铣刀圆周刃。

端面圆跳动的检测部位：铣刀端刃。

6.2 检测方法（见图 1）

6.2.1 圆周刃对内孔轴线的径向圆跳动

指示表触头垂直触靠在圆周刃上，旋转芯轴，铣刀旋转一周，读取指示表指针最大值与最小值之差及最大相邻齿差值。

6.2.2 端刃（侧平面）对内孔轴线的端面圆跳动

指示表触头垂直触靠在靠近外圆直径处的端刃上，旋转芯轴，铣刀旋转一周，读取指示表指针最大值与最小值之差及最大相邻齿差值。

两端刃中最大的圆跳动值为所要测的值。

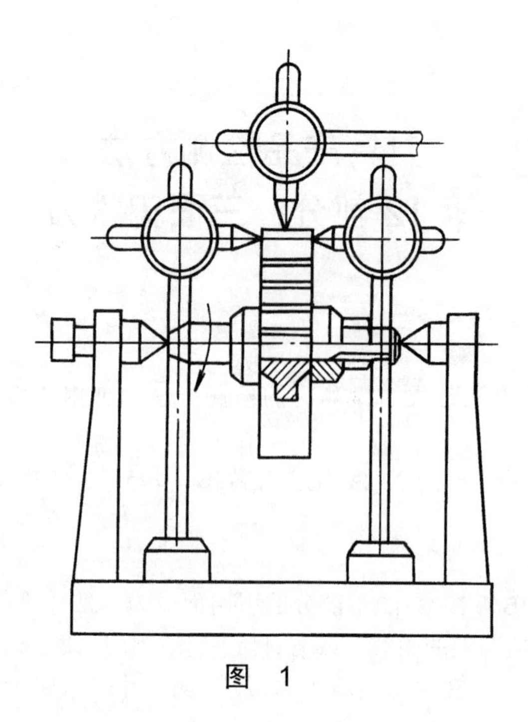

图 1

6.3 检测器具

a） 分度值为0.01mm的指示表；

b） 磁力表架；

c） 带凸台芯轴；

d） 跳动检查仪。

7 铣刀厚度和外径

按JB/T 10231.1—2001中10.2的规定。

8 内孔

按JB/T 10231.1—2001第8章规定。

9 前角、后角、侧隙角

9.1 检测部位

前角、后角见图2，侧隙角见图3。

9.2 检测方法（见图4）

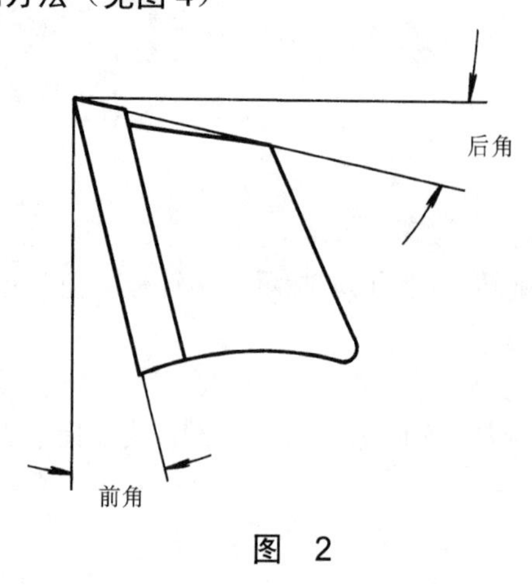

图 2

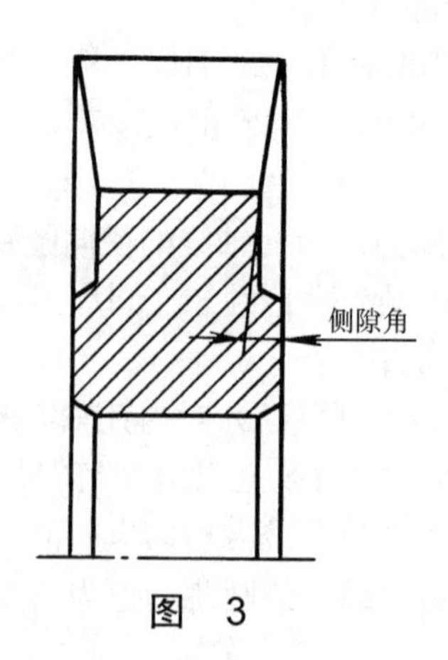

图 3

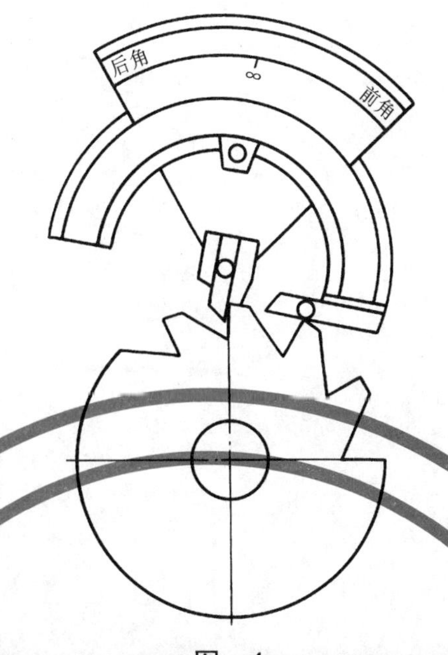

图 4

9.2.1 前角

见图4，使多刃角度尺的支承尺的工作面支靠在被测刀齿相邻的齿顶上，调整量具使前角直尺的工作面与被测刀齿前刀面接触，并使后角直尺工作面与被测刀齿齿项接触，即可读出前角数值。

9.2.2 后角

见图4，使多刃角度尺的支承尺的工作面支靠在被测刀齿相邻的齿顶上，调整量具使后角直尺的工作面与被测刀齿后刀面接触，即可读出后角数值。

9.2.3 侧隙角

使多刃角度尺的支承尺的工作面支靠在被测刀齿相邻的侧齿顶上，调整量具使后角直尺的工作面与被测刀齿侧刀面接触，即可读出侧隙角数值。

9.3 检测器具

多刃角度尺。

10 硬度

按JB/T 10231.1—2001第11章规定。

11 标志

按JB/T 10231.1—2001第13章规定。

12 包装

按JB/T 10231.1—2001第14章规定。

13 表面处理

按JB/T 10231.1—2001第15章规定。

ICS 15.100.20
J 41
备案号：11760—2003

中 华 人 民 共 和 国 机 械 行 业 标 准

JB/T 10231.13—2002

刀具产品检测方法
第13部分：锯片铣刀

Tool inspaction methods
Part 13: Metal slitting saws

2002-07-16 发布　　2002-12-01 实施

中华人民共和国国家经济贸易委员会 发布

前　言

本标准由中国机械工业联合会提出。
本标准由全国刀具标准化技术委员会归口。
本标准由北京工具厂负责起草。
本标准主要起草人：王淑慧。

刀具产品检测方法
第13部分：锯片铣刀

1 范围

本部分规定了锯片铣刀、螺钉槽铣刀成品检测时的检测方法和使用的检测器具，这些方法并非是唯一的。

本部分适用于按GB/T 6120、GB/T 6121、JB/T 8366成批生产的锯片铣刀和螺钉槽铣刀的检测。

2 规范性引用文件

下列文件中的条款通过JB/T 10231的本部分的引用而成为本部分的条款。凡是注日期的引用文件，其随后所有的修改单（不包括勘误的内容）或修订版均不适用于本部分，然而，鼓励根据本部分达成协议的各方研究是否可使用这些文件的最新版本。凡是不注日期的引用文件，其最新版本适用于本部分。

GB/T 6120—1996 锯片铣刀 型式和尺寸（eqv ISO 2296：1972）

GB/T 6121—1996 锯片铣刀 技术条件

JB/T 8366—1996 螺钉槽铣刀

JB/T 10231.1—2001 刀具产品检测方法 第1部分：通则

3 检测依据

相关的产品标准和图样。

4 外观

按JB/T 10231.1—2001第4章的规定。

5 表面粗糙度

按JB/T 10231.1—2001第5章的规定。

6 圆跳动

6.1 检测部位

6.1.1 圆周刃对内孔轴线的径向圆跳动

锯片铣刀、螺钉槽铣刀的圆周刃（厚度L的中间）。

6.1.2 侧隙面对内孔轴线的端面圆跳动

锯片铣刀、螺钉槽铣刀靠近齿根部的侧隙面。

6.2 检测方法

6.2.1 圆周刃对内孔轴线的径向圆跳动

见图1，将锯片铣刀或螺钉槽铣刀装在带凸台芯轴上（芯轴与刀具内孔应选配），置于跳动检查仪两顶尖间，指示表测头垂直触靠在被检部分，旋转芯轴，铣刀转一周，读取指示表指针最大值与最小值之差为一转跳动值，取相邻齿读数差绝对值的最大值为相邻齿的圆跳动值。

6.2.2 侧隙面对内孔轴线的端面圆跳动

见图1，将锯片铣刀或螺钉槽铣刀装在带凸台芯轴上（芯轴与刀具内孔应选配），置于跳动检查仪两顶尖间，指示表测头垂直触靠在被检部分，旋转芯轴，铣刀转一周，取两侧端刃中指示表读数最大与最小之差值的最大值为端面圆跳动值，取两侧端刃中相邻齿读数差绝对值的最大值为相邻齿的圆跳动值。

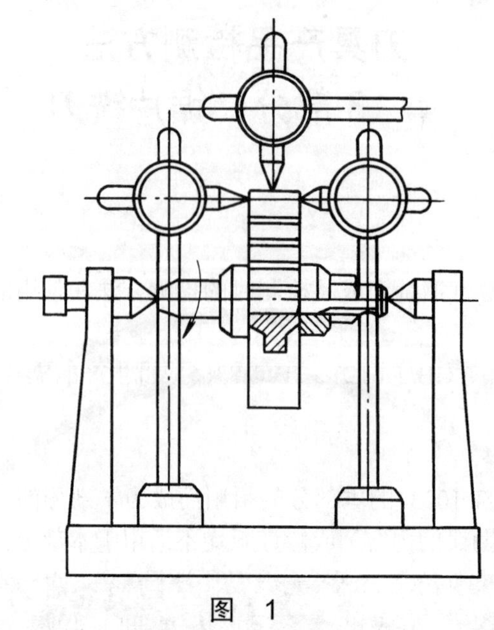

图 1

6.3 检测器具

a） 分度值为0.01mm指示表或0.001mm杠杆指示表；

b） 磁力表架；

c） 带凸台芯轴；

d） 跳动检查仪；

e） 铸铁平板。

7 铣刀厚度及工作部分外径

按JB/T 10231.1—2001中10.2规定。

8 内孔

按JB/T 10231.1—2001第8章规定。

9 前角、后角

9.1 检测部位

锯片铣刀、螺钉槽铣刀圆周齿的前面和后面。

9.2 检测方法

9.2.1 前角

见图2，将角度尺的支承直尺的工作面支靠在被测刀齿相邻的齿顶上，调整量具使前角直尺的工作面与被测刀齿前刀面接触，并使后角直尺工作面与被测刀齿齿顶接触，即可读出前角数值。

9.2.2 后角

见图2，将角度尺的支承直尺的工作面支靠在被测刀齿相邻的齿顶上，调整量具使后角直尺的工作面与被测刀齿后刀面接触，并使前角直尺工作面与被测刀齿齿顶接触，即可读出后角数值。

注：有争议时，放在万能工具显微镜上检测。

9.3 检测器具

多刃角度尺（分度值2′）；万能工具显微镜。

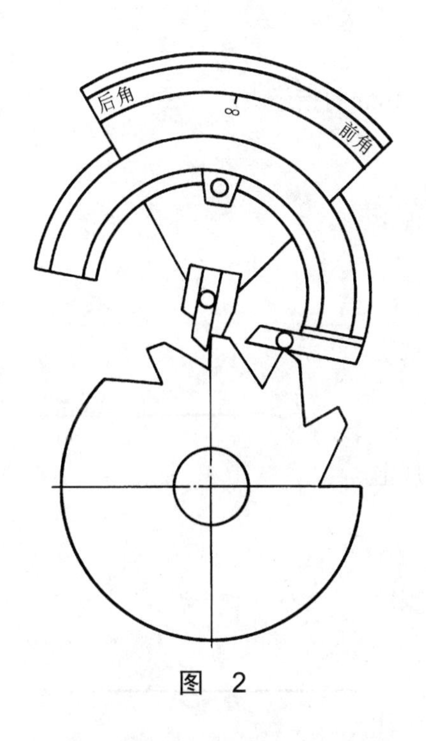

图 2

10 侧隙角

10.1 检测部位

锯片铣刀、螺钉槽铣刀的侧隙面（约在$^1/_2$半径处）。

10.2 检测方法

见图3侧隙角专用检具。在专用量具上检测，将铣刀平放在侧隙角专用检具的底座上，放上压板，读取指示表数值，在大约均等的2～3个位置上测量，取指示表读数的最小值，即是该端面侧隙角的数值，用同样方法测量另一端面侧隙角的数值，取两端面中指示表读数最小值为侧隙角数值。

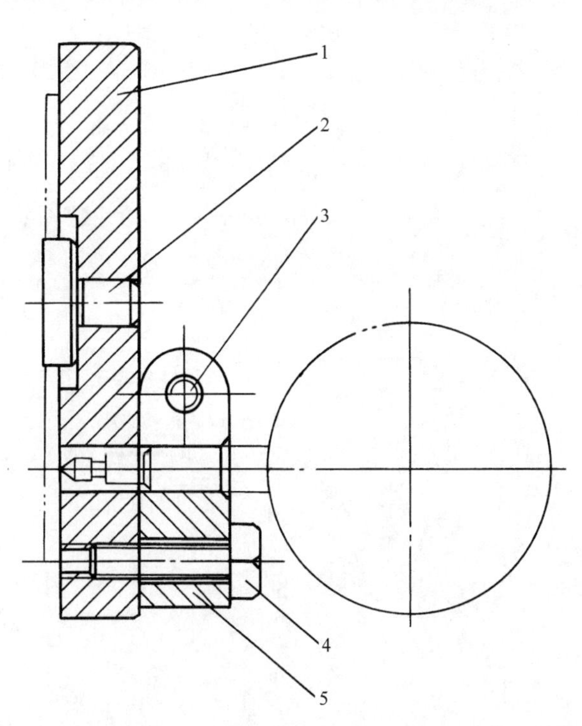

1——台面；2——定位柱；3——开槽圆柱头螺钉M6×12；4——小六角头螺栓M8×25；5——指示表压紧件。

图 3

10.3 检测器具

侧隙角专用检具：分度值为0.01mm的指示表。

11 硬度

按JB/T 10231.1—2001第11章规定。

12 标志

按JB/T 10231.1—2001第13章规定。

13 包装

按JB/T 10231.1—2001第14章规定。

14 表面处理

按JB/T 10231.1—2001第15章规定。

ICS 25.100.20
J 41
备案号：11761—2003

中华人民共和国机械行业标准

JB/T 10231.14—2002

刀具产品检测方法 第14部分：键槽铣刀

Tool inspaction method Part 14: Slotting drills

2002-07-16 发布　　　　2002-12-01 实施

中华人民共和国国家经济贸易委员会 发布

前 言

本标准由中国机械工业联合会提出。

本标准由全国刀具标准化技术委员会归口。

本标准由北京量具刃具厂负责起草。

本标准主要起草人：方飞、何小钢。

刀具产品检测方法
第 14 部分：键槽铣刀

1 范围

本部分规定了键槽铣刀成品检测时的检测方法和检测器具，这些方法并非唯一的。

本部分适用于按GB/T 1112.1～3生产的键槽铣刀的检测。

2 规范性引用文件

下列文件中的条款通过JB/T 10231的本部分的引用而成为本部分的条款。凡是注日期的引用文件，其随后所有的修改单（不包括勘误的内容）或修订版均不适用于本部分，然而，鼓励根据本部分达成协议的各方研究是否可使用这些文件的最新版本。凡是不注日期的引用文件，其最新版本适用于本部分。

GB/T 1112.1—1997 键槽铣刀 第1部分：直柄键槽铣刀 型式和尺寸（eqv ISO 1641-1:1978）

GB/T 1112.2—1997 键槽铣刀 第2部分：莫氏锥柄键槽铣刀 型式和尺寸（eqv ISO 1641-2:1978）

GB/T 1112.3—1997 键槽铣刀 第3部分：技术条件

JB/T 10231.1—2001 刀具产品检测方法 第1部分：通则

3 检测依据

相关的产品标准和图样。

4 外观

按JB/T 10231.1—2001第4章的规定。

5 表面粗糙度

按JB/T 10231.1—2001第5章的规定。

6 圆跳动

6.1 检测部位

圆周齿或端齿。

6.2 检测方法

6.2.1 圆周刃径向圆跳动

圆周刃对柄部轴线的径向圆跳动的检测方法见图1和图2，将键槽铣刀放在V形铁上，柄端部顶靠定位块，柄端部中心孔与定位块间加钢球，将指示表测头触靠在靠近键槽铣刀端部的周刃上，分别读取两切削刃上的指示表读数，取其差值。

6.2.2 端刃圆跳动

端刃对柄部轴线的端面圆跳动的检测方法：带中心孔的直柄键槽铣刀和莫氏锥柄键槽铣刀见图1和图2，将键槽铣刀放在V形铁上，柄端部顶靠定位块，柄端部中心孔与定位块间加一钢球，将指示表测头触靠在端刃外侧，分别读取两切削刃上的指示表读数，取其差值。柄部带反顶尖的直柄键槽铣刀按图1方法进行，反顶尖直接顶住定位块即可。

不带中心孔的直柄键槽铣刀，其端刃对柄部轴线的端面圆跳动的检测可见图3，将键槽铣刀放在V形铁上，刃端部顶靠一定位块，将指示表测头触靠在端刃外侧，分别读取两切削刃上的指示表读数，取其差值的一半。

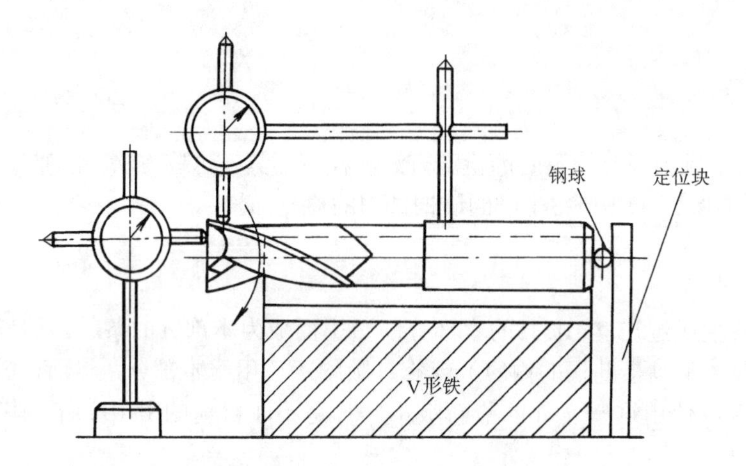

图1　带中心孔的直柄键槽铣刀圆跳动检测方法

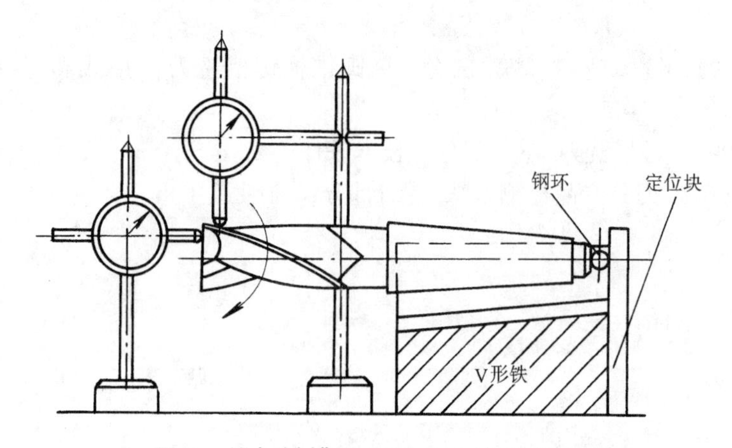

图2　锥柄键槽铣刀圆跳动检测方法

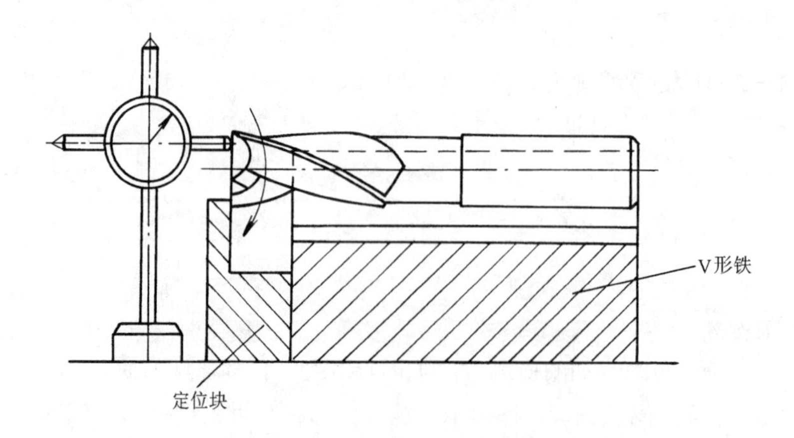

图3　不带中心孔的直柄键槽铣刀端刃圆跳动检测方法

6.3　检测器具

分度值为0.002mm的杠杆指示表或分度值为0.01mm的指示表、平板、磁力表架、V形铁、钢球、定位块。

7 直径及工作部分直径差

7.1 检测部位

工作部分。

7.2 检测方法

直径的检测按JB/T 10231.1—2001中10.1的规定。

工作部分任意两截面的直径差的检测：在靠近刀尖处测量*A*点，中部及后部均匀分布测量*B*点和*C*点，分别取*A*、*B*两点读数差的绝对值和*A*、*C*两点读数差的绝对值。直径小于16mm直柄键槽铣刀和直径小于32mm的锥柄键槽铣刀短系列键槽铣刀允许只测*A*、*C*两点，见图4。

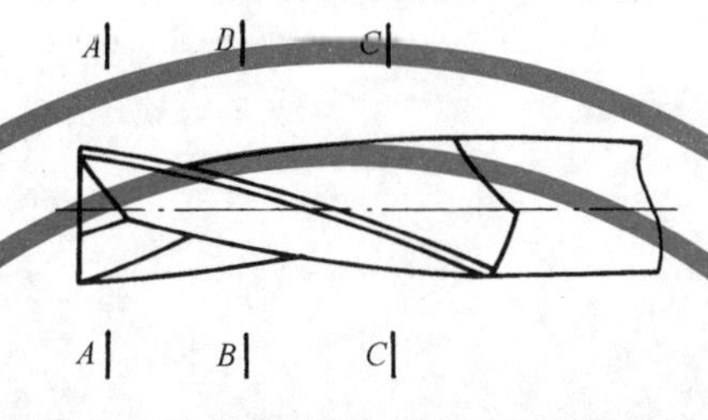

图4 工作部分直径差的检测方法

7.3 检测器具

分度值为0.01mm或0.001mm的千分尺。

8 直柄键槽铣刀柄部直径

按JB/T 10231.1—2001中10.1的规定。

9 莫氏锥柄键槽铣刀的锥柄

按JB/T 10231.1—2001第6章的规定。

10 总长和工作部分长度

按JB/T 10231.1—2001中10.3的规定。

11 硬度

按JB/T 10231.1—2001中11.3的规定。

12 标志和包装

按JB/T 10231.1—2001第13章、第14章的规定。

ICS 25.100.20
J 41
备案号：11762—2003

中华人民共和国机械行业标准

JB/T 10231.15—2002

刀具产品检测方法 第15部分：可转位三面刃铣刀

Tool inspaction methods
Part 15: Side and facemilling cutters with indexable inserts

2002-07-16 发布　　2002-12-01 实施

中华人民共和国国家经济贸易委员会 发布

前　言

本标准由中国机械工业联合会提出。
本标准由全国刀具标准化技术委员会归口。
本标准由哈尔滨工量数控刀具有限责任公司负责起草。
本标准主要起草人：侯立中、解晓东、姚绪里、张佩红。

刀具产品检测方法
第15部分：可转位三面刃铣刀

1 范围

本部分规定了各种可转位三面刃铣刀成品检测时的检测项目、检测方法和检测器具及检测基准。这些方法并非唯一的。

本部分适用于按GB/T 5341生产的可转位三面刃铣刀检测，其他可转位三面刃铣刀可参照采用。

2 规范性引用文件

下列文件中的条款通过JB/T 10231的本部分的引用而成为本部分的条款。凡是注日期的引用文件，其随后所有的修改单（不包括勘误的内容）或修订版均不适用于本部分，然而，鼓励根据本部分达成协议的各方研究是否可使用这些文件的最新版本。凡是不注日期的引用文件，其最新版本适用于本部分。

GB/T 2081—1987　硬质合金可转位铣刀片（eqv ISO 3365：1985）

GB/T 5341—1985　可转位三面刃铣刀（neq ISO 6986：1983）

JB/T 10231.1—2001　刀具产品检测方法　第1部分：通则

3 检测依据

相关的产品标准和产品图样。

4 检测方法及检测器具

4.1 外观的检测

按JB/T 10231.1—2001中第4章的规定。

4.2 表面粗糙度的检测

按JB/T 10231.1—2001中第5章的规定。

4.3 刀片尺寸的检测

4.3.1 刀片的厚度 S、刀片的内切圆 d 的检测

按JB/T 10231.1—2001中10.4的规定。

4.3.2 刀片的边长 l、带孔刀片的孔径 d_1 的检测

检测方法：用游标卡尺测量，任检一处应符合标准要求。

检测器具：刻度值0.02mm的游标卡尺。

4.3.3 刀尖角 ε_r 的检测

检测方法：用万能角度尺测量，任检一角应符合标准要求，有异议时则采用万能工具显微镜测量。

检测器具：万能角度尺、万能工具显微镜。

4.3.4 刀尖圆角半径 r 的检测

检测方法：用万能工具显微镜，任检一处应符合标准要求。

检测器具：万能工具显微镜。

4.3.5 刀尖转位精度尺寸 m 的检测

按GB/T 2081—1987中附录A的要求。

4.4 圆跳动的检测

4.4.1 圆周刃的径向圆跳动的检测

检测方法：见图1，将可转位三面刃铣刀利用检验芯轴或锥度芯轴，夹紧在顶尖架或偏摆检查仪上，将指示表触头垂直接触在圆周刃上，旋转芯轴，铣刀转一周，读取指示表指针最大值与最小值之差及最大相邻齿差值。

检测器具：分度值为0.01mm指示表、磁力表架、检验芯轴或锥度芯轴、顶尖架或偏摆检查仪、平板。

4.4.2 端刃的端面圆跳动的检测

检测方法：见图2，将可转位三面刃铣刀利用带凸台芯轴夹紧在顶尖架或偏摆检查仪上，将指示表触头垂直接触在靠近外径处的端面（侧平面）上，旋转芯轴，铣刀转一周，读取指示表指针最大值与最小值之差。

检测器具：分度值为0.01mm指示表、磁力表架、带凸台芯轴、顶尖架或偏摆检查仪、平板。

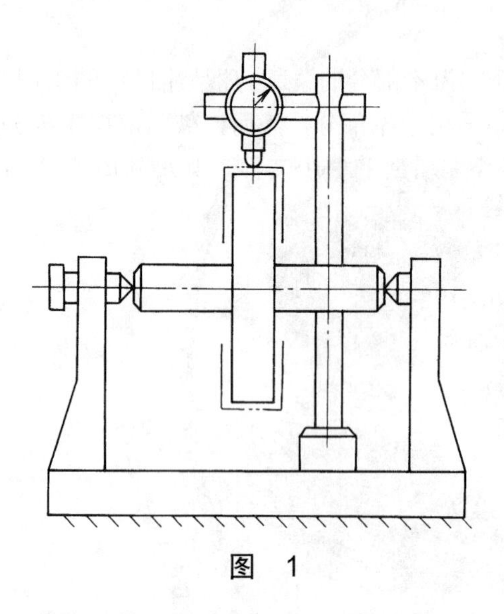

图 1

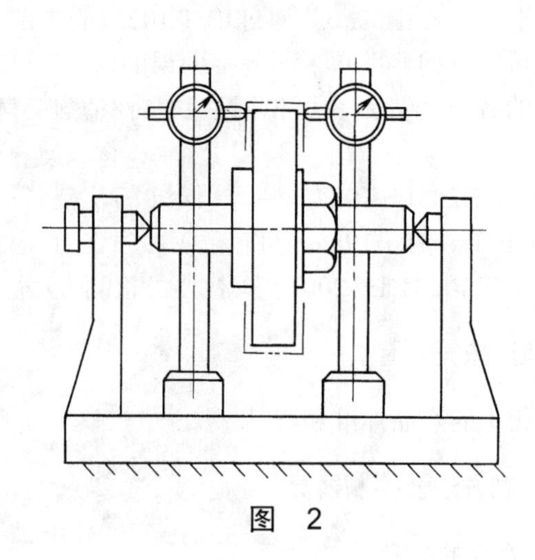

图 2

4.4.3 两支承端面的端面圆跳动的检测

检测方法：见图3，将三面刃铣刀利用锥度芯轴夹紧在顶尖架或偏摆检查仪上，将指示表触头垂直接触在两支承端面处，旋转芯轴，铣刀转一周读取指示表指针最大值与最小值之差。

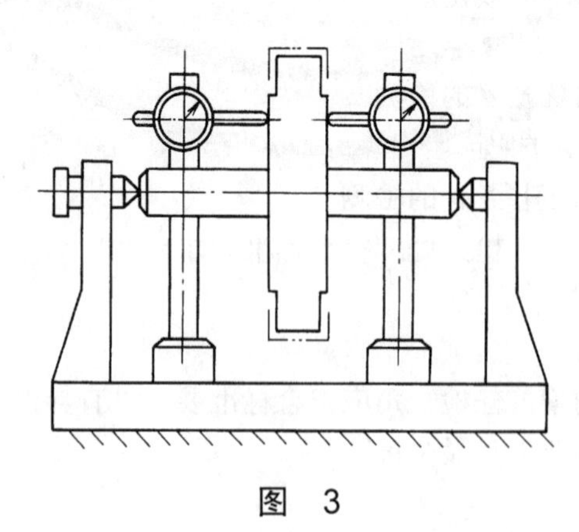

图 3

检测器具：分度值为0.002mm的杠杆指示表、磁力表架、锥度芯轴、顶尖架或顶尖偏摆检查仪、平板。

4.5 铣刀宽度和外径的检测

按JB/T 10231.1—2001中10.2的规定。

4.6 铣刀内孔的检测

4.6.1 铣刀内孔直径的检测

按JB/T 10231.1—2001中8.1的规定。

4.6.2 铣刀内孔键槽宽度及对称度的检测

检测方法：用综合塞规检测。

检测器具：综合塞规。

4.7 前、后角的检测

检测方法：用多刃角度尺或万能角度尺测前、后角，也可放在大型工具显微镜上检测。

检测器具：多刃角度尺、万能角度尺、大型工具显微镜。

4.8 刀片夹紧的检测

4.8.1 刀片不得松动的检测

检测方法：将铣刀夹在平口钳上，可借助于75mm长旋具（不含柄部），手指用力触动刀片，不能有相对移动，以保证刀具使用时刀片不松动。

检测器具：平口钳、75mm长旋具。

4.8.2 刀片和刀体支承面无缝隙的检测

检测方法：用目测的方法，在刀尖附近约3mm处不得有透光的缝隙，当发生争议时用0.02mm的塞尺在接触面处进行检测，塞尺不能塞进接触面。

检测器具：0.02mm塞尺。

4.9 硬度的检测

按JB/T 10231.1—2001中11.3的规定。

4.10 标志和包装的检测

按JB/T 10231.1—2001中第13章、第14章的规定。

ICS 25.100.20
J 41
备案号：11763—2003

中华人民共和国机械行业标准

JB/T 10231.16—2002

刀具产品检测方法 第16部分：可转位面铣刀

Tool inspaction methods Part 16: Facemilling cutters with indexable inserts

2002-07-16 发布　　2002-12-01 实施

中华人民共和国国家经济贸易委员会 发布

前　言

本标准由中国机械工业联合会提出。
本标准由全国刀具标准化技术委员会归口。
本标准由哈尔滨工量数控刀具有限责任公司负责起草。
本标准主要起草人：侯立中、解晓东、王义廷、佟建国。

刀具产品检测方法
第16部分：可转位面铣刀

1 范围

本部分规定了各种可转位面铣刀成品检测时的检测项目、检测方法和检测器具及检测基准。这些方法并非唯一的。

本部分适用于按GB/T 5342生产的可转位面铣刀的检测，其他可转位面铣刀可参照采用。

2 规范性引用文件

下列文件中的条款通过JB/T 10231的本部分的引用而成为本部分的条款。凡是注日期的引用文件，其随后所有的修改单（不包括勘误的内容）或修订版均不适用于本部分，然而，鼓励根据本部分达成协议的各方研究是否可使用这些文件的最新版本。凡是不注日期的引用文件，其最新版本适用于本部分。

GB/T 2081—1987 硬质合金可转位铣刀片（eqv ISO 3365：1985）

GB/T 5342—1985 可转位面铣刀（neq ISO 6462：1983）

JB/T 10231.1—2001 刀具产品检测方法 第1部分：通则

3 检测依据

相关的产品标准和产品图样。

4 检测方法及检测器具

4.1 外观的检测

按JB/T 10231.1—2001中第4章的规定。

4.2 表面粗糙度的检测

按JB/T 10231.1—2001中第5章的规定。

4.3 刀片尺寸的检测

4.3.1 刀片的厚度 S、刀片的内切圆 d 的检测

按JB/T 10231.1—2001中10.4的规定。

4.3.2 刀片的边长 l、带孔刀片的孔径 d_1 的检测

检测方法：用游标卡尺测量，任检一处应符合标准要求。

检测器具：刻度值0.02mm的游标卡尺。

4.3.3 刀尖角 ε_r 的检测

检测方法：用万能角度尺测量，任检一角应符合标准要求，有异议时则采用万能工具显微镜测量。

检测器具：万能角度尺、万能工具显微镜。

4.3.4 刀尖圆角半径 r 的检测

检测方法：用万能工具显微镜，任检一处应符合标准要求。

检测器具：万能工具显微镜。

4.3.5 刀尖转位精度尺寸 m 的检测

刀尖转位精度尺寸m，按GB/T 2081—1987中附录A的要求。

4.4 圆跳动的检测

4.4.1 主切削刃的法向（或径向）圆跳动的检测

检测方法：锥柄面铣刀的检测见图1，将铣刀夹紧在顶尖架或偏摆检查仪上；A、B、C型面铣刀的检测见图2，平放在专用面铣刀检测芯轴上，将指示表触头垂直接触在主切削刃上，旋转铣刀，使铣刀转一周，读取指示表指针最大值与最小值之差及最大相邻齿差值。

检测器具：分度值为0.01mm指示表、磁力表架、专用面铣刀检测芯轴、顶尖架或偏摆检查仪、平板。

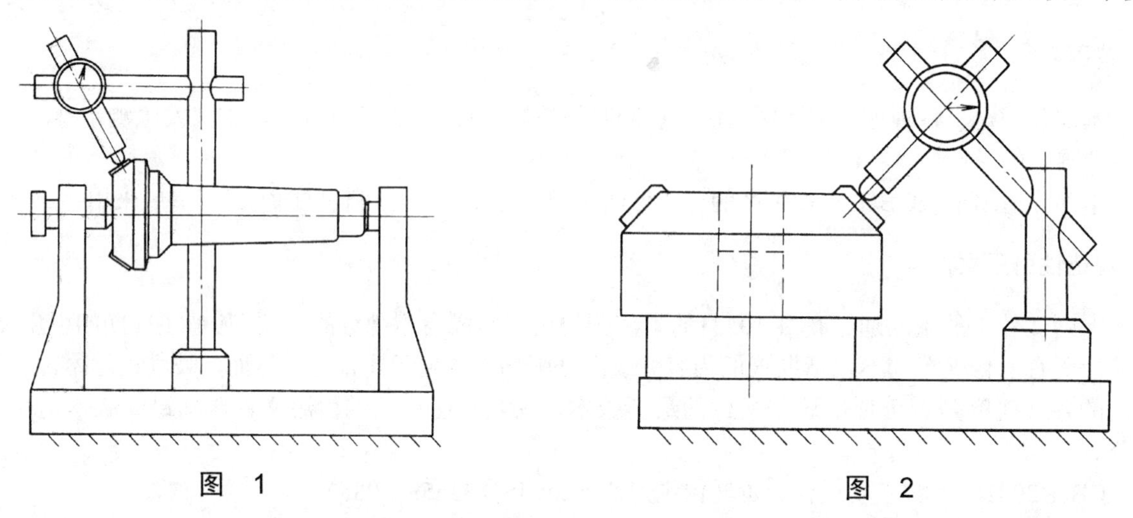

图 1　　　　图 2

4.4.2 端刃的端面圆跳动的检测

检测方法：锥柄面铣刀的检测见图3，将面铣刀夹紧在顶尖架或偏摆检查仪上；A、B、C型面铣刀的检测见图4，平放在专用面铣刀检测芯轴上，将指示表触头垂直接触在端刃上，旋转铣刀，使铣刀转一周，读取指示表指针最大值与最小值之差。

检测器具：分度值为0.01mm指示表、磁力表架、专用面铣刀检测芯轴、顶尖架或偏摆检查仪、平板。

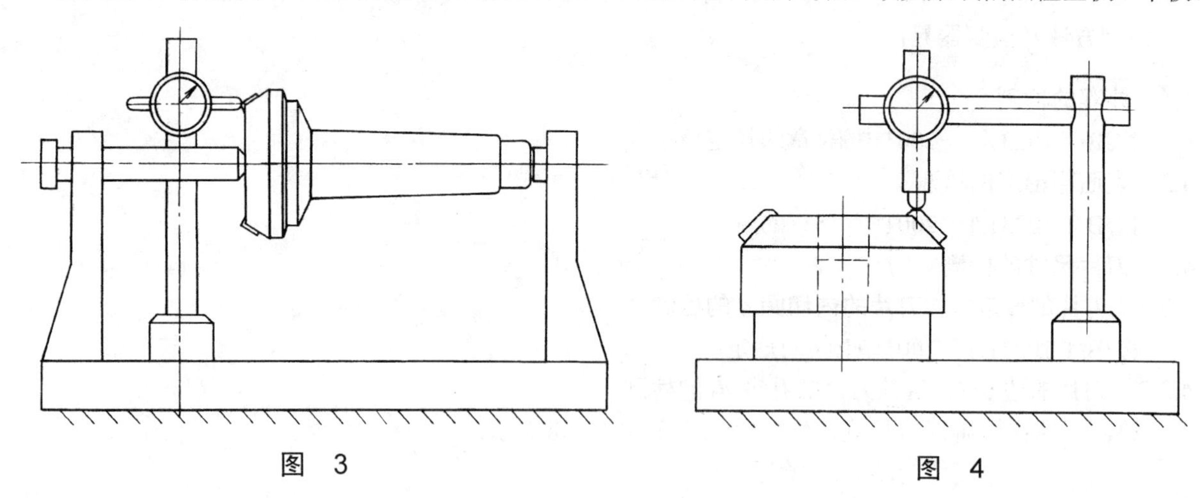

图 3　　　　图 4

4.4.3 支承端面的端面圆跳动的检测

检测方法：A、B、C类面铣刀支承端面的圆跳动的检测见图5，将面铣刀平放在专用面铣刀检测芯轴上，旋转铣刀，使铣刀旋转一周，读取指示表指针最大值与最小值之差。

检测器具：分度值为0.002mm的杠杆指示表、磁力表架、专用面铣刀检测芯轴、平板。

4.4.4 柄部的径向圆跳动的检测

检测方法：锥柄面铣刀的检测方法见图6，将铣刀夹紧在顶尖架或偏摆检查仪上，使指示表触头垂直接触在柄部，铣刀转动一周，读取指示表指针最大值与最小值之差。

检测器具：分度值为0.002mm的杠杆指示表、磁力表架、顶尖架或偏摆检查仪、平板。

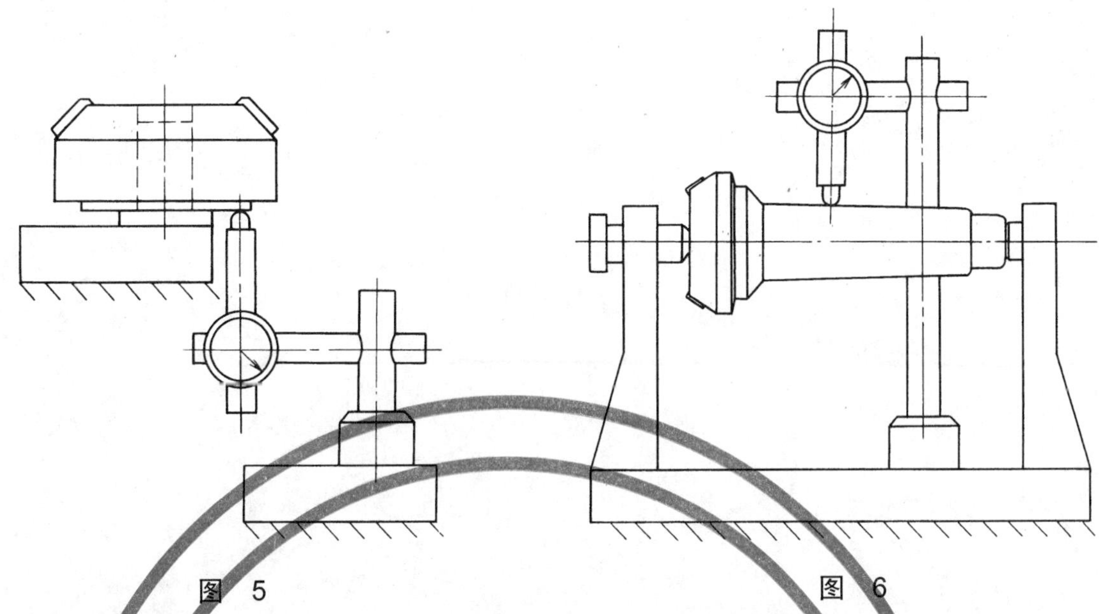

图 5　　　　图 6

4.5　莫氏柄的检测

按JB/T 10231.1—2001第6章的规定。

4.6　面铣刀内孔的检测

按JB/T 10231.1—2001第8章的规定。

4.7　端面键槽的检测

按JB/T 10231.1—2001第9章的规定。

4.8　面铣刀外形尺寸的检测

按JB/T 10231.1—2001中10.2的规定。

4.9　前、后角的检测

检测方法：用多刃角度尺或万能角度尺测前、后角，也可放在大型工具显微镜上检测。

检测器具：多刃角度尺、万能角度尺、大型工具显微镜。

4.10　刀片夹紧的检测

4.10.1　刀片不得松动的检测

检测方法：将铣刀夹在平口钳上，可借助于75mm长旋具（不含柄部），手指用力触动刀片，不能有相对移动，以保证刀具使用时刀片不松动。

检测器具：平口钳、75mm长旋具。

4.10.2　刀片和刀体支承面无缝隙的检测

检测方法：用目测的方法，在刀尖附近约3mm处不得有透光的缝隙，当发生争议时用0.02mm的塞尺在接触面处进行检测，塞尺不能塞进接触面。

检测器具：0.02mm塞尺。

4.11　硬度的检测

按JB/T 10231.1—2001中11.3的规定。

4.12　标志和包装的检测

按JB/T 10231.1—2001第13章、第14章的规定。

ICS 25.100.20
J 41
备案号：11764—2003

中 华 人 民 共 和 国 机 械 行 业 标 准

JB/T 10231.17—2002

刀具产品检测方法
第 17 部分：可转位立铣刀

Tool inspaction methods
Part 17: Endmilling cutters with indexable inserts

2002-07-16 发布 2002-12-01 实施

中华人民共和国国家经济贸易委员会 发布

前　言

本标准由中国机械工业联合会提出。

本标准由全国刀具标准化技术委员会归口。

本标准由哈尔滨工量数控刀具有限责任公司负责起草。

本标准主要起草人：侯立中、王险峰、高英、倪立明。

刀具产品检测方法 第17部分：可转位立铣刀

1 范围

本部分规定了各种可转位立铣刀成品检测时的检测项目、检测方法和检测器具及检测基准。这些方法并非唯一的。

本部分适用于按GB/T 5340生产的可转位立铣刀的检测，其他可转位立铣刀可参照采用。

2 规范性引用文件

下列文件中的条款通过JB/T 10231的本部分的引用而成为本部分的条款。凡是注日期的引用文件，其随后所有的修改单（不包括勘误的内容）或修订版均不适用于本部分，然而，鼓励根据本部分达成协议的各方研究是否可使用这些文件的最新版本。凡是不注日期的引用文件，其最新版本适用于本部分。

GB/T 2081—1987 硬质合金可转位铣刀片（eqv ISO 3365：1985）

GB/T 5340—1985 可转位立铣刀（neq ISO 6986：1983）

JB/T 10231.1—2001 刀具产品检测方法 第1部分：通则

3 检测依据

相关的产品标准和产品图样。

4 检测方法及检测器具

4.1 外观的检测

按JB/T 10231.1—2001中第4章的规定。

4.2 表面粗糙度的检测

按JB/T 10231.1—2001中第5章的规定。

4.3 刀片尺寸的检测

4.3.1 刀片的厚度 S、刀片的内切圆 d 的检测

按JB/T 10231.1—2001中10.4的规定。

4.3.2 刀片的边长 l、带孔刀片的孔径 d_1 的检测

检测方法：用游标卡尺测量，任检一处应符合标准要求。

检测器具：刻度值0.02mm的游标卡尺。

4.3.3 刀尖角 ε_r 的检测

检测方法：用万能角度尺测量，任检一角应符合标准要求，有异议时则采用万能工具显微镜测量。

检测器具：万能角度尺、万能工具显微镜。

4.3.4 刀尖圆角半径 r 的检测

检测方法：用万能工具显微镜，任检一处应符合标准要求。

检测器具：万能工具显微镜。

4.3.5 刀尖转位精度尺寸 m 的检测

按GB/T 2081—1987中附录A的要求。

4.4 圆跳动的检测

4.4.1 圆周刃的径向圆跳动的检测

检测方法：见图1，将立铣刀以两端中心孔定位，夹紧在顶尖架或偏摆检查仪上，将指示表触头垂直接触在圆周刃上，旋转铣刀一周，读取指示表指针最大值与最小值之差。

检测器具：分度值为0.01mm指示表、磁力表架、顶尖架或偏摆检查仪、平板。

4.4.2 端刃的端面圆跳动的检测

检测方法：见图2，将立铣刀以两端中心孔定位，夹紧在顶尖架或偏摆检查仪上，指示表触头垂直接触在靠近外径处的端刃上，旋转立铣刀一周，读取指示表指针最大值与最小值之差。

检测器具：分度值为0.01mm指示表、磁力表架、顶尖架或偏摆检查仪、平板。

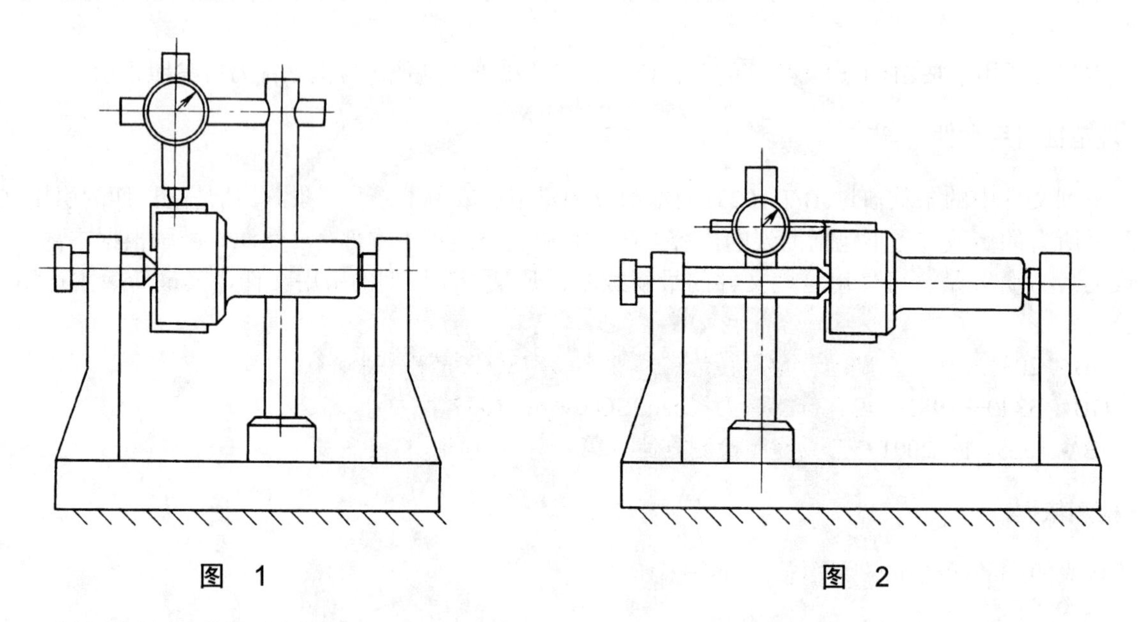

图 1　　　　图 2

4.4.3 柄部的径向圆跳动的检测

检测方法：见图3，将立铣刀以两端中心孔定位，夹紧在顶尖架或偏摆检查仪上，使指示表触头垂直接触在柄部，旋转立铣刀一周，读取指示表指针最大值与最小值之差。

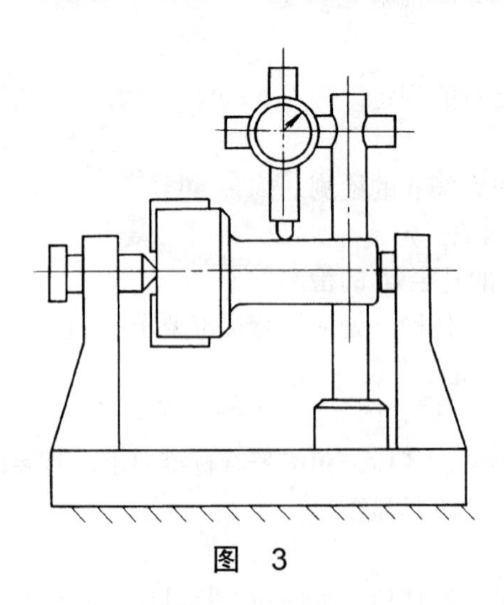

图 3

检测器具：分度值为0.002mm杠杆指示表、磁力表架、顶尖架或偏摆检查仪、平板。

4.5 莫氏柄的检测

按JB/T 10231.1—2001第6章的规定。

4.6 立铣刀外形尺寸的检测

按JB/T 10231.1—2001中10.1的规定。

4.7 前、后角的检测

检测方法：用多刃角度尺或万能角度尺测前、后角，也可放在大型工具显微镜上检测。

检测器具：多刃角度尺、万能角度尺、大型工具显微镜。

4.8 刀片夹紧的检测

4.8.1 刀片不得松动的检测

检测方法：将铣刀夹在平口钳上，可借助于75mm长旋具（不含柄部），手指用力触动刀片，不能有相对移动，以保证刀具使用时刀片不松动。

检测器具：平口钳、75mm长旋具。

4.8.2 刀片和刀体支承面无缝隙的检测

检测方法：用目测的方法，在刀尖附近约3mm处不得有透光的缝隙，当发生争议时用0.02mm的塞尺在接触面处进行检测，塞尺不能塞进接触面。

检测器具：0.02mm塞尺。

4.9 硬度的检测

按JB/T 10231.1—2001中11.3的规定。

4.10 标志和包装的检测

按JB/T 10231.1—2001第13章、第14章的规定。

ICS 25.100.40
J 41
备案号：18997—2006

中华人民共和国机械行业标准

JB/T 10231.24—2006

刀具产品检测方法 第24部分：机用锯条

Tool inspection methods —Part 24：Machine backsaw blades

2006-09-14 发布 2007-03-01 实施

中华人民共和国国家发展和改革委员会 发布

前　　言

JB/T 10231 在《刀具产品检测方法》总标题下分为 31 个部分：

——第 1 部分：通则；
——第 2 部分：麻花钻；
——第 3 部分：立铣刀；
——第 4 部分：丝锥；
——第 5 部分：齿轮滚刀；
——第 6 部分：插齿刀；
——第 7 部分：圆拉刀；
——第 8 部分：板牙；
——第 9 部分：铰刀；
——第 10 部分：锪钻；
——第 11 部分：扩孔钻；
——第 12 部分：三面刃铣刀；
——第 13 部分：锯片铣刀；
——第 14 部分：键槽铣刀；
——第 15 部分：可转位三面刃铣刀；
——第 16 部分：可转位面铣刀；
——第 18 部分：可转位车刀；
——第 19 部分：键槽拉刀；
——第 20 部分：矩形花键拉刀；
——第 21 部分：旋转和旋转冲击式硬质合金建工钻；
——第 22 部分：搓丝板；
——第 23 部分：滚丝轮；
——第 24 部分：机用锯条；
——第 25 部分：金属切割带锯条；
——第 26 部分：高速钢车刀条；
——第 27 部分：中心钻；
——第 28 部分：圆柱形铣刀；
——第 29 部分：剃齿刀；
——第 30 部分：渐开线花键拉刀；
——第 31 部分：硬质合金刀片。

本部分为第 24 部分。第 28～31 部分为预计结构。

本部分由中国机械工业联合会提出。

本部分由全国刀具标准化技术委员会（SAC/TC91）归口。

本部分主要起草单位：成都工具研究所。

本部分主要起草人：沈士昌、曾宇环。

本部分为首次发布。

刀具产品检测方法
第24部分：机用锯条

1 范围

JB/T 10231 的本部分规定了机用锯条的检测方法和检测器具。这些方法并非唯一的。

本部分适用于按 GB/T 6080.1～6080.2 生产的机用锯条的检测。

2 规范性引用文件

下列文件中的条款通过 JB/T 10231 的本部分的引用而成为本部分的条款。凡是注日期的引用文件，其随后所有的修改单（不包括勘误的内容）或修订版均不适用于本部分，然而，鼓励根据本部分达成协议的各方研究是否可使用这些文件的最新版本。凡是不注日期的引用文件，其最新版本适用于本部分。

GB/T 6080.1　机用锯条　第1部分：型式与尺寸（GB/T 6080.1—1998，idt ISO 2336-2：1996）

GB/T 6080.2　机用锯条　第2部分：技术条件

JB/T 10231.1—2001　刀具产品检测方法　第1部分：通则

3 检测依据

相关的产品标准和图样。

4 外观的检测

外观的检测按 JB/T 10231.1—2001 中第4章的规定。

5 宽度、厚度和齿距的检测

5.1 检测方法

用游标卡尺在机用锯条的任意长度上测量宽度、厚度和齿距。

5.2 检测器具

游标卡尺。

6 侧面直线度的检测

6.1 检测方法

如图1所示，将锯条的一个侧面置于平板上，指示表测头指向另一个侧面，沿垂直于锯条长度方向上移动，指示表读数的差值为直线度误差。

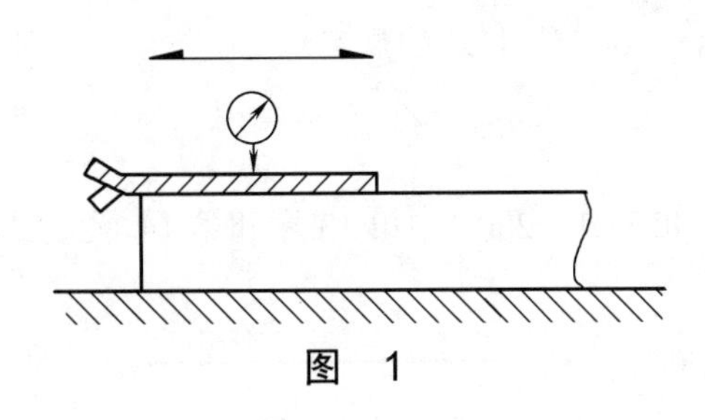

图 1

6.2 检测器具

分度值为 0.01mm 的指示表、平板、磁力表架。

7 侧面平面度的测量

7.1 测量方法

将机用锯条的一侧面置于平板上，用刀口尺作近似检测平面度误差。

7.2 检测器具

平板、刀口尺。

8 刀状弯的检测

8.1 检测方法

如图 2 所示，将锯条置于平板上，用塞尺检测其最大间隙即为刀状弯误差。

8.2 检测器具

平板、塞尺。

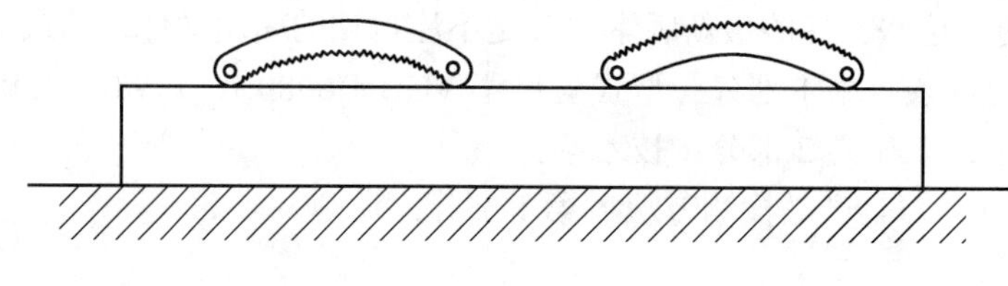

图 2

9 分齿量的检测

9.1 检测方法

如图 3 所示，将锯条的一个侧面置于平板上，用指示表测量一个侧面的分齿量 h 值。用同样方法测量另一侧面的分齿量。

用游标卡尺或千分尺测量带锯条的总分齿量。

9.2 检测器具

分度值为 0.01mm 的指示表、平板、磁力表架、游标卡尺、千分尺。

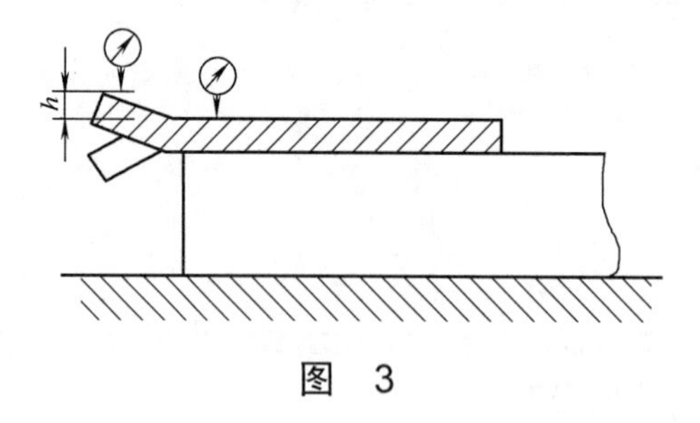

图 3

10 硬度的检测

硬度的检测按 JB/T 10231.1—2001 中 11.3 的规定。

11 标志和包装的检测

标志和包装的检测按 JB/T 10231.1—2001 中第 13 章和第 14 章的规定。

ICS 25.100.40
J 41
备案号：18998—2006

中华人民共和国机械行业标准

JB/T 10231.25—2006

刀具产品检测方法 第25部分：金属切割带锯条

Tool inspection methods
—Part 25: Metal cutting band saw blades

2006-09-14 发布　　　　2007-03-01 实施

中华人民共和国国家发展和改革委员会 发布

前　言

JB/T 10231 在《刀具产品检测方法》总标题下分为 31 个部分：

——第 1 部分：通则；
——第 2 部分：麻花钻；
——第 3 部分：立铣刀；
——第 4 部分：丝锥；
——第 5 部分：齿轮滚刀；
——第 6 部分：插齿刀；
——第 7 部分：圆拉刀；
——第 8 部分：板牙；
——第 9 部分：铰刀；
——第 10 部分：锪钻；
——第 11 部分：扩孔钻；
——第 12 部分：三面刃铣刀；
——第 13 部分：锯片铣刀；
——第 14 部分：键槽铣刀；
——第 15 部分：可转位三面刃铣刀；
——第 16 部分：可转位面铣刀；
——第 18 部分：可转位车刀；
——第 19 部分：键槽拉刀；
——第 20 部分：矩形花键拉刀；
——第 21 部分：旋转和旋转冲击式硬质合金建工钻；
——第 22 部分：搓丝板；
——第 23 部分：滚丝轮；
——第 24 部分：机用锯条；
——第 25 部分：金属切割带锯条；
——第 26 部分：高速钢车刀条；
——第 27 部分：中心钻；
——第 28 部分：圆柱形铣刀；
——第 29 部分：剃齿刀；
——第 30 部分：渐开线花键拉刀；
——第 31 部分：硬质合金刀片。

本部分为第 25 部分。第 28～31 部分为预计结构。

本部分由中国机械工业联合会提出。

本部分由全国刀具标准化技术委员会（SAC/TC91）归口。

本部分主要起草单位：成都工具研究所。

本部分主要起草人：沈士昌、曾宇环。

本部分为首次发布。

刀具产品检测方法
第25部分：金属切割带锯条

1 范围

JB/T 10231的本部分规定了金属切割带锯条的检测方法和检测器具。这些方法并非唯一的。

本部分适用于按JB/T 7963.1～7963.3和JB/T 8798生产的金属切割带锯条的检测。

2 规范性引用文件

下列文件中的条款通过JB/T 10231的本部分的引用而成为本部分的条款。凡是注日期的引用文件，其随后所有的修改单（不包括勘误的内容）或修订版均不适用于本部分，然而，鼓励根据本部分达成协议的各方研究是否可使用这些文件的最新版本。凡是不注日期的引用文件，其最新版本适用于本部分。

JB/T 7963.1 金属切割带锯条 第1部分：定义和名词术语（JB/T 7963.1—1997，idt ISO 4875-1：1978）

JB/T 7963.2 金属切割带锯条 第2部分：基本尺寸和公差（JB/T 7963.2—1997，idt ISO 4875-2：1978）

JB/T 7963.3 金属切割带锯条 第3部分：类型和特征（JB/T 7963.3—1997，idt ISO 4875-3：1978）

JB/T 8798—1998 双金属带锯条 技术条件

JB/T 10231.1—2001 刀具产品检测方法 第1部分：通则

3 检测依据

相关的产品标准和图样。

4 外观的检测

外观的检测按JB/T 10231.1—2001中第4章的规定。

5 表面粗糙度的检测

表面粗糙度的检测按JB/T 10231.1—2001中第5章的规定。

6 宽度和厚度的检测

6.1 检测方法

用游标卡尺或千分尺在带锯条的任意长度上测量宽度，用千分尺在锯条体的任意部位上测量厚度。

6.2 检测器具

游标卡尺、千分尺。

7 齿距的检测

7.1 检测方法

用游标卡尺测量齿距。

7.2 检测器具

游标卡尺。

8 直线度的检测

8.1 检测方法

如图1所示，带锯条沿横截面的直线度在除齿部以外的宽度内检测，将带锯条的一个侧面置于平板上，指示表测头指向另一个侧面，沿垂直于带锯条长度方向上移动，指示表读数的差值为直线度误差。

注：直线度还可以直接用刀口尺简易测量，它不作为仲裁测量。

8.2 检测器具

分度值为0.01mm的指示表、平板、磁力表架、刀口尺。

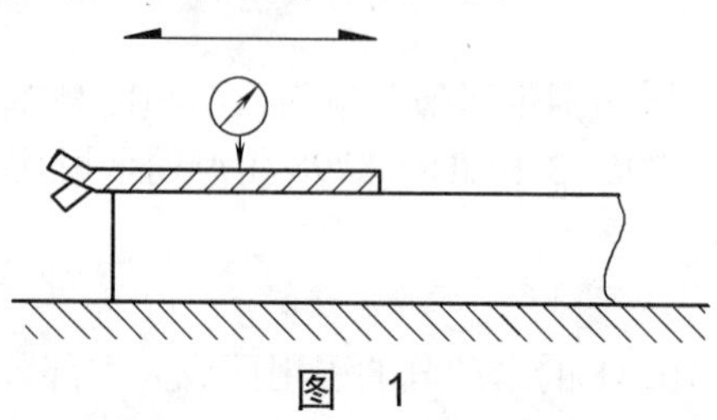

图 1

9 分齿量的检测

9.1 检测方法

如图2所示，将带锯条的一个侧面置于平板上，上面加适当压块，使带锯条平直，用指示表测量一个侧面的分齿量 h 值。用同样方法测量另一侧面的分齿量。

用游标卡尺测量带锯条的总分齿量。

9.2 检测器具

分度值为0.01mm的指示表、平板、磁力表架、游标卡尺。

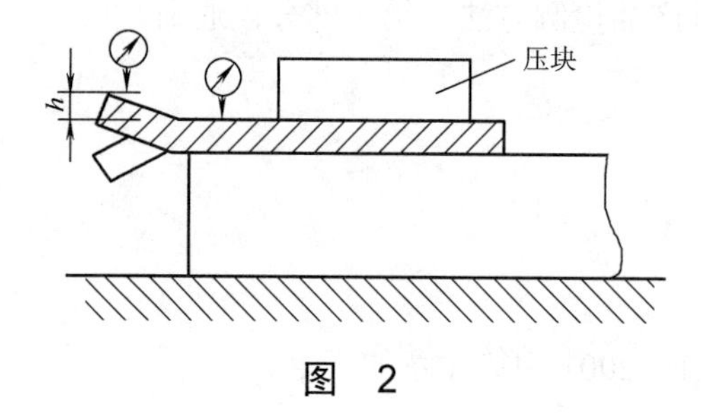

图 2

10 双金属带锯条焊口耐弯曲的检测

焊口弯曲检测按JB/T 8798—1998中附录A的规定。

11 硬度的检测

硬度的检测按JB/T 10231.1—2001中11.3的规定。

12 标志和包装的检测

标志和包装的检测按JB/T 10231.1—2001中第13章和第14章的规定。

ICS 25.100.10
J 41
备案号：20398—2007

中华人民共和国机械行业标准

JB/T 10721—2007

焊接聚晶金刚石或立方氮化硼铰刀

Reamers with brazed polycristalline diamond or cubic boron nitride

2007-03-06 发布　　　　2007-09-01 实施

中华人民共和国国家发展和改革委员会 发布

前　言

本标准由中国机械工业联合会提出。

本标准由全国刀具标准化技术委员会（SAC/TC91）归口。

本标准主要起草单位：郑州市钻石精密制造有限公司、成都工具研究所。

本标准主要起草人：高燕、张风鸣、沈士昌、汪建海、查国兵。

本标准为首次发布。

焊接聚晶金刚石或立方氮化硼铰刀

1 范围

本标准规定了焊接聚晶金刚石或立方氮化硼直柄铰刀、莫氏锥柄铰刀、内冷却直柄铰刀的型式、尺寸和技术要求。

本标准适用于焊接聚晶金刚石或立方氮化硼铰刀。

2 规范性引用文件

下列文件中的条款通过本标准的引用而成为本标准的条款。凡是注日期的引用文件，其随后所有的修改单（不包括勘误的内容）或修订版均不适用于本标准，然而，鼓励根据本标准达成协议的各方研究是否可使用这些文件的最新版本。凡是不注日期的引用文件，其最新版本适用于本标准。

GB/T 1443　机床和工具柄用自夹圆锥（GB/T 1443—1996，eqv ISO 296：1991）

GB/T 4246　铰刀特殊公差（GB/T 4246—2004，ISO 522：1975，IDT）

3 型式尺寸

3.1 直柄铰刀

直柄铰刀的型式按图1的规定、尺寸按表1的规定。铰刀直径公差按GB/T 4246的规定，表1中给出了H7、H8、H9级孔的铰刀公差。

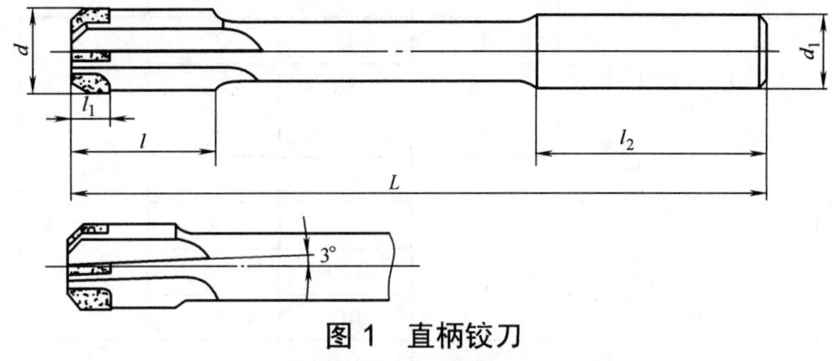

图1　直柄铰刀

表1　直柄铰刀

mm

d 基本尺寸	d 精度等级 H7	H8	H9	d_1 h7	L js15	l	l_1	l_2	齿数 z
6	+0.012 +0.007	+0.018 +0.011	+0.030 +0.019	5.6	93	17	4	36	4
8	+0.015 +0.009	+0.022 +0.014	+0.036 +0.023	8	117			42	
10				10	133			46	
12	+0.018 +0.011	+0.027 +0.017	+0.043 +0.027		151	20			
14				12.5	160			52	
16					170	25			6
18				14	182		5		
20	+0.021 +0.013	+0.033 +0.021	+0.052 +0.033	16	195			58	
注：直径 d 是铰刀的常用规格，如有特殊需要可在分段范围内选择。									

3.2 带内冷却直柄铰刀

带内冷却直柄铰刀的型式按图 2 的规定、尺寸按表 2 的规定。铰刀直径公差按 GB/T 4246 的规定，表 2 中给出了 H7、H8、H9 级孔的铰刀公差。

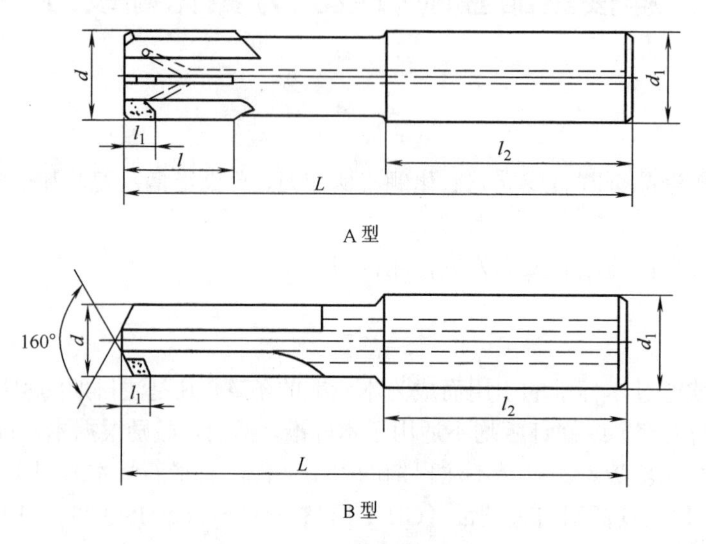

图 2 带内冷却直柄铰刀

表 2 带内冷却直柄铰刀

mm

d				d_1 h7	L js15	l[a]	l_1	l_2	齿数 z
基本尺寸	精度等级								
	H7	H8	H9						
5	+0.012 +0.007	+0.018 +0.011	+0.030 +0.019	5	75	23	4	35	4
6				5.6	80	25			
8	+0.015 +0.009	+0.022 +0.014	+0.036 +0.023	8	101	30		41	
10				10	115	35		45	
12	+0.018 +0.011	+0.027 +0.017	+0.043 +0.027		131	40			
14				12.5	140	45		50	
16					147	50			6
18				14	158	55	5		
20	+0.021 +0.013	+0.033 +0.021	+0.052 +0.033	16	169			55	

[a] l 适合于 A 型，B 型的 l 值由生产商自定。

3.3 莫氏锥柄铰刀

莫氏锥柄铰刀的型式按图 3 的规定、尺寸按表 3 的规定。铰刀直径公差按 GB/T 4246 的规定，表 3 中给出了 H7、H8、H9 级孔的铰刀公差。莫氏圆锥的尺寸和偏差按 GB/T 1443 的规定。

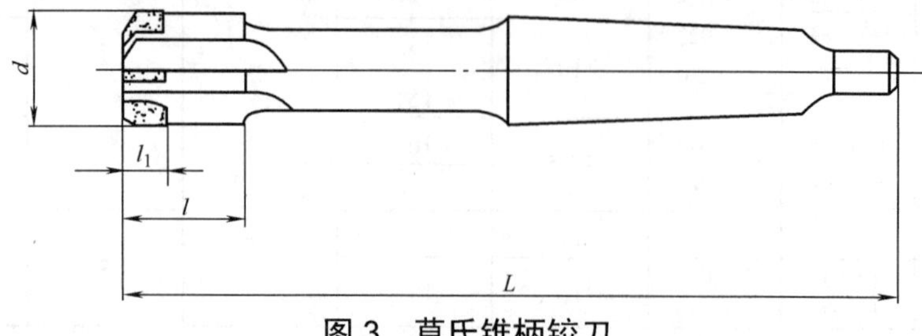

图 3 莫氏锥柄铰刀

表 3　莫氏锥柄铰刀

mm

d				*L* js15	*l*	l_1	莫氏圆锥号	齿数　*Z*
基本尺寸	精度等级							
	H7	H8	H9					
8	+0.015 +0.009	+0.022 +0.014	+0.036 +0.023	156	17	4	1	4
10				168				
12	+0.018 +0.011	+0.027 +0.017	+0.043 +0.027	182	20			
14				189				
16				210	25		2	6
18				219		5		
20	+0.021 +0.013	+0.033 +0.021	+0.052 +0.033	228				
22				237	28			
24				268			3	
25								
28				277				
32	+0.025 +0.016	+0.039 +0.025	+0.062 +0.040	317	34	6	4	8
36				325				
40				329				
注：直径 *d* 是铰刀的常用规格，如有特殊需要可在分段范围内选择。								

4　技术要求

4.1　聚晶金刚石或立方氮化硼刀片与刀体焊接牢固，不允许有裂纹、残瘤、烧伤、崩刃；铰刀表面不得有锈迹、磕碰、飞边等影响使用性能的缺陷。

4.2　铰刀表面粗糙度按以下规定执行：

a）刀片前、后刀面：R_z1.6μm；

b）刀片外圆表面：R_a0.2μm；

c）柄部外圆表面：R_a0.8μm。

4.3　形状和位置公差按表 4。

表 4　形状和位置公差

mm

项　　目			公　　差			
			切削部分	校准部分	柄　部	
					d_1≤30	d_1>30
对公共轴线的径向圆跳动	直柄、锥柄铰刀	H7 级	0.012	0.006	0.008	0.012
		H8、H9 级	0.015			
	内冷却铰刀	H7 级	0.012	0.006	0.01	
		H8、H9 级	0.015			

4.4　铰刀校准部分应有倒锥。

4.5　内冷却铰刀刀体用 YG8 或同等性能的硬质合金制造；其他铰刀刀体用 9SiCr 或同等性能的合金钢制造，其柄部及扁尾硬度为 30HRC～45HRC。

加工有色金属可选用PCD材料的刀片，加工黑色金属可选用PCBN材料的刀片。

5 标志和包装

5.1 标志

5.1.1 铰刀上应标志：

——制造厂商标；

——铰刀直径；

——精度等级；

——刀片材料（PCD或PCBN）。

5.1.2 铰刀包装盒上应标志：

——产品名称；

——标准号；

——制造厂或销售商名称地址和商标；

——铰刀直径；

——精度等级；

——件数；

——材料（PCD或PCBN）；

——制造年月。

5.2 包装

铰刀在包装前须经防锈处理，包装后能避免运输过程中的损伤。

ICS 25.100.10
J 41
备案号：20399—2007

中 华 人 民 共 和 国 机 械 行 业 标 准

JB/T 10722—2007

焊接聚晶金刚石或立方氮化硼立铣刀

End mills with brazed polycristalline diamond or cubic boron nitride

2007-03-06 发布 2007-09-01 实施

中华人民共和国国家发展和改革委员会 发布

前　　言

本标准由中国机械工业联合会提出。

本标准由全国刀具标准化技术委员会（SAC/TC91）归口。

本标准主要起草单位：郑州市钻石精密制造有限公司、成都工具研究所。

本标准主要起草人：高燕、张风鸣、沈士昌、汪建海、查国兵。

本标准为首次发布。

焊接聚晶金刚石或立方氮化硼立铣刀

1 范围

本标准规定了焊接聚晶金刚石或立方氮化硼直柄斜齿立铣刀和莫氏锥柄斜齿立铣刀的型式和尺寸、技术要求、性能试验、标志和包装等基本要求。

本标准适用于焊接聚晶金刚石或立方氮化硼立铣刀。

2 规范性引用文件

下列文件中的条款通过本标准的引用而成为本标准的条款。凡是注日期的引用文件，其随后所有的修改单（不包括勘误的内容）或修订版均不适用于本标准，然而，鼓励根据本标准达成协议的各方研究是否可使用这些文件的最新版本。凡是不注日期的引用文件，其最新版本适用于本标准。

GB/T 1443　机床和工具柄用自夹圆锥（GB/T 1443—1996，eqv ISO 296：1991）

GB/T 6131.1　铣刀直柄　第1部分：普通直柄的型式和尺寸（GB/T 6131.1—2006，ISO 3338-1：1996，IDT）

GB/T 6131.2　铣刀直柄　第2部分：削平直柄的型式和尺寸（GB/T 6131.2—2006，ISO 3338-2：2000，MOD）

3 型式和尺寸

3.1 直柄斜齿立铣刀

直柄斜齿立铣刀型式和尺寸按图1和表1的规定，柄部尺寸和偏差按 GB/T 6131.1 和 GB/T 6131.2 的规定。

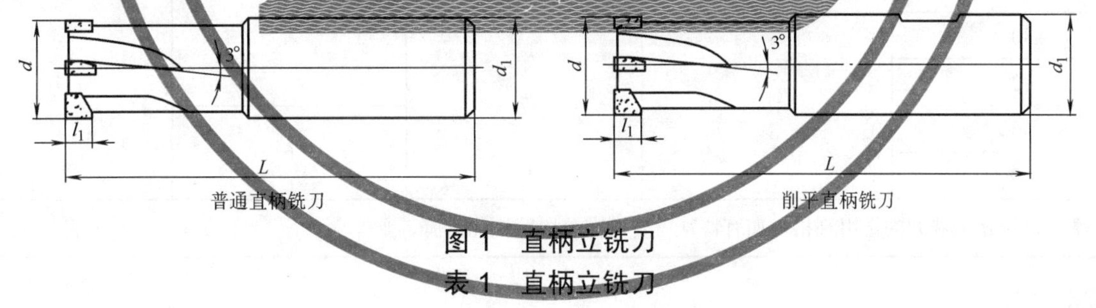

图1　直柄立铣刀

表1　直柄立铣刀

mm

d js10	d_1	L js15	l_1	齿数 z
10	10	75	4	3
12	12	80		
14			5	
16	16	85		
18			6	
20	20	90		4
22				
25	25	100		
28				

注：直径 d 是铣刀的常用规格，如有特殊需要可在分段范围内选择。

3.2 莫氏锥柄斜齿立铣刀

莫氏锥柄斜齿立铣刀型式和尺寸按图 2 和表 2 的规定，莫氏锥柄的尺寸和偏差按 GB/T 1443 的规定。

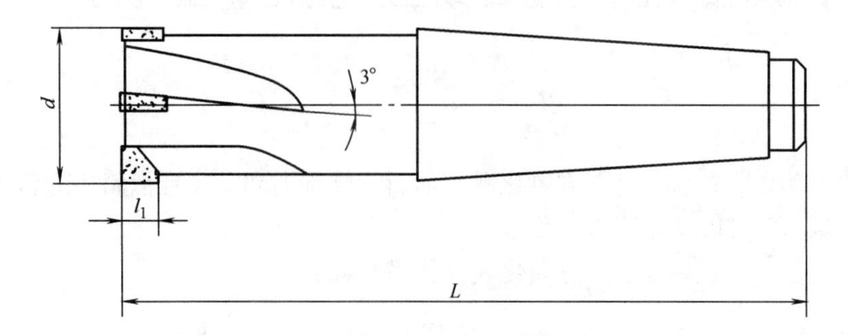

图 2 莫氏锥柄斜齿立铣刀

表 2 莫氏锥柄斜齿立铣刀

mm

<table>
<tr><th>d
js10</th><th>L
js15</th><th>l_1</th><th>齿数 z</th><th>莫氏圆锥号</th></tr>
<tr><td>14</td><td rowspan="2">105</td><td rowspan="2">5</td><td rowspan="3">3</td><td rowspan="3">2</td></tr>
<tr><td>16</td></tr>
<tr><td>18</td><td>110</td><td rowspan="5">6</td></tr>
<tr><td>20</td><td rowspan="3">130</td><td rowspan="6">4</td><td rowspan="3">3</td></tr>
<tr><td>22</td></tr>
<tr><td>25</td></tr>
<tr><td>28</td><td>155</td><td rowspan="5">4</td></tr>
<tr><td>30</td><td rowspan="4">160</td><td rowspan="4">7</td></tr>
<tr><td>32</td></tr>
<tr><td>36</td><td rowspan="2">6</td></tr>
<tr><td>40</td></tr>
<tr><td colspan="5">注：直径 d 是铣刀的常用规格，如有特殊需要可在分段范围内选择。</td></tr>
</table>

4 技术要求

4.1 聚晶金刚石或立方氮化硼刀片焊接牢固，不允许有裂纹、残瘤、烧伤、崩刃；铣刀表面不得有锈迹、磕碰、飞边等影响使用性能的缺陷。

4.2 铣刀表面粗糙度按以下规定执行：

——刀片前面、后面：R_z1.6μm；

——刀片外圆表面：R_a0.2μm；

——柄部外圆表面：R_a0.8μm。

4.3 形状和位置公差按表 3。

4.4 加工有色金属可选用 PCD 材料的刀片，加工黑色金属可选用 PCBN 材料的刀片，用 PCBN 刀片时切削刃通常应有负倒棱；铣刀刀体用 9SiCr 或其他同等性能的合金钢制造，柄部硬度为 30HRC～45HRC。

表 3　形状和位置公差

mm

项　　目		公　　差			外径倒锥
		d≤18	18＜d≤28	d＞28	
圆周刃对柄部轴线的径向圆跳动	一转	0.015	0.02	0.03	0.02
	相邻齿	—	0.015	0.020	
端刃对柄部轴线的端面圆跳动	一转	0.025	0.03		
	相邻齿	—	0.015		

5　标志和包装

5.1　标志

5.1.1　铣刀上应标志：

——制造厂或销售商商标；

——铣刀直径；

——刀片材料代号（PCD 或 PCBN）。

5.1.2　铣刀包装盒上应标志：

——制造厂或销售商的名称、地址和商标；

——铣刀直径；

——刀片材料代号（PCD 或 PCBN）；

——产品标准代号；

——件数；

——制造年月。

5.2　包装

包装前应经过防锈处理，包装应牢固，并能防止在运输过程中的损伤。

ICS 25.100.20
J 41
备案号：40704—2013

中华人民共和国机械行业标准

JB/T 11451—2013

焊接聚晶金刚石或立方氮化硼端面铣刀刀头

Face milling cutter cartridge with brazed polycrystalline diamond or cubic boron nitride

2013-04-25 发布 2013-09-01 实施

中华人民共和国工业和信息化部 发布

前　言

本标准按照GB/T 1.1—2009给出的规则起草。
本标准由中国机械工业联合会提出。
本标准由全国刀具标准化技术委员会（SAC/TC91）归口。
本标准起草单位：郑州市钻石精密制造有限公司。
本标准主要起草人：张凤鸣、徐华鸣、张嗣静、张伟峰。
本标准为首次发布。

焊接聚晶金刚石或立方氮化硼端面铣刀刀头

1 范围

本标准规定了焊接聚晶金刚石或立方氮化硼端面铣刀刀头的型式和尺寸、标记示例、技术要求、标志和包装。

本标准适用于焊接聚晶金刚石或立方氮化硼端面铣刀刀头。

2 型式和尺寸

端面铣刀刀头型式和尺寸按图1和表1。参考尺寸按图2、表2。根据需要端面铣刀刀头可做成右切削或左切削型式。

单位为毫米

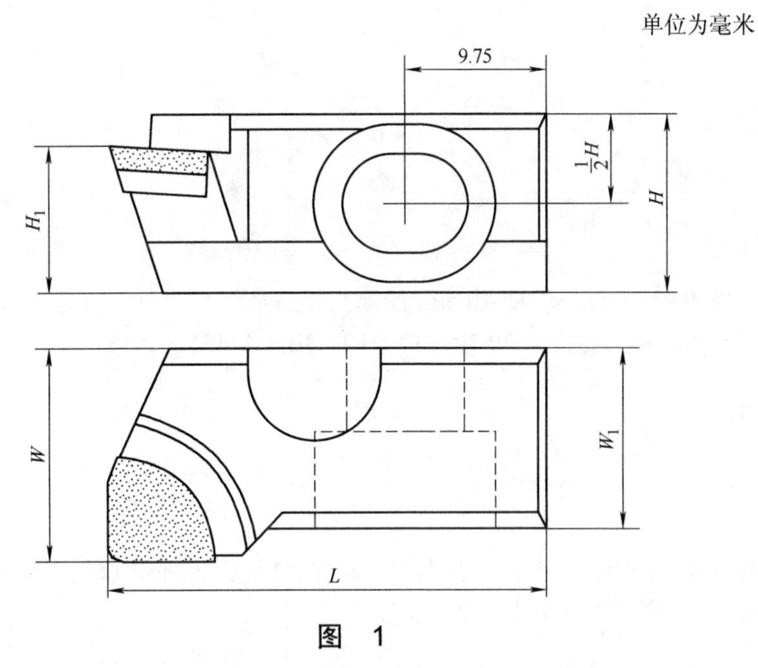

图 1

表 1　　单位为毫米

L ±0.01	W ±0.01	H $^{-0.01}_{-0.03}$	W_1 ±0.01	H_1 ±0.01
30	11	10	10	8
30	13	12	12	10
30	16	15	15	13

表 2　　单位为毫米

a	b	c	κ_1	κ_2	κ_3
0～2.0	1.8～4.3	0.1～0.6	0°	15°	0°
			0°	15°	6°
			15°	15°	0°
			15°	15°	6°

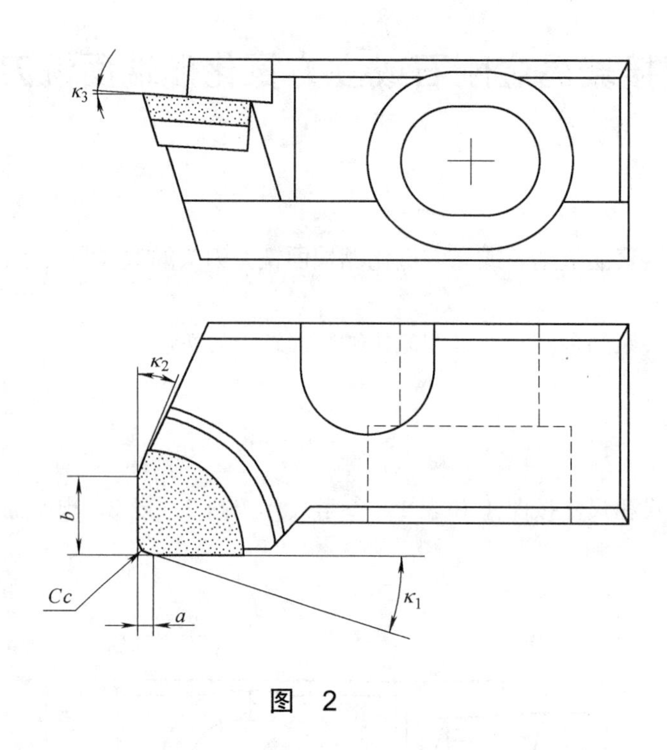

图 2

3 标记示例

长 L=30 mm、宽 W=11 mm、高 H=10 mm 的焊接聚晶金刚石端面铣刀刀头的标记为：
焊接聚晶金刚石端面铣刀刀头 DP-30×11×10 JB/T 11451—2013。

4 技术要求

4.1 外观

端面铣刀刀头刀片焊接牢固，不允许有虚焊、漏焊、裂纹、残瘤、烧伤、崩刃；铣刀刀头刀体表面不得有锈迹、磕碰、飞边等影响使用性能的缺陷。

4.2 表面粗糙度

铣刀刀头的表面粗糙度值为：
——刀片前面、后面：Ra0.4 μm；
——刀体定位面：Ra0.63 μm；
——铣削刀头安装内孔及其他面：Ra1.25 μm。

4.3 材料及硬度

铣削刀头刀片可焊接聚晶金刚石或聚晶立方氮化硼：加工有色金属可焊接聚晶金刚石；加工黑色金属可焊接聚晶立方氮化硼，焊接聚晶立方氮化硼刀片时切削刃通常应有负倒棱。

铣削刀头刀体用优质碳素钢制造，如 45 钢；在加工工件材料特性不同时也可采用其他材质钢材，刀体应经表面处理，刀体硬度不低于 45 HRC。

5 标志和包装

5.1 标志

5.1.1 端面铣刀刀头上应标志：

a）制造厂或销售商商标；

b）规格；

c）刀片材料分类代号（DP 或 BL、BH、BC）。

5.1.2 端面铣刀刀头包装盒上应标志：

a）制造厂或销售商的名称、地址和商标；

b）端面加工铣削刀头的标记；

c）刀片材料分类代号（DP 或 BL、BH、BC）；

d）件数；

e）制造年月。

5.2 包装

包装前应经过防锈处理，包装应牢固，并能防止在运输过程中的损伤。

ICS 25.100.40
J 41
备案号：44447—2014

中华人民共和国机械行业标准

JB/T 11741—2013

焊接硬质合金圆锯片

Brazed carbide tipped circular saw blades

2013-12-31 发布　　　　2014-07-01 实施

中华人民共和国工业和信息化部 发布

前　言

本标准按照GB/T 1.1—2009给出的规则起草。

本标准由中国机械工业联合会提出。

本标准由全国刀具标准化技术委员会（SAC/TC91）归口。

本标准起草单位：河北星烁锯业股份有限公司、成都工具研究所有限公司。

本标准主要起草人：安凤占、陈志兴、赵生林、赵广禄、王占有、沈士昌。

本标准为首次发布。

焊接硬质合金圆锯片

1 范围

本标准规定了焊接硬质合金圆锯片的型式尺寸、技术要求、试验方法、标志包装的基本要求。

本标准适用于锯切金属的焊接硬质合金圆锯片（以下简称锯片）。

2 规范性引用文件

下列文件对于本文件的应用是必不可少的。凡是注日期的引用文件，仅注日期的版本适用于本文件。凡是不注日期的引用文件，其最新版本（包括所有的修改单）适用于本文件。

GB/T 230.1 金属材料 洛氏硬度试验 第1部分：试验方法（A、B、C、D、E、F、G、H、K、N、T标尺）

GB/T 699 优质碳素结构钢

GB/T 1299 合金工具钢

GB/T 3077 合金结构钢

GB/T 18376.1 硬质合金牌号 第1部分：切削工具用硬质合金牌号

3 型式尺寸

3.1 锯片的型式应符合图1规定，基本尺寸应符合表1规定。锯片允许制造2个～4个工艺孔，如图1所示。锯片的推荐锯齿形状如图2、图3所示的规定。

3.2 锯片标记：

外径860 mm，内孔直径100 mm，刀头宽度7.5 mm，刀体厚度5.5 mm，齿数为70的焊接硬质合金圆锯片，锯片标记为：

焊接硬质合金圆锯片 860×100×7.5/5.5-70 JB/T 11741—2013。

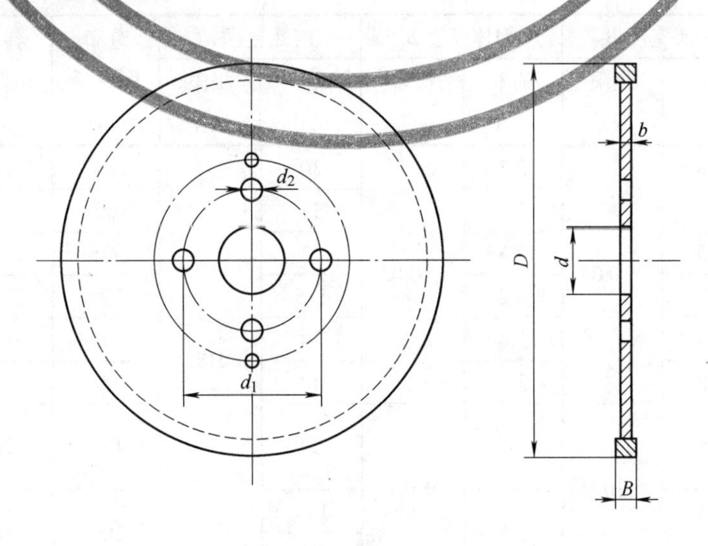

图1 锯片型式

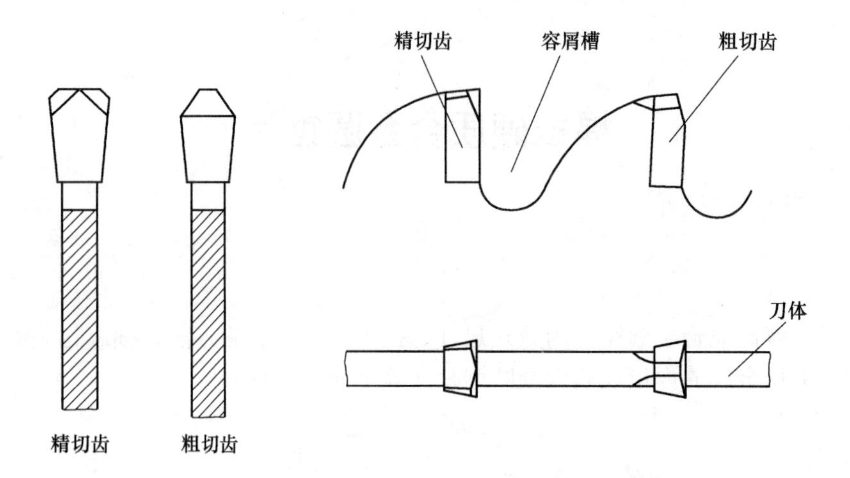

说明：图中粗切齿刀头和精切齿刀头间隔分布钎焊到刀体上，共同完成对材料的切割。

图2 梯形齿

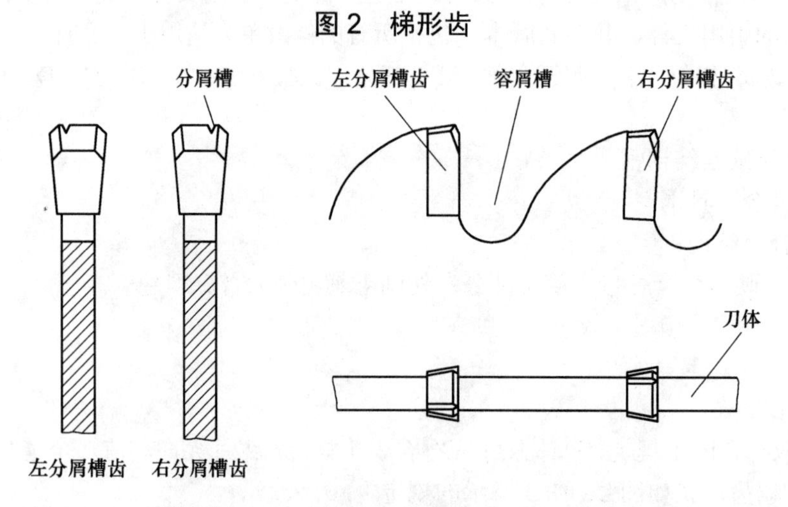

说明：图中左分屑槽齿刀头和右分屑槽齿刀头间隔分布钎焊到刀体上，共同完成对材料的切割。

图3 分屑槽齿

表1 基本尺寸

单位为毫米

外径 D		刀头宽度 B		刀体厚度 b		内孔直径 d		分布圆直径 d_1	传动孔直径 d_2	齿数
基本尺寸	极限偏差	基本尺寸	极限偏差	基本尺寸	极限偏差	基本尺寸	极限偏差			
200	±1.5	2.8	±0.05	2.2	±0.05	30	H8	60	10	64
250		3.2		2.6		32		60	10	80
350		3.5		2.5		32		60	10	108
450		4.3		3.2		115		200	20	72
500		4.8		3.8		40		80	15	80
600		4.8		3.8		40		90	18	120
660	±2	6.5	±0.1	5	±0.1	80		120	22	54、60、80
710										20、50、60
860		7.5		5.5		100		200	30	50、70、100
910		8.0				80				50、60、80、100

表 1　基本尺寸（续）

外径 *D*		刀头宽度 *B*		刀体厚度 *b*		内孔直径 *d*		分布圆直径 d_1	传动孔直径 d_2	齿　数
基本尺寸	极限偏差	基本尺寸	极限偏差	基本尺寸	极限偏差	基本尺寸	极限偏差			
1 020	±2	8.5	±0.1	5.5	±0.1	100	H8	200	30	50、60、70、80、100、120
1 120		7.0						250		50、60、90、130、150
1 250		8.5								
1 350		11.0		8.0						54
1 430										50、60、90
1 530										44、50、60
1 600										160、180、220
1 700		10.2		8.8				315	40	180、200
1 900		10.5		9.0				420	42	220
2 200		11.3		9.8				620	42	280

4　技术要求

4.1　锯片刀体一般采用 GB/T 699、GB/T 1299、GB/T 3077 规定的 70Mn、8CrV 或使用性能不低于 70Mn、8CrV 的其他材料。

4.2　锯片刀体整体硬度为 41 HRC～45 HRC。

4.3　锯齿采用符合 GB/T 18376.1 规定的硬质合金制造。

4.4　锯片表面质量应符合下列要求：

——锯片表面不应有黑皮、裂纹、锈蚀、崩刃等影响锯片使用性能的其他缺陷；

——锯齿各切削面表面粗糙度 *Ra* 上限值为 0.8 μm；

——锯片内孔表面粗糙度 *Ra* 上限值为 1.6 μm。

4.5　锯片形状位置公差应符合下列要求：

——锯齿两侧刃对锯片内孔轴线的端面圆跳动和锯齿顶刃对锯片内孔轴线的径向圆跳动公差及锯片刀体平面度公差按表 2 的规定；

——锯片传动孔位置度 ϕ0.35 mm。

表 2　轴向圆跳动、径向圆跳动公差和平面度公差

单位为毫米

外径 *D*	锯齿侧刃对内孔轴线的轴向圆跳动公差	锯齿顶刃对内孔轴线的径向圆跳动公差	检测法兰盘直径	平面度公差
200	0.12	0.04	80	0.08
250				
350	0.15	0.06	120	0.10
450				
500	0.20	0.08	140	0.15
600				
660	0.25	0.10	200	0.20
710				

表 2　轴向圆跳动、径向圆跳动公差和平面度公差（续）

<table>
<tr><th>外径 D</th><th>锯齿侧刃对内孔轴线的轴向圆跳动公差</th><th>锯齿顶刃对内孔轴线的径向圆跳动公差</th><th>检测法兰盘直径</th><th>平面度公差</th></tr>
<tr><td>860</td><td rowspan="2">0.35</td><td rowspan="5">0.10</td><td rowspan="5">250</td><td rowspan="2">0.25</td></tr>
<tr><td>910</td></tr>
<tr><td>1 020</td><td rowspan="3">0.45</td><td rowspan="3">0.30</td></tr>
<tr><td>1 120</td></tr>
<tr><td>1 250</td></tr>
<tr><td>1 350</td><td>0.45</td><td rowspan="7">0.12</td><td rowspan="3">300</td><td rowspan="2">0.30</td></tr>
<tr><td>1 430</td><td rowspan="3">0.55</td></tr>
<tr><td>1 500</td><td rowspan="2">0.35</td></tr>
<tr><td>1 600</td><td rowspan="3">400</td></tr>
<tr><td>1 700</td><td rowspan="2">0.60</td><td rowspan="2">0.40</td></tr>
<tr><td>1 870</td></tr>
<tr><td>2 200</td><td>0.80</td><td>500</td><td>0.50</td></tr>
</table>

5　检验试验方法

5.1　表面粗糙度

锯片表面粗糙度检验用对比法。

5.2　硬度

锯片硬度检测应符合 GB/T 230.1 的规定。测量锯片刀体硬度时，在刀体上均匀分三个扇形区域，每个区域测量均布的 3 点硬度值，其值应符合 4.2 的要求。如其中一点不合格，应在距该点 30 mm～50 mm 圆周上补测均布的三点，若符合要求则视为合格。

5.3　形状和位置公差

5.3.1　锯片径向圆跳动应以锯片内孔为基准用专用指示表测量（见图 4）。

5.3.2　锯片刀体平面度用刀口尺、塞尺检验，误差值应符合 4.5 的规定。

5.3.3　传动孔对内孔的位置度，用卡尺、千分尺等通用量具检测各传动孔与内孔及各相邻两传动孔之间的实际中心距。

5.3.4　轴向圆跳动的测定：将锯片固定在芯轴上，法兰盘轴向圆跳动公差不得大于被检测锯片轴向圆跳动公差值的 1/10，法兰盘直径一般不得大于被测锯片直径的 1/3；将指示表专用测头垂直于锯齿侧面距锯片外径 2 mm 圆周上，缓缓旋转动锯片，读出指示表上最大和最小的数值，精确到 0.01 mm，以最大值和最小值的差作为锯片轴向圆跳动值（见图 4）。

5.4　锯片性能试验方法

5.4.1　锯片的性能试验在符合精度标准的机床上进行。

5.4.2　试验材料为 45 钢，其硬度为 170 HBW～200 HBW，圆钢直径 ϕ60 mm。

5.4.3　试验时的切削规范：切削速度为 100 m/min～130 m/min，每齿进给量 0.1 mm，锯切总面积 2 m^2。

5.4.4　经试验后圆锯片不得有崩刃和显著磨钝现象，并能继续使用。

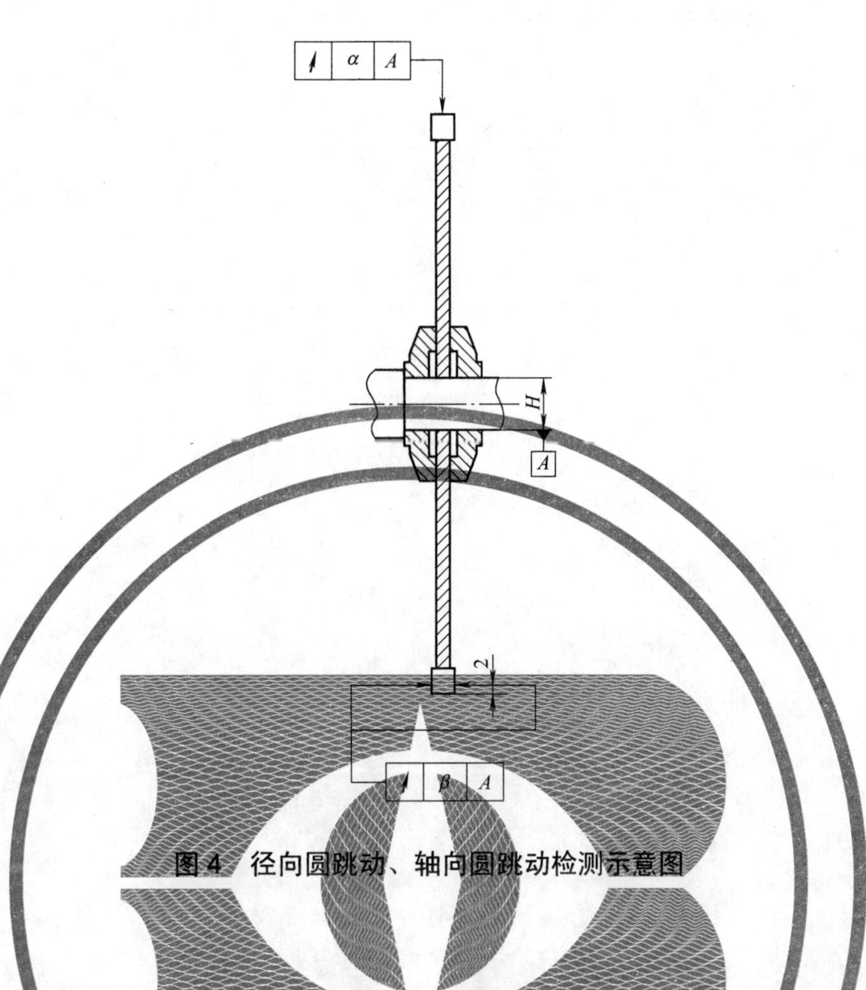

图4 径向圆跳动、轴向圆跳动检测示意图

6 标志包装

6.1 标志

6.1.1 锯片上应清晰的标有下列内容：制造厂商标，外径、内孔直径、锯齿宽度、刀体厚度、齿数、齿形、材料牌号。

6.1.2 包装盒上应标志：制造厂名称、地址、商标、锯片标记的内容、材料、件数、出厂日期。

6.2 包装

锯片包装前应进行防锈处理，包装后的产品应牢固，防止运输过程中的损伤。

ICS 25.100.40
J 41
备案号：44448—2014

中 华 人 民 共 和 国 机 械 行 业 标 准

JB/T 11742—2013

金属冷切圆锯片

Circular saw blade for cool metal cut

2013-12-31 发布　　2014-07-01 实施

中华人民共和国工业和信息化部 发布

前言

本标准按照GB/T 1.1—2009给出的规则起草。

本标准由中国机械工业联合会提出。

本标准由全国刀具标准化技术委员会（SAC/TC91）归口。

本标准起草单位：河北星烁锯业股份有限公司、成都工具研究所有限公司。

本标准主要起草人：安凤占、陈志兴、赵生林、赵广禄、王占有、沈士昌。

本标准为首次发布。

金属冷切圆锯片

1 范围

本标准规定了金属冷切圆锯片的型式尺寸、技术要求、检验方法、标志包装的基本要求。

本标准适用于常温下切割各种含碳量不高于 0.3%，抗拉强度不超过 500 MPa，普通碳素结构钢材质的钢管和型钢（包括槽钢、H 型钢、角钢、方形矩形空心型钢等）的金属冷切圆锯片（以下简称锯片）。

2 规范性引用文件

下列文件对于本文件的应用是必不可少的。凡是注日期的引用文件，仅注日期的版本适用于本文件。凡是不注日期的引用文件，其最新版本（包括所有的修改单）适用于本文件。

GB/T 230.1 金属材料 洛氏硬度试验 第 1 部分：试验方法（A、B、C、D、E、F、G、H、K、N、T 标尺）

GB/T 1299 合金工具钢

GB/T 699 优质碳素结构钢

GB/T 3077 合金结构钢

3 型式与尺寸

3.1 锯片的齿形和结构型式应符合图 1、图 2、图 3 的规定，基本尺寸应符合表 1 的规定。锯片允许制造 3 个～4 个工艺孔。

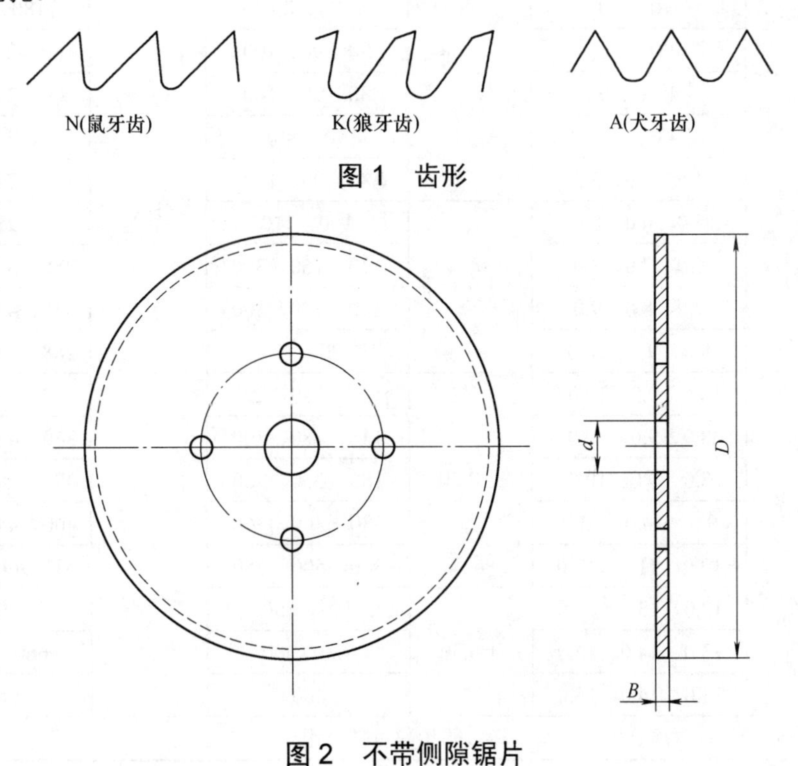

图 1 齿形

图 2 不带侧隙锯片

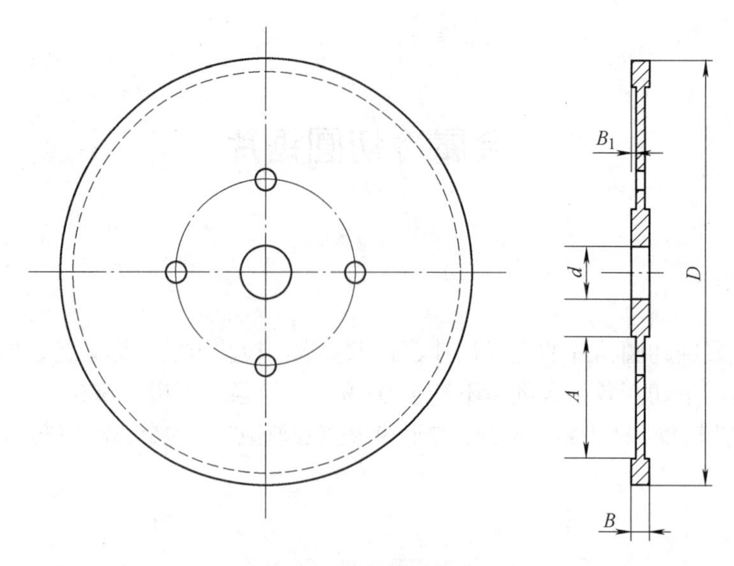

图3　带侧隙锯片

表1　基本尺寸

单位为毫米

外径 D		厚度 B		内孔直径 d		齿数	侧隙
尺寸	极限偏差	尺寸	极限偏差	尺寸	极限偏差	Z	A/B_1
250	js15	1.6、1.8	±0.10	25	H8	100、120	根据用户要求选择
300		2.0、2.5		25		120、140	
350		2.5、3.0		25、32		140、160	
400		3.0、4.0		30、40		160、180	
450		3.0、4.0		40		180、200	
500		3.0、4.0、5.0		40、80		160、180、200	
550		4.0、5.0		70、80		180、220	
600		4.0、5.0		80、90、100		180、200、240	
650		4.0、5.0		80、90、100		200、216、240	
700		4.0、5.0		90、110		200、216、240	
750		4.5、5.0、5.5		80、90、100		180、240、288	
800		5.0、6.0、8.0	±0.15	100、110		200、280、360	
1 000		6.0、7.0、8.0		120、160、300		288、320、432	210/0.50
1 200		7.0、8.0、9.0		120、170、300		348、400、432	250/0.50
1 300		8.0、9.0、10.0		120、170		288、380、600	270/0.50
1 400		8.0、9.0、10.0	±0.20	130、180、290		350、390、400	290/0.50
1 450		8.0、9.0、10.0		140、180、300		360、410、432	300/0.50
1 500		8.0、9.0、10.0		180、300、360		380、400、432	310/0.50
1 600		9.0、10.0、12.0		180、300、360		400、440、500	340/0.55
1 800		10.0、11.0、12.0		360、500、550		432、600、660	370/0.60
2 000		12.0、13.0、14.0	±0.30	480、550		600	420/0.60
2 100		13.0、14.0、15.0		480、500		660、730	440/0.65
2 200		13.0、14.0、15.0		400		580	460/0.65

注：锯片在同一直径下，厚度、内孔直径、齿数等参数可任意组合。

3.2　锯片标记：外径 800 mm，内孔直径 100 mm，厚度 5 mm，齿数 360，N 型齿金属冷切圆锯片；标记为：金属冷切圆锯片 800×100×5×360-N　JB/T 11742—2013。

4　技术要求

4.1　锯片一般采用 65Mn 或 GB/T 699、GB/T 1299、GB/T 3077 规定的其他材料，如：DJ100、75Cr1、8CrV 等材料。

4.2　锯片整体硬度为：

——ϕ250 mm～ϕ1 400 mm（含ϕ1 400 mm），硬度为 45 HRC～48 HRC；

——ϕ1 400 mm～ϕ2 200 mm，硬度为 30 HRC～38 HRC，增加齿尖淬火，齿尖硬度为 56 HRC～63 HRC，齿尖淬火深度不低于锯齿高度的三分之一。

4.3　锯片表面质量应符合下列要求：

——锯片表面不应有裂纹、结疤凹陷、烧伤、毛刺和深度大于 0.3 mm 且长度大于外径 12%的划痕；

——在锯片使用范围内不应有明显的平整痕迹和黑斑；

——锯片两侧面及内孔表面粗糙度不大于 *Ra*6.3 μm，锯齿前面、后面及容屑槽的表面粗糙度不大于 *Ra* 3.2 μm。

4.4　锯片锯齿应符合下列要求：

——锯片锯齿的形状如图 1 所示；

——锯齿的齿尖刃顶应留宽度为 0.1 mm～0.15 mm 的刃带。

4.5　锯片形状和位置公差见表 2。

表 2　锯片形状和位置公差

单位为毫米

项　目	公　差					
	$250\leqslant D<500$	$500\leqslant D<800$	$800\leqslant D<1\,300$	$1\,300\leqslant D<1\,900$	$1\,900\leqslant D<2\,100$	$2\,100\leqslant D<2\,200$
圆周齿对内孔轴线的径向圆跳动	≤0.12	≤0.15	≤0.20	≤0.25	≤0.25	≤0.30
锯片对内孔轴线的轴向圆跳动	≤0.50	≤0.60	≤0.80	≤1.00	≤1.20	≤1.50
平面度	≤0.20	≤0.20	≤0.20	≤0.30	≤0.40	≤0.40
传动孔位置度	ϕ0.5					

4.6　锯片的不平衡量应符合表 3 的要求。

表 3　锯片的不平衡量

外径 D mm	不平衡量 g·cm	外径 D mm	不平衡量 g·cm
1 400	3 000	1 800	4 200
1 500	3 300	2 000	4 800
1 600	3 600	2 200	5 400

此项目为选择性技术要求，主要针对直径 1 400 mm 以上锯片，由制造厂和用户协商确定。若锯片不合格，可采用去重法给予修复。

5 检验方法

5.1 锯片表面粗糙度检验方法

锯片表面粗糙度检验用接触法或对比法进行检验。

5.2 锯片硬度检测

5.2.1 锯片硬度检测应符合 GB/T 230.1 的规定。

5.2.2 测量锯片硬度时，在锯片表面上均匀分三个扇形区域，每个区域测量均布的 3 点硬度值，其值应符合 4.2 的要求。如其中一点不合格，应在距该点 30 mm～50 mm 圆周上补测均布的三点，若符合要求则视为合格。

5.2.3 测量齿尖硬度时，任取均布的 10 个齿，其检测点在距齿尖 1/4～1/3 齿高处，距前后齿面不小于 1 mm。合格锯片的条件为：

——10 个齿全部合格；

——9 个齿合格，不合格齿的检测点硬度必须在 45 HRC 以上，并在它左右邻近再各测 1 个齿，若都合格，测该锯片视为合格。

5.3 形状和位置误差检测

5.3.1 锯片径向圆跳动应以内孔为基准用指示表测量。

5.3.2 轴向圆跳动应在距离齿尖 30 mm～40 mm 的任一圆周上测定。将锯片固定在芯轴上，法兰盘轴向圆跳动公差不得大于被检测锯片轴向圆跳动公差值的 1/10，法兰盘直径一般不得大于被测锯片直径的 1/3；将指示表测头垂直于锯片侧面距锯片外圆 30 mm～40 mm 圆周上，缓缓旋转锯片，读出指示表上最大和最小的数值，精确到 0.01 mm，以最大值和最小值的差作为锯片轴向圆跳动值（见图 4）。

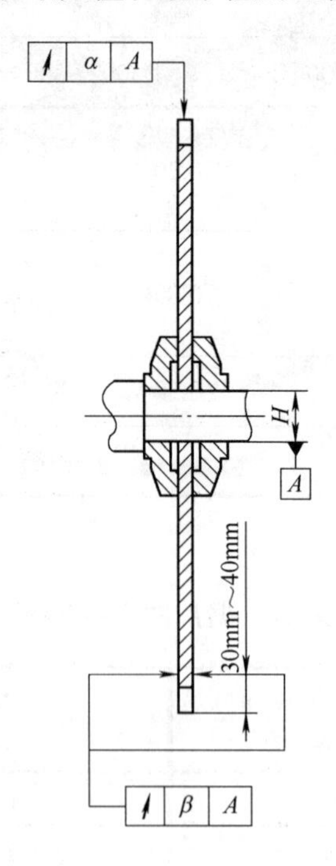

图 4 径向圆跳动、轴向圆跳动检测示意图

5.3.3 平面度的测量一般在平台上或用刀口尺、塞尺检验，误差值应符合 4.5 的规定。

5.3.4 传动孔对内孔的位置度误差，用卡尺、千分尺等通用量具检测各传动孔与内孔以及各相邻两传动孔之间的实际中心距。

5.4 锯片不平衡量检测

锯片可采用静平衡或动平衡试验的方法测定不平衡量，前者用平衡芯轴和水平辊杠的方式进行，后者用锯片动平衡试验机测定，其值符合4.6的要求。若无检测条件，在高速旋转状态下无异常振动亦视为合格。

6 标志包装

6.1 标志

6.1.1 锯片上应清晰的标有下列内容：制造厂商标，外径、内孔直径、厚度、齿数、齿形、材料牌号。

6.1.2 包装盒上应标志：制造厂名称、地址、商标、锯片标记的内容、材料、件数、出厂日期。

6.2 包装

锯片包装应具备防潮、吊装及避免冲撞等措施，包装前应进行防锈处理，包装后的产品应牢固，防止运输过程中的损伤。

ICS 25.100.20
J 41
备案号：44450—2014

中华人民共和国机械行业标准

JB/T 11744—2013

整体硬质合金后波形刃立铣刀

Solid carbide rear wave end mill

2013-12-31 发布 2014-07-01 实施

中华人民共和国工业和信息化部 发布

前　言

本标准按照GB/T 1.1—2009给出的规则起草。

本标准由中国机械工业联合会提出。

本标准由全国刀具标准化技术委员会（SAC/TC91）归口。

本标准起草单位：株洲钻石切削刀具股份有限公司。

本标准主要起草人：罗胜、汤爱民、屈植华、周红翠。

本标准为首次发布。

整体硬质合金后波形刃立铣刀

1 范围

本标准规定了整体硬质合金后波形刃立铣刀的型式与尺寸、技术要求、标志和包装的基本要求。

本标准适用于直径ϕ6 mm～ϕ20 mm 的整体硬质合金后波形刃立铣刀。

2 规范性引用文件

下列文件对于本文件的应用是必不可少的。凡是注日期的引用文件，仅注日期的版本适用于本文件。凡是不注日期的引用文件，其最新版本（包括所有的修改单）适用于本文件。

GB/T 18376.1—2008 硬质合金牌号 第1部分：切削工具用硬质合金牌号

DIN 6535 硬质合金麻花钻和立铣刀用圆柱柄—尺寸（Parallel shanks for hardmetal twist drills and end mills—Dimensions）

3 符号

N——整体硬质合金后波形刃立铣刀的齿数；
D——整体硬质合金后波形刃立铣刀的刃径；
d——整体硬质合金后波形刃立铣刀的柄径；
l——整体硬质合金后波形刃立铣刀的刃长；
L——整体硬质合金后波形刃立铣刀的总长；
β——整体硬质合金后波形刃立铣刀的螺旋角；
i——整体硬质合金后波形刃立铣刀的过度锥颈角度；
γ——整体硬质合金后波形刃立铣刀的周刃径向前角；
α——波形深度；
p——波形宽度；
s——刀齿间的错开量。

4 型式与尺寸

4.1 型式按图1～图5的规定。

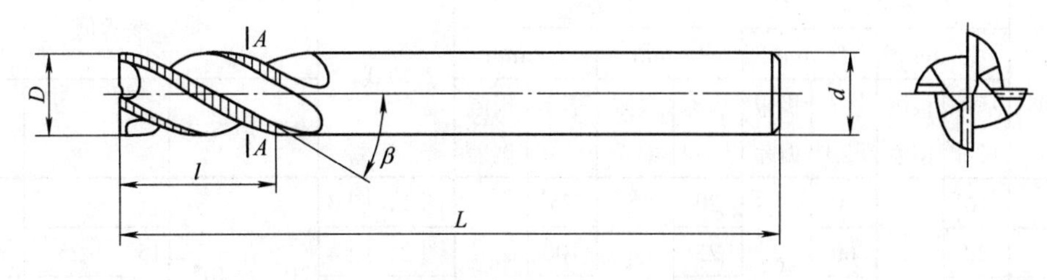

图1 DIN6535HA 规定的直柄型

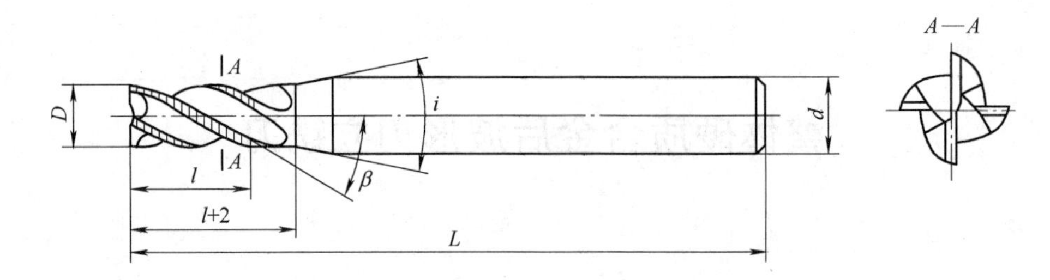

图 2　DIN6535HA 规定的带过渡锥直柄型

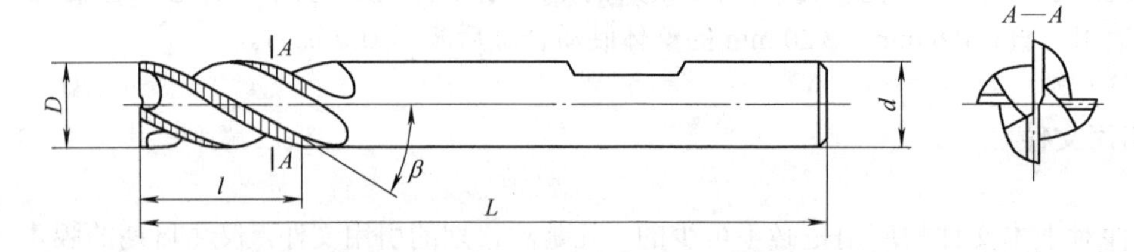

图 3　DIN6535HB 规定的削平柄型

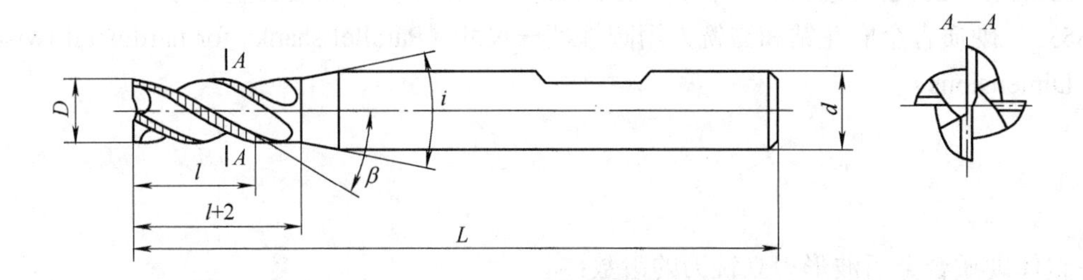

图 4　DIN6535HB 规定的带过渡锥削平柄型

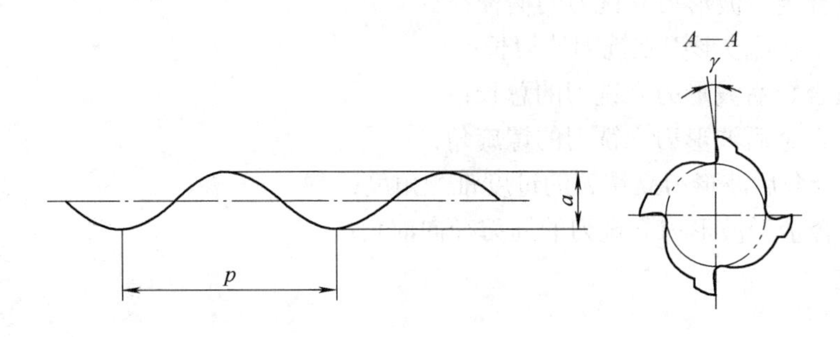

图 5　后波刃刃形型式

4.2　尺寸按表 1 的规定，柄部尺寸按 DIN 6535 的规定。

表 1　整体硬质合金后波形刃立铣刀尺寸

D（h10） mm	d（h6） mm	标准型				长刃型				型式	参考值			齿数 N
		l　mm		L　mm		l　mm		L　mm						
		基本尺寸	极限偏差	基本尺寸	极限偏差	基本尺寸	极限偏差	基本尺寸	极限偏差		β	i	γ	
6.0	6	16	$^{+1}_{0}$	50	$^{+0.2}_{-0.3}$	20	$^{+1}_{0}$	75	$^{+0.2}_{-0.3}$	图 1、图 3	20°～40°	—	6°～8°	3～4
7.0	8	20		60		25		100		图 2、图 4		15°～25°		
8.0	8	20		60		25		100		图 1、图 3		—		
9.0	10	22		75		30		100		图 2、图 4		15°～25°		

表 1 整体硬质合金后波形刃立铣刀尺寸（续）

D（h10） mm	d（h6） mm	标准型				长刃型				型式	参考值			齿数 N
		l mm		L mm		l mm		L mm						
		基本尺寸	极限偏差	基本尺寸	极限偏差	基本尺寸	极限偏差	基本尺寸	极限偏差		β	i	γ	
10.0	10	25		75		30		100		图 1、图 3		—		
11.0	12	26		75		35		100		图 2、图 4		15°～25°		
12.0	12	30		75		35		100		图 1、图 3		—		
14.0	16	32	$^{+1}_{0}$	75	$^{+0.2}_{-0.3}$	40	$^{+1}_{0}$	100	$^{+0.2}_{-0.3}$	图 2、图 4	20°～40°	15°～25°	6°～8°	3～4
16.0	16	32		100		50		150		图 1、图 3		—		
18.0	20	38		100		50		150		图 2、图 4		15°～25°		
20.0	20	38		100		55		150		图 1、图 3		—		
铣刀允许制成带颈部的。														

4.3 标记示例：

示例 1：

直径 D=10 mm 的直柄整体硬质合金后波形刃立铣刀的标记为：

整体硬质合金后波形刃直柄立铣刀 10 JB/T 11744—2013

示例 2：

直径 D=10 mm 的削平型整体硬质合金后波形刃立铣刀的标记为：

整体硬质合金后后波形刃削平柄立铣刀 10 JB/T 11744—2013

5 技术要求

5.1 整体硬质合金后波形刃立铣刀的波形沿螺旋切削刃方向呈圆弧形，波形宽度 p 和波形深度 a 按表 2 的规定。

表 2 波形尺寸

单位为毫米

刃径 D	波形宽度 p	波形深度 a
≥6～10	0.8～1.2	0.25～0.35
≥10～20	1.4～1.8	0.35～0.45

5.2 整体硬质合金后波形刃立铣刀的相邻刀齿的错开量 $s=p/N$（图 6）。

5.3 立铣刀切削刃表面不得有崩刃、缺口、微裂纹等影响使用性能的缺陷，柄部与刃部之间的过渡锥应圆滑过渡，不能有台阶，柄部端面应平整。

5.4 整体硬质合金后波形刃立铣刀表面粗糙度 Ra 的上限值按表 3 的规定。

5.5 整体硬质合金后波形刃立铣刀在刃部长度上不得有正锥，允许有倒锥，其值不能大于表 4 的规定。

5.6 整体硬质合金后波形刃立铣刀的几何公差按表 5 的规定。

5.7 整体硬质合金后波形刃立铣刀应采用 GB/T 18376.1—2008 规定的 K30 或 K40 牌号的硬质合金制造。

5.8 整体硬质合金后波形刃立铣刀允许进行表面强化处理。

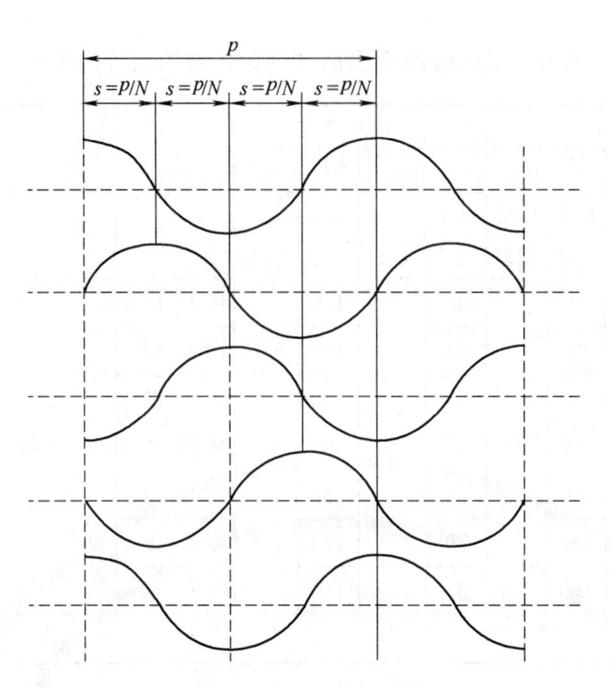

图6 相邻刀齿错开量 s（四刃立铣刀，N=4）

表3 表面粗糙度

单位为微米

检查表面	表面粗糙度 Ra 上限值
容屑槽前刀面	0.4
端齿槽前刀面	0.4
波形切削刃部分	0.4
柄部表面	0.4
其他	0.8

表4 倒锥量

单位为毫米

切削刃长度 l	≤20	>20～40	>40
倒锥量	0.01	0.02	0.03

表5 几何公差

单位为毫米

刃径 D	圆周切削刃对柄部轴线的径向圆跳动		端刃对柄部轴线的轴向圆跳动
	标准型	长刃型	
≥6～10	0.02	0.025	0.03
>10～20	0.025	0.03	0.03

6 标志、包装

6.1 标志

6.1.1 后波形刃立铣刀上应标志制造厂商、切削部分刃径和材料，标志应整齐、美观、清晰。

6.1.2 后波形刃立铣刀的包装盒上应标志制造厂或销售商名称、地址和商标、产品名称、标准编号、切削部分刃径、齿数、材料、件数、制造年月。

6.2 包装

后波形刃立铣刀在包装前应清洗干净，包装必须牢固，并能防止运输过程中的损伤。

ICS 25.100.30
J 41
备案号：44452—2014

中华人民共和国机械行业标准

JB/T 11746—2013

超硬复合铰刀

Superhard boring reamer

2013-12-31 发布　　　　2014-07-01 实施

中华人民共和国工业和信息化部 发布

前　言

本标准按照GB/T 1.1—2009给出的规则起草。

本标准由中国机械工业联合会提出。

本标准由全国刀具标准化技术委员会（SAC/TC91）归口。

本标准起草单位：河南一工工具有限公司、吉林大学、成都工具研究所有限公司。

本标准主要起草人：赵建敏、张明喆、查国兵、沈士昌、孔春艳、贵祥生、职承涛。

本标准为首次发布。

超硬复合铰刀

1 范围

本标准规定了直柄和莫氏锥柄超硬复合铰刀的型式和尺寸、技术要求、标志和包装的基本要求。

本标准适用于加工发动机缸盖阶梯孔的直柄和莫氏锥柄超硬复合铰刀（以下简称铰刀）。

2 规范性引用文件

下列文件对于本文件的应用是必不可少的。凡是注日期的引用文件，仅注日期的版本适用于本文件。凡是不注日期的引用文件，其最新版本（包括所有的修改单）适用于本文件。

GB/T 1443 机床和工具柄用自夹圆锥

GB/T 4246 铰刀特殊公差

GB/T 1800.2 产品几何技术规范（GPS） 极限与配合 第 2 部分：标准公差等级和孔、轴极限偏差表

3 型式和尺寸

3.1 Ⅰ型铰刀

Ⅰ型铰刀的型式为四阶梯，直柄铰刀的尺寸按图 1 和表 1 的规定，莫氏锥柄铰刀的尺寸按图 2 和表 2 的规定；莫氏圆锥的尺寸和公差按 GB/T 1443 的规定。

3.2 Ⅱ型铰刀

Ⅱ型铰刀的型式为三阶梯，直柄铰刀的尺寸按图 3 和表 3 的规定，莫氏锥柄铰刀的尺寸按图 4 和表 4 的规定；莫氏圆锥的尺寸和公差按 GB/T 1443 的规定。

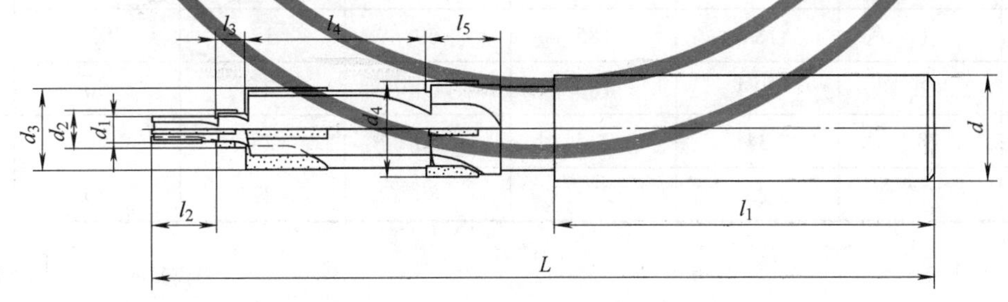

图 1

表 1

单位为毫米

d_1	d_2	d_3	d_4	L	l_1	l_2	l_3	l_4	d
7	9.7	20.7	26	185	60	15.5	10.5	53.2	25
7.2	9.9	20.8	26.4	185	60	15.5	10.5	53.2	25
8	11	23.4	26	210	65	12	9	36	25
8.2	11	24	26.5	210	65	14	8.5	57.5	32

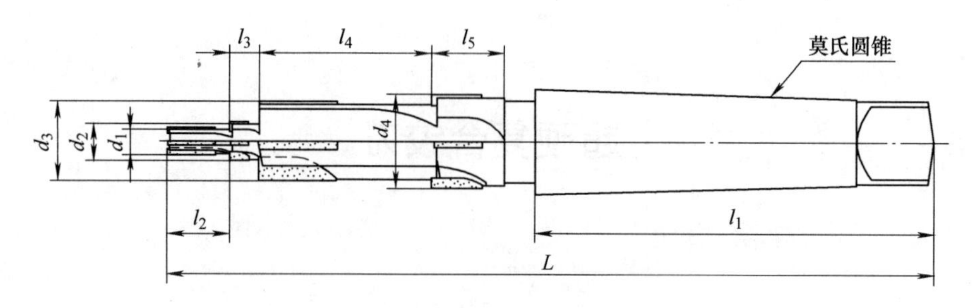

图 2

表 2

单位为毫米

d_1	d_2	d_3	d_4	L	l_1	l_2	l_3	l_4	莫氏圆锥号
7	9.7	20.7	26	220	99	15.5	10.5	53.2	3
7.2	9.9	20.8	26.4	220	99	15.5	10.5	53.2	3
8	11	23.4	26	220	99	12	9	36	3
8.2	11	24	26.5	220	99	14	8.5	57.5	3

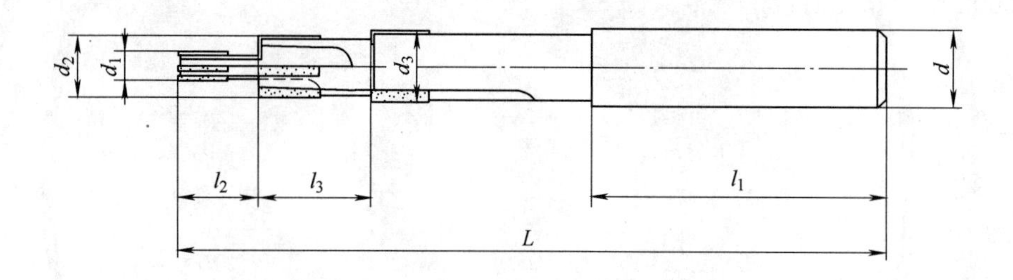

图 3

表 3

单位为毫米

d_1	d_2	d_3	L	l_1	l_2	l_3	d
7.8	17	19.5	190	60	14	54.4	20
7.5	17	18.8	185	60	17	49.35	20
10.4	20	20.4	185	60	21	50	20
12.75	28.5	34	235	80	25	50	25
13	25	28	235	80	22	40	25

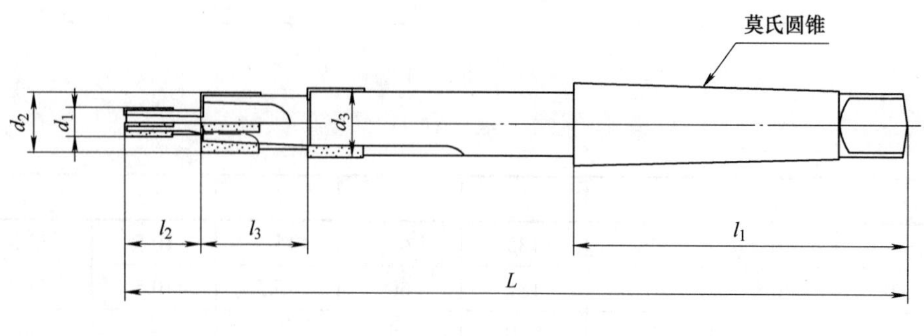

图 4

表 4

单位为毫米

d_1	d_2	d_3	L	l_1	l_2	l_3	莫氏圆锥号
7.8	17	19.5	226	99	14	54.4	3
7.5	17	18.8	220	99	17	49.35	3
10.4	20	20.4	230	99	21	50	3
12.75	28.5	34	280	124	25	50	4
13	25	28	275	124	22	40	4

3.3 铰刀的齿数

3.3.1 Ⅰ型铰刀中 d_1、d_2、d_3 和Ⅱ型中 d_1、d_2 齿数可为 4 齿或 6 齿，Ⅰ型中 d_4 和Ⅱ型中 d_3 齿数可为 2 齿。

3.3.2 Ⅰ型铰刀中 d_3 和Ⅱ型中 d_2 所选的 4 齿或 6 齿中，可选用对称 2 齿为超硬材料刀片与其他齿为硬质合金材料刀片的组合。

3.4 标记示例

示例 1：

直径 d_1=8 mm，d_2=11 mm，d_3=23.4 mm，d_4=26 mm，总长 L=210 的Ⅰ型直柄超硬复合铰刀的标记为：

直柄超硬复合铰刀Ⅰ　8×11×23.4×26×210　JB/T 11746—2013

示例 2：

直径 d_1=7 mm，d_2=9.7 mm，d_3=20.7 mm，d_4=26 mm，总长 L=220 的Ⅰ型锥柄超硬复合铰刀的标记为：

锥柄超硬复合铰刀Ⅰ　7×9.7×20.7×26×220　JB/T 11746—2013

示例 3：

直径 d_1=7.8 mm，d_2=17 mm，d_3=19.5 mm，总长 L=226 的Ⅱ型锥柄超硬复合铰刀的标记为：

锥柄超硬复合铰刀Ⅱ　7.8×17×19.5×226　JB/T 11746—2013

4 技术要求

4.1 铰刀的公差

4.1.1 切削部分直径公差

对于加工特定公差孔的铰刀直径公差按 GB/T 4246 规定设计，亦可按用户使用情况设计。本标准的附录 A 给出了常用加工 H7、H8、H9 级孔的铰刀直径公差。

4.1.2 柄部直径公差

直柄铰刀柄部直径 d_1 的公差为：h9。

4.1.3 长度公差

铰刀Ⅰ型中的 l_4 和Ⅱ型中的 l_3 长度公差参见表 5，其余长度公差按 GB/T 1800.2 中 js18 级的规定，亦可按用户使用情况设计。

4.1.4 形状和位置公差

铰刀位置公差按表 6 的规定。

表 5

单位为毫米

Ⅰ型中的 l_4 和Ⅱ型中的 l_3		公　差
大于等于	至	
12	20	±0.03
25	40	±0.04
40	60	±0.05

表 6

单位为毫米

直　　径	＞7～18	＞18～35
不同直径的铰刀工作部分对柄部轴线的同轴度公差	0.003	0.005
铰刀端刃对柄部轴线的轴向圆跳动公差	0.005	0.008
铰刀切削刃对柄部轴线的斜向圆跳动公差	0.01	

4.2 材料和硬度

4.2.1 材料

Ⅰ型中的 d_4 部位和Ⅱ型中的 d_3 部位用 PCD（聚晶金刚石）或 PCBN（聚晶立方氮化硼）材料的刀片。

Ⅰ型中的 d_1、d_2、d_3 部位和Ⅱ型中的 d_1、d_2 部位用超细晶粒硬质合金或同等性能的其他牌号硬质合金刀片。

Ⅰ型中的 d_3 部位和Ⅱ型中的 d_2 部位中可选用对称 2 齿的 PCD（聚晶金刚石）或 PCBN（聚晶立方氮化硼）材料刀片。

刀体部分用 9SiCr 或同等性能的其他牌号材料。

4.2.2 硬度

铰刀焊接刀片处的刀杆硬度：50 HRC～58 HRC。

铰刀的柄部热处理硬度：42 HRC～45 HRC。

铰刀的刀杆部分的表面可进行表面处理。

4.3 刃口处理

铰刀刃口宜经钝化处理。

4.4 外观和表面粗糙度

铰刀刃口不得有崩刃、裂纹、刻痕以及磨削烧伤等影响使用性能的表面缺陷。

硬质合金刀片在焊接前表面应进行研磨、喷砂或其他方法的表面处理。

铰刀刀片焊接不得有起皮、鼓泡、分层、裂纹等缺陷。

铰刀的表面粗糙度按表 7 的规定。

表 7

单位为微米

端齿后刀面	周齿后刀面	刃带	前刀面	柄部表面
Ra0.4	Ra0.4	Ra0.4	Ra0.4	Ra0.4

4.5 焊接质量

铰刀的刀片焊接应牢靠，不应有气孔、未焊透或焊料堆积等影响使用性能的缺陷。

5 标志和包装

5.1 标志

5.1.1 产品上应标志：

——制造厂或销售商的商标；

——直径和总长Ⅰ型为 $d_1 \times d_2 \times d_3 \times d_4 \times L$，Ⅱ型为 $d_1 \times d_2 \times d_3 \times L$；

——材料代号（硬质合金牌号+立方氮化硼聚或晶立方氮化硼牌号）。

5.1.2 包装盒上应标志：

——制造厂或销售商的名称、地址和商标；

——本标准规定的标记；

——材料代号或牌号（硬质合金牌号+立方氮化硼或聚晶立方氮化硼牌号）；

——件数；

——制造年月。

5.2 包装

铰刀在包装前应经防锈处理，包装应牢固，防止运输过程中损伤。

附 录 A
（规范性附录）
超硬复合铰刀加工 H7、H8、H9 级孔的铰刀直径公差

表 A.1 单位为毫米

<table>
<tr><th rowspan="2">推荐值</th><th colspan="2">直径范围</th><th colspan="3">极限偏差</th></tr>
<tr><th>大于</th><th>至</th><th>H7 级</th><th>H8 级</th><th>H9 级</th></tr>
<tr><td>6</td><td>5.3</td><td>6.0</td><td>+0.012
+0.007</td><td>+0.018
+0.011</td><td>+0.030
+0.019</td></tr>
<tr><td>—</td><td>6.0</td><td>6.7</td><td rowspan="14">+0.015
+0.009</td><td rowspan="14">+0.022
+0.014</td><td rowspan="14">+0.036
+0.023</td></tr>
<tr><td>7</td><td>6.7</td><td>7.5</td></tr>
<tr><td>8</td><td>7.5</td><td>8.5</td></tr>
<tr><td>9</td><td>8.5</td><td>9.5</td></tr>
<tr><td>10</td><td>9.5</td><td>10.0</td></tr>
<tr><td>—</td><td>10.0</td><td>10.6</td></tr>
<tr><td>11</td><td>10.6</td><td>11.8</td></tr>
<tr><td>12</td><td rowspan="2">11.8</td><td rowspan="2">13.2</td></tr>
<tr><td>（13）</td></tr>
<tr><td>14</td><td>13.2</td><td>14</td></tr>
<tr><td>（15）</td><td>14</td><td>15</td></tr>
<tr><td>16</td><td>15</td><td>16</td></tr>
<tr><td>（17）</td><td>16</td><td>17</td></tr>
<tr><td>18</td><td>17</td><td>18</td></tr>
<tr><td>（19）</td><td>18</td><td>19</td><td rowspan="11">+0.021
+0.013</td><td rowspan="11">+0.033
+0.021</td><td rowspan="11">+0.052
+0.033</td></tr>
<tr><td>20</td><td>19</td><td>20</td></tr>
<tr><td>21</td><td>20</td><td>21.2</td></tr>
<tr><td>22</td><td>21.2</td><td>22.4</td></tr>
<tr><td>23</td><td>22.4</td><td>23.02</td></tr>
<tr><td>—</td><td>23.02</td><td>23.6</td></tr>
<tr><td>24</td><td rowspan="2">23.6</td><td rowspan="2">25.0</td></tr>
<tr><td>25</td></tr>
<tr><td>（26）</td><td>25</td><td>26.5</td></tr>
<tr><td>28</td><td>26.5</td><td>28</td></tr>
<tr><td>（30）</td><td>28</td><td>30</td></tr>
<tr><td>—</td><td>30</td><td>31.5</td><td rowspan="5">+0.025
+0.016</td><td rowspan="5">+0.039
+0.025</td><td rowspan="5">+0.062
+0.040</td></tr>
<tr><td>32</td><td>31.5</td><td>33.5</td></tr>
<tr><td>（34）</td><td rowspan="2">33.5</td><td rowspan="2">35.5</td></tr>
<tr><td>（35）</td></tr>
<tr><td>36</td><td>35.5</td><td>37.5</td></tr>
</table>

ICS 25.100.20
J 41
备案号：49754—2015

中华人民共和国机械行业标准

JB/T 12144—2015

磨前滚珠螺纹铣刀

Milling cutter for pre-grinding ball screw threads

2015-04-30 发布　　　　2015-10-01 实施

中华人民共和国工业和信息化部 发布

前　言

本标准按照GB/T 1.1—2009给出的规则起草。

本标准由中国机械工业联合会提出。

本标准由全国刀具标准化技术委员会（SAC/TC91）归口。

本标准起草单位：四川天虎工具有限责任公司、成都工具研究所有限公司。

本标准主要起草人：王裔孝、刘前伦、沈士昌、蒋文云、陈里、赵骏、杨金利。

本标准为首次发布。

磨前滚珠螺纹铣刀

1 范围

本标准规定了磨前滚珠螺纹铣刀（以下简称铣刀）的型式和尺寸、标记、技术要求、标志和包装等。

本标准适用于加工汽车循环球转向器，动力转向器转向螺母的滚珠螺纹铣刀。

2 规范性引用文件

下列文件对于本文件的应用是必不可少的。凡是注日期的引用文件，仅注日期的版本适用于本文件。凡是不注日期的引用文件，其最新版本（包括所有的修改单）适用于本文件。

GB/T 1443 机床工具柄用自夹圆锥

3 型式和尺寸

铣刀型式按图 1 的规定，尺寸符合表 1 的规定，莫氏圆锥尺寸和公差按 GB/T 1443 的规定。

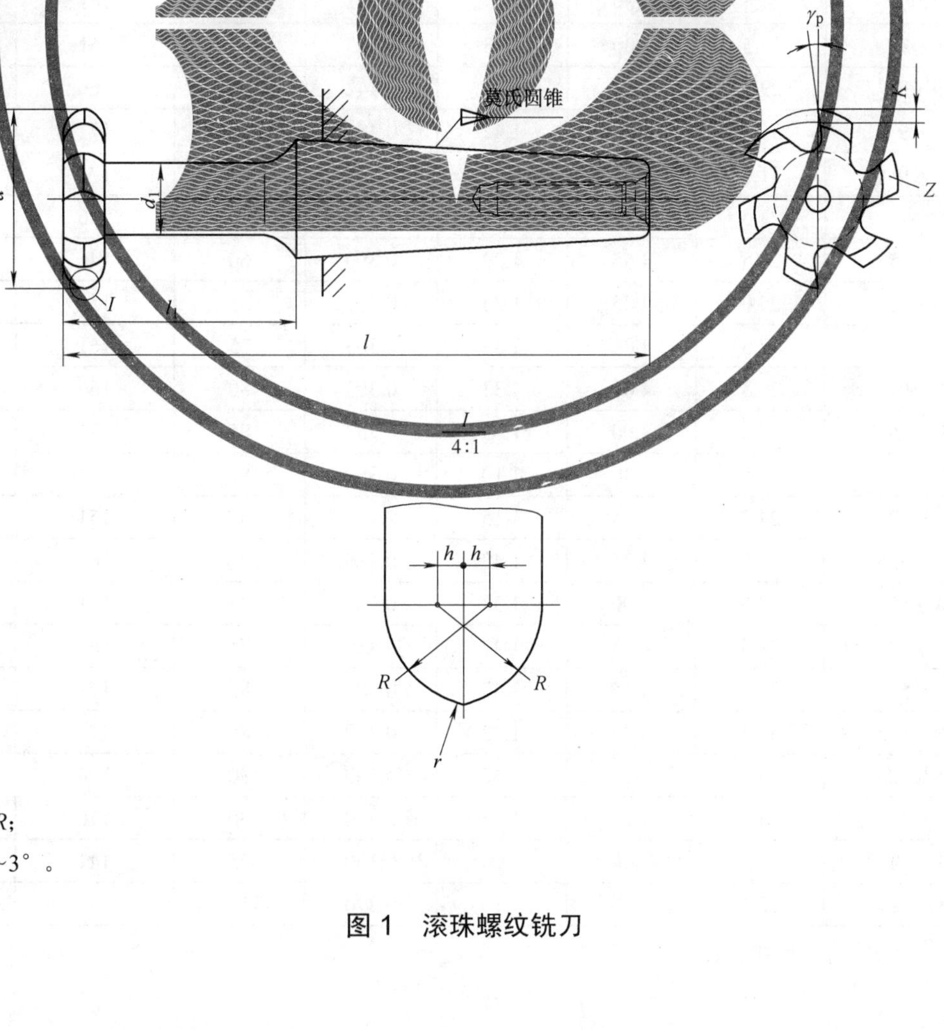

$d_1 \approx d-2R$;

$\gamma_p=0° \sim 3°$。

图 1 滚珠螺纹铣刀

表 1　滚珠螺纹铣刀尺寸

单位为毫米

代　号	d （js13）	R	r （max）	h	l_1	l （js16） 莫氏圆锥 3 号	 莫氏圆锥 4 号
GQ20×8	19.5	3.00	1.00	0.156 5	55	141	164
GQ25.5×8	25.0	3.35	1.12	0.404	60	146	169
GQ23×8.4667	22.5	3.146	1.05	0.260	60	146	169
GQ22×8.731	21.5	3.50	1.17	0.230	64	150	173
GQ22×8.731	21.5	3.80	1.27	0.442	64	150	173
GQ27×8.731	26.5	3.50	1.17	0.230	75	161	184
GQ27×8.731	26.5	4.00	1.33	0.303	75	161	184
GQ27×8.731	26.5	4.25	1.42	0.480	75	161	184
GQ28×8.731	27.5	3.80	1.27	0.442	75	161	184
GQ28×8.731	27.5	4.00	1.33	0.583	75	161	184
GQ22×9	21.5	3.30	1.10	0.369	64	150	173
GQ22×9	21.5	3.75	1.25	0.407	64	150	173
GQ27×9	26.5	4.25	1.42	0.480	75	161	184
GQ27.5×9	27.0	3.80	1.27	0.442	75	161	184
GQ28×9	27.5	3.80	1.27	0.442	75	161	184
GQ28×9	27.5	4.00	1.33	0.303	75	161	184
GQ30×9	29.5	4.00	1.33	0.442	80	166	189
GQ30×9	31.5	4.25	1.42	0.480	85	171	194
GQ32×9	31.5	4.00	1.33	0.303	85	171	194
GQ24×9.5	23.5	3.50	1.17	0.354	60	146	169
GQ25×9.5	24.5	3.65	1.22	0.390	60	146	169
GQ25.4×9.5	25.0	3.75	1.25	0.407	65	151	174
GQ28×9.5	27.5	4.00	1.33	0.303	75	161	184
GQ30×9.5	29.5	4.00	1.33	0.303	80	166	189
GQ35×9.5	34.5	4.00	1.33	0.303	85	171	194
GQ23×9.525	22.5	3.30	1.10	0.369	85	141	164
GQ25×9.525	24.5	3.45	1.15	0.195	65	151	174
GQ28×9.525	27.5	4.25	1.42	0.480	75	161	184
GQ30×9.525	29.5	4.00	1.33	0.303	75	161	184
GQ30×9.525	29.5	4.25	1.42	0.480	75	161	184
GQ31×9.525	30.5	4.25	1.42	0.480	85	171	194
GQ33×9.525	32.5	4.25	1.42	0.480	85	171	194
GQ34×9.525	33.5	4.25	1.42	0.480	90	176	199
GQ35×9.525	34.5	4.25	1.42	0.480	90	176	199
GQ23×10	22.5	3.00	1.00	0.160	55	141	164
GQ23×10	22.5	3.30	1.10	0.370	55	141	164

表 1 滚珠螺纹铣刀尺寸（续）

代 号	d （js13）	R	r （max）	h	l_1	l （js16） 莫氏圆锥 3 号	 莫氏圆锥 4 号
GQ23×10	22.5	3.80	1.27	0.442	55	141	164
GQ29×10	28.5	4.25	1.42	0.480	70	156	179
GQ30×10	29.5	4.25	1.42	0.480	75	161	184
GQ32×10	31.5	4.00	1.33	0.303	85	171	194
GQ32×10	31.5	4.25	1.42	0.480	85	171	194
GQ34×10	33.5	4.25	1.42	0.480	90	176	199
GQ35×10	34.5	4.00	1.33	0.303	90	176	199
GQ35×10	34.5	4.25	1.42	0.480	90	176	199
GQ36×10	35.5	4.25	1.42	0.480	90	176	199
GQ40×10	39.5	4.25	1.42	0.480	100	186	209
GQ30×10.319	29.5	4.00	1.33	0.303	80	166	199
GQ30×10.319	29.5	4.25	1.42	0.480	80	166	199
GQ37.31×10.5	36.5	4.50	1.50	0.376	90	176	199
GQ37.31×10.5	36.5	5.00	1.67	0.729	90	176	199
GQ32×11	31.5	4.25	1.42	0.480	85	171	194
GQ36×11	35.5	4.50	1.50	0.353	95	181	204
GQ37×11	36.5	4.25	1.42	0.480	95	181	204
GQ37.31×11	36.5	4.50	1.50	0.376	95	181	204
GQ37.5×11	37.0	4.00	1.33	0.479	95	181	204
GQ37.5×11	37.0	4.25	1.42	0.480	95	181	204
GQ40.0×11	39.5	4.25	1.42	0.480	100	186	209
GQ25×11.5	24.5	4.25	1.42	0.480	68	154	177
GQ23×12	22.5	3.30	1.10	0.369	67	153	176
GQ25×12	24.5	4.00	1.33	0.303	67	153	176
GQ25×12	24.5	4.25	1.42	0.480	67	153	176
GQ27×12	26.5	4.25	1.42	0.480	70	156	176
GQ30×12	29.5	4.00	1.33	0.303	75	161	184
GQ30×12	29.5	4.25	1.42	0.480	75	161	184
GQ30×12	29.5	4.50	1.50	0.375	75	161	184
GQ40×12	39.5	5.00	1.67	0.729	105	191	214
GQ28×12.7	27.5	4.38	1.46	0.270	75	161	184
GQ30×12.7	29.5	4.50	1.50	0.354	75	161	184
GQ25×13.5	24.5	4.00	1.33	0.303	70	156	179
GQ25×13.5	24.5	4.25	1.42	0.480	70	156	179
GQ25×13.5	24.5	4.50	1.50	0.375	70	156	179
GQ28×13.5	27.5	4.50	1.50	0.375	75	161	184

表 1　滚珠螺纹铣刀尺寸（续）

代　号	d （js13）	R	r （max）	h	l_1	l （js16） 莫氏圆锥 3 号	 莫氏圆锥 4 号
GQ30×13.5	29.5	4.50	1.50	0.354	80	166	189
GQ33×13.5	32.5	4.50	1.50	0.354	85	171	194
GQ36×13.5	35.5	4.50	1.50	0.354	95	181	204
GQ30×14	29.5	4.27	1.42	0.191	80	166	189
GQ40×14	39.5	4.50	1.50	0.375	115	201	224
GQ25×15	24.5	4.00	1.33	0.303	70	156	179
h 根据使用需要可适当调整。 R 极限偏差为±0.010 mm。 铣刀齿数 Z 和铲量 K 参见附录 A。							

4　标记

滚珠螺纹铣刀的标记应由代号、圆弧半径、执行标准编号组成。

示例：

代号 GQ30×9.525、R4.25 的滚珠螺纹铣刀标记为：

GQ30×9.525 R4.25-JB/T 12144—2015

5　技术要求

5.1　位置公差

铣刀位置公差按表 2 的规定，检测方法符合附录 B 的规定。

表 2　切削刃位置公差

单位为毫米

项　目		公　差	
		R≥3～4	R≥4.05～6
齿形对柄部轴线的径向圆跳动	一转	0.040	0.050
	相邻	0.020	0.025

5.2　材料和硬度

5.2.1　铣刀切削部分用 W6Mo5Cr4V2 或其他同等性能的普通高速钢（代号 HSS）制造，也可以采用高性能高速钢（代号 HSS-E）制造。

5.2.2　焊接铣刀柄部用 45 钢或同等以上性能的其他牌号钢材制造。

5.2.3　铣刀工作部分硬度：普通高速钢不低于 63 HRC；高性能高速钢不低于 64 HRC。

5.2.4　铣刀柄部离柄端 2 倍扁尾长度上的硬度不低于 30 HRC。

5.3 外观和表面粗糙度

5.3.1 铣刀切削刃应锋利。表面不应有裂纹、刻痕、锈迹以及磨削烧伤等影响使用性能的缺陷。

5.3.2 铣刀表面粗糙度的上限值按表3的规定。

表3 表面粗糙度的上限值

单位为微米

项目	表面粗糙度 Ra
前面	1.6
后面	1.6
锥柄外圆	0.8

6 标志和包装

6.1 标志

6.1.1 产品上应标志：

a）制造厂或销售商商标；

b）铣刀代号；

c）材料代号。

6.1.2 包装盒上应标志：

a）制造厂或销售商名称、地址和商标；

b）产品的标记；

c）材料牌号或代号；

d）件数；

e）制造年月。

6.2 包装

铣刀在包装前应经防锈处理，包装必须牢固，并能防止运输过程中的损伤。

附 录 A
（资料性附录）
齿形铲量 *K*

表A.1给出了滚珠螺纹铣刀齿形铲量K。

表A.1 齿形铲量 *K*

单位为毫米

代 号	d	R	Z	K	代 号	d	R	Z	K
GQ20×8	19.5	3.000	5	2.2	GQ33×9.525	32.5	4.250	6	3.0
GQ25.5×8	25.0	3.350	5	2.8	GQ34×9.525	33.5	4.250	6	3.1
GQ23×8.4667	22.5	3.146	5	2.5	GQ35×9.525	34.5	4.250	6	3.2
GQ22×8.731	21.5	3.500	5	2.4	GQ23×10	22.5	3.000	5	2.5
GQ22×8.731	21.5	3.800	5	2.4	GQ23×10	22.5	3.300	5	2.5
GQ27×8.731	26.5	3.500	5	2.9	GQ23×10	22.5	3.800	5	2.5
GQ27×8.731	26.5	4.000	5	2.9	GQ29×10	28.5	4.250	6	2.6
GQ27×8.731	26.5	4.250	5	2.9	GQ30×10	29.5	4.250	6	2.7
GQ28×8.731	27.5	3.800	5	3.0	GQ32×10	31.5	4.000	6	2.9
GQ28×8.731	27.5	4.000	5	3.0	GQ32×10	31.5	4.250	6	2.9
GQ22×9	21.5	3.300	5	2.4	GQ34×10	33.5	4.250	6	3.1
GQ22×9	21.5	3.750	5	2.4	GQ35×10	34.5	4.000	6	3.2
GQ27×9	26.5	4.250	5	2.9	GQ35×10	34.5	4.250	6	3.2
GQ27.5×9	27.0	3.800	5	3.0	GQ36×10	35.5	4.250	6	3.3
GQ28×9	27.5	3.800	5	3.0	GQ40×10	39.5	4.250	7	3.1
GQ28×9	27.5	4.000	5	3.0	GQ30×10.319	29.5	4.000	6	2.7
GQ30×9	29.5	4.000	6	2.7	GQ30×10.319	29.5	4.250	6	2.7
GQ32×9	31.5	4.250	6	2.9	GQ37.31×10.5	36.5	4.500	7	2.9
GQ32×9	31.5	4.000	6	2.9	GQ37.31×10.5	36.5	5.000	7	2.9
GQ24×9.5	23.5	3.500	5	2.6	GQ32×11	31.5	4.250	6	2.9
GQ25×9.5	24.5	3.650	5	2.7	GQ36×11	35.5	4.500	6	3.3
GQ25.4×9.5	25.0	3.750	5	2.8	GQ37×11	36.5	4.250	7	2.9
GQ28×9.5	27.5	4.000	6	3.0	GQ37.31×11	36.5	4.500	7	2.9
GQ30×9.5	29.5	4.000	6	2.7	GQ37.5×11	37.0	4.000	7	2.9
GQ35×9.5	34.5	4.000	6	3.2	GQ37.5×11	37.0	4.250	7	2.9
GQ23×9.525	22.5	3.300	5	2.5	GQ40.0×11	39.5	4.250	7	3.1
GQ25×9.525	24.5	3.450	5	2.7	GQ25×11.5	24.5	4.250	5	2.8
GQ28×9.525	27.5	4.250	5	3.0	GQ23×12	22.5	3.300	5	2.5
GQ30×9.525	29.5	4.000	6	2.7	GQ25×12	24.5	4.000	5	2.8
GQ30×9.525	29.5	4.250	6	2.7	GQ25×12	24.5	4.250	5	2.8
GQ31×9.525	30.5	4.250	6	2.8	GQ27×12	26.5	4.250	5	2.9

表 A.1 齿形铲量 *K*（续）

单位为毫米

代 号	*d*	*R*	*Z*	*K*	代 号	*d*	*R*	*Z*	*K*
GQ30×12	29.5	4.000	6	2.9	GQ25×13.5	24.5	4.500	5	2.7
GQ30×12	29.5	4.250	6	2.9	GQ28×13.5	27.5	4.500	5	3.0
GQ30×12	29.5	4.500	6	2.9	GQ30×13.5	29.5	4.500	6	2.9
GQ40×12	39.5	5.000	7	3.1	GQ33×13.5	32.5	4.500	6	3.0
GQ28×12.7	27.5	4.380	5	3.0	GQ36×13.5	35.5	4.500	6	3.3
GQ30×12.7	29.5	4.500	6	2.9	GQ30×14	29.5	4.270	6	2.9
GQ25×13.5	24.5	4.000	5	2.7	GQ40×14	39.5	4.500	7	3.1
GQ25×13.5	24.5	4.250	5	2.7	GQ25×15	24.5	4.000	5	2.8

附　录　B
（规范性附录）
位置公差测量方法

B.1　测量工具

测量工具如下：

a）平板；

b）磁性表座；

c）0.01 mm 分度值指示表；

d）V 形架；

e）钢球；

f）定位块。

B.2　测量方法

测量方法见图 B.1：将铣刀柄部放在斜形 V 形架上，柄端部靠定位块，柄部中心与定位块间加一钢球。将指示表测头触靠在铣刀刃形最高点上，旋转铣刀一周分别读取指示表最大值与最小值之差为一转圆跳动量，取相邻齿读数差的最大值为相邻齿圆跳动量。

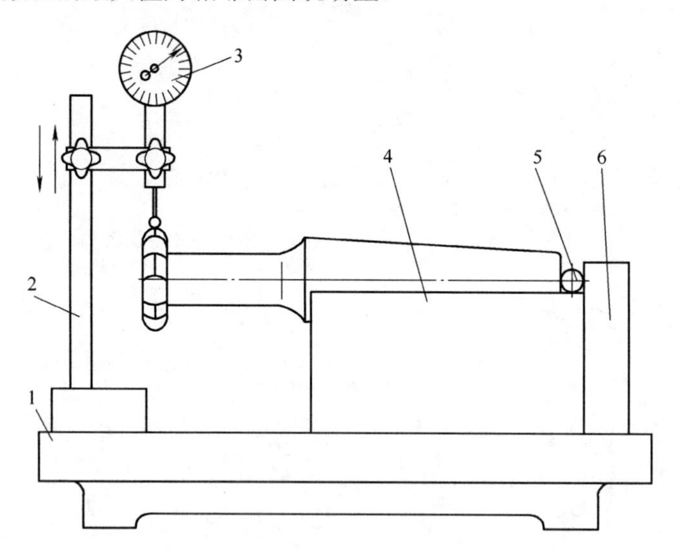

说明：

1——平板；
2——磁性表座；
3——0.01 mm 分度值指示表；
4——V 形架；
5——钢球；
6——定位块。

图 B.1　测量方法